将图像放置到相框中

制作婚纱照片海报

动感跑酷效果

制作撕纸效果

修饰照片中的污点

快速去除人物照片中的红眼

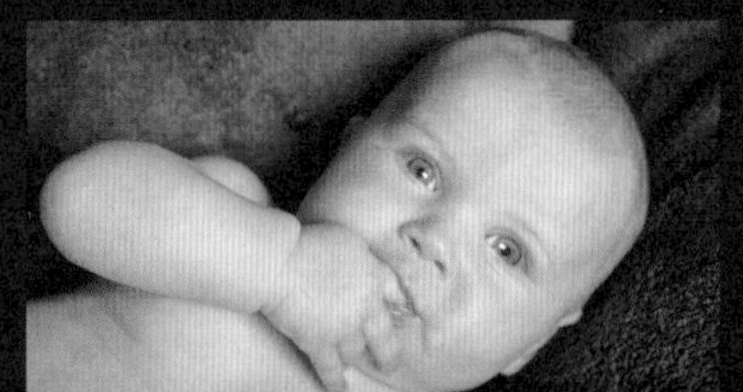

调整眼睛比例

调整唯美暖色效果

中国风剪纸

精 彩 实 例

编辑茶叶包装的图层

制作水晶文字

制作手写书法字

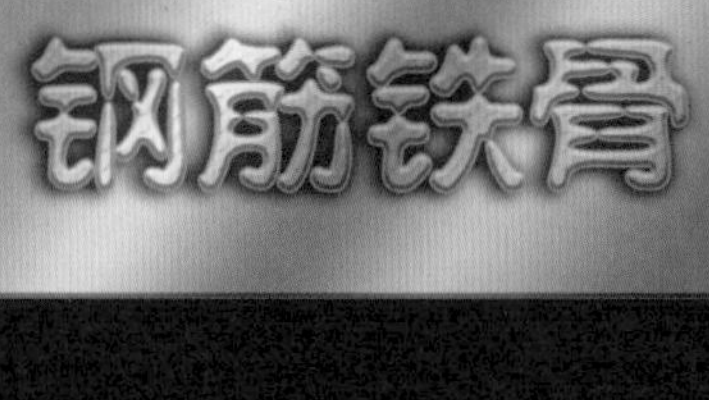

制作音乐按钮

手机日历界面

购物车UI界面

购物首页UI界面

电脑宣传单

将照片调整为古铜色

更换人物衣服颜色

复古色调效果

模拟焦距脱焦效果

美化人物图像

云彩

水彩画

艺术照封面

制作企业工作牌

制作旅游海报

制作企业LOGO

制作企业名片

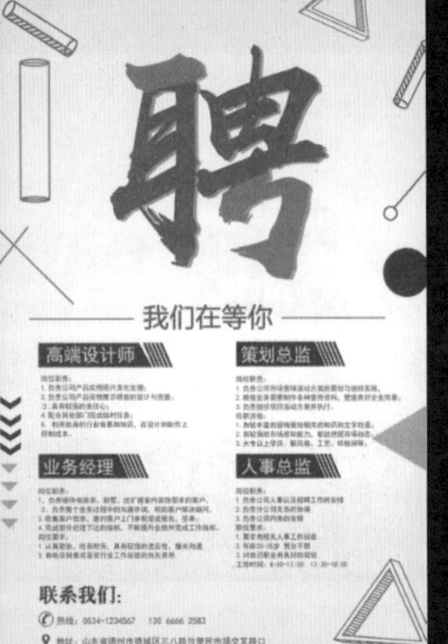

制作招聘海报

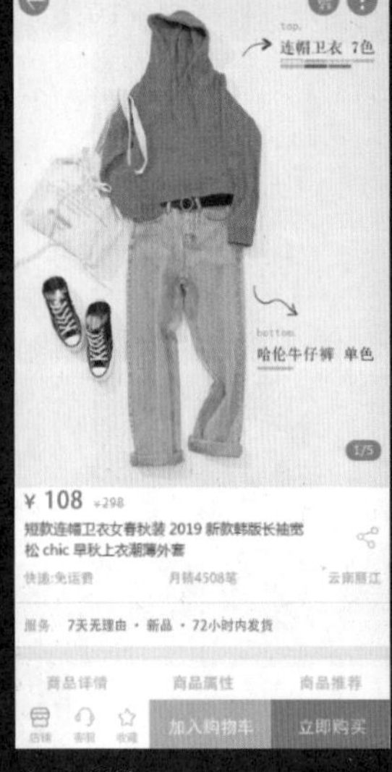

商品详情页面UI界面

视频录制UI界面

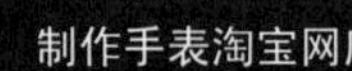

制作手表淘宝网店

制作护肤品网页宣传图

制作网页活动宣传图

灯光照射的材质错误

室内效果图的修饰

为人物添加倒影

窗外景色的添加

水中倒影

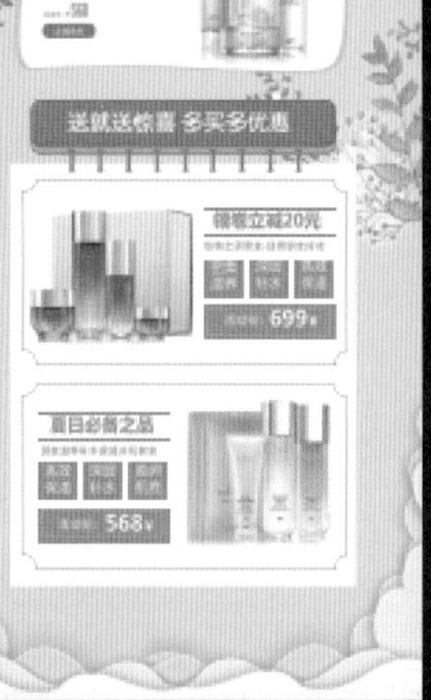

制作护肤品淘宝网店

室外建筑中的人物阴影

植物倒影

高等院校电脑美术教材

Photoshop CC 2018
基础教程（第3版）

温培利　付　华　编著

清华大学出版社
北　京

内 容 简 介

本书以Photoshop CC 2018 平面设计与制作流程为主线，从实战角度介绍软件在相关行业的具体应用。

本书采用了“软件知识+实战、实例操作+上机练习+项目指导”的形式，详细介绍了Photoshop CC 2018 图像处理软件的使用方法和操作技巧。

全书共分15章，按照平面设计工作的实际需求组织内容，基础知识以“实用、够用”为原则。其中，第1～9章的主要内容包括Photoshop CC 2018 基础入门、图像选区的创建与编辑、图像的绘制与修饰、图层的应用与编辑、文本及常用广告艺术文字特效、路径的创建与编辑、蒙版与通道在设计中的应用、图像色彩及处理、滤镜的应用；第10～15章介绍Photoshop在各个专业领域中的大型项目练习案例，包括CI设计、宣传海报、网页宣传图、手机UI界面、淘宝网店设计与装修、室内外效果图的修饰及后期配景处理等内容。

本书结构清晰，内容翔实，特别适合应用型本科院校、示范性高职高专院校以及计算机培训学校作为相关课程的教材。另外，由于本书实例多且具有行业代表性，是平面设计方面不可多得的参考资料，因此，也可供平面设计相关领域从业人员与学员参考。

图书在版编目(CIP)数据

Photoshop CC 2018基础教程 / 温培利，付华编著. —3版. —北京：清华大学出版社，2019.11
高等院校电脑美术教材
ISBN 978-7-302-53868-4

Ⅰ. ①P… Ⅱ. ①温… ②付… Ⅲ. ①图象处理软件－高等学校－教材 Ⅳ. ①TP391.413

中国版本图书馆 CIP 数据核字（2019）第 212928 号

责任编辑： 张彦青
封面设计： 李 坤
责任校对： 王明明
责任印制： 沈 露

出版发行： 清华大学出版社
网 址： http://www.tup.com.cn，http://www.wqbook.com
地 址： 北京清华大学学研大厦 A 座 **邮 编：** 100084
社 总 机： 010-62770175 **邮 购：** 010-62786544
投稿与读者服务： 010-62776969，c-service@tup.tsinghua.edu.cn
质 量 反 馈： 010-62772015，zhiliang@tup.tsinghua.edu.cn
印 装 者： 涿州汇美亿浓印刷有限公司
经 销： 全国新华书店
开 本： 210mm×260mm **印 张：** 20.5 **字 数：** 490 千字
版 次： 2013 年 7 月第 1 版 2019 年 11 月第 3 版 **印 次：** 2019 年 11 月第 1 次印刷
定 价： 98.00 元

产品编号：084261-01

前言

Photoshop CC 2018是Adobe公司旗下常用的图形图像处理软件之一，集图像扫描、编辑修改、图像制作、广告创意、图像输入与输出于一体，深受广大平面设计人员和电脑美术爱好者的喜爱。

很多人对于Photoshop CC 2018的了解仅限于“一个很好的图像编辑软件”，对它的诸多应用并不清楚。实际上，Photoshop CC 2018的应用很广泛，在图像、图形、文字、视频设计等方面都有涉及。它贯彻了Adobe公司一直为广大用户考虑的方便性和高效率，为多用户合作提供了便捷的工具与规范的标准，以及方便的管理功能，因此，用户可以与设计组密切而高效地共享信息。

本书内容

全书共分15章，具体内容如下。

第1章主要对Photoshop CC 2018进行简单的介绍，Photoshop CC 2018的安装、卸载、启动与退出，然后对其工作环境进行介绍，并介绍了多种图形图像的处理软件及图像的类型和格式。通过对本章的学习，使用户对Photoshop CC 2018有一个初步的认识，为后面章节的学习奠定良好的基础。

第2章主要介绍了使用各种工具对图像选区进行创建、编辑、填充以及对拾色器的运用，从而实现对Photoshop CC 2018的熟练操作。

第3章通过对图像的移动、裁剪、绘画、修复来学习基础工具的应用，为后面综合实例的应用奠定良好的基础。

第4章对图层的功能与操作方法进行更为详细的讲解。图层是Photoshop最为核心的功能之一，它承载了几乎所有的图像效果，它的引入改变了图像处理的工作方式。而【图层】面板则为图层提供了每一个图层的信息，结合【图层】面板可以灵活地运用图层处理各种特殊效果。

第5章介绍点文本、段落文本和蒙版文本的创建以及对于文本的编辑。在平面设计作品中，文字不仅可以传达信息，还可以起到美化版面、强化主题的作用。Photoshop CC 2018的工具箱中包含4种文字工具，可以创建不同类型的文字。

第6章主要对路径的创建、编辑和修改进行介绍。Photoshop中的路径主要用来精确选择图像、精确绘制图形，是工作中用得比较多的一种方法，创建路径的工具主要有【钢笔工具】和【形状工具】。

第7章主要介绍蒙版在设计中的应用。Photoshop提供了4种用来合成图像的蒙版，分别是图层蒙版、快速蒙版、矢量蒙版和剪贴蒙版，这些蒙版都有各自的用途和特点。蒙版是进行图像合成的重要手段，它可以用来控制部分图像的显示与隐藏，还可以用来对图像进行抠图处理。

第8章主要介绍图像色彩与色调的调整方法及技巧。通过对本章的学习，用户可以根据不同的需要应用多种调整命令，对图像的色彩和色调进行细微的调整，还可以对图像进行特殊颜色的处理。

第9章介绍滤镜的应用。在使用Photoshop CC 2018中的滤镜特效处理图像的过程中，可能会发现滤镜特效太多了，不容易把握，也不知道这些滤镜特效究竟适合处理什么样的图像。滤镜是Photoshop中的独特工具，其菜单中有100多种滤镜，利用它们可以制作出各种各样的效果。

第10章主要介绍CI的设计，包括LOGO、名片、工作证和会员卡的设计。“CI”是指企业形象的视觉识别，也就是说，将CI的非可视内容转换为静态的视觉识别符号，以无比丰富的应用形式，在最为广泛的层面上进行最为直接的传播。

第11章制作两款宣传海报：旅游海报和招聘海报。通过制作这两款海报，可以深入地了解海报的基本要求和制作技巧。

第12章制作网页宣传图。网页宣传图往往是利用图像、文字等元素进行画面构成的，并且通过视觉元素传达信息，将真实的图像展现在人们的面前，让观者一目了然，使信息传递得更为准确，给观者一种真实、直观、形象的感觉，使信息具有令人信服的说服力。在很多网站的网页宣传图中，为了强调艺术效果，利用多种颜色与复杂的图形相结合，让画面看起来色彩斑斓、光彩夺目，从而激发大众的购买欲，使观者对宣传内容感兴趣，网页的点击率也会提高，这正是网页宣传图的一大特点。

第13章制作手机UI界面。“UI”即User Interface（用户界面）的简称，泛指用户的操作界面，包含移动APP、网页、智能穿戴设备等的操作界面。“UI设计”主要是指界面的样式及美观程度，而在使用上对软件的人机交互、操作逻辑、界面美观的整体设计则是同样重要的另一个范畴。

第14章介绍淘宝网店的设计与装修。“淘宝网店”是指所有淘宝卖家在淘宝所使用的旺铺或者店铺。淘宝旺铺是相对普通店铺而言的，每个在淘宝新开的店铺都采用系统默认产生的店铺界面，也就是常说的“普通店铺”。

第15章从实用性角度讲解室内外效果图的装饰及后期配景处理。从3ds Max中渲染输出的效果并不理想，一般三维软件在处理环境氛围和制作真实配景时的效果也总是不能令人满意。因此，需要利用Photoshop软件进行最后的修改处理。本章介绍有关效果图后期处理的诸多技术及技巧。

配书资源

读者可访问清华大学出版社官网www.tup.tsinghua.edu.cn搜索本书，来获得配书资源的下载地址：

1. 书中所有实例的素材源文件。
2. 书中实例的视频教学文件。

读者对象

1. 网页设计和制作的初学者。
2. 大中专院校和社会培训班平面设计及其相关专业的学生。
3. 平面设计相关领域从业人员。

本书主要由温培利、付华老师编写，参加编写的人员还有朱晓文、刘蒙蒙、李少勇和德州学院的徐玉洁、孔斌，以及刘峥、陈月娟、陈月霞、刘希林、黄健、刘希望、黄永生、田冰、张锋、相世强。在编写过程中，我们竭尽所能，将最好的讲解内容呈现给读者，但也难免有疏漏和不妥之处，敬请不吝指正。

编　著

素材文件一

素材文件二

总目录

第1章 Photoshop CC 2018基础入门

第2章 图像选区的创建与编辑

第3章 图像的绘制与修饰

第4章 图层的应用与编辑

第5章 文本及常用广告艺术文字特效

第6章 路径的创建与编辑

第7章 蒙版与通道在设计中的应用

第8章 图像色彩及处理

第9章 滤镜的应用

第1章 Photoshop CC 2018基础入门

本章主要对Photoshop CC 2018进行简单的介绍，以及Photoshop CC 2018的安装、启动与退出，然后对其工作环境进行介绍，并讲解了多种图形图像的处理软件及图像的类型和格式，通过对本章的学习，使用户对Photoshop CC 2018有一个初步的认识，为后面章节的学习奠定良好的基础。

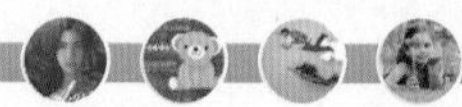

1.1 平面专业就业前景

平面设计的就业单位包括广告公司、印刷公司、教育机构、媒体机构、电视台等，选择面比较广，主要根据自己的特长所在。就业职位有美术排版、平面广告、海报、灯箱等的设计制作。

1. 市场前景

平面设计与商业活动紧密结合，在国内的就业范围非常广泛，与各行业密切相关，同时也是其他各设计门类（诸如网页设计、展览展示设计、三维设计、影视动画等）的基石。

2. 前景分析

学习进入得比较快，应用面也比较广，相应的人才供给和需求都比较旺。与之相关的报纸、杂志、出版、广告等行业的发展一直呈上升趋势，目前就业前景还不错。

平面设计基本上也会涉及视觉和广告，目前平面的市场确实趋于饱和，连很多非美术专业的人都会基本的平面软件，所以平面设计的竞争力很大。

平面设计是近十年来逐步发展起来的新兴职业，涉及面广泛且发展迅速。它涵盖的职业范畴包括艺术设计、展示设计、广告设计、书籍装帧设计、包装与装潢设计、服装设计、工业产品设计、商业插画、标志设计、企业CI设计、网页设计等。

近年来设计的概念也早已深入人心。据不完全统计，仅以广告设计专业为例，目前福州市就有几千家登记注册的广告公司，每年对平面设计、广告设计等设计类人才的需求一直非常可观；再加上各化妆品公司、印刷厂和大量企业对广告设计类人才的需求，广告设计类人才的缺口至少高达上万名。此外，随着房地产业、室内装饰业等行业的迅速发展，形形色色的家居装饰公司数量也越来越多，相信平面设计人才需求量一定会呈迅速上升的趋势。

1.2 Photoshop的应用领域

多数人对于Photoshop的了解仅限于“一个很好的图像编辑软件”，并不知道它的诸多应用方面，实际上，Photoshop的应用领域很广泛，在图像、图形、文字、视频、出版各方面都有涉及。

界面设计是一个新兴的领域，已经受到越来越多的软件企业及开发者的重视，虽然暂时还未成为一种全新的职业，但相信不久一定会出现专业的界面设计师职业。在当前，还没有用于做界面设计的专业软件，因此绝大多数设计者使用的都是Photoshop。

1. 在平面设计中的应用

平面设计是Photoshop应用最为广泛的领域，无论是我们正在阅读的图书封面，还是大街上看到的招贴、海报，这些具有丰富图像的平面印刷品，基本上都需要Photoshop软件对图像进行处理，如图1-1所示。

图1-1　宣传单

2. 在界面设计中的应用

界面设计是一个新兴的领域，已经受到越来越多的软件企业及开发者的重视，虽然暂时还未成为一种全新的职业，但相信不久一定会出现专业的界面设计师职业。在当前还没有用于做界面设计的专业软件，因此绝大多数设计者使用的都是Photoshop。

3. 在插画设计中的应用

由于Photoshop具有良好的绘画与调色功能，许多插画设计制作者往往使用铅笔绘制草稿，然后用Photoshop填色的方法来绘制插画，如图1-2所示。

图1-2　在插画中的应用

4. 在网页设计中的应用

网络的普及是促使更多人需要掌握Photoshop的一个重要原因。因为在制作网页时Photoshop是必不可少的网页图像处理软件，如图1-3所示。

图1-3　在网页中的应用

5. 在绘画与数码艺术中的应用

近些年来非常流行的像素画也多为设计师使用Photoshop创作的作品。

6. 在动画与CG设计中的应用

CG设计几乎囊括了当今计算机时代中所有的视觉艺术创作活动，如平面印刷品的设计、网页设计、三维动画、影视特效、多媒体技术、以

计算机辅助设计为主的建筑设计及工业造型设计等，如图1-4所示。

图1-4 工作证

7. 在效果图后期制作中的应用

在制作许多三维场景时，最后的效果图会有所不足，我们可以通过Photoshop进行调整，如图1-5所示。

图1-5 在效果图后期制作中的应用

8. 在视觉创意中的应用

视觉创意与设计是设计艺术的一个分支，此类设计通常没有非常明显的商业目的，但由于它为广大设计爱好者提供了广阔的设计空间，因此越来越多的设计爱好者开始学习Photoshop，并进行具有个人特色与风格的视觉创意。

1.3 Photoshop CC 2018的安装与启动

在学习Photoshop CC 2018前，首先要安装Photoshop CC 2018软件。下面介绍在Microsoft Windows 8系统中安装、启动与退出Photoshop CC的方法。

1.3.1 运行环境需求

在Microsoft Windows系统中运行Photoshop CC 2018的配置要求如下。

- Intel Pentium 4或Amd Athlon 64处理器（2GHz或更快）。
- Microsoft Windows 7 Service Pack1或Windows 8。
- 1GB内存（建议使用2GB）。
- 1.5GB的可用硬盘空间（在安装过程中需要的其他可用空间）。
- 1024像素×768像素分辨率的显示器（带有16位视频卡）。
- DVD-ROM驱动器。

1.3.2 安装Photoshop CC 2018

Photoshop CC 2018是专业的设计软件，其安装方法比较标准，具体安装步骤如下。

01 在相应的文件夹下选择下载后的安装文件，双击安装文件图标，如图1-6所示。

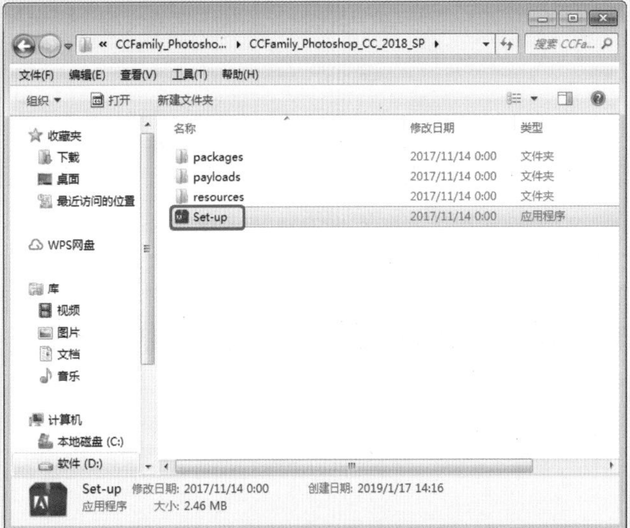

图1-6 双击文件

02 弹出【Adobe 安装程序】对话框，单击【忽略】按钮，如图1-7所示。

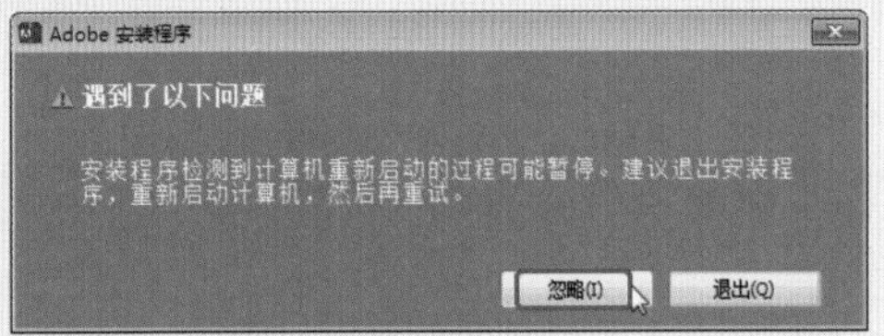

图1-7 初始化文件

03 此时软件正在初始化安装程序，如图1-8所示。

图1-8　初始化安装程序

04 弹出【选项】界面，在该界面中根据自己的需要，设置安装路径，单击【安装】按钮，如图1-9所示。

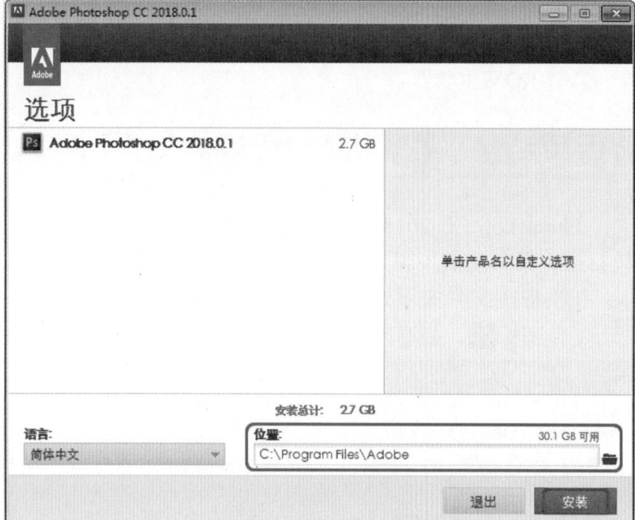

图1-9　选择安装路径

05 在弹出的【安装】界面中将显示所安装的进度，如图1-10所示。

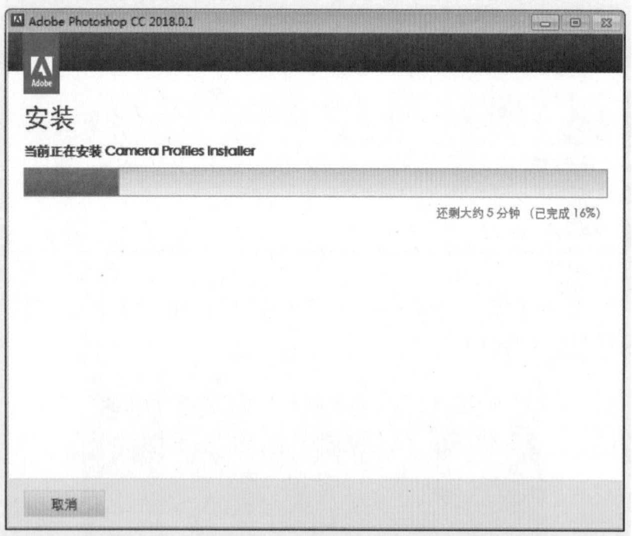

图1-10　显示安装进度

06 安装完成后，将会弹出【完成】界面，单击【关闭】按钮即可，如图1-11所示。

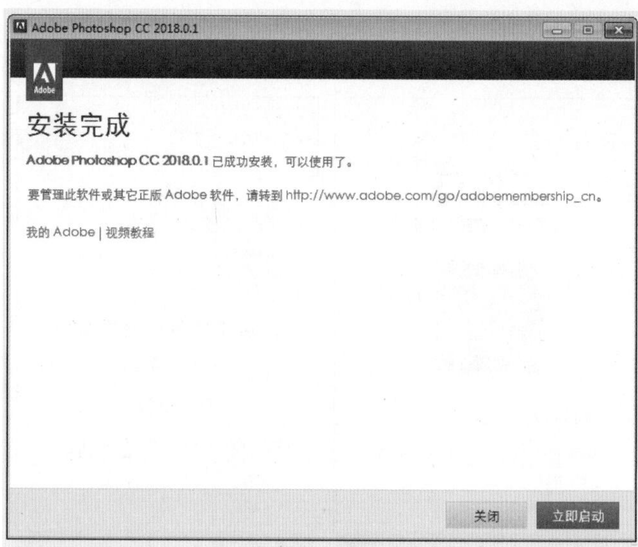

图1-11　安装完成

1.3.3　卸载Photoshop CC 2018

卸载Photoshop CC 2018的具体操作步骤如下。

01 单击计算机左下角的【开始】按钮，选择【控制面板】选项，如图1-12所示。

图1-12　选择【控制面板】选项

02 在【程序】界面中选择【卸载程序】选项，在【程序和功能】界面中选择Adobe Photoshop CC 2018选项，单击【卸载】按钮，如图1-13所示。

03 在【卸载选项】界面中，勾选【删除首选项】复选框，单击【卸载】按钮，如图1-14所示。

04 卸载进度如图1-15所示。

图1-13　单击【卸载】按钮

图1-14　勾选【删除首选项】复选框

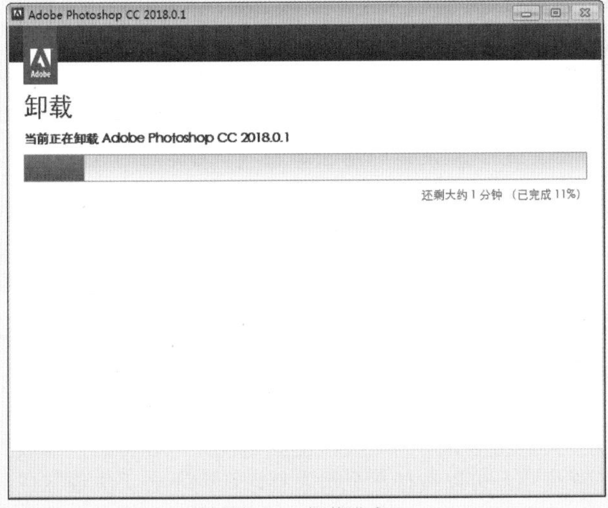

图1-15　卸载进度

1.3.4　启动Photoshop CC 2018

启动Photoshop CC 2018，可以执行下列操作之一。

- 选择【开始】|【程序】|Adobe Photoshop CC 2018命令，如图1-16所示，即可启动Photoshop CC 2018。如图1-17为Photoshop CC 2018的起始界面。

图1-16　选择Adobe Photoshop CC 2018命令

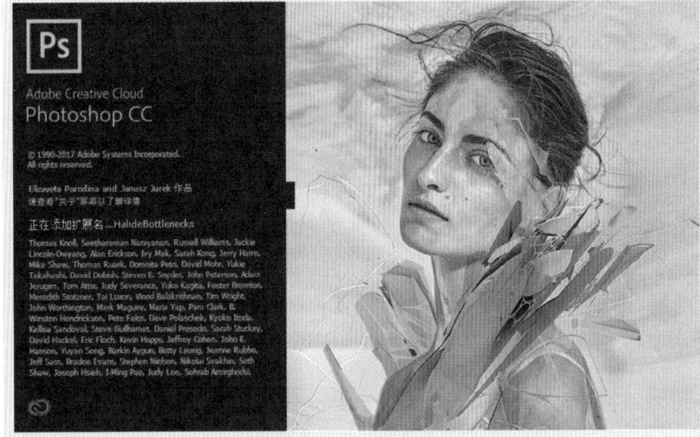

图1-17　起始界面

- 直接在桌面上双击快捷图标。
- 双击与Photoshop CC 2018相关联的文档。

1.3.5　退出Photoshop CC 2018

若要退出Photoshop CC 2018，可以执行下列操作之一。

- 单击Photoshop CC 2018程序窗口右上角的【关闭】按钮 × 。
- 选择【文件】|【退出】命令，如图1-18所示。

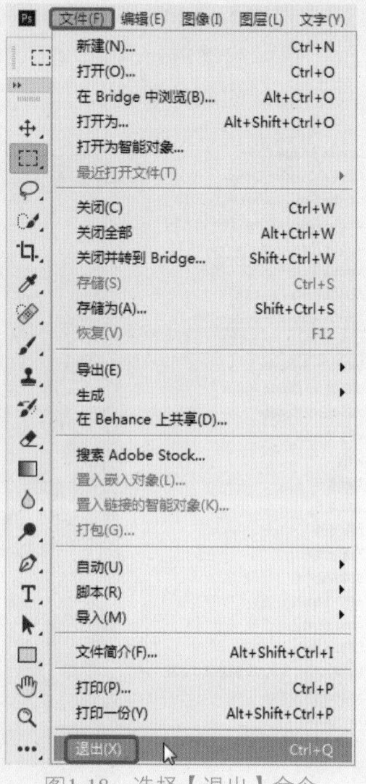

图1-18　选择【退出】命令

- 单击Photoshop CC 2018程序窗口左上角的 Ps 图标，在弹出的下拉列表中选择【关闭】命令。
- 双击Photoshop CC 2018程序窗口左上角的 Ps 图标。
- 按Alt+F4组合键。
- 按Ctrl+Q组合键。

如果当前图像是一个新建的或没有保存过的文件，则会弹出一个信息提示对话框，如图1-19所示，单击【是】按钮，打开【存储为】对话框；单击【否】按钮，可以关闭文件，但不保存修改结果；单击【取消】按钮，可以关闭该对话框，并取消关闭操作。

图1-19　提示对话框

1.4 字体的安装

在Window XP中安装字体非常方便，只需将字体文件复制到系统盘的字体文件夹中。但是在Windows 7中，安装字体的方法有了一些改变，不过操作显得更为简便。这里为大家全面介绍一下在Windows 7 中安装字体的方法。

01 在字体文件上右击，然后在弹出的菜单中选择【安装】命令，如图1-20所示。

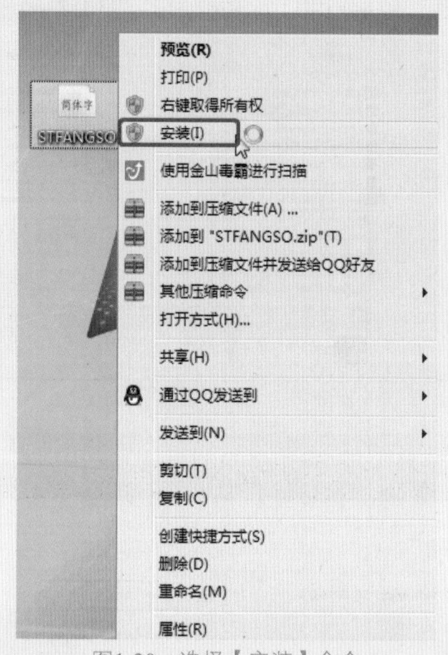

图1-20　选择【安装】命令

02 操作完成后即可安装字体，如图1-21所示。

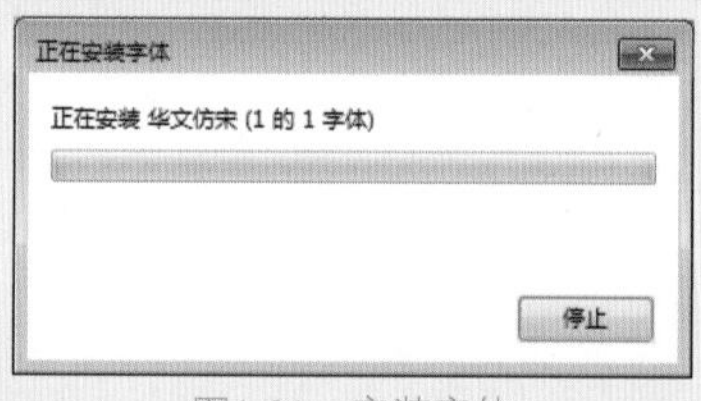

图1-21　安装字体

1.5 图像的基础知识

下面通过介绍矢量图、位图、像素、分辨率、图像格式和颜色模式等图像的基础知识，学习提高图像处理的速度和准确性的方法。

1.5.1　矢量图和位图

矢量图由经过精确定义的直线和曲线组成，这些直线和曲线称为“向量”，通过移动直线调整其大小或更改其颜色时，不会降低图形的品质。

矢量图与分辨率无关，也就是说，可以将它们缩放到任意尺寸，可以按任意分辨率打印，而不会丢失细节或降低清晰度，如图1-22所示。

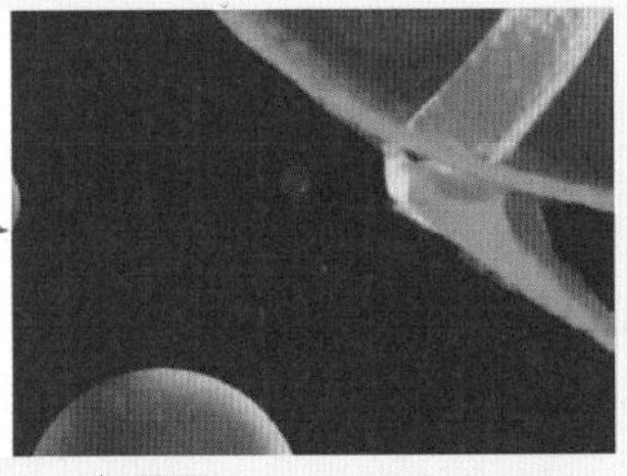

图1-22 矢量图

矢量图的文件所占据的空间小，但是绘制出来的图形无法像位图那样精确。

位图图像在技术上称为栅格图像，它由网格上的点组成，这些点称为“像素”。在处理位图图像时，编辑的是像素，而不是对象或形状。位图图像是连续色调图像（如照片或数字绘画）最常用的电子媒介，因为它们可以表现出阴影和颜色的细微层次。

在屏幕上缩放位图图像时，可能会丢失细节，因为位图图像与分辨率有关，它们包含固定数量的像素，并且为每个像素分配了特定的位置和颜色值。如果在打印位图图像时采用的分辨率过低，位图图像可能会呈锯齿状，因为此时增加了每个像素的大小，如图1-23所示。

图1-23 位图

1.5.2 图像格式

要确定理想的图像格式，必须首先考虑图像的使用方式，例如，用于网页的图像一般使用JPEG和GIF格式，用于印刷的图像一般要保存为TIFF格式。其次要考虑图像的类型，最好将具有大面积平淡颜色的图像存储为GIF或PNG-8图像，而将那些具有颜色渐变或其他连续色调的图像存储为JPEG或PNG-24文件。

在没有正式进入主题之前，首先讲一下有关计算机图形图像格式的相关知识，因为它在某种程度上将决定你所设计创作的作品输出质量的优劣。另外，在制作影视广告片头时会用到大量的图像以用于素材、材质贴图或背景。当完成一件作品后，输出的文件格式也将决定所制作作品的播放品质。

在日常的工作和学习中，还需要收集和发现并积累各种文件格式的素材。需要注意的一点是，所收集的图片或图像文件各种格式都有，这就涉及图像格式转换的问题，而如果我们已经了解了图像格式的转换，则在制作中就不会受到限制，并且还可以轻松地将所收集的和所需的图像文件转为己用。

在作品的输出过程中，我们同样也可以从容地将它们存储为所需要的文件格式，而不必再因为播放质量或输出品质的问题而受到困扰了。

下面我们对日常中所涉及的图像格式进行简单介绍。

1. PSD格式

PSD是Photoshop软件专用的文件格式，它是Adobe公司优化格式后的文件，能够保存图像数据的每一个细小部分，包括图层、蒙版、通道以及其他的少数内容，但这些内容在转存成其他格式时将会丢失。另外，因为这种格式是Photoshop支持的自身格式文件，所以Photoshop能比其他格式更快地打开和存储这种格式的文件。

该格式唯一的缺点是：使用这种格式存储的图像文件特别大，尽管Photoshop在计算的过程中已经应用了压缩技术，但是因为这种格式不会造成任何的数据流失，所以在编辑的过程中最好还是选择这种格式存盘，直到最后编辑完成后再转换成其他占用磁盘空间较小、存储质量较好的文件格式。在存储成其他格式的文件时，有时会合并图像中的各图层以及附加的蒙版通道，这会给再次编辑带来不少麻烦，因此，最好在存储一个PSD的文件备份后再进行转换。

PSD格式是Photoshop软件的专用格式，它支持所有的可用图像模式（位图、灰度、双色调、索引色、RGB、CMYK、Lab和多通道等）、参考线、Alpha通道、专色通道和图层（包括调整图层、文字图层和图层效果等）等格式，它可以保存图像的图层和通道等信息，但使用这种格式存储的文件较大。

2. TIFF格式

TIFF格式直译为“标签图像文件格式”，是由Aldus为Macintosh机开发的文件格式。

TIFF用于在应用程序之间和计算机平台之间交换文件，被称为“标签图像格式”，是Macintosh和PC机上使用最广泛的文件格式。它采用无损压缩方式，与图像像素无关。TIFF常被用于彩色图片色扫描，它以RGB的全彩色格式存储。

TIFF格式支持带Alpha通道的CMYK、RGB和灰度文件，支持不带Alpha通道的Lab、索引色和位图文件，也支持LZW压缩。

存储Adobe Photoshop图像为TIFF格式，可以选择存储文件为IBM-PC兼容计算机可读的格式或Macintosh可读的格式。要自动压缩文件，可勾选【LZM压缩】复选框。对TIFF文件进行压缩可减少文件大小，但会增加打开和存储文件的时间。

TIFF是一种灵活的位图图像格式，实际上被所有的绘

画、图像编辑和页面排版应用程序所支持，而且几乎所有的桌面扫描仪都可以生成TIFF图像。TIFF格式支持Alpha通道的CMYK、RGB和灰度文件，支持不带Alpha通道的Lab、索引色和位图文件。Photoshop可以在TIFF文件中存储图层，但是如果在另一个应用程序中打开该文件，则只有拼合图像是可见的。Photoshop也能够以TIFF格式存储注释、透明度和分辨率金字塔数据，TIFF文件格式在实际工作中主要用于印刷。

3.JPEG格式

JPEG是Macintosh机上常用的存储类型，但是，无论是从Photoshop、Painter、FreeHand、Illustrator等平面软件还是在3DS或3ds Max中都能够打开此类格式的文件。

JPEG格式是所有压缩格式中最卓越的。在压缩前，可以从对话框中选择所需图像的最终质量，这样就有效地控制了JPEG在压缩时的损失数据量，并且可以在保持图像质量不变的前提下产生惊人的压缩比率，在没有明显质量损失的情况下，它的体积能降到原BMP图片的1/10，这样就不必再为图像文件的质量以及硬盘的大小而头疼苦恼了。

另外，用JPEG格式，可以将当前所渲染的图像输入到Macintosh机上做进一步处理，或将Macintosh制作的文件以JPEG格式再现于PC机上。总之，JPEG是一种极具价值的文件格式。

4.GIF格式

GIF是一种压缩的8位图像文件。正因为它是经过压缩的，而且又是8位的，所以这种格式的文件大多用在网络传输上，速度要比传输其他格式的图像文件快得多。

此格式的文件最大缺点是最多只能处理256种色彩。它绝不能用于存储真彩的图像文件。也正因为体积小，它曾经一度被应用在计算机教学、娱乐等软件中，也是人们较为喜爱的8位图像格式。

5.BMP格式

BMP全称为Windows Bitmap。它是微软公司Paint的自身格式，可以被多种Windows和OS/2应用程序所支持。Photoshop中，最多可以使用16MB的色彩渲染BMP图像。因此，BMP格式的图像可以具有极其丰富的色彩。

6.EPS格式

EPS（Encapsulated PostScript）格式是专门为存储矢量图形而设计的，用于PostScript输出设备上打印。

Adobe公司的Illustrator是绘图领域中一个极为优秀的程序。它既可用来创建流动曲线，简单图形，也可以用来创建专业级的精美图像。它的作品一般存储为EPS格式。通常它也是CorelDRAW等软件支持的一种格式。

7.PDF格式

PDF格式被用于Adobe Acrobat中，Adobe Acrobat是Adobe公司用于Windows、MacOS、UNIX和DOS操作系统中的一种电子出版软件。使用Acorbat Reader软件可以查看PDF文件。与PostScript页面一样，PDF文件可以包含矢量图形和位图图形，还可以包含电子文档的查找和导航功能，如电子链接等。

PDF格式支持RGB、索引色、CMYK、灰度、位图和Lab等颜色模式，但不支持Alpha通道。PDF格式支持JPEG和ZIP压缩，但位图模式文件除外。位图模式文件在存储为PDF格式时采用CCITT Group4压缩。在Photoshop中打开其他应用程序创建的PDF文件时，Photoshop会对文件进行栅格化。

8.PCX格式

PCX格式普遍用于IBM PC兼容计算机上。大多数PC软件支持PCX格式版本5，版本3文件采用标准VGA调色板，该版本不支持自定调色板。

PCX格式可以支持DOS和Windows下绘图的图像格式。PCX格式支持RGB、索引色、灰度和位图颜色模式，不支持Alpha通道。PCX支持RLE压缩方式，支持位深度为1、4、8或24的图像。

9.PNG格式

现在有越来越多的程序设计人员有以PNG格式替代GIF格式的倾向。像GIF 一样，PNG也使用无损压缩方式来减小文件的尺寸。越来越多的软件开始支持这一格式，有可能不久的将来它将会在整个Web上流行。

PNG图像可以是灰阶的（位深可达16bit）或彩色的（位深可达48bit），为缩小文件尺寸，它还可以是8bit的索引色。PNG使用新的、高速的交替显示方案，可以迅速地显示，只要下载1/64的图像信息就可以显示出低分辨率的预览图像。与GIF不同，PNG格式不支持动画。

PNG用于存储的Alpha通道定义文件中的透明区域，在将文件存储为PNG格式之前，要删除那些除了需要的Alpha通道以外的所有的Alpha通道。

知识链接 常用的图形图像处理软件

在平面设计领域中，较为常用的图形图像处理软件包括Photoshop、Painter、PhotoImpact、Illustrator、CorelDRAW、Flash、Dreamweaver、Fireworks、PageMaker、InDesign和FreeHand等，其中，Painter常用在插画等计算机艺术绘画领域；在网页制作上常用的软件为Flash、Dreamweaver和Fireworks；在印刷出版上多使用PageMaker和InDesign。这些软件分属不同的领域，有着各自的特点，它们之间存在着较强的互补性。

1. PhotoImpact

友立公司的PhotoImpact是一款以个人用户多媒体应用为主的图像处理软件，其主要功能为改善照片品质、进行简易的照片处理，并且支持位图图像和矢量图的无缝组合，打

造3D图像效果，以及在网页图像方面的应用。PhotoImpact内置的各种效果要比Photoshop更加方便，各种自带的效果模板只要双击鼠标即可直接应用，相对于Photoshop来说，PhotoImpact的功能简单，更适合初级用户。

2. Illustrator

Adobe公司的Illustrator是目前使用最为普遍的矢量图形绘图软件之一，它在图像处理上也有着强大的功能。Illustralor与Photoshop连接紧密、功能互补，操作界面也极为相似，深受艺术家、插图画家以及广大计算机美术爱好者的青睐。

3. CorelDRAW

Corel公司的CorelDRAW是一款广为流行的矢量图形绘图软件，它也可以处理位图，在矢量图形处理领域有着非常重要的地位。

4. FreeHand

Macromedia公司的FreeHand是一款优秀的矢量图形绘图软件，它可以处理矢量图形和位图，有着强大的增效功能，可以制作出复杂的图形和标志。在FreeHand中，还可以输出动画和网页。

5. Painter

Corel公司的Painter是最优秀的计算机绘画软件之一，它结合了以Photoshop为代表的位图图像软件和以Illustrator、FreeHand等为代表的矢量图形软件的功能和特点，其惊人的仿真绘画效果和造型效果在业内首屈一指，在图像编辑合成、特效制作、二维绘图等方面均有突出表现。

6. Flash

Adobe公司的Flash是一款广为流行的网络动画软件，它提供了跨平台、高品质的动画，其图像体积小，可嵌入字体与影音文件，常用于制作网页动画、网络游戏、多媒体课件等。

7. Dreamweaver

Adobe公司的Dreamweaver是深受用户欢迎的网页设计和网页编程软件，它提供了网页排版、网站管理工具和网页应用程序自动生成器，可以快速地创建动态网页，在建立互动式网页及网站维护方面提供了完整的功能。

8. Fireworks

Adobe公司的Fireworks是一款小巧灵活的绘图软件，它可以处理矢量图形和位图，常用在网页图像的切割处理上。

9. PageMaker

Adobe公司的PageMaker在出版领域的应用非常广泛。它适合编辑任何出版物，不过由于其基本框架在20世纪80年代制定，经过多年的更新提升后，软件架构已经难以容纳更多的新功能，Adobe公司在2004年已经宣布停止开发PageMaker的升级版本。为了满足专业出版及高端排版市场的实际需求，Adobe公司推出了InDesign。

10. InDesign

Adobe公司的InDesign参考了印刷出版领域的最新标准，把页面设计提升到了全新层次，它用来生产专业、高品质的出版刊物，包括传单、广告、信签、手册、外包装封套、新闻稿、书籍、PDF格式的文档和HTML网页等。InDesign具有强大的制作能力、创作自由度和跨媒体支持的功能。

1.6 Photoshop CC 2018的工作环境

下面介绍Photoshop CC 2018工作区的工具、面板和其他元素。

1.6.1 Photoshop CC 2018的工作界面

Photoshop CC 2018的工作界面的设计非常系统化，便于操作和理解，同时也易于被人们接受，主要由菜单栏、工具箱、状态栏、面板和工作界面等几个部分组成，如图1-24所示。

图1-24　Photoshop CC 2018的工作界面

1.6.2 菜单栏

Photoshop CC 2018共有11个主菜单，如图1-25所示，每个菜单内都包含相同类型的命令。例如，【文件】菜单中包含的是用于设置文件的各种命令，【滤镜】菜单中包含的是各种滤镜。

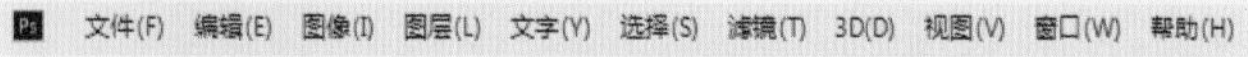

Ps 文件(F) 编辑(E) 图像(I) 图层(L) 文字(Y) 选择(S) 滤镜(T) 3D(D) 视图(V) 窗口(W) 帮助(H)

图1-25 菜单栏

单击一个菜单的名称即可打开该菜单；在菜单中，不同功能的命令之间采用分隔线进行分隔，带有黑色三角标记的命令表示还包含下拉菜单，将光标移动到这样的命令上，即可显示下拉菜单。如图1-26所示为【滤镜】|【模糊】下的子菜单。

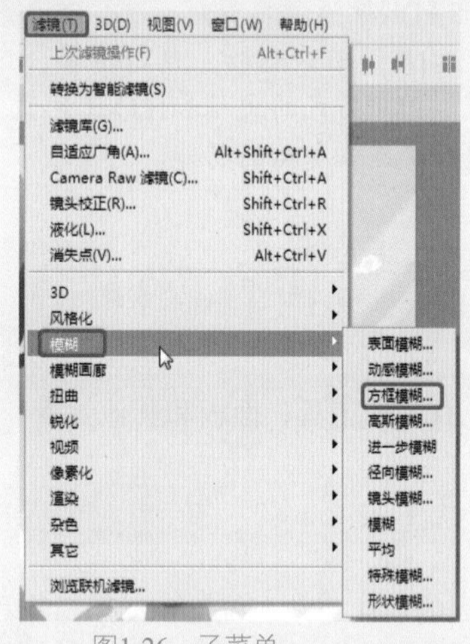

图1-26 子菜单

选择菜单中的一个命令便可以执行该命令，如果命令右侧附有快捷键，则无须打开菜单，直接按下快捷键即可执行该命令。例如，按Alt+Ctrl+I组合键可以执行【图像】|【图像大小】命令，如图1-27所示。

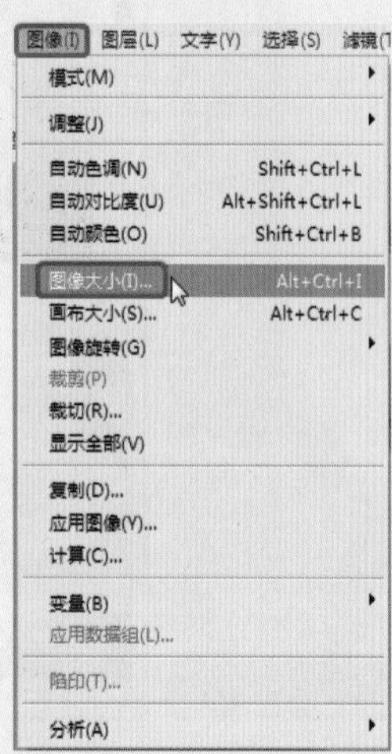

图1-27 带有快捷键的菜单

有些命令只提供了字母，要通过快捷方式执行这样的命令，可以按Alt键+主菜单的字母，使用字母执行命令的操作方法如下。

01 打开一个图像文件，按Alt键，然后按E键，打开【编辑】菜单，如图1-28所示。

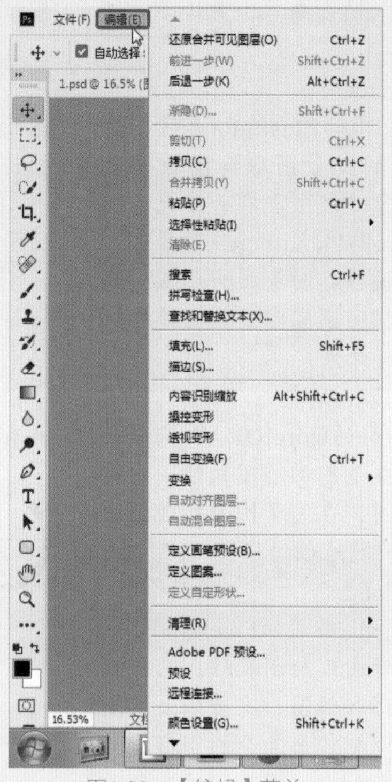

图1-28 【编辑】菜单

02 按L键，即可打开【填充】对话框，如图1-29所示。

图1-29 【填充】对话框

如果一个命令的名称后面带有“...”符号，表示执行该命令时将打开一个对话框，如图1-30所示。

如果菜单中的命令显示为灰色，则表示该命令在当前状态下不能使用。

下拉列表会因所选工具的不同而显示不同的内容。例如，使用【画笔工具】时，显示的下拉列表是画笔选项设置面板，而使用【渐变工具】时，显示的下拉列表则是渐变编辑面板。在图层上单击鼠标右键也可以显示工具菜单，图1-31为当前工具为【裁剪工具】时的工具菜单。

图1-30 后面带有...的命令

图1-31 【裁剪工具】快捷菜单

1.6.3 工具箱

第一次启动应用程序时，工具箱将出现在屏幕的左侧，可通过拖动工具箱的标题栏来移动它。通过选择【窗口】|【工具】命令，用户也可以显示或隐藏工具箱；Photoshop CC 2018的工具箱如图1-32所示。

单击工具箱中的一个工具即可选择该工具，将光标停留在一个工具上，会显示该工具的名称和快捷键，如图1-33所示。我们也可以按工具的快捷键来选择相应的工具。右下角带有三角形图标的工具表示这是一个工具组，在这样的工具上按住鼠标可以显示隐藏的工具，如图1-34所示；将光标移至隐藏的工具上然后放开鼠标．即可选择该工具。

图1-32 工具箱　图1-33 显示工具的名称和快捷键

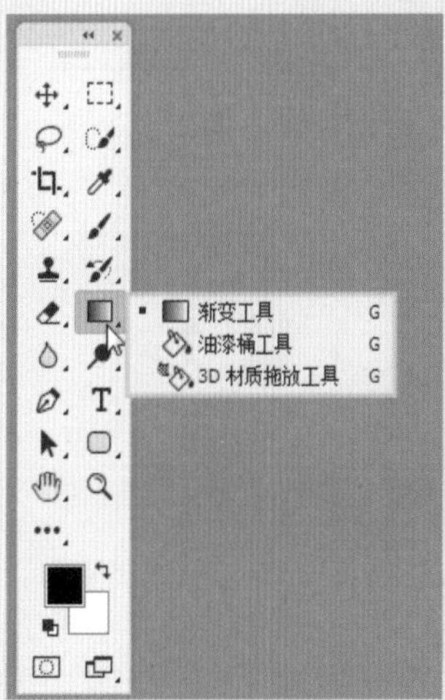

图1-34 显示隐藏工具

1.6.4 工具选项栏

大多数工具的选项都会在该工具的选项栏中显示，选中【移动工具】状态的选项栏如图1-35所示。

图1-35 工具选项栏

选项栏与工具相关，并且会随所选工具的不同而变化。选项栏中的一些设置对于许多工具都是通用的，但是有些设置则专用于某个工具。

1.6.5 面板

使用面板可以监视和修改图像。

选择【窗口】命令，可以控制面板的显示与隐藏。默认情况下，面板以组的方式堆叠在一起，用鼠标左键拖动面板的顶端可以移动面板组，还可以单击面板左侧的各类面板标签打开相应的面板。

用鼠标左键选中面板中的标签，然后拖动到面板以外，就可以从组中移去面板。

1.6.6 图像窗口

通过图像窗口可以移动整个图像在工作区中的位置。图像窗口显示图像的名称、百分比率、色彩模式以及当前图层等信息，如图1-36所示。

图1-36　图像窗口

单击窗口右上角的 ▬ 图标，图标可以最小化图像窗口；单击窗口右上角的 ◻ 图标，可以最大化图像窗口；单击窗口右上角的 × 图标，则可关闭整个图像窗口。

1.6.7 状态栏

状态栏位于图像窗口的底部，它左侧的文本框中显示了窗口的视图比例，如图1-37所示。

16.67%　文档:24.9M/977.1M　〉

图1-37　窗口的视图比例

在文本框中输入百分比值，然后按Enter键，可以重新调整视图比例。

在状态栏上单击时，可以显示图像的宽度、高度、通道数目和颜色模式等信息，如图1-38所示。

图1-38　图像的基本信息

如果按住Ctrl键单击（按住鼠标左键不放），可以显示图像的拼贴宽度等信息，如图1-39所示。

图1-39　图像的信息

单击状态栏中的 ▶ 按钮，弹出如图1-40所示的快捷菜单，在此菜单中可以选择状态栏中显示的内容。

图1-40　弹出的快捷菜单

知识链接　优化工作界面

Photoshop CC 2018提供有标准屏幕模式、带有菜单栏的全屏模式和全屏模式，在工具箱中单击【更改屏幕模式】按钮 ⧉ 或用快捷键F，可实现3种不同模式之间的切换。对于初学者来说，建议使用标准屏幕模式。3 种模式的工作界面如图1-41～图1-43所示。

图1-41 标准模式

图1-42 带有菜单栏的全屏模式

图1-43 全屏模式

实例操作001——自定义彩色菜单命令

如果经常用到某些菜单命令，不妨将其设定为彩色，以便需要时可以快速找到它们。

01 在菜单栏中选择【编辑】|【菜单】命令，弹出【键盘快捷键和菜单】对话框，单击【图像】命令左侧的按钮 〉（单击后，按钮图标显示为 ﹀），展开该菜单，如图1-44所示。

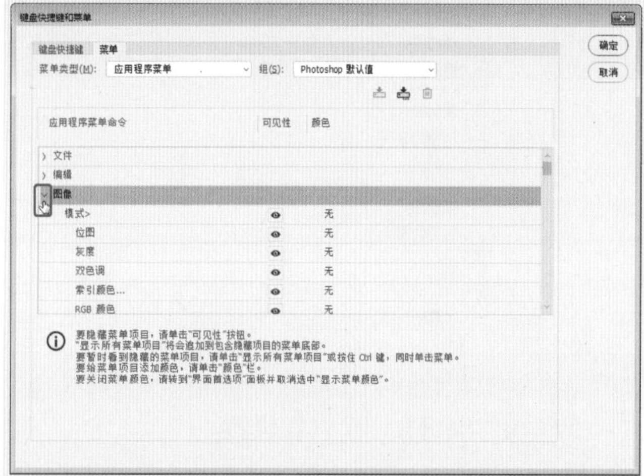
图1-44 单击左侧的 〉 按钮

02 选择【模式】命令，在如图1-45所示的位置单击，在该下拉列表中选择红色。选择【无】表示不为命令设置任何颜色。单击【确定】按钮关闭对话框。

图1-45 设置颜色

03 打开【图像】菜单，可以看到，【模式】命令已经凸显为红色了，如图1-46所示。

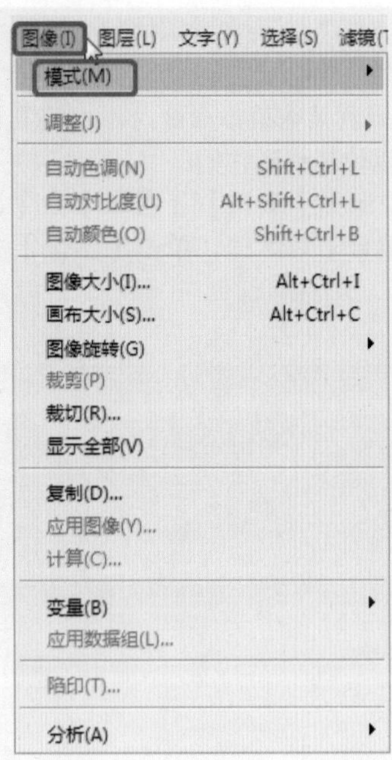

图1-46　更改菜单颜色后的效果

实例操作002——个性化设置

本例将讲解如何对Photoshop软件进行个性化设置，通过对其进行设置可以大大提高工作效率。

01 启动软件后，在菜单栏中选择【编辑】|【首选项】|【常规】命令，弹出【首选项】对话框，如图1-47所示。

图1-47　【首选项】对话框

02 切换到【界面】选项卡，将【颜色方案】设为最后一个色块，其他保持默认值，如图1-48所示。

03 切换到【光标】选项卡，在该界面中可以设置【绘画光标】和【其它光标】，例如将【绘画光标】设置为【标准】，【其它光标】设置为【标准】，如图1-49所示。

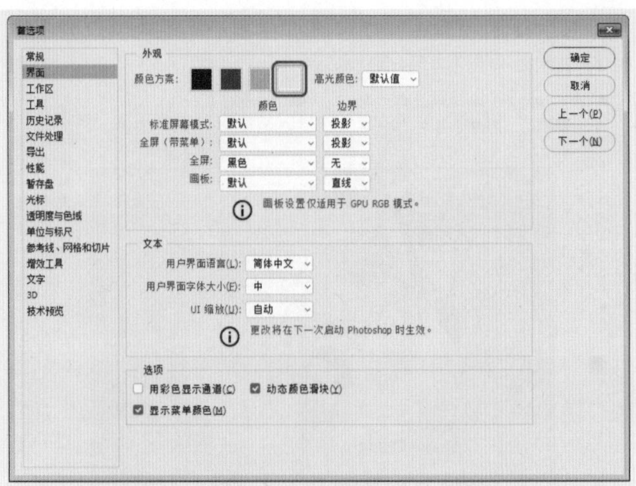

图1-48　设置外观界面

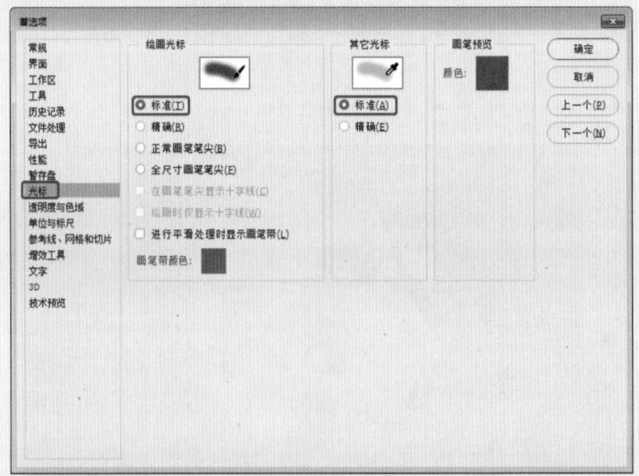

图1-49　设置光标

04 切换到【透明度与色域】选项卡，用户可以根据自己的需要设置【网格大小】和【网格颜色】，如图1-50所示。

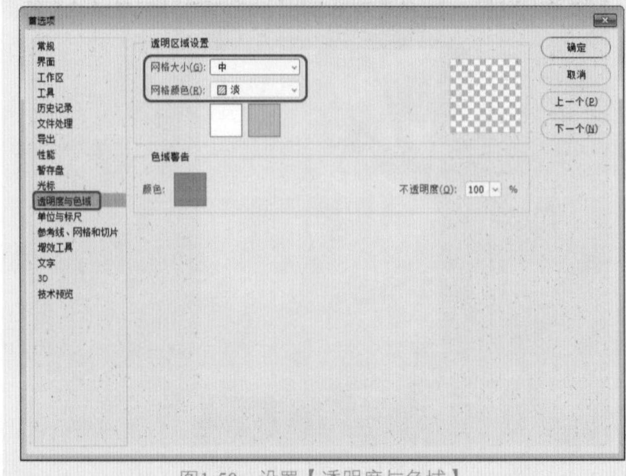

图1-50　设置【透明度与色域】

提示

【绘画光标】：用于设置使用绘图工具时，光标在画面中显示的状态，以及光标中心是否显示十字线。

【其它光标】：用于设置使用其他工具时，光标在画面中显示的状态。

【画笔预览】：用于预览画笔编辑的颜色。

05 切换到【性能】选项卡，在【内存使用情况】选项组中可以设置内存的使用比例，例如设置为70%。【历史记录与高速缓存】选项组可以根据不同文档类型大小设置【历史记录状态】和【高速缓存级别】，设置完成后单击【确定】按钮，如图1-51所示。

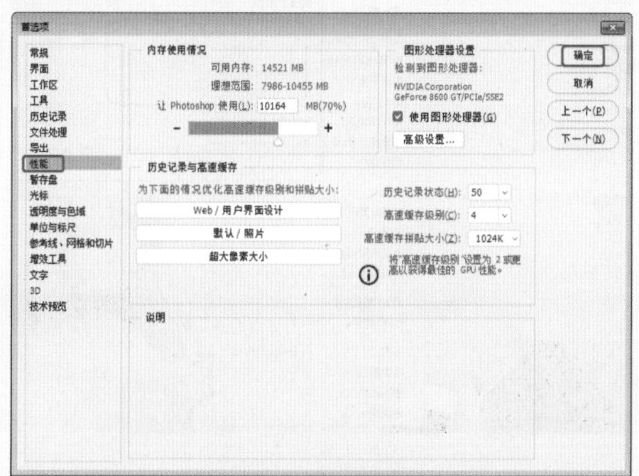

图1-51 设置【性能】

提示

【内存使用情况】：显示系统分配给Photoshop软件的内存，可以滑动滑块进行调整。

【历史记录与高速缓存】：设置【历史记录】面板中可以保留的历史记录数量及高速缓存的级别。

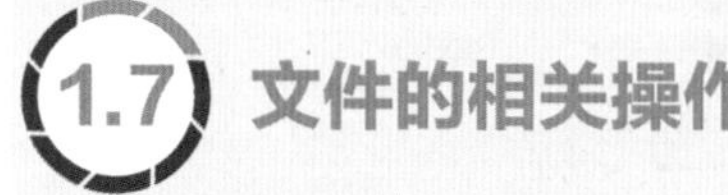

1.7 文件的相关操作

本节将讲解Photoshop CC 2018中新建文档、打开文档、保存文档、关闭文档的方法。

1.7.1 实战：新建空白文档

新建Photoshop空白文档的具体操作步骤如下。

01 在菜单栏中选择【文件】|【新建】命令，打开【新建文档】对话框，将【宽度】和【高度】均设置为500像素，将【分辨率】设置为72像素/英寸，将【颜色模式】设置为【RGB颜色/8位】，将【背景内容】设置为【白色】，如图1-52所示。

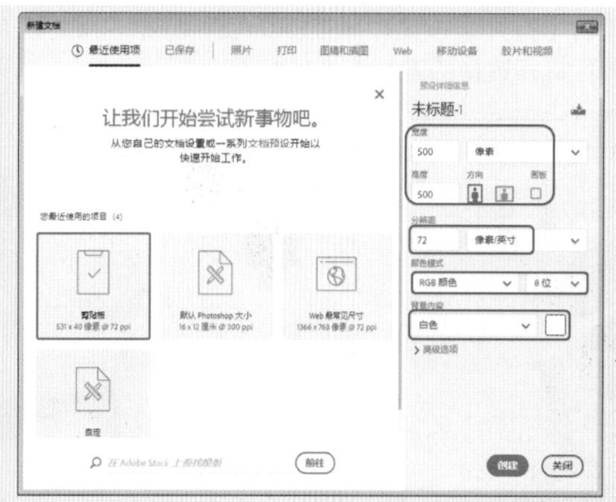

图1-52 【新建文档】对话框

02 设置完成后，单击【创建】按钮，即可新建空白文档，如图1-53所示。

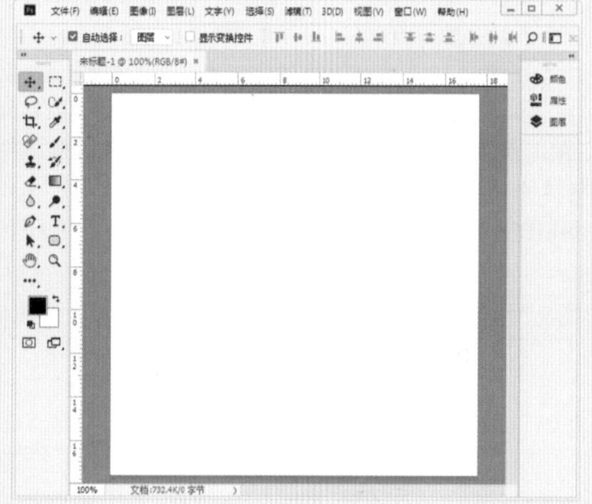

图1-53 新建的空白文档

1.7.2 实战：打开文档

下面介绍打开文档的具体操作步骤。

01 按Ctrl+O组合键，弹出【打开】对话框，选择“素材\Cha01\图片1.jpg”素材文件，如图1-54所示。

图1-54 【打开】对话框

02 单击【打开】按钮，或按Enter键，或双击鼠标左键，即可打开选择的素材图像，如图1-55所示。

图1-55　打开素材图像

提示

在菜单栏中选择【文件】|【打开】命令，如图1-56所示。在工作区域内双击也可以打开【打开】对话框。按住Ctrl键单击需要打开的文件，可以打开多个不相邻的文件；按住Shift键单击需要打开的文件，可以打开多个相邻的文件。

图1-56　选择【打开】命令

1.7.3　实战：保存文档

保存文档的具体操作步骤如下。

01 继续上面的操作，在菜单栏中选择【图像】|【调整】|【亮度/对比度】命令，勾选【使用旧版】复选框，将【亮度】、【对比度】设置为−15、35，单击【确定】按钮，如图1-57所示。

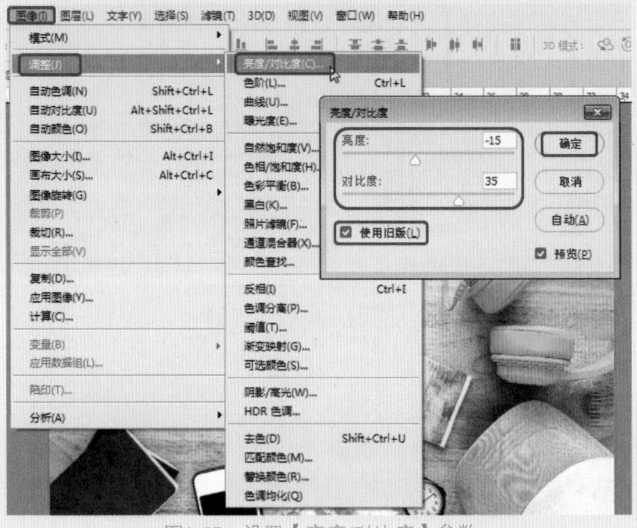

图1-57　设置【亮度/对比度】参数

02 在菜单栏中选择【文件】|【存储为】命令，如图1-58所示。

图1-58　选择【存储为】命令

03 在弹出的【另存为】对话框中设置保存路径、文件名以及文件类型，如图1-59所示，单击【保存】按钮。

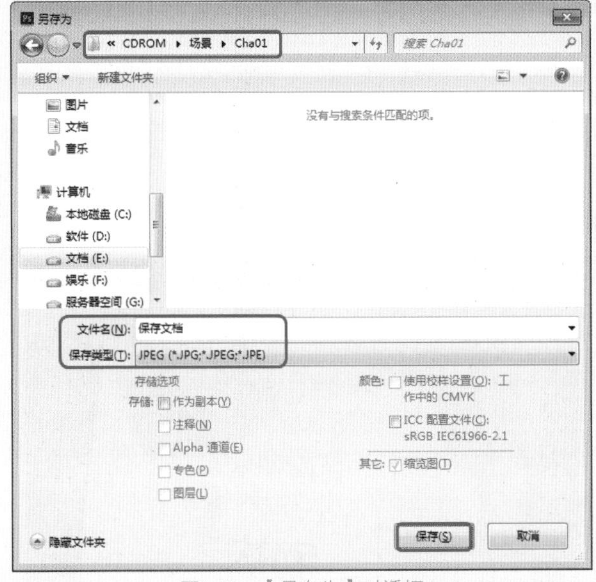

图1-59　【另存为】对话框

04 在弹出的【JPEG选项】对话框中将【品质】设置为12，单击【确定】按钮，如图1-60所示。

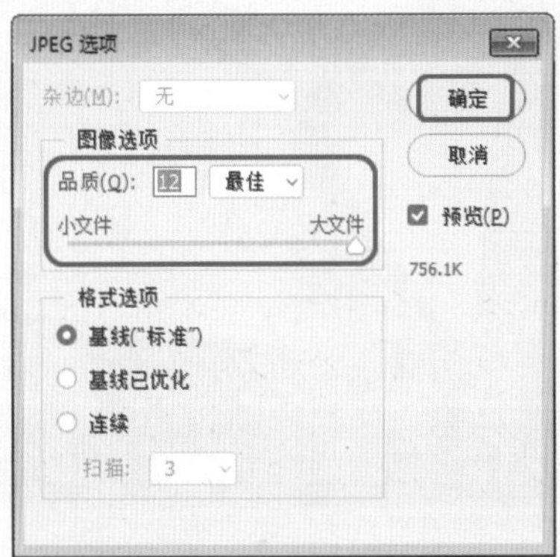

图1-60　设置【品质】参数

提示

如果用户不希望在原图像上进行保存，可单击【文件】按钮后在弹出的下拉菜单中选择【存储为】选项，或按Shift+Ctrl+S组合键打开【另存为】对话框。

1.7.4　实战：关闭文档

关闭文档的方法如下。

- 单击【保存文档】右侧的 × 按钮，即可关闭当前文档，如图1-61所示。
- 在菜单栏中选择【文件】|【关闭】命令，可关闭当前文档。
- 按Ctrl+W组合键可快速关闭当前文档。

图1-61　关闭文档

实例操作003——创建自定义工作区

01 在【窗口】菜单中将需要的面板打开，将不需要的面板关闭，再将打开的面板分类组合，如图1-62所示。

图1-62　调整工作区

02 在菜单栏中选择【窗口】|【工作区】|【新建工作区】命令，在弹出的对话框中输入工作区的名称，如图1-63所示。

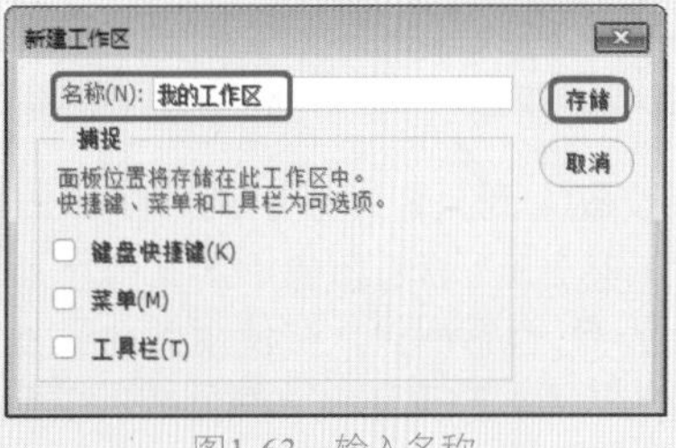

图1-63　输入名称

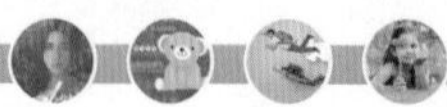

03 默认情况下只储存面板的位置，也可以将键盘快捷键和菜单的当前状态保存到自定义的工作区中，单击【存储】按钮关闭对话框。来看一下怎样调用该工作区，在菜单栏中选择【窗口】|【工作区】命令，如图1-64所示，可以看到创建的工作区就在菜单中，选择【我的工作区】命令即可转换为该工作区。

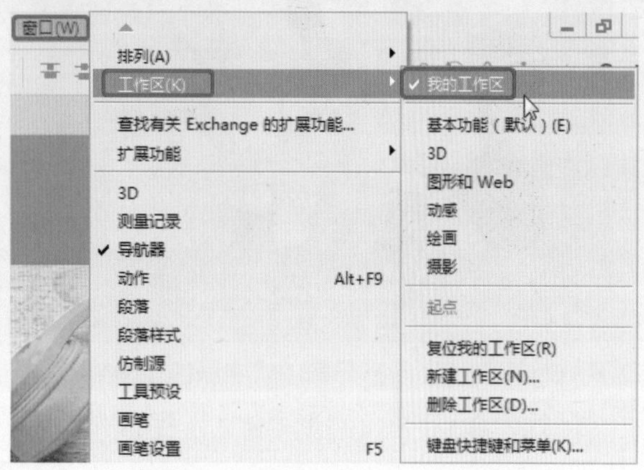

图1-64　选择【我的工作区】命令

1.8 查看图像

在Photoshop中处理图像时，会频繁地在图像的整体和局部之间来回切换，通过对局部的修改来达到最终的效果。该软件中提供了几种图像查看命令，用于完成这一系列的操作。

1.8.1　放大与缩小图像

利用【缩放工具】可以实现对图像的缩放查看，使用【缩放工具】拖动想要放大的区域，即可对局部区域进行放大。

还可以通过快捷键来实现放大或缩小图像，如：使用Ctrl++组合键可以以画布为中心放大图像，使用Ctrl+−组合键可以画布为中心缩小图像，使用Ctrl+0组合键可以最大化显示图像，使图像填满整个图像窗口。

1.8.2　抓手工具

当图像被放大到只能够显示局部图像的时候，可以使用【抓手工具】查看图像中的某一个部分。除使用【抓手工具】查看图像，在使用其他工具时按空格键拖动鼠标就可以显示所要显示的部分，可以拖动水平和垂直滚动条来查看图像。

1.9 标尺

利用标尺可以精确地定位图像中的某一点以及创建参考线。

在菜单栏中选择【视图】|【标尺】命令，也可以通过按Ctrl+R组合键显示标尺，如图1-65所示。

图1-65　显示标尺

标尺会出现在当前窗口的顶部和左侧，标尺内的虚线可显示出当前鼠标所处的位置。如果想要更改标尺原点，可以从图像上的特定点开始度量，在左上角按住鼠标拖动到特定的位置后释放鼠标，即可改变原点的位置。

1.10 上机练习——置入AI格式文件

下面将通过实例来讲解置入AI格式文件的方法，其具体操作步骤如下。

01 打开“素材\Cha01\情人节海报.jpg”素材文件，如图1-66所示。

图1-66 打开素材文件

02 在菜单栏中选择【文件】|【置入嵌入对象】命令，如图1-67所示。

图1-67 选择【置入嵌入对象】命令

03 弹出【置入嵌入的对象】对话框，选择“素材\Cha01\花.ai”素材文件，单击【置入】按钮，如图1-68所示。

图1-68 选择素材文件

04 弹出【打开为智能对象】对话框，单击【确定】按钮，如图1-69所示。

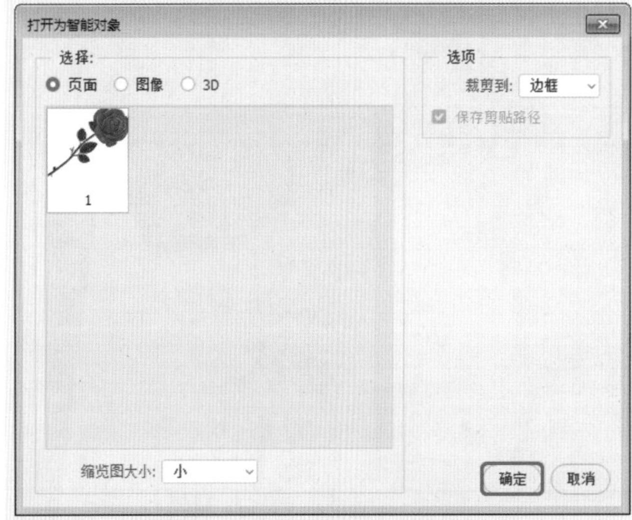

图1-69 【打开为智能对象】对话框

05 在素材文件上单击鼠标右键，在弹出的快捷菜单中选择【水平翻转】命令，如图1-70所示。

06 调整玫瑰花的位置，按Enter键，效果如图1-71所示。

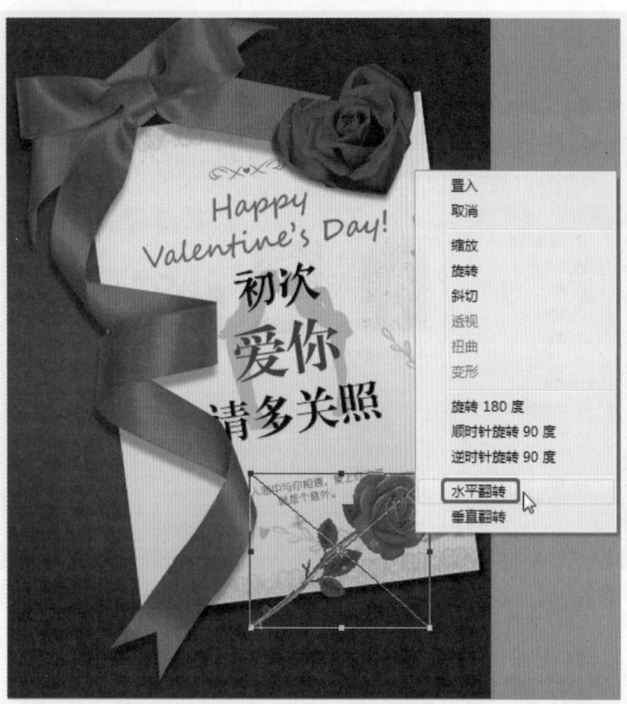

图1-70 选择【水平翻转】命令

图1-71 调整玫瑰花的位置

1.11 思考与练习

1. Photoshop 的操作界面主要包括哪些部分？
2. 分辨率指的是什么？

第2章 图像选区的创建与编辑

本章主要介绍使用各种工具对图像选区进行创建、编辑、填充以及对拾色器的运用，从而实现对Photoshop CC 2018的熟练操作。

2.1 使用工具创建几何选区

Photoshop中有很多创建选区的工具，其中包括【矩形选框工具】、【椭圆选框工具】、【单行选框工具】和【单列选框工具】。

2.1.1 实战：矩形选框工具

【矩形选框工具】用来创建矩形和正方形选区，下面将介绍矩形选框工具的基本操作。

01 启动Photoshop CC 2018，打开“素材\Cha02\矩形选框素材01.jpg”和“矩形选框素材02.psd”文件，如图2-1、图2-2所示。

图2-1 矩形选框素材01

图2-2 矩形选框素材02

02 在工具箱中选择【矩形选框工具】，在属性栏中使用默认参数，然后在【矩形选框素材02.psd】文件左上角单击并向右下角拖动，框选第一个矩形空白区域，创建一个矩形选区，如图2-3所示。

03 创建完成后，将鼠标指针移至选区中，当鼠指针标变为形状时，单击鼠标并拖动，将其移动至素材【矩形选框素材01.jpg】文件中，并调整其位置，如图2-4所示。

图2-3 创建选区后的效果图

图2-4 绘制正方形选区

04 调整完成后，选中工具箱的【移动工具】，将画面矩形选区中的图像拖动至白框中合适位置，效果如图2-5所示。

图2-5 调整图像位置

05 使用相同的方法继续进行操作，完成后的效果如图2-6所示。

图2-6 完成后的效果

> 提示
> 按键盘上的M键，可以快速选择【矩形选框工具】，按住Alt键即可以光标所在位置为中心绘制选区。

使用【矩形选框工具】也可以绘制正方形，下面介绍正方形的绘制。

01 启动Photoshop CC 2018，打开“素材\Cha02\绘制正方形选

区.jpg”文件，如图2-7所示。

图2-7　选择素材

02 单击工具箱中的【矩形选框工具】，配合键盘上的Shift键在图片中创建选区，即可绘制正方形，如图2-8所示。

图2-8　绘制完成的正方形选区

> 提示
> 按住Alt+Shift组合键可以光标所在位置为中心创建正方形选区。

> 提示
> 如果当前的图像中存在选区，就应该在创建选区的过程中再按下Shift或Alt键；如果创建选区前按下按键，则新建的选区会与原有的选区发生运算。

实例操作001——将图像放置到相框中

本例将介绍一种相框照片的制作方法。通过使用【矩形选框工具】选取照片，然后将其拖动至相框模板中，从而完成效果图的制作，效果如图2-9所示。

01 打开“素材\Cha02\相框.psd”和“照片.jpg”素材文件，如图2-10、图2-11所示。

图2-9　相框　　图2-10　打开素材文件

图2-11　打开素材文件

02 在“相框.psd”素材文件中，选择【背景】图层，单击【矩形选框工具】按钮，选取如图2-12所示的区域。

03 拖动选区到“照片.jpg”之中，在菜单栏中选择【选择】|【变换选区】命令，调整选区的比例，按Enter键确认变换，如图2-13所示。

04 使用【移动工具】，将照片中所选取的部位移动到“相框.psd”文件之中，如图2-14所示。

图2-12 选取区域图

图2-13 拖动并变换选区

图2-14 移动图片

05 按Ctrl+T组合键调整图片大小，如图2-15所示，调整完成后按Enter键确认变换。

图2-15 调整图片大小

2.1.2 实战：椭圆选框工具

【椭圆选框工具】用于创建椭圆形和圆形选区，如篮球、乒乓球和盘子等。该工具的使用方法与【矩形选框工具】完全相同。【椭圆选区工具】选项栏与【矩形选框工具】选项栏的选项相同，但是该工具增加了【消除锯齿】功能，由于像素为正方形并且是构成图像的最小元素，所以当创建圆形或者多边形等不规则图形选区时很容易出现锯齿效果，此时勾选该复选框，会自动在选区边缘1像素的范围内添加与周围相近的颜色，这样就可以使产生锯齿的选区变得平滑。

下面通过实例来具体介绍【椭圆选区工具】的操作方法。

01 启动Photoshop CC 2018，打开“素材\Cha02\椭圆选框工具01.jpg”和“椭圆选框工具02.jpg”文件，如图2-16、图2-17所示。

图2-16 椭圆选框工具01

图2-17　椭圆选框工具02

02 选择工具箱中的【椭圆选框工具】，在选项栏中使用默认参数，然后在“椭圆选框工具01.jpg”文件中按住Shift+Alt组合键沿球体绘制选区，绘制完成后在选区中单击鼠标右键，在弹出的菜单中选择【变换选区】命令，如图2-18所示。

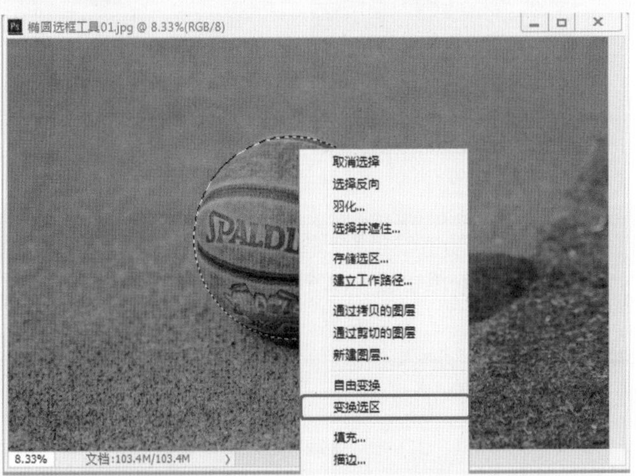

图2-18　选择【变换选区】命令

03 选择【变换选区】命令后，选区四周会出现句柄，拖动句柄更改圆形选区大小并调整其位置，如图2-19所示。

> **提示**
> 在绘制椭圆选区时，按住Shift键的同时拖动鼠标可以创建圆形选区；按住Alt键的同时拖动鼠标会以光标所在位置为中心创建选区；按住Alt+Shift组合键同时拖动鼠标，会以光标所在位置点为中心绘制圆形选区。

图2-19　调整后的选区

04 调整完成后，按Enter键，选中工具箱的【移动工具】，将画面中圆形选区中的图像拖动至“椭圆选框工具02.jpg”文件中的合适位置，并按Ctrl+T组合键调整其大小及位置，效果如图2-20所示。

图2-20　调整后的效果

2.1.3　实战：单行选框工具

【单行选框工具】只能创建高度为1像素的行选区。下面通过实例来了解创建行选区的方法。

01 启动Photoshop CC 2018，打开“素材\Cha02\单行选框工具素材.jpg”文件，如图2-21所示。

图2-21　选择素材文件

02 选择工具箱中的【单行选框工具】，在选项栏中使用默认参数，然后在素材图像中单击即可创建水平选区，效果如图2-22所示。

图2-22　创建选区

03 选择工具箱中的【矩形选框工具】，然后在工具选项栏中单击【从选区减去】按钮，在图像编辑窗口中单击并拖动绘制选区，将不需要的选区用矩形框选中，如图2-23所示。

图2-23　创建选区

04 选择完成后释放鼠标，矩形框选中的选区即可被删除，如图2-24所示。

图2-24　删除多余选区

05 设置完成后，单击工具箱中【前景色】色块，在弹出的【拾色器（前景色）】对话框中，将RGB值设置为0、0、0，并单击【确定】按钮，如图2-25所示。

图2-25　【拾色器（前景色）】对话框

06 按Alt+Delete组合键，填充前景色，然后再按Ctrl+D组合键取消选区，最终效果如图2-26所示。

图2-26　填充颜色后的效果

2.1.4 单列选框工具

【单列选框工具】和【单行选框工具】的用法一样，可以精确地绘制一列选区，填充选区后能够得到垂直线，其通常用来制作网格，在版式设计和网页设计中经常使用该工具绘制直线，如图2-27所示。

图2-27 填充颜色后的效果

知识链接 图像的颜色模式

颜色模式决定显示和打印电子图像的色彩模型（简单地说，色彩模型是用于表现颜色的一种数学算法），即一幅电子图像用什么样的方式在计算机中显示或打印输出。

常见的颜色模式包括位图模式、灰度模式、双色调模式、HSB（表示色相、饱和度、亮度）模式、RGB（表示红、绿、蓝）模式、CMYK（表示青、洋红、黄、黑）模式、Lab模式、索引色模式、多通道模式以及8位/16位模式，每种模式的图像描述、重现色彩的原理及所能显示的颜色数量是不同的。Photoshop的颜色模式基于色彩模型，而色彩模型对于印刷中使用的图像非常有用，可以从以下模式中选取：RGB（红色、绿色、蓝色）、CMYK（青色、洋红、黄色、黑色）、Lab（基于CIE L*a*b）和灰度。

选择【图像】|【模式】命令，打开其子菜单，如图2-28所示。其中包含了各种颜色模式命令，如常见的灰度模式、RGB模式、CMYK模式及Lab模式等，Photoshop也包含了用于特殊颜色输出的索引色模式和双色调模式。

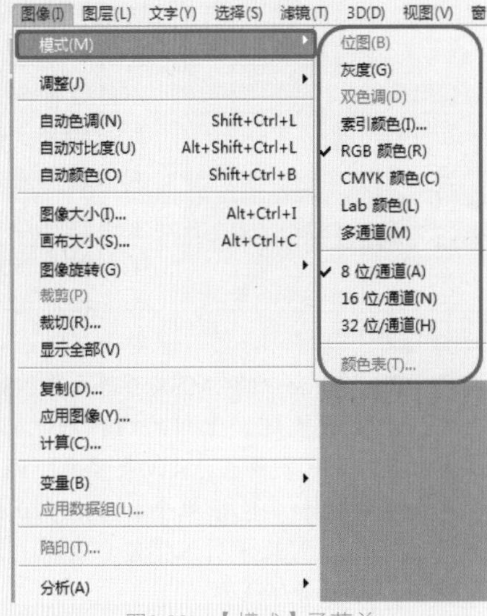

图2-28 【模式】子菜单

1. RGB模式

Photoshop的RGB颜色模式使用RGB模型，对于彩色图像中的每个RGB（红色、绿色、蓝色）分量，为每个像素指定一个0（黑色）~255（白色）的强度值。例如，亮红色的R值为246，G值为020，B值为50。

不同的图像中RGB的各个成分也不尽相同，可能有的图中R（红色）成分多一些，有的B（蓝色）成分多一些。在计算机中，RGB的所谓“多少”就是指亮度，并使用整数来表示。通常情况下，RGB各有256级亮度，用数字表示为从0～255。

当所有分量的值均为255时，结果是纯白色，如图2-29所示；当所有分量的值都为0时，结果是纯黑色，如图2-30所示。

图2-29 纯白色　图2-30 纯黑色

RGB图像使用3种颜色或3个通道在屏幕上重现颜色，如图2-31所示。

图2-31 RGB通道

这3个通道将每个像素转换为24位（8位×3通道）色信息。对于24位图像，可重现多达1670万种颜色；对于48位图像（每个通道16位），则可重现更多的颜色。新建的Photoshop图像的默认模式为RGB，计算机显示器、电视机、投影仪等均使用RGB模式显示颜色，这意味着在使用非RGB颜色模式（如CMYK）时，Photoshop会将CMYK图像插值处理为RGB，以便在屏幕上显示。

2. CMYK颜色模式

当阳光照射到一个物体上时，这个物体将吸收一部分光线，并将剩下的光

图2-32　CMYK通道

线进行反射，反射的光线就是我们所看见的物体颜色。这是一种减色色彩模式，同时也是与RGB模式的根本不同之处。不但我们看物体的颜色时用到了这种减色模式，而且在纸上印刷时应用的也是这种减色模式。按照这种减色模式，就衍变出了适合印刷的CMYK色彩模式。Photoshop中的CMYK通道如图2-32所示。

CMYK代表印刷上用的四种颜色：C代表青色，M代表洋红色，Y代表黄色，K代表黑色。因为在实际引用中，青色、洋红色和黄色很难叠加形成真正的黑色，最多不过是褐色而已。因此才引入了K（黑色）。黑色的作用是强化暗调，加深暗部色彩。

CMYK模式是最佳的打印模式，RGB模式尽管色彩多，但不能完全打印出来。那么是不是在编辑的时候就采用CMYK模式呢？其实不是，用CMYK模式编辑虽然能够避免色彩的损失，但运算速度很慢。主要的原因如下。

（1）即使在CMYK模式下工作，Photoshop也必须将CMYK模式转变为显示器所使用的RGB模式。

（2）对于同样的图像，RGB模式只需要处理三个通道，而CMYK模式则需要处理四个。

由于用户所使用的扫描仪和显示器都是RGB设备，所以无论什么时候使用CMYK模式工作，都有把RGB模式转换为CMYK模式这样一个过程。

RGB通道灰度图较白表示亮度较高，较黑表示亮度较低，纯白表示亮度最高，纯黑表示亮度为0。图2-33所示为RGB模式下通道明暗的含义。

图2-33　RGB模式下通道明暗的含义

CMYK通道灰度图较白表示油墨含量较低，较黑表示油墨含量较高，纯白表示完全没有油墨，纯黑表示油墨浓度最高。图2-34所示为CMYK模式下通道明暗的含义。

图2-34　CMYK模式下通道明暗的含义

3. Lab 颜色模式

Lab 颜色模式是在1931年国际照明委员会（CIE）制定的颜色度量国际标准模型的基础上建立的，1976年，该模型经过重新修订后被命名为CIE L*a*b。

Lab颜色模式与设备无关，无论使用何种设备（如显示器、打印机、计算机或扫描仪等）创建或输出图像，这种模式都能生成一致的颜色。

Lab颜色模式是Photoshop在不同颜色模式之间转换时使用的中间颜色模式。

Lab颜色模式将亮度通道从彩色通道中分离出来，成为了一个独立的通道。将图像转换为Lab颜色模式，然后去掉色彩通道中的a、b通道而保留亮度通道，就能获得100%逼真的图像亮度信息，得到100%准确的黑白效果。

4. 灰度模式

所谓灰度图像，就是指纯白、纯黑以及两者中的一系列从黑到白的过渡色，大家平常所说的黑白照片、黑白电视实际上都应该称为“灰度色”才确切。灰度色中不包含任何色相，即不存在红色、黄色这样的颜色。灰度的通常表示方法是百分比，范围为0%～100%。在Photoshop中只能输入整数，百分比越高颜色越偏黑，百分比越低颜色越偏白。

灰度最高相当于最高的黑，就是纯黑，灰度为100%时为黑色，如图2-35所示。灰度最低相当于最低的黑，也就是没有黑色，那就是纯白，灰度为0%时为白色，如图2-36所示。

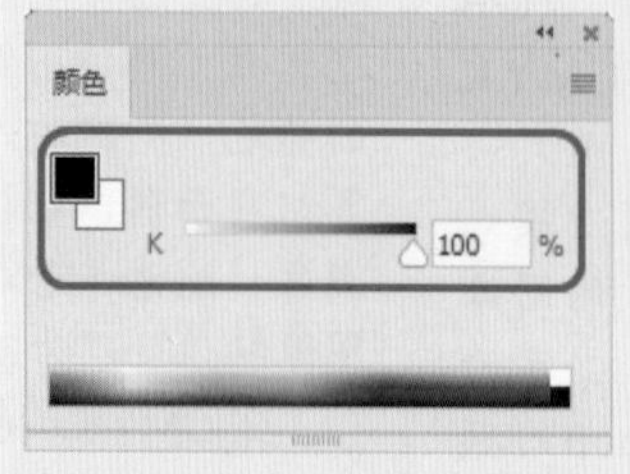

图2-35　灰度为100%时呈黑色

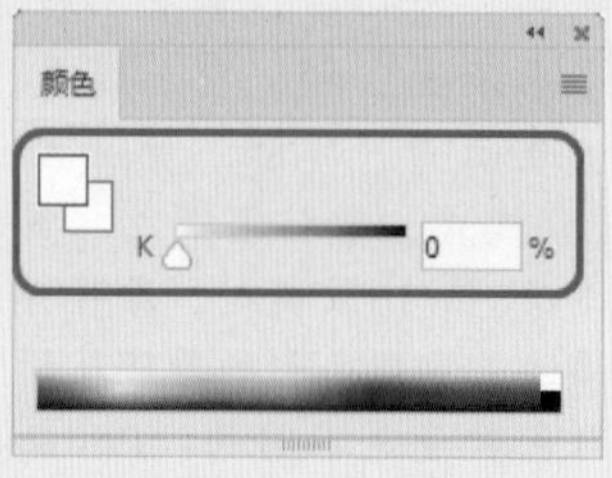

图2-36　灰度为0%时呈白色

当灰度图像是从彩色图像模式转换而来时，灰度图像反映的是原彩色图像的亮度关系，即每个像素的灰阶对应着原像素的亮度，如图2-37所示。

在灰度图像模式下，只有一个描述亮度信息的通道，即灰色通道，如图2-38所示。

图2-37　RGB图像与灰度图像　　图2-38　灰度模式下的通道

5. 位图模式

在位图模式下，图像的颜色容量是1位，即每个像素的颜色只能在两种深度的颜色中选择，不是“黑”就是“白”，其相应的图像也就是由许多个小黑块和小白块组成。

确认当前图像处于灰度的图像模式下，在菜单栏中选择【图像】|【模式】|【位图】命令，打开【位图】对话框，如图2-39所示，在该对话框中可以设定转换过程中的减色处理方法。

图2-39　【位图】对话框

【位图】对话框中各个选项的介绍如下。

- 【分辨率】：用于在【输出】中设定转换后图像的分辨率。
- 【方法】：在转换的过程中，可以使用5种减色处理方法。【50%阈值】会将灰度级别大于50%的像素全部转换为黑色，将灰度级别小于50%的像素转换为白色；【图案仿色】会在图像中产生明显的较暗或较亮的区域；【扩散仿色】会产生一种颗粒效果；【半调网屏】是商业中经常使用的一种输出模式；【自定图案】可以根据定义的图案来减色，使得转换更为灵活、自由。图2-40为选择【扩散仿色】选项时的效果。

图2-40　【扩散仿色】效果

在位图图像模式下，图像只有一个图层和一个通道，滤镜全部被禁用。

6. 索引颜色模式

索引颜色模式用最多256种颜色生成8位图像文件。当图像转换为索引颜色模式时，Photoshop将构建一个256种颜色查找表，用以存放索引图像中的颜色。如果原图像中的某种颜色没有出现在该表中，程序将选取最接近的一种或使用仿色来模拟该颜色。

索引颜色模式的优点是它的文件可以做得非常小，同时保持视觉品质不单一，非常适于用来做多媒体动画和Web页面。在索引颜色模式下只能进行有限的编辑，若要进一步进行编辑，则应临时转换为RGB颜色模式。索引颜色文件可以存储为Photoshop、BMP、GIF、Photoshop EPS、大型文档格式（PSB）、PCX、Photoshop PDF、Photoshop Raw、Photoshop2. 0、PICT、PNG、Targa或TIFF等格式。

在菜单栏中选择【图像】|【模式】|【索引颜色】命令，即可弹出【索引颜色】对话框，如图2-41所示。

图2-41　【索引颜色】对话框

【索引颜色】对话框中各个选项的介绍如下。

- 【调板】下拉列表框：用于选择在转换为索引颜色时使用的调色板，例如需要制作Web网页，则可选择Web调色板。还可以设置强制选项，将某些颜色强制加入到颜色列表中，例如选择黑白，就可以将纯黑和纯白强制添加到颜色列表中。
- 【选项】选项组：在【杂边】下拉列表框中，可指定用于消除图像锯齿边缘的背景色。

在索引颜色模式下，图像只有一个图层和一个通道，滤镜全部被禁用。

7. 双色调模式

双色调模式可以弥补灰度图像的不足，灰度图像虽然拥有256种灰度级别，但是在印刷输出时，印刷机的每滴油墨最多只能表现出50种左右的灰度，这意味着如果只用一种黑色油墨打印灰度图像，图像将非常粗糙。

如果混合另一种、两种或三种彩色油墨，因为每种油墨都能产生50种左右的灰度级别，所以理论上至少可以表现出5050种灰度级别，这样打印出来的双色调、三色调或四色调图像就能表现得非常流畅了。这种靠几盒油墨混合打印的方法被称之为“套印”。

一般情况下，双色调套印应用较深的黑色油墨和较浅的灰色油墨进行印刷。黑色油墨用于表现阴影，灰色油墨用于表现中间色调和高光，但更多的情况是将一种黑色油墨与一种彩色油墨配合，用彩色油墨来表现高光区。利用这一技术能给灰度图像轻微上色。

由于双色调使用不同的彩色油墨重新生成不同的灰阶，因此在Photoshop中将双色调视为单通道、8位的灰度图像。在双色调模式中，不能像在RGB、CMYK和Lab模式中那样直接访问单个的图像通道，而是通过【双色调选项】对话框中的曲线来控制通道，如图2-42所示。

【双色调选项】对话框中各个选项的介绍如下。

图2-42 【双色调选项】对话框

- 【类型】下拉列表框：用于从单色调、双色调、三色调和四色调中选择一种套印类型。
- 【油墨】选项：选择了套印类型后，即可在各色通道中用曲线工具调节套印效果。

2.2 创建不规则选区

本节介绍不规则选区的创建，其中主要用到的包括【套索工具】、【多边形套索工具】、【磁性套索工具】和【魔棒工具】。

2.2.1 实战：套索工具

【套索工具】用来徒手绘制选区，因此，创建的选区具有很强的随意性，无法使用它来准确地选择对象，但它可以用来处理蒙版，或者选择大面积区域内的漏选对象。如果没有移动到起点处就放开鼠标，则Photoshop会在起点与终点处连接一条直线来封闭选区。

下面让我们来学习一下【套索工具】的使用方法。

01 启动Photoshop CC 2018，打开“素材\Cha02\套索工具.jpg”文件，如图2-43所示。

图2-43 打开素材文件

02 选择工具箱中的【套索工具】，在选项栏中使用默认参数，然后在图片中进行绘制选区，如图2-44所示。

图2-44 绘制选区

2.2.2 实战：多边形套索工具

【多边形套索工具】可以创建由直线连接的选区，它适合选择边缘为直线的对象。下面通过实例来学习一下它的使用方法。

01 启动Photoshop CC 2018，打开“素材\Cha02\多边形套索工具.jpg”文件，如图2-45所示。

02 在工具箱中选择【多边形套索工具】，使用该工具选项栏中的默认值，然后在对象边缘的各个拐角处单击绘制选区，如图2-46所示。

> 提示
> 如果在操作时绘制的直线不够准确，连续按Delete键可依次向前删除。如果要删除所有直线段，可以按住Delete键不放或者按Esc键。

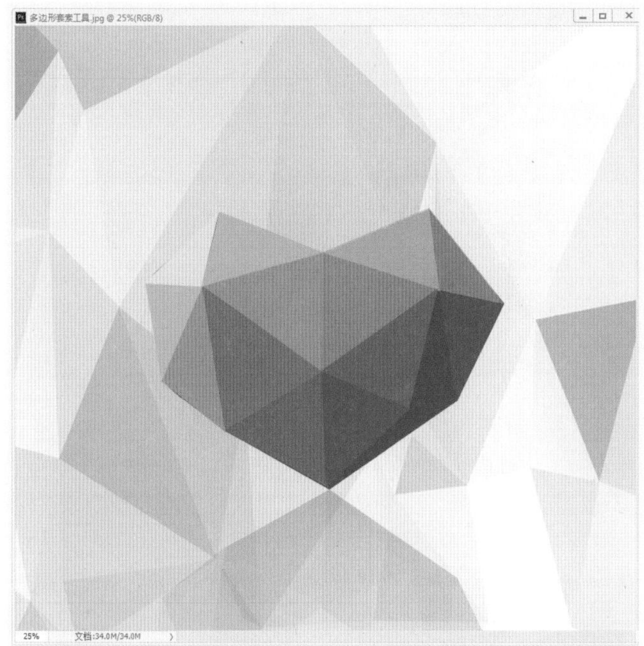

图2-45　打开素材文件

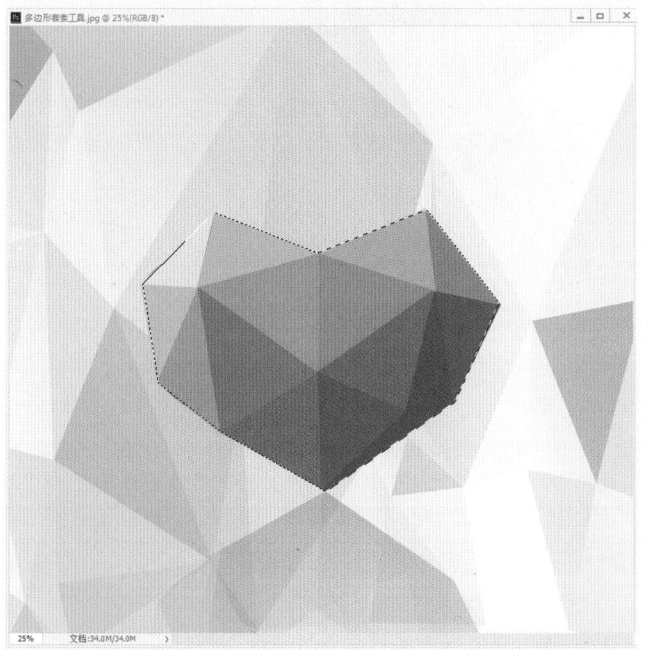

图2-46　用【多边形套索工具】绘制选区

实例操作002——制作婚纱照片海报

本例将介绍一种婚纱照片的制作方法。通过使用【多边形套索工具】选取人物照片，然后将其拖动至婚纱模板中，从而完成效果图的制作，效果如图2-47所示。

图2-47　一生挚爱

01 打开“素材\Cha01\一生挚爱-素材.psd”素材文件和“一生挚爱-素材02.jpg”素材文件，如图2-48、图2-49所示。

图2-48　打开素材文件1

图2-49　打开素材文件2

02 选择【多边形套索工具】，在“一生挚爱-素材02.jpg”素材文件中选取如图2-50所示的区域。

图2-50　选取区域

03 选择【移动工具】，将选取的区域移动至素材文档中，按Ctrl+T组合键调整其大小和位置，调整完成后按Enter键确认变换，效果如图2-51所示。

图2-51　最终效果

2.2.3　磁性套索工具

【磁性套索工具】能够自动检测和跟踪对象的边缘，如果对象的边缘较为清晰，并且与背景的对比也比较明显，使用它可以快速选择对象。

1. 绘制选区

下面通过实例来介绍一下该工具的使用方法。

01 启动Photoshop CC 2018，打开“素材\Cha02\磁性套索工具.jpg”文件，如图2-52所示。

02 选择【磁性套索工具】，使用选项栏中的默认值，然后沿着图边缘绘制选区，如图2-53所示。如果想要在某一位置放置一个锚点，可以在该处单击。按Delete键可依次删除前面的锚点。

图2-52　打开素材文件

图2-53　用【磁性套索工具】绘制选区

> 提示　在使用【磁性套索工具】时，按住Alt键在其他区域单击，可切换为【多边形套索工具】创建直线选区；按住Alt键单击鼠标左键并拖动鼠标，则可以切换为【套索工具】绘制自由形状的选区。

2. 磁性套索工具的选项栏

如图2-54所示为磁性套索工具的选项栏。

羽化：0 像素　消除锯齿　宽度：10 像素　对比度：10%　频率：57　选择并遮住...

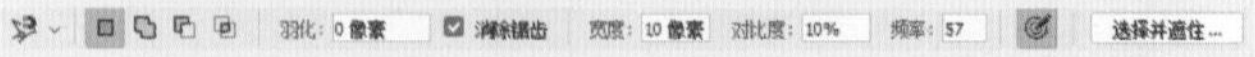

图2-54　磁性套索工具的选项栏

- 【宽度】：宽度值决定了以光标为基准，周围有多少个像素能够被工具检测到。如果对象的边界清晰，可以选择较大的宽度值；如果边界不清晰，则选择较小的宽度值。
- 【对比度】：用来检测设置工具的灵敏度，较高的数值只检测与它们的环境对比鲜明的边缘；较低的数值则检测低对比度边缘。

- 【频率】：在使用【磁性套索工具】创建选区时，会跟随产生很多锚点，频率值就决定了锚点的数量，该值越大设置的锚点数越多。
- 【使用绘图板压力以更改钢笔宽度】：如果计算机配置有手绘板和压感笔，可以激活该按钮，增大压力将会导致边缘宽度减小。

实例操作003——动感跑酷效果

本例的制作主要是通过对素材的选取，对素材背景使用【动感模糊】命令，将素材变为动态效果，其完成后的效果如图2-55所示，具体操作步骤如下。

图2-55　跑酷效果

01 启动Photoshop CC 2018，按Ctrl+O组合键，弹出【打开】对话框，打开“素材\Cha02\动感跑酷.jpg”文件，如图2-56所示。

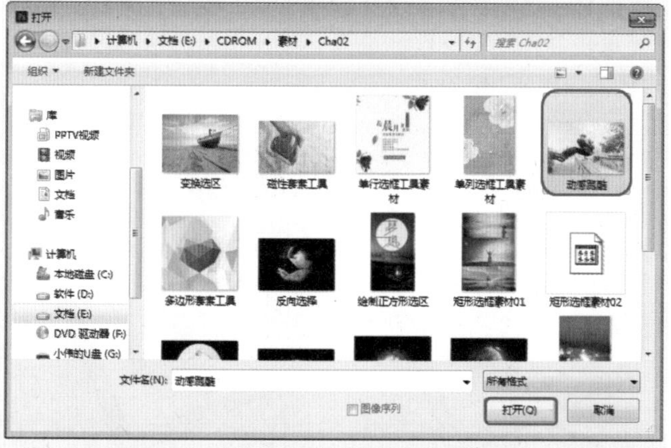

图2-56　选择素材文件

02 选择【磁性套索工具】，对人物绘制选区，如图2-57所示。

图2-57　创建选区

03 打开【图层】面板，按Ctrl+J组合键，对选区进行复制，如图2-58所示。

04 选择【背景】图层，在菜单栏中选择【滤镜】|【模糊】|【动感模糊】命令，弹出【动感模糊】对话框，将【角度】设置为20度，将【距离】设置为50像素，然后单击【确定】按钮，如图2-59所示。

图2-58　复制图层

图2-59　【动感模糊】对话框

05 在菜单栏中选择【文件】|【存储为】命令，弹出【另存为】对话框，设置正确的保存路径及格式，单击【保存】按钮，如图2-60所示。

06 弹出提示对话框，单击【确定】即可，如图2-61所示。

图2-60 【另存为】对话框

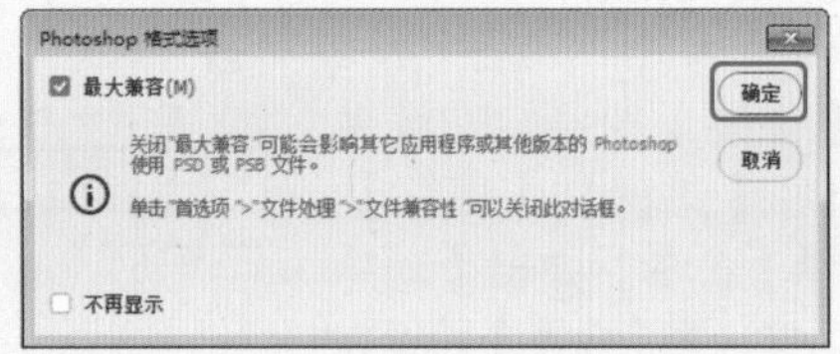
图2-61 【Photoshop格式选项】对话框

2.2.4 实战：魔棒工具

【魔棒工具】能够基于图像的颜色和色调来建立选区，它的使用方法非常简单，只需在图像上单击即可，适合选择图像中较大的单色区域或相近颜色，下面介绍该工具的使用方法。

01 启动Photoshop CC 2018，打开“素材\Cha02\魔棒工具.jpg”素材文件，如图2-62所示。

图2-62 选择素材

02 在工具栏中选择该工具，然后在素材图片中单击，就会显示所选的区域，如图2-63所示。单击的位置不同，所选的区域就不同。

图2-63 用【魔棒工具】绘制选区

提示

使用【魔棒工具】时，若不选择【连续】复选框，则只对连续素材取样；若是选中【连续】复选框，则只对当前单击位置取样，若在使用【魔棒工具】时，按住Shift键的同时单击可以添加选区，按住Alt键的同时单击可以从当前选区中减去，按住Shift+Alt组合键的同时单击可以得到与当前选区相交的选区。

2.2.5 实战：快速选择工具

【快速选择工具】是一种非常直观、灵活和快捷的选择工具，适合选择图像中较大的单色区域。

01 启动Photoshop CC 2018，打开“素材\Cha02\快速选择工具.jpg”素材文件，如图2-64所示。

02 选择工具箱中的【快速选择工具】，在素材文件中单击并拖动鼠标绘制选区，鼠标指针经过的区域即变为选区，如图2-65所示。

图2-64 选择素材

图2-65 用【快速选择工具】绘制选区

使用【快速选择工具】时，除了拖动鼠标来选取图像外，还可以单击鼠标选取图像。如果有漏选的地方，可以按住键盘上的Shift键将新选区添加到原选区中；如果有多选的地方，可以按住Alt键单击选区，将多选的地方从原选区中减去。

2.3 使用命令创建随意选区

本节主要介绍使用命令创建随意选区，主要讲解了【色彩范围】、【全部选择】、【反向选择】、【变换选区】以及【扩大选取】、【选取相似】、【取消选择】与【重新选择】命令的运用。

2.3.1 实战：使用【色彩范围】命令创建选区

本节介绍如何使用【色彩范围】命令。让我们来通过实例熟悉一下它的使用方法。

01 启动Photoshop CC 2018后，打开“素材\Cha02\色彩范围.jpg”素材文件，如图2-66所示。

02 在菜单栏中选择【选择】|【色彩范围】命令，弹出【色彩范围】对话框，在对话框中选中【选择范围】单选按钮，如图2-67所示，透白的部分为选择的区域。

图2-66　选择素材文件

图2-67　【色彩范围】对话框

03 单击【色彩范围】对话框中的【添加到取样】按钮，将【颜色容差】值设置为130，然后将鼠标指针拖至黄色区域中，多次单击鼠标左键，即可选中黄色的全部图像，如图2-68所示。

04 选择完成后单击【确定】按钮，选择的黄色部分就转换为选区，如图2-69所示。

图2-68　选择黄色区域

图2-69　选择后的效果

05 在菜单栏中选择【图像】|【调整】|【色相/饱和度】命令，在弹出的【色相/饱和度】对话框中，将【色相】值设置为-33，将【饱和度】值设置为32，如图2-70所示。

图2-70　【色相/饱和度】对话框

06 设置完成后，单击【确定】按钮，按Ctrl+D组合键取消选区，完成后的效果如图2-71所示。

图2-71 完成的选区效果

2.3.2 实战：全部选择

【全部】选择命令主要是对图像进行全选，下面来介绍【全部】选择命令的使用。

01 打开“素材\Cha02\全部选择.jpg”素材文件，如图2-72所示。

02 选择菜单栏中的【选择】|【全部】命令，或按Ctrl+A组合键，可以选择文档边界内的全部图像，如图2-73所示。

图2-72 打开素材文件

图2-73 选择【全部】命令

2.3.3 实战：反向选择

【反向】选择命令主要是对创建的选区进行反向选择。下面介绍【反向】选择命令的使用。

01 打开“素材\Cha02\反向选择.jpg”素材图片，选择【快速选择工具】，在图中拖动鼠标指针，选中盘子以及食物之外的位置，如图2-74所示。

图2-74 打开素材文件

02 选择菜单栏中的【选择】|【反向】命令，这样盘子以及食物就被选择了，如图2-75所示。

图2-75 选择【反选】命令

提示

【反向】命令相对应的组合键是Shift+Ctrl+I。如果想取消选择的区域，可以执行【选择】|【取消选择】命令，或按Ctrl+D组合键可以取消选择。

2.3.4 实战：变换选区

下面介绍【变换选区】命令的使用。

01 打开“素材\Cha02\变换选区.jpg”素材图片，在工具箱中选择【矩形选框工具】，在图像中创建选区。完成选区的创建后，执行【选择】|【变换选区】命令，或者在选区中单击鼠标右键，在弹出的快捷菜单中选择【变换选区】命令，如图2-76所示。

02 在出现的定界框中移动定界点，变换选区，效果如图2-77所示。

图2-76　选择【变换选区】命令

图2-77　变换后的效果

> 提示　定界框中心有一个图标状的参考点，所有的变换都以该点为基准来进行。默认情况下，该点位于变换项目的中心（变换项目可以是选区、图像或者路径），可以在工具选项栏的参考点定位符图标上单击，修改参考点的位置，例如，要将参考点定位在定界框的左上角，可以单击参考点定位符左上角的方块。此外，也可以通过拖动的方式移动它。

2.3.5　使用【扩大选取】命令扩大选区

【扩大选取】命令可以将原选区进行扩大，但是该选项只扩大与原选区相连接的区域，并且会自动寻找与选区中的像素相近的像素进行扩大，下面介绍该命令的使用。

01 打开“素材\Cha02\扩大选取.jpg”素材图片，在工具箱中选择【魔棒工具】，在图像中创建选区。完成选区的创建后，执行【选择】|【扩大选取】命令，或者在选区中单击鼠标右键，在弹出的快捷菜单中选择【扩大选取】命令，如图2-78所示。

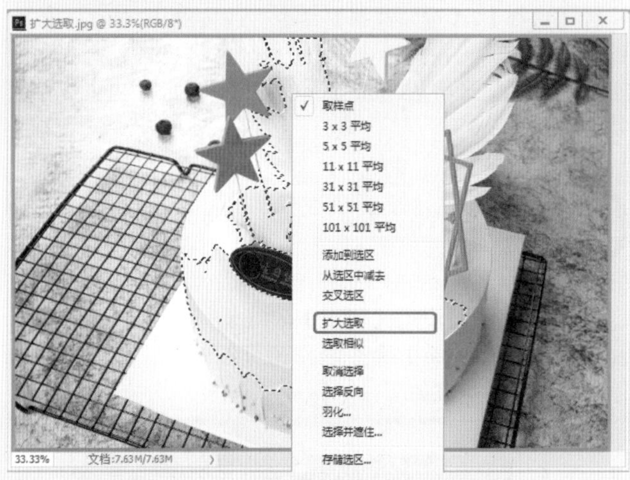

图2-78　选择【扩大选取】命令

02 执行操作后，即可扩大选区，效果如图2-79所示。

图2-79　扩大选区后的效果

2.3.6　使用【选取相似】命令创建相似选区

使用【选取相似】命令也可以扩大选区，它与【扩大选取】命令相似，但是该选项可以从整个文件中寻找相似的像素进行扩大选区。

2.3.7 取消选择与重新选择

执行【选择】|【取消选择】命令，或按Ctrl+D组合键，可以取消选择。如果当前使用的工具是矩形选框、椭圆选框或套索工具，并且在工具选项栏中单击【新选区】按钮，则在选区外单击即可取消选择。

在取消了选择后，如果需要恢复被取消的选区，可以执行【选择】|【重新选择】命令，或按Shift+Ctrl+D组合键。但是，如果在执行该命令前修改了图像或是画布的大小，则选区记录将从Photoshop中删除，因此，也就无法恢复选区。

2.4 上机练习——制作撕纸效果

本例将介绍使用【通道】、【套索工具】、【晶格化】和【自由变换】命令制作出撕纸效果，如图2-80所示，具体操作步骤如下。

图2-80 撕纸效果

01 打开“素材\Cha02\撕纸效果.jpg”文件。

02 在【图层】面板中双击【背景】图层，弹出【新建图层】对话框，保持默认设置，单击【确定】按钮，将【背景】图层转换为【图层0】,如图2-81所示。

图2-81 将【背景】图层转换为【图层0】

03 在【图层】面板中单击【创建新图层】按钮，新建图层，将【图层1】调整至【图层0】的下方，如图2-82所示。

图2-82 调整图层顺序

04 选择【图层1】图层，在菜单栏中选择【图像】|【画布大小】命令，在弹出的【画布大小】对话框中将【宽度】和【高度】均设置为3厘米，并勾选【相对】复选框，如图2-83所示。

图2-83 设置【画布大小】参数

05 设置完成后，单击【确定】按钮，效果如图2-84所示。

图2-84 设置完成后的效果

06 将前景色设置为白色，按Alt+Delete组合键，为【图层1】填充颜色，如图2-85所示。

图2-85 为【图层1】填充颜色

07 确认【图层0】处于选中状态，在工具箱中选择【套索工具】，选取对象区域，效果如图2-86所示。

图2-86 选取选区

08 在工具箱中单击【以快速蒙版模式编辑】按钮 ，效果如图2-87所示。

图2-87 使用蒙版效果

09 在菜单栏中选择【滤镜】|【像素化】|【晶格化】命令，在弹出的【晶格化】对话框中将【单元格大小】设置为60，如图2-88所示。

图2-88 设置【晶格化】参数

10 设置完成后，单击【确定】按钮将其关闭，效果如图2-89所示。

图2-89 【晶格化】后的效果

11 在工具箱中单击【以标准模式编辑】按钮 ，效果如图2-90所示。

图2-90 【以标准模式编辑】效果

12 选择【图层0】，按Ctrl+T组合键，自由变换选区，调整选区的位置，调整完成后按Enter键确认变换，按Ctrl+D组合键取消选区，效果如图2-91所示。

图2-91　选区调整后的效果

2.5 思考与练习

1. 【椭圆选区工具】在使用时应注意什么？

2. 【磁性套索工具】和【多边形套索工具】如何相互转换？

3. 【魔棒工具】的使用方法是什么？

第3章 图像的绘制与修饰

本章将通过对图像的移动、裁剪、绘画、修复来学习基础工具的应用，为后面的综合实例的应用奠定良好的基础。

3.1 图像的移动与裁剪

在Photoshop中经常要对图片中的图像进行移动、裁剪等处理，下面介绍如何使用【移动工具】、【裁剪工具】。

3.1.1 实战：移动工具

在Photoshop中使用【移动工具】可以移动没有锁定的对象，以此调整对象的位置。下面通过实际的操作来学习【移动工具】的使用方法。

01 打开“素材\Cha03\风景.jpg”和“羊.png”素材文件，如图3-1、图3-2所示。

图3-1 “风景.jpg”素材文件

图3-2 “羊.png”素材文件

02 选择工具箱中的【移动工具】，在“羊.png”素材文件中选中羊，按住鼠标左键向“风景.jpg”素材文件中拖动，在合适的位置上释放鼠标，按Ctrl+T组合键调整大小即可，如图3-3所示。

图3-3 完成后的效果

提示

使用【移动工具】选中对象时，每按一次键盘中的上、下、左、右方向键，图像就会移动1像素的距离；按住Shift键的同时按方向键，图像每次会移动10像素的距离。

3.1.2 实战：裁剪工具

使用【裁剪工具】可以保留图像中需要的部分，剪去不需要的内容。

下面学习如何使用该工具。

01 打开“素材\Cha03\裁剪.jpg ”素材文件，如图3-4所示。

图3-4 打开的素材图片

02 在工具箱中选择【裁剪工具】，在工作区中调整裁剪框的大小，在合适的位置上释放鼠标，如图3-5所示。

图3-5 调整裁剪框

03 按Enter键，即可对素材文件进行裁剪，如图3-6所示。

图3-6 完成后的效果

如果要将裁剪框移动到其他位置，则可将鼠标指针放在裁剪框内并拖动。在调整裁剪框时按住Shift键，则可以约束其裁剪比例。如果要旋转选框，则可将鼠标指针放在裁剪框外（鼠标指针变为弯曲的箭头形状）并拖动。

3.2 实战：画笔工具

在工具箱中设置前景色，并选择【画笔工具】。选择该工具后，在工作区中单击或者拖动鼠标即可绘制线条。

下面通过实际的操作来学习该工具的使用。

01 打开“素材\Cha03\雪夜.jpg ”素材文件，在工具箱中设置前景色的RGB值为80、46、11，在工具箱中选择【画笔工具】，如图3-7所示。

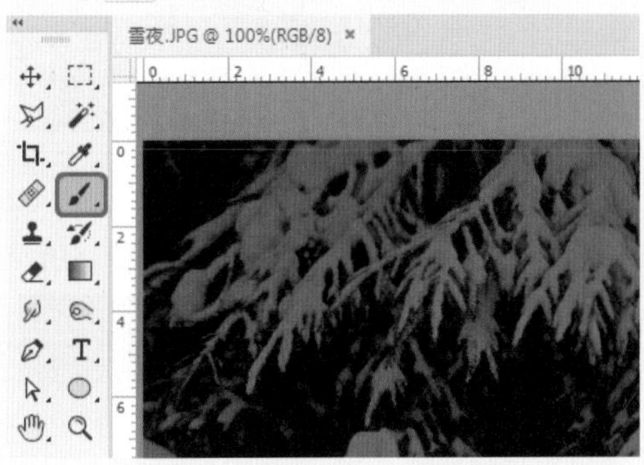

图3-7　单击【画笔工具】按钮

02 打开【画笔设置】面板，在列表框中选择【脉纹羽毛2】画笔，在【大小】文本框中输入80像素，按Enter键确认，如图3-8所示。

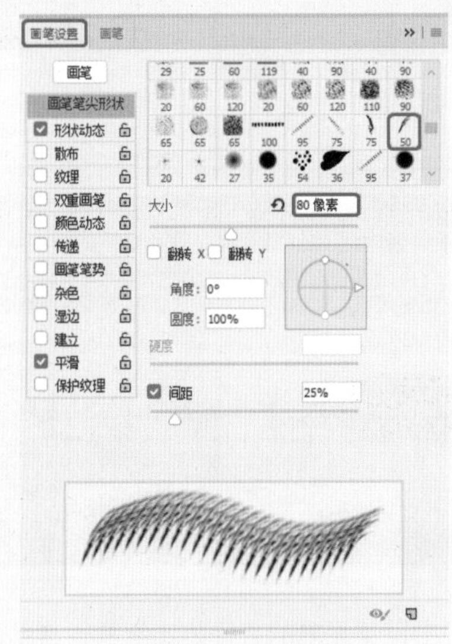

图3-8　设置画笔及大小

03 设置完成后，在工作区中单击进行绘制，绘制后的效果如图3-9所示。

图3-9　绘制后的效果

> **提示**
> 在使用【画笔工具】的过程中，按住Shift键可以绘制水平、垂直或者以45°为增量角的直线。如果在确定起点后，按住Shift键单击画布中的任意一点，则两点之间以直线相连接。

知识链接　如何使用【铅笔工具】绘制直线

【铅笔工具】的使用方法与【画笔工具】基本相同，只是使用【铅笔工具】绘制的线条比较有棱角。下面通过实际的操作来学习该工具的使用。

（1）打开Photoshop CC 2018，在菜单栏中选择【文件】|【新建】命令，打开【新建文档】对话框，设置参数如图3-10所示。单击【创建】按钮，即创建了一个新文档。

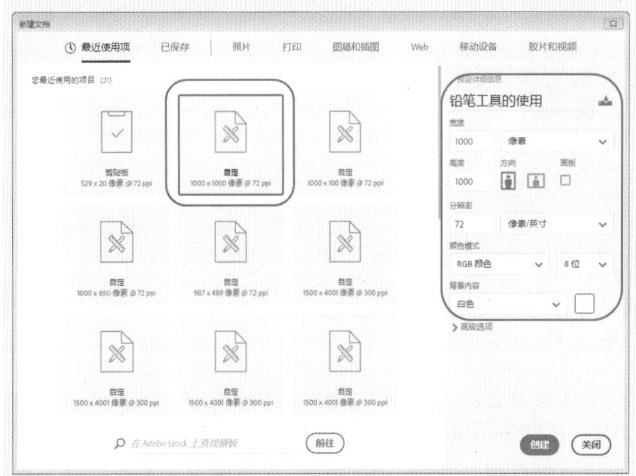

图3-10　【新建文档】对话框

（2）找到工具箱中的【画笔工具】，右击【画笔工具】，在弹出的工具列表中选择【铅笔工具】，如图3-11所示。

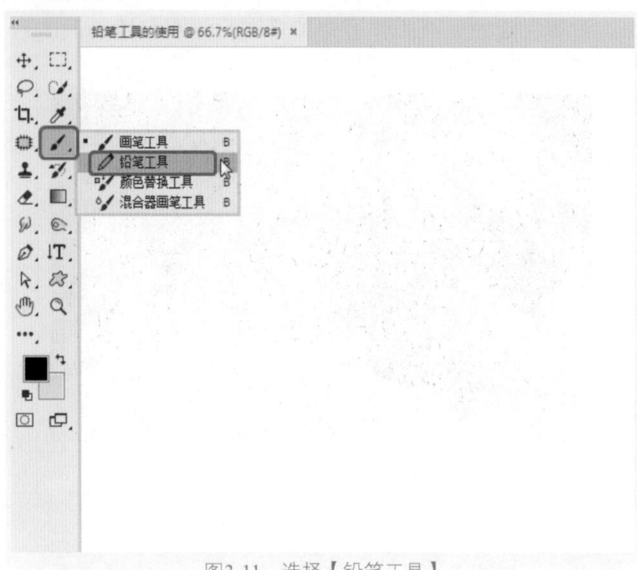

图3-11 选择【铅笔工具】

（3）在空白画布上按住Shift键拖动鼠标，直线便画好了，效果如图3-12所示。对文档进行保存即可。

图3-12 绘制后的效果

3.3 图像修复工具

图像修复工具主要是用于对图片中不协调的部分进行修复，在Photoshop中，用户可以使用多种图像修复工具对图像进行修复，其中包括【污点修复画笔工具】、【修复画笔工具】、【修补工具】等，本节将简单介绍修复工具的使用方法。

3.3.1 实战：污点修复画笔工具

使用【污点修复画笔工具】可以快速移去照片中的污点和其他不理想的部分。污点修复画笔的工作方式与修复画笔类似：它使用图像或图案中的样本像素进行绘画，污点修复画笔不要求用户指定样本点，它将自动从所修饰区域的周围取样。下面来介绍该工具的使用方法。

01 打开“素材\Cha03\沙滩.jpg”素材文件，如图3-13所示。

图3-13 打开的素材图片

02 在工具箱中选择【污点修复画笔工具】，在工作区中对右下角的文字部分进行涂抹，如图3-14所示。

图3-14 涂抹要移除的部分

03 在释放鼠标后，文字会自动清除，修复后的效果如图3-15所示。

图3-15 将文字清除

04 在选项栏中设置画笔的直径为20像素，其他设置不变，在图像中脚印的左端单击，然后按住Shift键，同时在脚

印的右端单击，脚印会自动清除，效果如图3-16所示。

图3-16　修复后的效果

3.3.2　实战：修复画笔工具

【修复画笔工具】可用于校正瑕疵，使它们消失在周围的图像环境中。与【污点修复画笔工具】一样，【修复画笔工具】可以利用图像或图案中的样本像素来绘画，但【修复画笔工具】可将样本像素的纹理、光照、透明度和阴影等与源像素进行匹配，从而使修复后的像素很好地融入图像的其余部分。

通过下面的实例来学习该工具的使用。

01 打开“素材\Cha03\草原.jpg”素材文件，如图3-17所示。

图3-17　打开的素材

02 在工具箱中选择【修复画笔工具】，如图3-18所示。

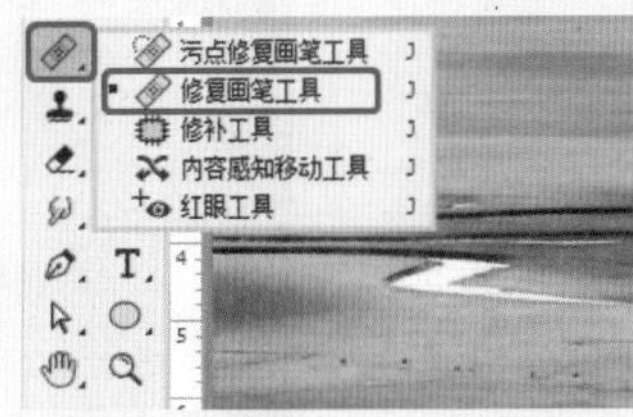

图3-18　选择【修复画笔工具】

03 在工作区中按住Alt键，在空白位置处进行取样，按住鼠标左键对要进行修复的位置进行涂抹，释放鼠标后，即可完成修复，修复后的效果如图3-19所示。

图3-19　修复后的效果

3.3.3　实战：修补工具

【修补工具】可以说是对【修复画笔工具】的一个补充。【修复画笔工具】是使用画笔来进行图像的修复，而【修补工具】则是通过选区来进行图像修复的。像【修复画笔工具】一样，【修补工具】会将样本像素的纹理、光照和阴影等与源像素进行匹配。

下来通过实际的操作来熟悉一下该工具的使用方法。

01 打开“素材\Cha03\修补图片.jpg”素材文件，如图3-20所示。

02 在工具箱中选择【修补工具】，在素材图片中进行选取，然后移动选区，在合适的位置上释放鼠标，即可完成对图像的修补，效果如图3-21所示。

图3-20　打开的素材文件

图3-21　修补后的效果

实例操作001——修饰照片中的污点

下面介绍如何将照片中的污点去除，完成后的效果如图3-22所示。

01 按Ctrl+O组合键，打开“素材\Cha03\童话世界.jpg”素材文件，如图3-23所示。

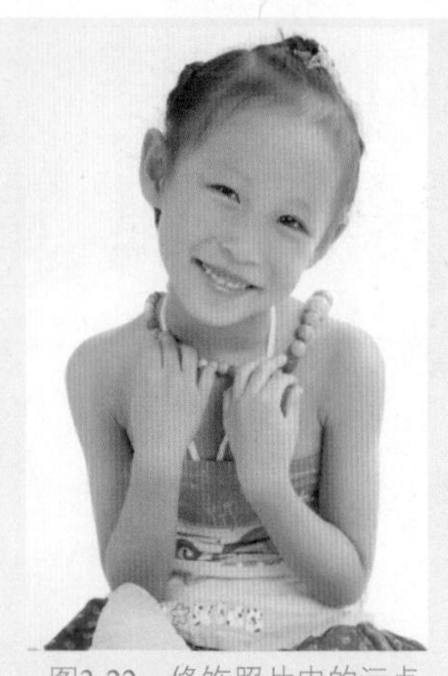
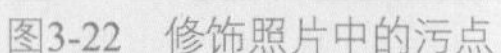
图3-22 修饰照片中的污点

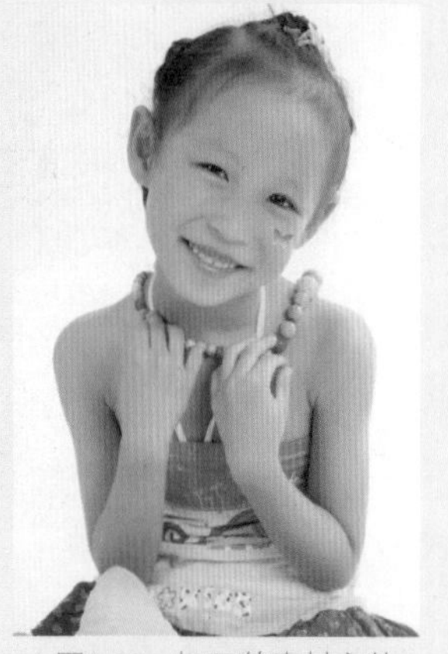
图3-23 打开的素材文件

02 在工具箱中选择【修补工具】，在工具选项栏中将【修补】设置为【正常】，单击【源】单选按钮，然后对照片中的蝴蝶进行选取，如图3-24所示。

图3-24 选取蝴蝶

03 按住鼠标将该选区拖动至宝宝的左脸处，如图3-25所示。

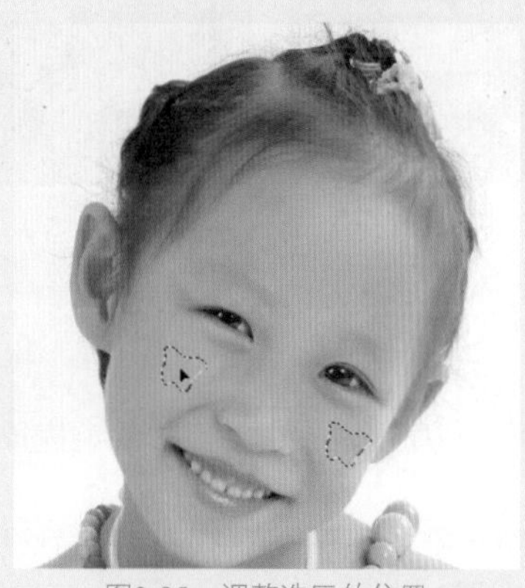
图3-25 调整选区的位置

04 释放鼠标后，即可对该选区进行修复，按Ctrl+D组合键取消选区，查看效果，如图3-26所示。

图3-26 修饰后的效果

实例操作002——快速去除人物照片中的红眼

利用【红眼工具】可移去用闪光灯拍摄的人物照片中的红眼，也可以移去用闪光灯拍摄的动物照片中的白色或绿色反光。红眼是由于相机闪光灯在主体视网膜上反光引起的。在光线暗淡的房间里照相时，由于主体的虹膜张开得很宽，因此将会更加频繁地看到红眼。为了避免红眼，应使用相机的红眼消除功能，或者最好使用可安装在相机上远离相机镜头位置的独立闪光装置。除此之外，用户还可以通过Photoshop中的【红眼工具】对照片中的红眼进行修复。本案例介绍如何去除红眼，完成后的效果如图3-27所示。

01 打开“素材\Cha03\去除红眼.jpg”素材文件，如图3-28所示。

图3-27 去除红眼

图3-28 打开的素材文件

02 在工具箱中选择【缩放工具】，将人物的眼部区域放大，如图3-29所示。

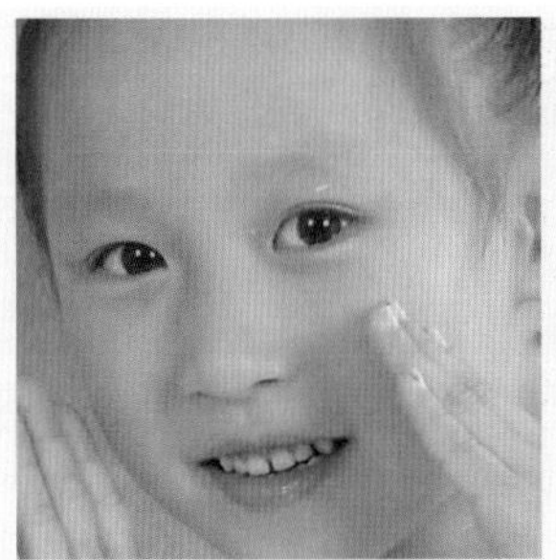

图3-29 放大眼部区域

03 在工具箱中选择【红眼工具】，在工具选项栏中将【瞳孔大小】设置为50%，将【变暗量】设置为20%，在文件中的红眼处单击，如图3-30所示 。

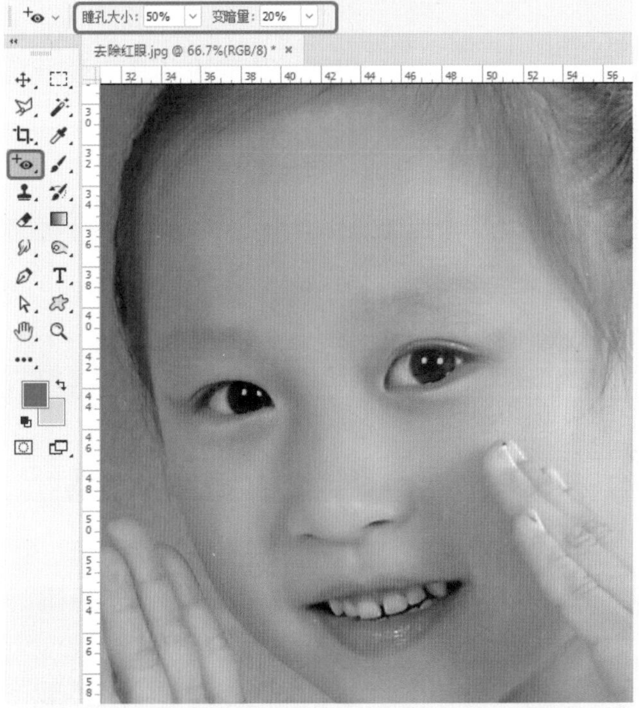

图3-30 消除一只红眼

04 再次使用【红眼工具】，将另一只眼的红眼也去掉，如图3-31所示。

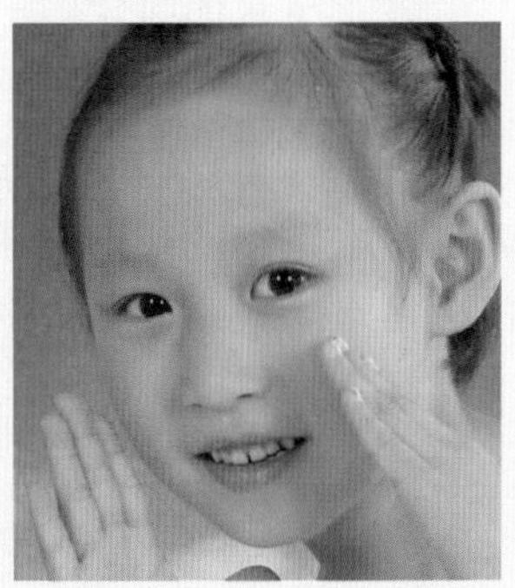

图3-31 去除红眼后的效果

3.4 实战：仿制图章工具

【仿制图章工具】可以从图像中复制信息，然后应用到其他区域或者其他图像中。该工具常用于复制对象或去除图像中的缺陷。下面将通过实际操作来熟悉一下该工具的使用方法。

01 打开“素材\Cha03\仿制图章.jpg”素材文件，如图3-32所示。

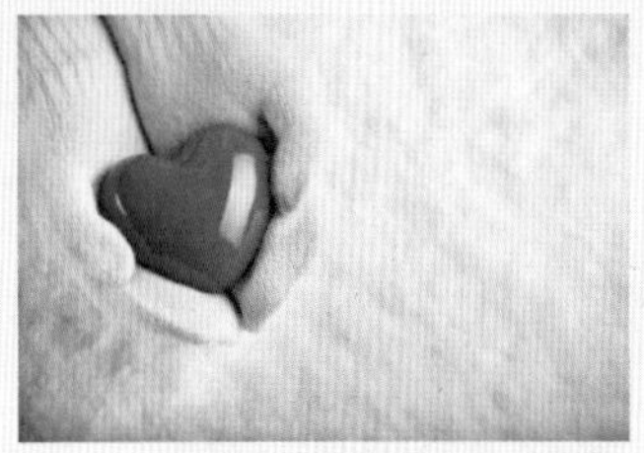

图3-32 打开的素材文件

02 在工具箱中单击【仿制图章工具】按钮，在工具选项栏中选择一个画笔，在【大小】文本框中输入500，在【硬度】文本框中输入100，按Enter键确认，如图3-33所示。

03 按住Alt键在手套右边单击进行取样，则该位置被成功设置为复制的取样点。

04 在工具选项栏中单击【切换仿制源面板】按钮，在展开的【仿制源】面板中单击【水平翻转】按钮，在【位移】选项下将【位移】的X参数设置为500像素，如图3-34所示，在右侧拖动鼠标即可复制出对称的图像，如图3-35所示。

图3-33 设置笔触

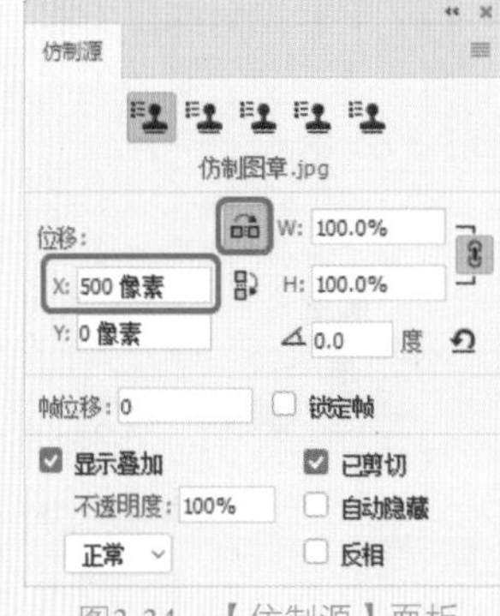

图3-34 【仿制源】面板

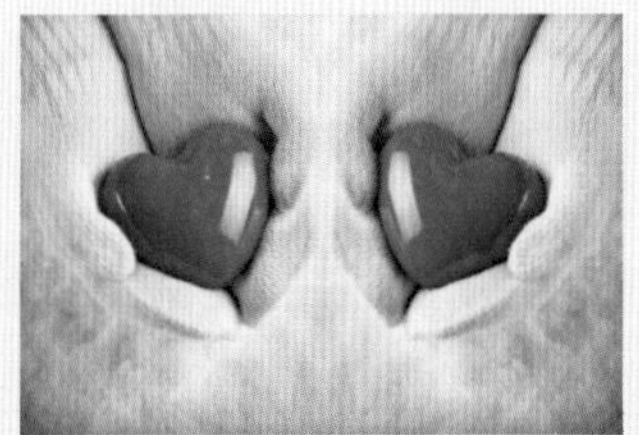

图3-35 仿制后的效果

3.5 实战：历史记录画笔工具

利用【历史记录画笔工具】可以将图像恢复到编辑过程中的某一状态，或者将部分图像恢复为原样。该工具需要配合【历史记录】面板一同使用。接下来通过实例来学习它的使用方法。

01 打开“素材\Cha03\历史记录画笔.jpg”素材文件，如图3-36所示。

图3-36　打开的素材文件

02 选择【滤镜】|【模糊】|【高斯模糊】命令，在出现的【高斯模糊】对话框中，设置【半径】为8像素，单击【确定】按钮。

03 在【历史记录】面板中，单击【打开】左侧的小方框，即可将其设置为【历史记录画笔的源】，如图3-37所示。

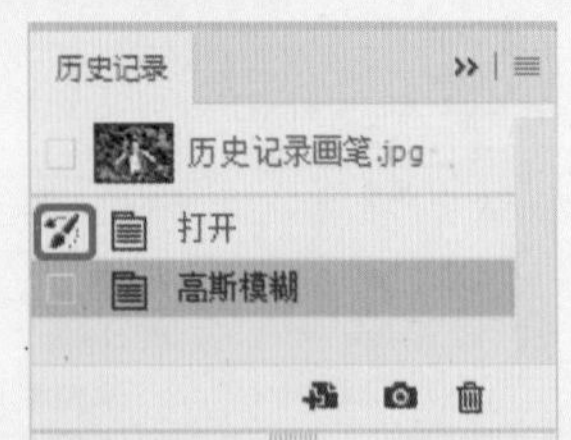

图3-37　设置历史记录画笔的源

04 在工具箱中单击【历史记录画笔工具】按钮，在工具选项栏中将【大小】设置为30，将【硬度】设置为50，按Enter键确认。

05 设置完成后，在修复的位置处进行涂抹，即可恢复素材文件的原样，如图3-38所示。

图3-38　恢复后的效果

3.6 橡皮擦工具组

使用橡皮擦工具组中的工具，像在学习中使用的橡皮擦，但并不完全相同。橡皮擦工具组中的工具，不但可以擦出像素将像素更改为背景色或透明，还可以进行填充像素。

3.6.1 橡皮擦工具

【橡皮擦工具】可以对不喜欢的位置进行擦除，【橡皮擦工具】的颜色取决于背景色的RGB值，如果在普通图层上使用，则会将像素抹成透明效果。下面来学习该工具的使用方法。

01 打开“素材\Cha03\橡皮擦工具.jpg”素材文件，如图3-39所示。

图3-39　打开素材文件

02 在工具箱中选择【橡皮擦工具】，在【画笔预设】选取器中选择柔角笔头，将【大小】设置为100像素，将【硬度】设置为0%，按Enter键确认，如图3-40所示。

图3-40　设置画笔大小

03 在工具箱中将背景色的RGB值设置为166、224、244，在素材文件中进行涂抹，完成后的效果如图3-41所示。

图3-41　完成后的效果

实例操作003——调整眼睛比例

本案例将介绍如何调整眼睛的比例。首先复制选区，然后变形选区并调整位置，最后使用【橡皮擦工具】擦除多余的部分，完成后的效果如图3-42所示。

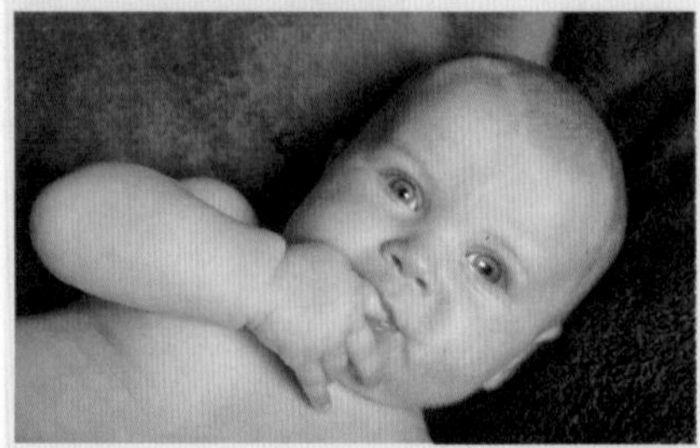

图3-42　调整眼睛比例

01 打开“素材\Cha03\调整眼睛比例.jpg”素材文件，如图3-43所示。

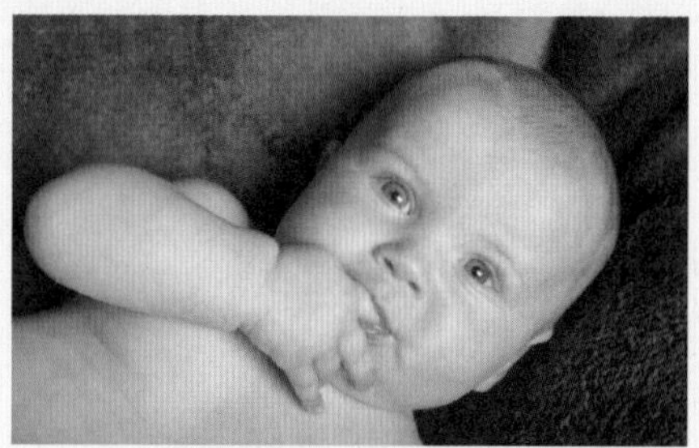
图3-43　打开的素材文件

02 按住Ctrl键的同时按+号键放大图像，按住空格键并拖动图像可调整其位置，在工具箱中单击【矩形选框工具】，在图像中框选儿童的左眼，在菜单栏中选择【选择】|【变换选区】命令，对选区进行缩放和旋转，直至选中左眼部分，按Enter键确定，如图3-44所示。

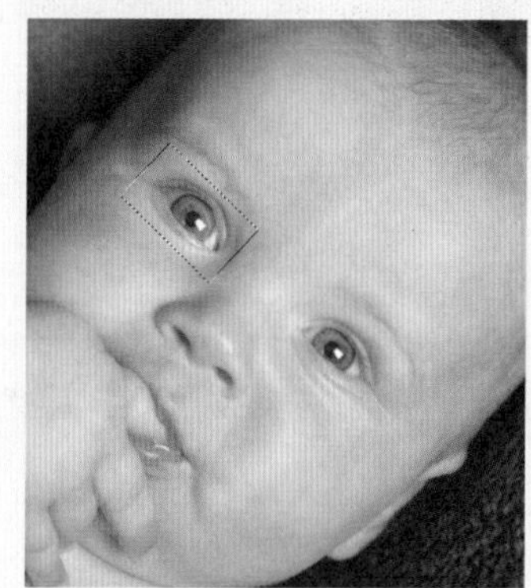
图3-44　框选左眼

03 在该选区上右击，在弹出的快捷菜单中选择【通过拷贝的图层】命令，如图3-45所示。

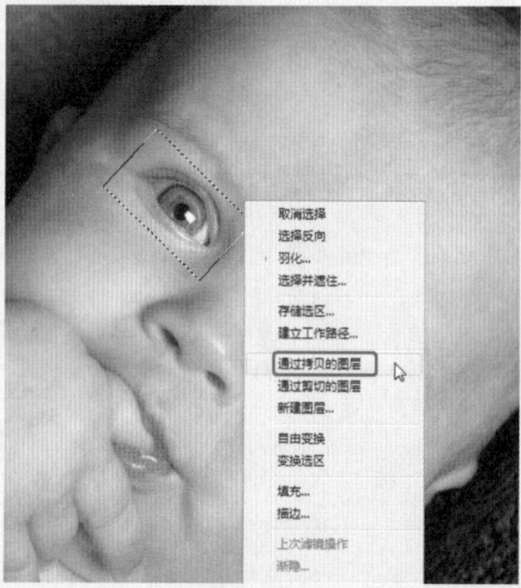

图3-45　拷贝图层

04 按住Ctrl键的同时单击【图层1】左侧的缩览图，按Ctrl+T组合键，右击，在弹出的快捷菜单中选择【水平翻转】命令，如图3-46所示。

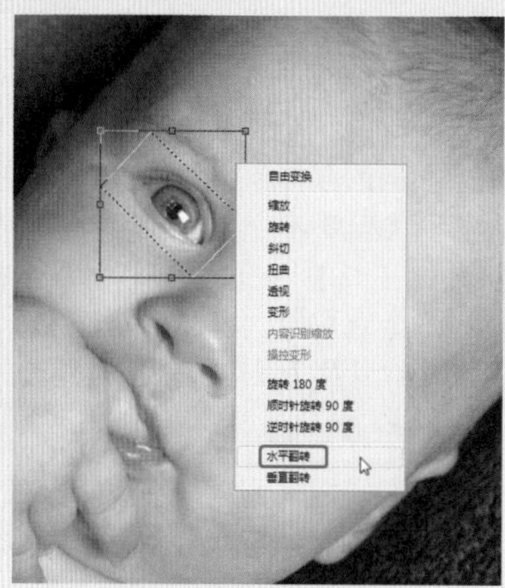

图3-46　选择【水平翻转】命令

05 翻转后，在文档中调整该对象的大小、位置和角度，如图3-47所示。

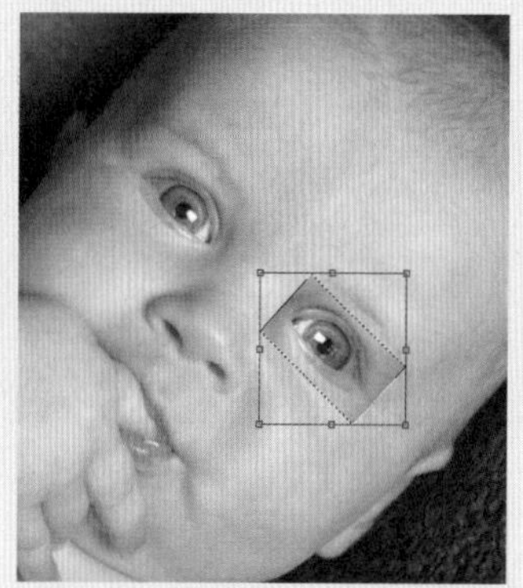
图3-47　调整眼睛的位置和角度

06 按Enter键确认，按Ctrl+D组合键取消选区，在【图层】面板中选中该图层，在工具箱中选择【橡皮擦工具】，在工具选项栏中设置【画笔大小】为150像素、【硬度】为0%、【不透明度】为80%，在文档中对复制后的眼睛边缘进行擦除，效果如图3-48所示。

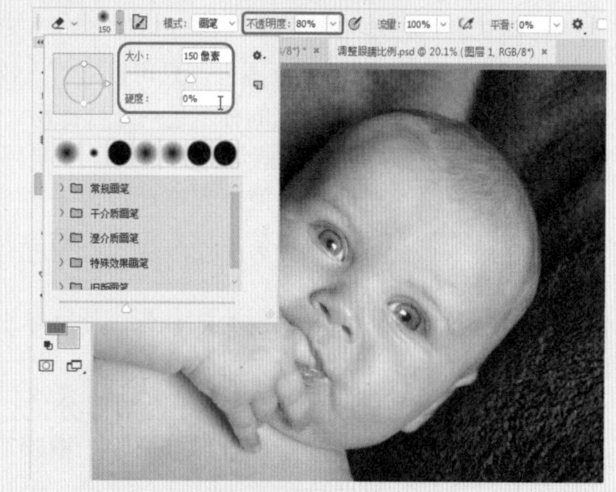
图3-48　调整后的效果

3.6.2 背景橡皮擦工具

【背景橡皮擦工具】会抹除图层上的像素，使图层透明。还可以抹除背景，同时保留对象中与前景相同的边缘。通过指定不同的取样和容差选项，可以控制透明度的范围和边界的锐化程度。

【背景橡皮擦工具】的选项栏如图3-49所示，其中包括【画笔预设】选取器、取样设置、【限制】下拉列表、【容差】设置项以及【保护前景色】复选框等。

图3-49 【背景橡皮擦工具】的选项栏

- 【画笔预设】选取器：用于设置画笔的大小、硬度、间距等。
- 【连续】：单击此按钮，擦除时会自动选择所擦除的颜色为标本色，此按钮用于抹去不同颜色的相邻范围。在擦除一种颜色时，【背景橡皮擦工具】不能超过这种颜色与其他颜色的边界而完全进入另一种颜色，因为这时已不再满足相邻范围这个条件。当【背景橡皮擦工具】完全进入另一种颜色时，标本色即随之变为当前颜色，也就是说，现在所在颜色的相邻范围为可擦除的范围。
- 【一次】：单击此按钮，擦除时首先在要擦除的颜色上单击以选定标本色，这时标本色已固定，然后就可以在图像上擦除与标本色相同的颜色范围了。每次单击选定标本色只能做一次连续的擦除，如果想继续擦除，则必须重新单击选定标本色。
- 【背景色板】：单击此按钮，也就是在擦除之前选定好背景色（即选定好标本色），然后就可以擦除与背景色相同的色彩范围了。
- 【限制】下拉列表：用于选择【背景橡皮擦工具】的擦除界限，包括以下3个选项。
  - 【不连续】：在选定的色彩范围内，可以多次重复擦除。
  - 【连续】：在选定的色彩范围内，只可以进行一次擦除，也就是说，必须在选定的标本色内连续擦除。
- 【查找边缘】：在擦除时，保持边界的锐度。
- 【容差】设置框：可以输入数值或者拖动滑块来调节容差。数值越低，擦除的范围越接近标本色。大的容差会把其他颜色擦成半透明的效果。
- 【保护前景色】复选框：用于保护前景色，使之不会被擦除。

在Photoshop中是不支持背景层有透明部分的，而【背景橡皮擦工具】则可直接在背景层上擦除。擦除后，Photoshop会自动地把背景层转换为一般层。

3.6.3 魔术橡皮擦工具

与【橡皮擦工具】不同的是，魔术橡皮擦工具可以在同一位置、同一RGB值的位置上单击时将其擦除。下面来学习该工具的使用方法。

01 打开"素材\Cha03\魔术橡皮擦.jpg"素材文件，如图3-50所示。

图3-50 打开的素材文件

02 在工具箱中选择【魔术橡皮擦工具】，如图3-51所示。

图3-51 选择【魔术橡皮擦工具】

03 在素材中的空白位置上单击，即可将其擦除，如图3-52所示。

图3-52　完成后的效果

3.7 图像像素处理工具

图像像素处理工具包括【模糊工具】、【锐化工具】和【涂抹工具】，利用它们可以对图像中像素的细节进行处理。下面就来分别学习模糊工具与涂抹工具的使用方法。

3.7.1 实战：模糊工具

【模糊工具】可以使图像变得柔化模糊，减少图像中的细节，降低图像的对比度。通过下面的实例来学习该工具的使用方法。

01 打开“素材\Cha03\模糊工具.jpg”素材文件，如图3-53所示。

图3-53　打开的素材文件

02 在工具箱中单击【模糊工具】按钮，在工具选项栏的【大小】文本框中输入100，在【硬度】文本框中输入100，按Enter键确认，如图3-54所示。

图3-54　设置画笔大小

03 设置完成后，在素材文件中进行模糊，完成后的效果如图3-55所示。

图3-55　完成后的效果

3.7.2 实战：涂抹工具

利用【涂抹工具】可以模拟手指拖过湿油漆时呈现的效果，在工具选项栏中除【手指绘画】选项外的其他选项都与【模糊工具】和【锐化工具】相同，下面学习该工具的使用。

01 打开“素材\Cha03\涂抹工具.jpg”素材文件，在工具箱中选择【涂抹工具】，如图3-56所示。

图3-56　选择【涂抹工具】

02 在工具选项栏的【大小】文本框中输入200，按Enter键确认，在素材文件中对文字进行涂抹，完成后的效果如图3-57所示。

图3-57　完成后的效果

3.8 实战：减淡和加深工具

【减淡工具】和【加深工具】是用于修饰图像的工具，它们基于调节照片特定区域曝光度的传统摄影技术来改变图像的曝光度，使图像变亮或变暗。选择这两个工具后，在画面涂抹即可进行加深和减淡的处理，在某个区域上方涂抹的次数越多，该区域就会变得更亮或更暗。下面通过实际的操作来对比这两个工具的不同。

01 打开“素材\Cha03\减淡和加深.jpg”素材文件，如图3-58所示。

图3-58　打开的素材文件

02 在工具箱中选择【减淡工具】，在工具选项栏的【大小】文本框中输入2000，在【硬度】文本框中输入100，将【曝光度】设置为35%，按Enter键确认，在工作区中对素材文件进行涂抹，完成后的效果如图3-59所示。

03 在工具箱中的【减淡工具】上右击，在弹出的列表中选择【加深工具】，选择完成后，在工作区中对素材文件进行涂抹，完成后的效果如图3-60所示。

图3-59　使用【减淡工具】后的效果

图3-60　使用【加深工具】后的效果

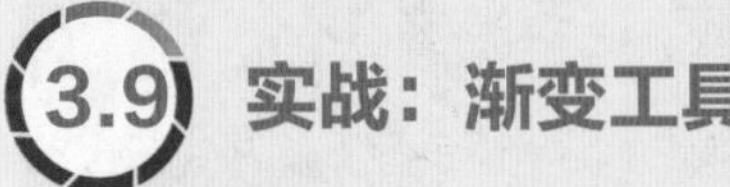

3.9 实战：渐变工具

【渐变工具】通常主要用于对图像中的选区进行颜色填充与颜色替换。下面学习【渐变工具】的使用。

渐变是一种颜色向另一种颜色实现的过渡，以形成一种柔和的或者特殊规律的色彩区域。

下面来学习【渐变工具】的使用方法。

01 打开“素材\Cha03\儿童.jpg”素材文件，如图3-61所示。

图3-61　打开的素材文件

02 将前景色和背景色的R、G、B值分别设置为255、240、0。在工具箱中选择【渐变工具】，在工具选项栏中单击【点按可编辑渐变】按钮，打开【渐变编辑器】对话框，单击【预设】选项栏中的第一个渐变样式，在不透明度色标的中间位置单击一次，选中该色标，并将【色标】选项栏中的【不透明度】改为0%，单击【确定】按钮，如图3-62所示。

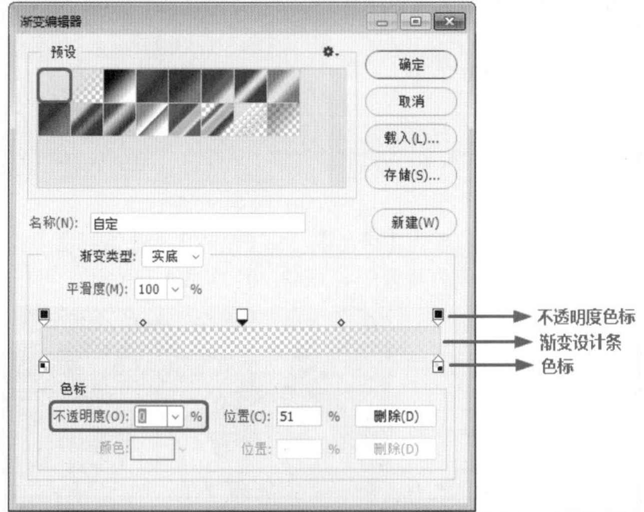

图3-62　【渐变编辑器】对话框

03 选择工具箱中的【矩形选框工具】，在图像中间位置拖动一个矩形选区，如图3-63所示。

图3-63　拖动矩形选区

04 选择【渐变工具】，在选区中从左往右拖动鼠标指针，然后释放鼠标，填充渐变颜色，按Ctrl+D组合键取消选区，效果如图3-64所示。

图3-64　完成后的效果

知识链接　像素与分辨率

- 像素是构成位图的基本单位，位图图像在高度和宽度方向上的像素总量称为“图像的像素大小”。当位图图像放大到一定程度的时候，所看到的一个一个的马赛克就是像素。
- 分辨率是指单位长度上像素的数目，其单位为“像素/英寸”或“像素/厘米”，包括显示器分辨率、图像分辨率和印刷分辨率等。
  - 显示器分辨率取决于显示器的大小及其像素数量。例如，一幅大图像（尺寸为800像素×600像素）在15英寸显示器上显示时几乎会占满整个屏幕；而同样还是这幅图像，在更大的显示器上所占的屏幕空间就会比较小，每个像素看起来则会比较大。
  - 图像分辨率由打印在纸上的每英寸像素（像素/英寸）的数量决定。在Photoshop中，可以更改图像的分辨率。打印时，高分辨率的图像比低分辨率的图像包含的像素更多，因此像素点更小。与低分辨率的图像相比，高分辨率的图像可以重现更多的细节和更细微的颜色过渡，因为高分辨率图像中的像素密度更高。无论打印尺寸多大，高品质的图像通常看起来都更好。

实例操作004——调整唯美暖色效果

本案例将介绍如何将照片调整为唯美暖色效果，该案例主要为照片添加色相/饱和度、曲线、选取颜色等图层，然后通过调整其参数达到暖色效果，完成后的效果如图3-65所示。

图3-65　调整唯美暖色效果

01 打开“素材\Cha03\婚纱.jpg”素材文件，如图3-66所示。

图3-66　打开的素材文件

02 单击【图层】面板底部的【创建新的填充或调整图层】按钮，在弹出的列表中选择【色相/饱和度】命令，如图3-67所示。

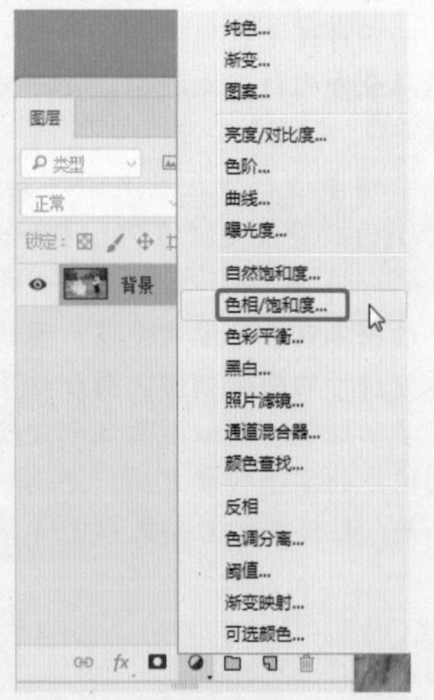

图3-67　选择【色相/饱和度】命令

03 在弹出的【属性】面板中将当前编辑设置为【全图】，将【色相】、【饱和度】、【明度】分别设置为0、−16、7，如图3-68所示。

04 将当前编辑设置为【黄色】，将【色相】、【饱和度】、【明度】分别设置为−16、−49、0，如图3-69所示。

图3-68　设置全图的色相/饱和度

图3-69　设置黄色的色相/饱和度

05 将当前编辑设置为【绿色】，将【色相】、【饱和度】、【明度】分别设置为−34、−48、0，如图3-70所示。

图3-70　设置绿色的色相/饱和度

06 在【图层】面板的底部单击【创建新的填充或调整图层】按钮，在弹出的列表中选择【曲线】命令，如图3-71所示。

07 在弹出的【属性】面板中将当前编辑设置为RGB，添加一个编辑点，将其【输入】、【输出】分别设置为

189、208，如图3-72所示。

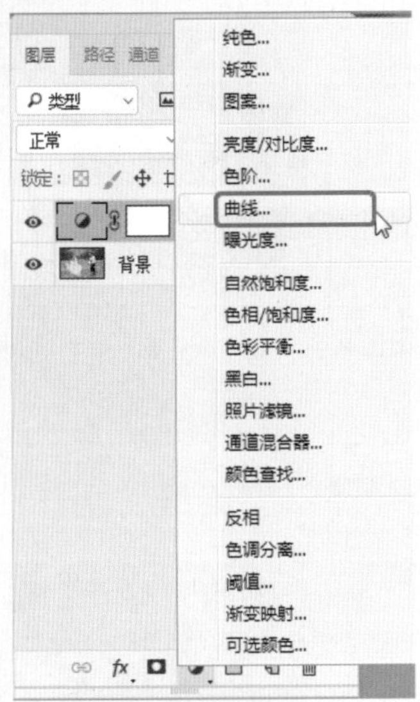

图3-71　选择【曲线】命令

图3-72　添加编辑点并设置其参数

08 设置完成后，再在该面板中选中底部的编辑点，将【输入】、【输出】分别设置为0、34，如图3-73所示。

图3-73　设置底部编辑点的输入与输出

09 将当前编辑设置为【红】，选中曲线底部的编辑点，将【输入】、【输出】分别设置为0、33，如图3-74所示。

图3-74　设置红色曲线的参数

10 将当前编辑设置为【绿】，选中曲线底部的编辑点，将【输入】、【输出】分别设置为22、0，如图3-75所示。

图3-75　设置绿色曲线的参数

11 将当前编辑设置为【蓝】，选中曲线底部的编辑点，将【输入】、【输出】分别设置为0、5，如图3-76所示。

图3-76　设置蓝色曲线的参数

12 在【图层】面板的底部单击【创建新的填充或调整图层】按钮，在弹出的列表中选择【可选颜色】命令，如图3-77所示。

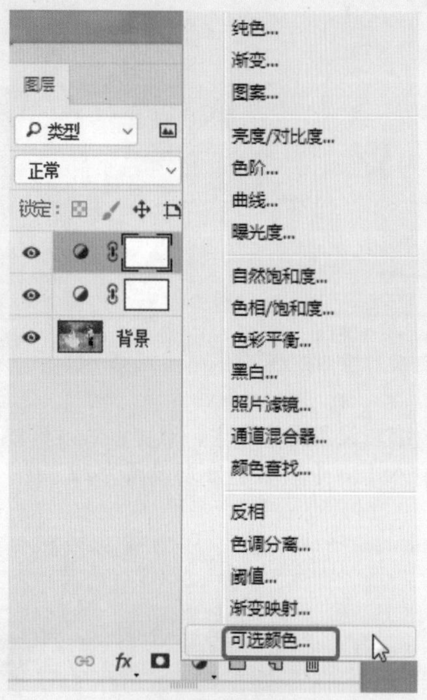

图3-77　选择【可选颜色】命令

13 在弹出的【属性】面板中将【颜色】设置为【红色】，将【青色】、【洋红】、【黄色】、【黑色】分别设置为−9、10、−7、−2，如图3-78所示。

图3-78　设置红色颜色参数

14 在该面板中将【颜色】设置为【黄色】，将【青色】、【洋红】、【黄色】、【黑色】分别设置为−5、6、0、−18，如图3-79所示。

15 在【属性】面板中将【颜色】设置为【青色】，将【青色】、【洋红】、【黄色】、【黑色】分别设置为−100、0、0、0，如图3-80所示。

图3-79　设置黄色颜色参数

图3-80　设置青色颜色参数

16 在【属性】面板中将【颜色】设置为【蓝色】，将【青色】、【洋红】、【黄色】、【黑色】分别设置为−64、0、0、0，如图3-81所示。

图3-81　设置蓝色颜色参数

17 将【颜色】设置为【白色】，将【青色】、【洋红】、【黄色】、【黑色】分别设置为0、−2、18、0，如图3-82所示。

图3-82 设置白色颜色参数

18 将【颜色】设置为【黑色】，将【青色】、【洋红】、【黄色】、【黑色】分别设置为0、0、−45、0，如图3-83所示。

图3-83 设置黑色的颜色参数

19 设置完成后，在【图层】面板中选中该图层，按Ctrl+J组合键复制图层，并将其【不透明度】设置为30%，如图3-84所示。

图3-84 复制图层并设置其不透明度

20 在【图层】面板的底部单击【创建新的填充或调整图层】按钮，在弹出的列表中选择【色彩平衡】命令，如图3-85所示。

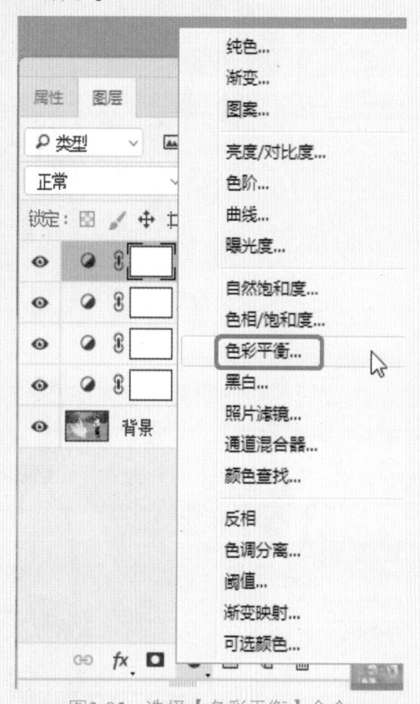

图3-85 选择【色彩平衡】命令

21 在弹出的【属性】面板中将【色调】设置为【阴影】，将其参数分别设置为0、−6、10，如图3-86所示。

图3-86 设置阴影参数

22 将【色调】设置为【高光】，将其参数分别设置为0、3、0，如图3-87所示。

23 设置完成后，按Ctrl+J组合键对选中的图层进行复制，按Ctrl+Shift+Alt+E组合键对图层进行盖印，并将盖印后的图层进行隐藏，然后选中图层【色彩平衡 1 拷贝】，如图3-88所示。

图3-87　设置【高光】参数

图3-88　复制与盖印图层

24 在【图层】面板中新建一个图层，将前景色的RGB值设置为193、177、127，按Alt+Delete组合键填充前景色，如图3-89所示。

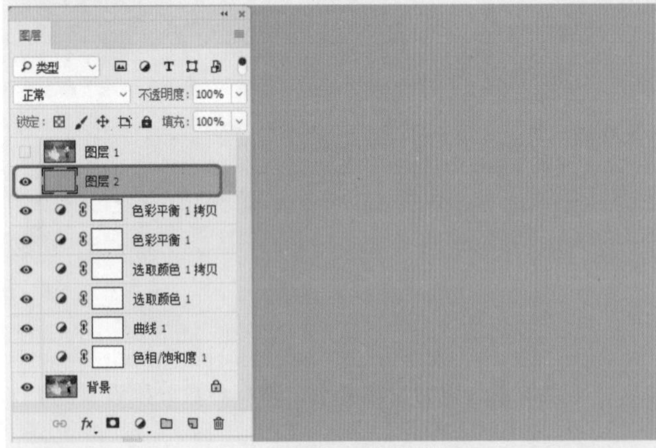
图3-89　新建图层并填充前景色

25 继续选中新建的【图层2】，在【图层】面板中单击其底部的【添加图层蒙版】按钮，选择【渐变工具】，在图层蒙版中添加黑白渐变，然后再使用【画笔工具】对人物进行涂抹，并将其混合模式设置为【滤色】，如图3-90所示。

图3-90　添加图层蒙版、填充渐变并进行涂抹

26 按Ctrl+J组合键，对【图层2】进行复制，并在【图层】面板中将【不透明度】设置为40%，如图3-91所示。

图3-91　复制图层并设置不透明度

27 将隐藏的【图层1】显示，选中该图层，在菜单栏中选择【滤镜】|【渲染】|【镜头光晕】命令，如图3-92所示。

28 在弹出的对话框中选中【105毫米聚焦】单选按钮，将【亮度】设置为137%，调整光晕的位置，如图3-93所示。

29 设置完成后，单击【确定】按钮，在【图层】面板中选中该图层，将其混合模式设置为【变暗】，如图3-94所示。

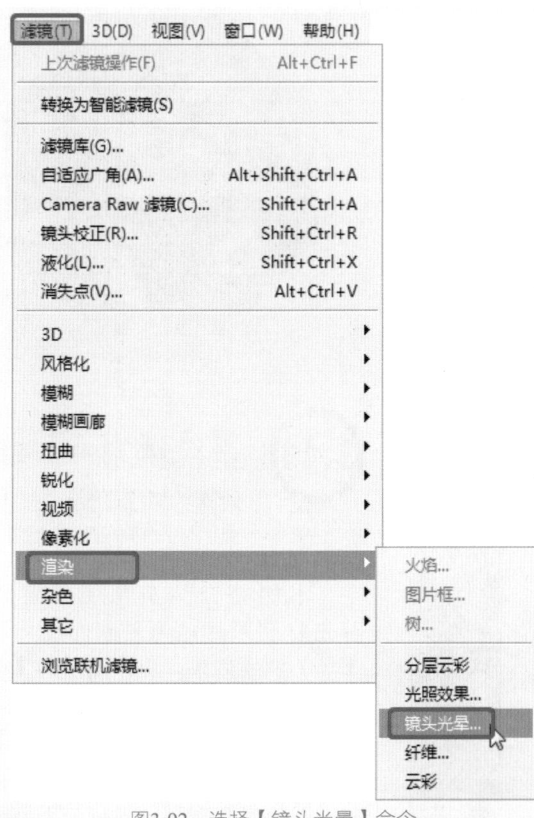

图3-92 选择【镜头光晕】命令

图3-93 设置镜头光晕参数

30 设置完成后，即可完成调整，效果如图3-95所示，对完成后的文件进行保存即可。

图3-94 设置混合参数

图3-95 调整后的效果

3.10 图像的变换

在Photoshop中会经常遇到要对图像进行调整，这就需要我们对图像的变换命令熟悉。图像变换分为变换对象命令与自由变换对象命令。

3.10.1 实战：变换对象

当对图像移动后，往往需要对移动的图像进行大小与方向的调整。下面学习变换对象的使用方法。

01 打开“素材\Cha03\变换.jpg”素材文件，如图3-96所示。

图3-96　打开的素材文件

02 在菜单栏中选择【图像】|【图像旋转】|【顺时针90度】命令，如图3-97所示。

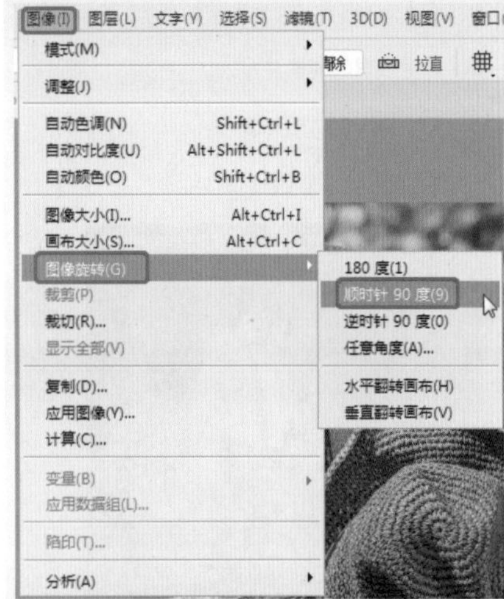

图3-97　选择【顺时针90度】命令

03 执行操作后，即可旋转素材文件，如图3-98所示。

图3-98　旋转后的效果

3.10.2　实战：自由变换对象

自由变换对象命令和变换对象命令的用法基本一致，但是自由变换对象命令需要图层为普通图层的时候才可以使用，而变换对象命令则完全不同。下面来实际操作一下。

01 打开“素材\Cha03\变换.jpg”素材文件，在【图层】面板中单击【背景】图层右侧的【指示图层部分锁定】图标，如图3-99所示，即可解锁该图层。

图3-99　解锁图层

02 按Ctrl+T组合键，打开【自由变换】定界框，将鼠标指针移至图形中的定界框的边界点上，当鼠标指针变为 时，按住鼠标左键并进行拖动，即可进行旋转，如图3-100所示。

图3-100 旋转图形图

03 旋转完成后按Enter键即可确认旋转，效果如图3-101所示。

图3-101　效果图

3.11 上机练习——美化照片背景

本例将介绍美化照片背景。首先复制照片，为复制的照片添加【风】滤镜效果，更改图层的【混合模式】；然后使用【羽化】命令，添加图层蒙版，使用【高斯模糊】滤镜；最后使用【画笔工具】在图像中花的区域进行涂抹，完成后的效果如图3-102所示。

图3-102　美化照片背景

01 打开“素材\Cha03\美化照片背景.jpg”素材文件，如图3-103所示。

图3-103　打开素材文件

02 在【图层】面板中，连续按Ctrl+J键三次，复制三个图层。分别单击【图层1 拷贝】、【图层1拷贝2】图层左侧的👁图标，将图层隐藏，如图3-104所示。

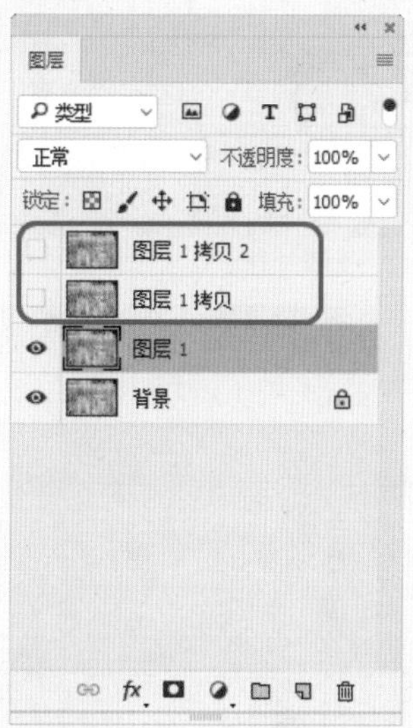

图3-104 复制并隐藏图层

03 选择【图层1】并执行菜单栏中的【滤镜】|【风格化】|【风】命令，在弹出的对话框中，选中【方法】下的【风】单选按钮，选中【方向】下的【从右】单选按钮，单击【确定】按钮，如图3-105所示。按Ctrl+Alt+F键，再添加一次【风】效果，如图3-106所示。

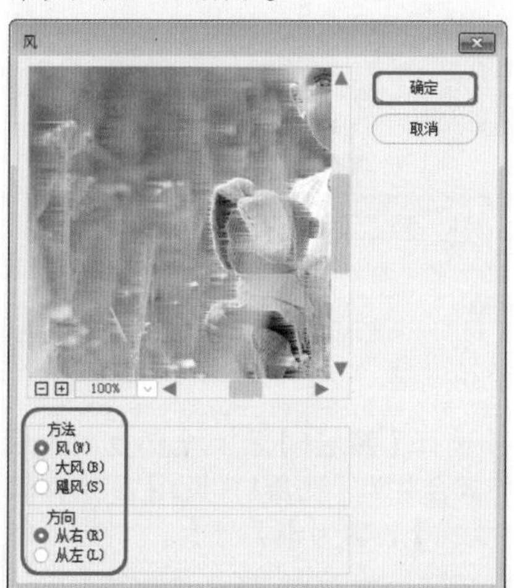

图3-105 设置【风】效果

04 在菜单栏中选择【滤镜】|【风格化】|【风】命令，在弹出的对话框中，选中【方向】下的【从左】单选按钮，单击【确定】按钮，如图3-107所示。按Ctrl+Alt+F键再添加一次【风】效果，效果如图3-108所示。

图3-106 再次添加【风】效果

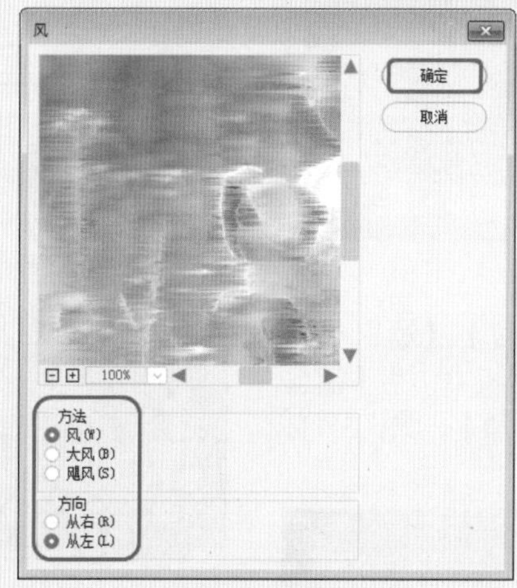

图3-107 设置【风】参数

图3-108 再次添加【风】效果

05 在【图层】面板中，取消【图层1拷贝】图层的隐藏，并选择该图层，在菜单栏中选择【图像】|【图像旋转】|【顺时针90度】命令，将图像旋转90°。在菜单栏中选择【滤镜】|【风格化】|【风】命令，在弹出的对话框中，选中【方向】下的【从右】单选按钮，单击【确定】按钮，按Ctrl+Alt+F键，再添加一次【风】效果，效果如图3-109所示。

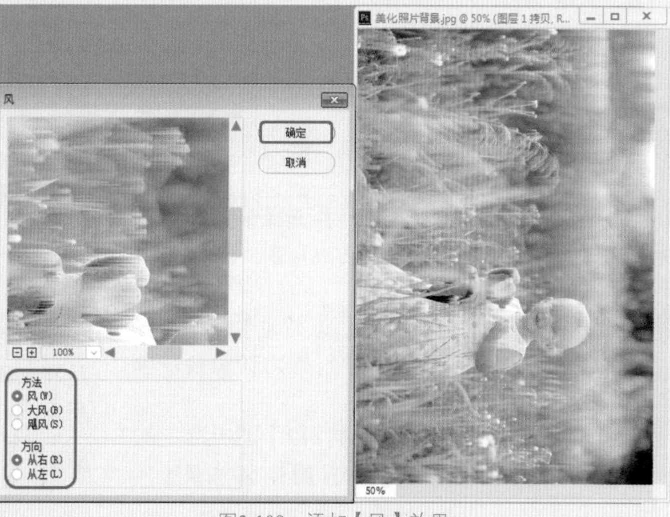

图3-109 添加【风】效果

06 在菜单栏中选择【滤镜】|【风格化】|【风】命令，在弹出的对话框中，选中【方向】下的【从左】单选按钮，单击【确定】按钮，如图3-94所示。按Ctrl+Alt+F键，再添加一次【风】效果，如图3-110所示。

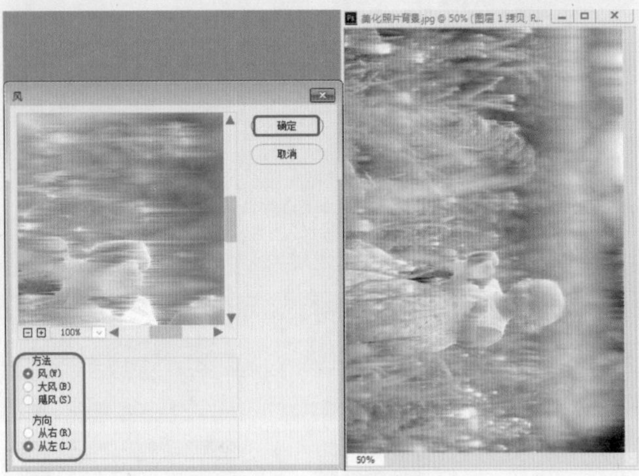

图3-110 再次添加【风】效果

07 选择菜单栏中的【图像】|【图像旋转】|【逆时针90度】命令，旋转图像。在【图层】面板中，将【图层1拷贝】图层的【混合模式】设置为【叠加】，如图3-111所示。

图3-111 设置图层混合模式

08 取消【图层1拷贝2】图层的隐藏，并选择该图层，使用【快速选择工具】在文件中选取儿童，如图3-112所示。

09 在菜单栏中选择【选择】|【修改】|【羽化】命令，在弹出的对话框中，将【羽化半径】设置为10像素，单击【确定】按钮，如图3-113所示。

10 在【图层】面板中，确定【图层1拷贝2】图层选中的情况下，单击【添加图层蒙版】按钮，添加蒙版，如图3-114所示。

图3-112 选取儿童

图3-113 设置羽化半径

图3-114 添加蒙版

11 在【图层】面板中选择【图层1】和其全部复制的图层，按Ctrl+E键将其合并为【图层1拷贝2】图层，然后将该图层的【混合模式】设置为【柔光】，如图3-115所示。

12 复制【图层1拷贝2】图层，得到【图层1拷贝3】图层，如图3-116所示。

图3-115　设置混合模式

图3-116　复制图层

13 选择菜单栏中的【滤镜】|【模糊】|【高斯模糊】命令，在弹出的对话框中将【半径】设置为5.0像素，单击【确定】按钮，如图3-117所示，对图像进行模糊。

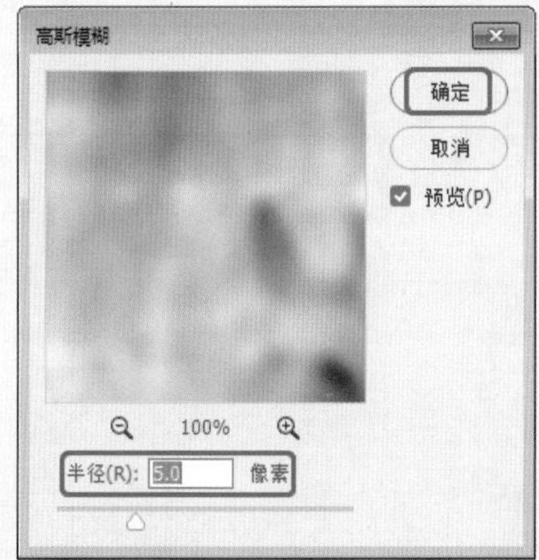

图3-117　设置高斯模糊

14 在【图层】面板底部单击【添加图层蒙版】按钮，添加蒙版，使用【画笔工具】将【前景色】设置为黑色，在工具选项栏中设置一种笔触，然后设置【不透明度】为100%，在图像中儿童的区域进行涂抹，如图3-118所示，设置完成后存储文件。

图3-118　涂抹人物

3.12 思考与练习

1. 【仿制图章工具】的【样本】下拉列表框中有3个选项，即【当前图层】、【当前图层和下方图层】和【所有图层】，它们的定义分别是什么？

2. 【仿制图章工具】与【图案图章工具】的异同点有哪些？

3. 【橡皮擦工具】、【背景橡皮擦工具】和【魔术橡皮擦工具】的异同点有哪些？

第4章 图层的应用与编辑

图层是Photoshop最为核心的功能之一，承载了几乎所有的图像效果，它的引入改变了图像处理的工作方式。而【图层】面板则为图层提供了每一个图层的信息。结合【图层】面板，可以灵活运用图层处理各种特殊效果。在本章中将对图层的功能与操作方法进行更为详细的讲解。

4.1 认识图层

图层就像是含有文字或图像等元素的胶片，一张张按顺序叠放在一起，组合起来形成页面的最终效果。通过简单地调整各个图层之间的关系，能够实现更加丰富和复杂的视觉效果。

4.1.1 图层概述

在Photoshop中，图层是最重要的功能之一，承载着图像和各种蒙版，控制着对象的不透明度和混合模式，另外，通过图层还可以管理复杂的对象，提高工作效率。

图层就好像是一张张堆叠在一起的透明画纸，用户要做的就是在几张透明纸上分别作画，再将这些纸按一定次序叠放在一起，使它们共同组成一幅完整的图像，如图4-1所示。

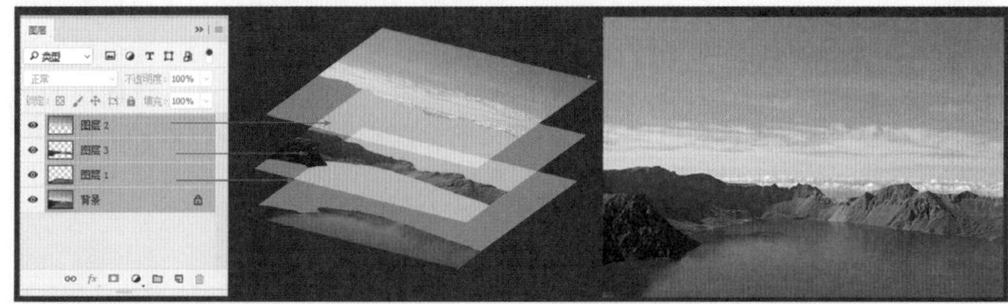

图4-1　图层原理

图层的出现使平面设计进入了另一个世界，那些复杂的图像一下子变得简单清晰起来。通常认为Photoshop中的图层有3种特性：透明性、独立性和叠加性。

1. 初识图层

下面通过实际操作进行了解图层的作用。

01 打开“素材\Cha04\人物.jpg”素材文件，如图4-2所示。在菜单栏中选择【窗口】|【图层】命令，打开【图层】面板，可以看到【图层】面板中只有一个图层，如图4-3所示。

图4-2　打开素材文件

图4-3　【图层】面板

02 在工具箱中选择【魔棒工具】，在背景上单击以选择背景，如图4-4所示。然后按Shift+Ctrl+I组合键进行反选，选择图像，如图4-5所示。

图4-4　选择蓝色背景

图4-5　反向选择

03 选择完成后，按Ctrl+N组合键新建文件，在弹出的【新建文档】对话框中使用默认设置，单击【确定】按钮，即可创建一个空白的文档，如图4-6所示，然后选择工具箱中的【移动工具】，将选区内的图形移动至新建的文件中，效果如图4-7所示。

04 打开【图层】面板，这时可以发现增加了图层，如图4-8所示。

【图层】面板是用来管理图层的。在【图层】面板中，图层是按照创建的先后顺序堆叠排列的，上面的图层会覆盖下面的图层，因此，调整图层的堆叠顺序会影响图像的显示效果。

图4-6　新建文件　　图4-7　完成后的效果

图4-8　向新文件中拖入选区图像后添加图层

2. 图层原理

在【图层】面板中，图层名称的左侧是该图层的缩览图，它显示了图层中包含的图像内容。仔细观察缩览图可以发现，有些缩览图带有灰白相间的棋盘格，它代表了图层的透明区域，如图4-9所示。隐藏背景图层后，可见图层的透明区域在图像窗口中也会显示为棋盘格状，如图4-10所示。如果隐藏所有的图层，则整个图像都会显示为棋盘格状。

图4-9　选择图层

> 提示
>
> 当普通图层中包含透明区域时，可将不透明的区域转化为选区。具体操作为：按住键盘上Ctrl键的同时，单击该图层的图层缩览图，即可将不透明区域转化为选区。

图4-10　隐藏背景图层

当要编辑某一图层中的图像时，可以在【图层】面板中单击该图层，将它选中。选择一个图层后，即可将它设置为当前操作的图层（称为“当前图层”），该图层的名称会出现在文档窗口的标题栏中，如图4-11所示。在进行编辑时，只处理当前图层中的图像，不会对其他图层的图像产生影响。

图4-11　在文档窗口标题栏中显示该选择的图层

4.1.2 【图层】面板

【图层】面板用来创建、编辑和管理图层，以及为图层添加样式、设置图层的不透明度和混合模式。

在菜单栏中选择【窗口】|【图层】命令，可以打开【图层】面板。面板中显示了图层的堆叠顺序、图层的名称和图层内容的缩览图，如图4-12所示。

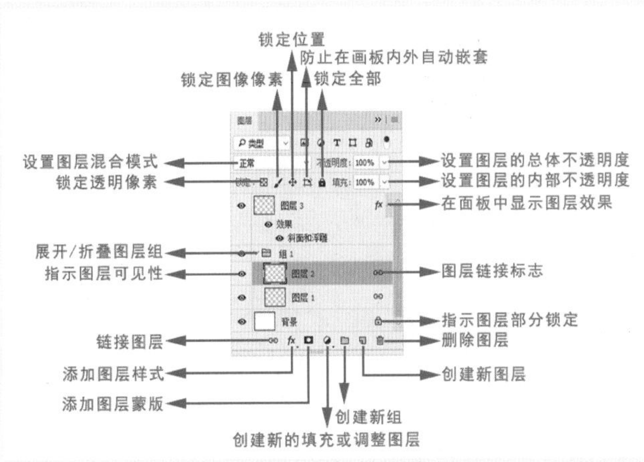

图4-12　【图层】面板

- 【设置图层混合模式】正常：用来设置当前图层中的图像与下面图层混合时使用的混合模式。
- 【设置图层的总体不透明度】不透明度：100%：用来设置当前图层的不透明度。
- 【设置图层的内部不透明度】填充：100%：用来设置当前图层的填充百分比。
- 【锁定全部】按钮：锁定按钮用于锁定图层的透明区域、图像像素和位置，以免其被编辑。处于锁定状态的图层会显示图层锁定标志。
- 【指示图层可见性】标志：当图层前显示该标志时，表示该图层为可见图层。单击它可以取消显示，从而隐藏图层。
- 【链接图层】：【链接图层】按钮用于链接当前选择的多个网层，被链接的图层会显示出图层链接标志，它们可以一同移动或进行变换。
- 【展开/折叠图层组】标志：单击该标志，可以展开图层组，显示出图层组中包含的图层。再次单击可以折叠图层组。
- 【在面板中显示图层效果】标志：单击该标志，可以展开图层效果，显示出当前图层添加的效果。再次单击可折叠图层效果。
- 【添加图层样式】按钮fx：单击该按钮，在打开的下拉列表中可以为当前图层添加图层样式。
- 【添加图层蒙版】按钮：单击该按钮，可以为当前图层添加图层蒙版。
- 【创建新的填充或调整图层】按钮：单击该按钮，在打开的下拉列表中可以选择创建新的填充图层或调整图层。
- 【创建新组】按钮：单击该按钮，可以创建一个新的图层组。
- 【创建新图层】按钮：单击该按钮，可以新建一个图层。
- 【删除图层】按钮：单击该按钮，可以删除当前选择的图层或图层组。

4.1.3 【图层】菜单

下面来介绍【图层】菜单。

在【图层】面板中单击右侧的按钮，可以弹出下拉菜单，如图4-13所示。从中可以选择如下命令：新建图层、复制图层、删除图层、删除隐藏图层等。

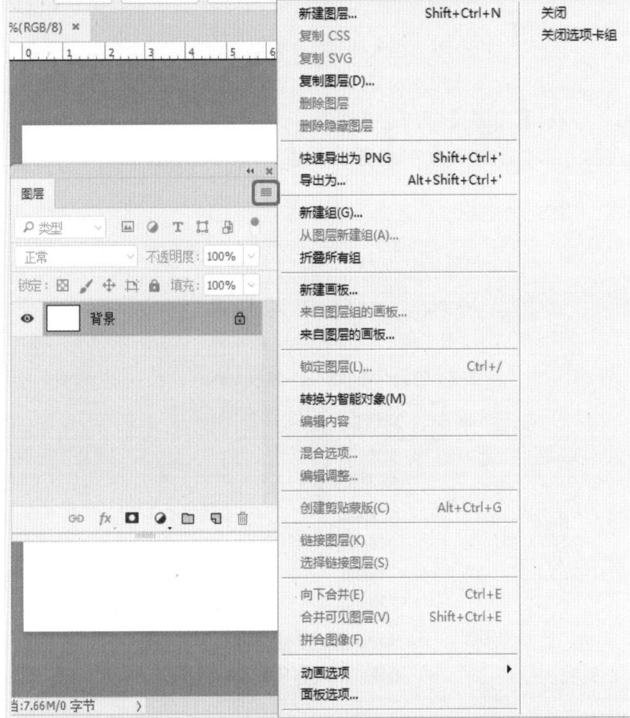

图4-13　图层菜单

知识链接　更改图层缩览图的显示方式

在【图层】面板中单击右侧的按钮，在弹出的下拉菜单中选择【面板选项】命令，打开【图层面板选项】对话框，如图4-14所示，可以设置图层缩览图的大小，如图4-15所示。

图4-14　【图层面板选项】对话框

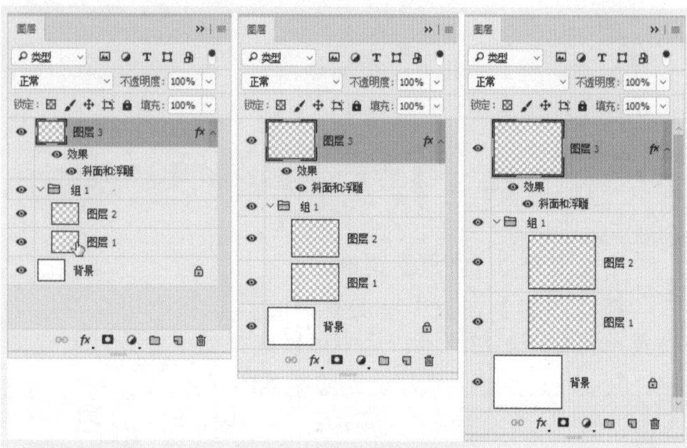
图4-15　缩览图效果

在【图层】面板中图层下方的空白处单击鼠标右键，在弹出的菜单中也可以设置缩览图的效果，如图4-16所示。

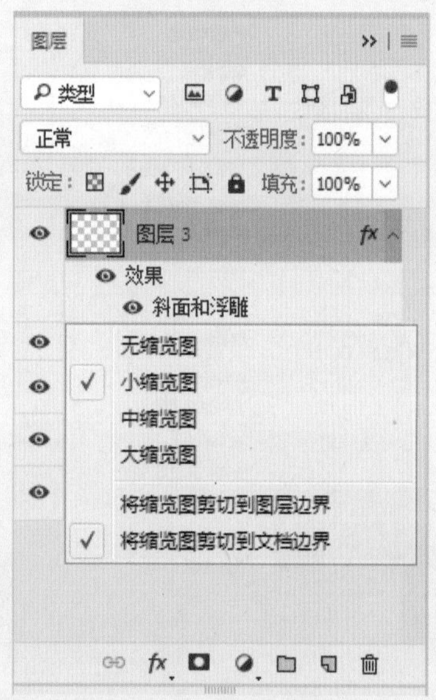

图4-16　缩览图快捷菜单

4.2 创建图层

在Photoshop中可以创建多种类型的图层，每种类型的图层都有不同的功能和用途，它们在【图层】面板中的显示状态也各不相同。下面就来介绍图层的创建。

4.2.1 新建图层

新建图层的方法有很多，可以通过【图层】面板创建，也可以通过各种命令进行创建。

1. 通过按钮创建图层

在【图层】面板中单击【创建新图层】按钮，即可创建一个新的图层，如图4-17所示。

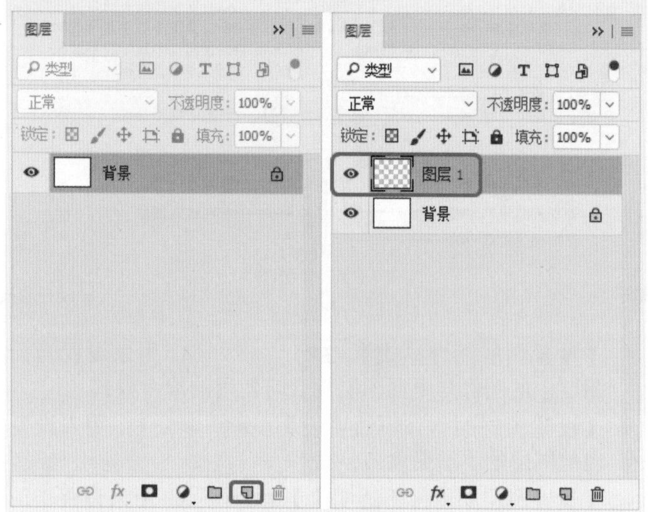
图4-17　新建图层

提示　如果需要在某一个图层下方创建新图层（背景层除外），则按住键盘上Ctrl键的同时单击【创建新图层】按钮即可。

2. 通过【新建】命令创建图层

在菜单栏中选择【图层】|【新建】|【图层】命令，或者按住Alt键的同时单击【创建新图层】按钮，即可弹出【新建图层】对话框，如图4-18所示。在对话框中可以对图层的【名称】、【颜色】和【模式】等各项属性进行设置。

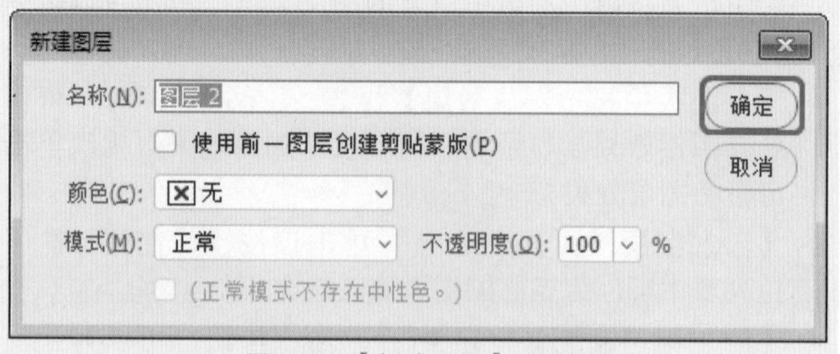

图4-18　【新建图层】对话框

3. 使用【通过拷贝的图层】命令创建图层

打开“素材\Cha04\创建图层.jpg”素材文件，在菜单栏中选择【图层】|【新建】|【通过拷贝的图层】命令，或者按Ctrl+J组合键，可以快速复制当前图层。

如在当前图层中创建了选区，如图4-19所示，然后在菜单栏中选择上述操作后，会将选区中的内容复制到新建图层中，并且原图像不会受到破坏，如图4-20所示。

图4-19 在背景图层上创建选区

图4-20 新建图层

4. 使用【通过剪切的图层】命令创建图层

在菜单栏中选择【图层】|【新建】|【通过剪切的图层】命令，或者按Shift+Ctrl+J组合键，可以快速将当前图层中选区内的图像通过剪切后复制到新图层中，此时原图像被破坏。若当前层为背景层，剪切的区域将填充为背景色，效果如图4-21所示。

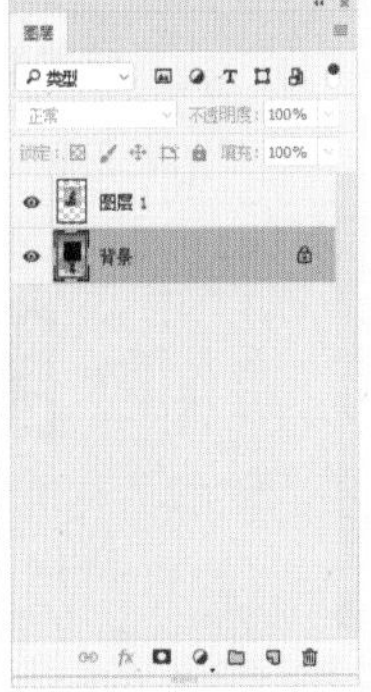

图4-21 新建图层

4.2.2 将背景层转换为图层

将【背景】图层转换为普通图层，可以在【图层】面板中对【背景】层进行双击，即可弹出【新建图层】对话框，然后在该对话框中对它进行命名，命名完成后单击【确定】按钮，如图4-22所示。

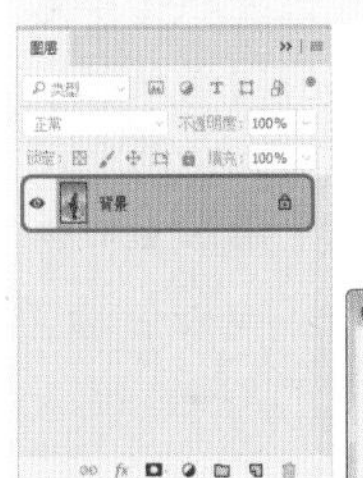

图4-22 转换背景图层

知识链接 标记图层颜色

在图层数量较多的文档中，为一些图层设置容易识别的名称或者可以区别于其他图层的颜色，可便于在操作时查找图层。如果要快速修改一个图层的名称，可以在【图层】面板中双击该图层的名称，然后在显示的文本框中输入新名称，输入完成后在任意位置单击鼠标即可确认输入，如图4-23所示。

图4-23 图层重命名

如果要为图层或者图层组设置颜色，可以在【图层】面板选择该图层或者组，然后右击，在弹出的快捷菜单中选择所需的颜色命令，也可以按住Alt键在【图层】面板中单击【创建新组】按钮 或【创建新图层】按钮 。在这里单击【创建新图层】按钮 ，此时会打开【新建图层】对话框，此对话框中也包含了图层名称和颜色的设置选项，如图4-24所示。

图4-24 设置图层属性

4.3 图层组的应用

在Photoshop中，一个复杂的图像会包含几十、甚至几百个图层，如此多的图层，在操作时是一件非常麻烦的事。如果使用图层组来组织和管理图层，就可以使【图层】面板中的图层结构更加清晰、合理。

4.3.1 创建图层组

下面来介绍如何创建图层组。

在【图层】面板中单击【创建新组】按钮，即可创建一个空的图层组，如图4-25所示。

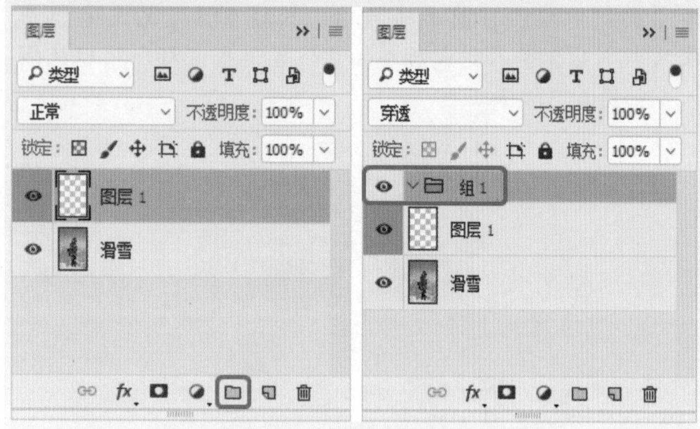

图4-25 新建图层组

在菜单栏中选择【图层】|【新建】|【组】命令，则可以打开【新建组】对话框，在对话框中输入图层组的名称，也可以为它选择颜色，然后单击【确定】按钮，即可按照设置的选项创建一个图层组，如图4-26所示。

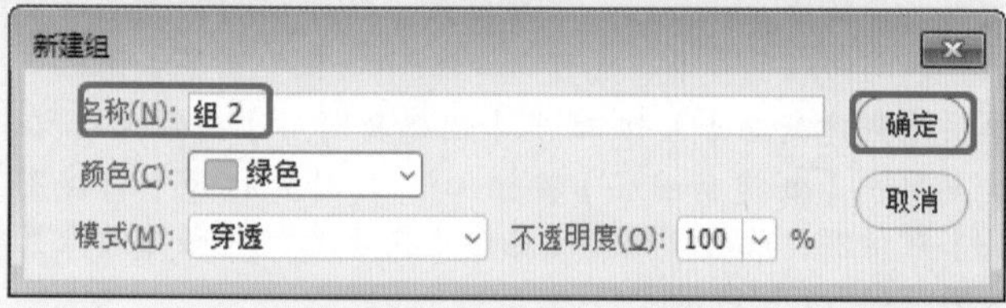

图4-26 【新建组】对话框

> 提示
> 在默认情况下，图层组为【穿透】模式，它表示图层组不具备混合属性，如果选择其他模式，则组中的图层将以该组的混合模式与下面的图层产生混合。

4.3.2 命名图层组

对于图层组的命名与对图层的重新命名方法一致，对该图层组进行双击或者按住Alt键在【图层】面板中单击【创建新组】按钮，在弹出的【新建组】对话框中进行设置，如图4-27所示。

在【图层】面板中将图层组拖至【删除图层】按钮上，可以删除该图层组及组中的所有图层。如果想要删除图层组，但保留组内的图层，可以选择图层组，然后单击【删除图层】按钮，在弹出的提示对话框中单击【仅组】按钮即可，如图4-28所示。

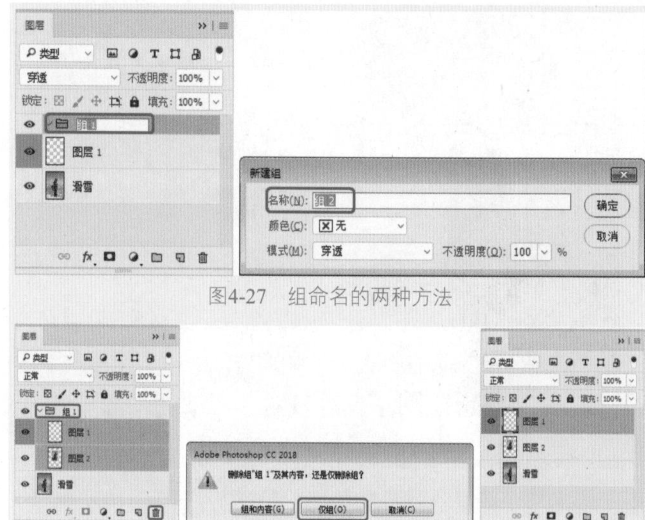

图4-27 组命名的两种方法

图4-28 仅删除组

如果单击【组和内容】按钮，则会删除图层组以及组中所有的图层，如图4-29所示。

图4-29 删除组和内容后的效果

知识链接 取消图层编组

如果要取消图层编组，但保留图层，可以选择该图层组，如图4-30所示，然后执行【图层】|【取消图层编组】命令，或按Shift+Ctrl+G组合键，如图4-31所示。如果要删除图层组及组中的图层，可以将图层组拖到【图层】面板中的【删除图层】按钮上。

图4-30 选择图层组

图4-31 取消图层编组后的效果

4.4 编辑图层

学习过图层的创建，下面就来介绍如何对图层进行编辑。

4.4.1 选择图层

在对图像进行处理时，可以通过下面的方法选择图层。

- 在【图层】面板中选择图层：在【图层】面板中单击任意一个图层，即可选择该图层并将其设置为当前图层，如图4-32所示。如果要选择多个连续的图层，可单击一个图层，然后按住Shift键单击最后一个图层，如图4-33所示；如果要选择多个非相邻的图层，可以按住Ctrl键单击这些图层，如图4-34所示。

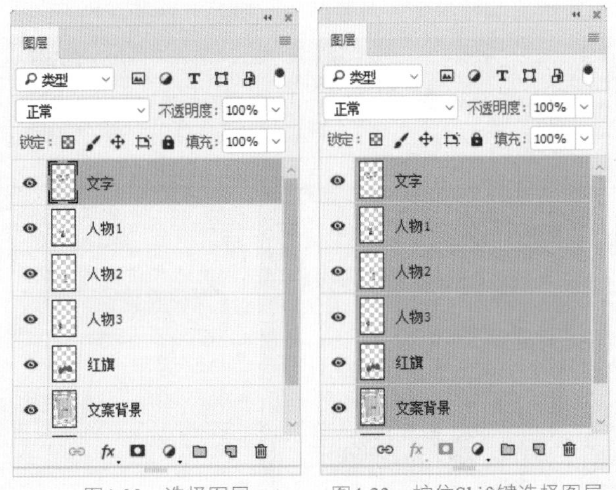

图4-32 选择图层　　图4-33 按住Shift键选择图层

- 在图像窗口中选择图层：选择【移动工具】，在未选中【自动选择】选项时，按住Ctrl键单击，即可选中相对应的图层，如图4-35所示；如果单击点有多个重叠的图层，则可选择位于最上面的图层；如果要选择位于下面的图层，可右击，打开一个快捷菜单，菜单中列出了光标处所有包含像素的图层，如图4-36所示。
- 在图像窗口自动选择图层：如果文档中包含多个图层，则选择移动工具，勾选工具选项栏中的【自动选择】选项，然后在右侧的下拉列表中选择【图层】，如图4-37所示，当这些设置都完成后，使用【移动工具】在画面单击时，可以自动选择光标下面包含的像素的最顶层的图层；如果文档中包含图层组，则勾选该项后，在右侧下拉列表中选择【组】，如图4-38所示，在使用【移动工具】在画面单击时，可以自动选择光标下面包含像素的最顶层的图层所在的图层组。
- 选择链接的图层：选择了一个链接图层后，在菜单栏中选择【图层】|【选择链接图层】命令，可以选择与该图层链接的所有图层，如图4-39所示。

图4-34 按住Ctrl键选择图层

图4-35 选择窗口中的图层

图4-36　右击鼠标选择图层

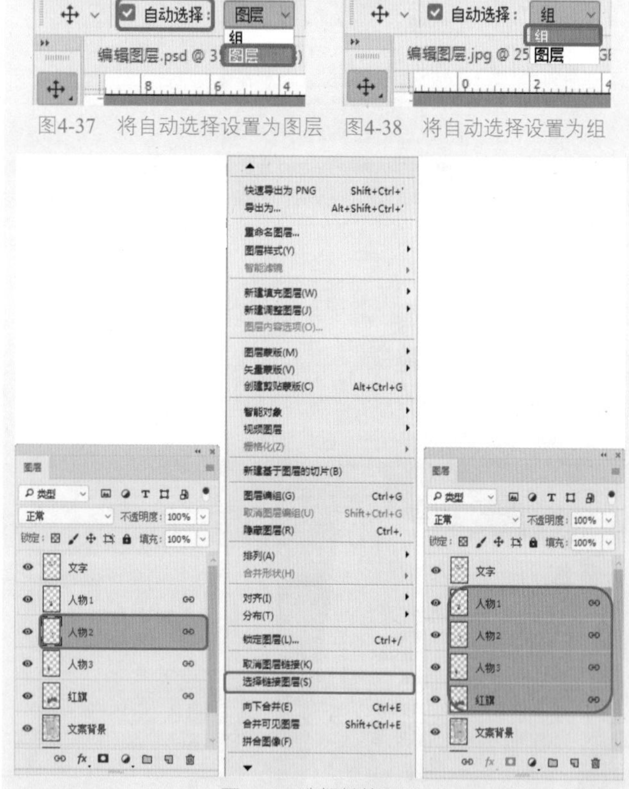

图4-37　将自动选择设置为图层　图4-38　将自动选择设置为组

图4-39　选择链接图层

- 选择所有的图层：要选择所有的图层，可以在菜单栏中选择【选择】|【所有图层】命令。
- 取消选择所有的图层：如果不想选择任何图层，可以在菜单栏中选择【选择】|【取消选择图层】命令，如图4-40所示。也可在【背景】图层下方的空白处单击。

图4-40　取消选择

知识链接　复制图层的方法

通过【图层】面板复制：将需要复制的图层拖至【图层】面板的【创建新图层】按钮上，即可复制该图层。

移动复制：使用【移动工具】，按住Alt键拖动图像可以复制图像，Photoshop会自动创建一个图层来承载复制后的图像，如图4-41所示。如果在图像中创建了选区，则将光标放在选区内，按住Alt键拖动可复制选区内的图像，但不会创建新图层，如图4-42所示。

在图像间拖动复制：使用【移动工具】在不同的文档间拖动图层，可以将图层复制到目标文档。采用这种方式复制图层时不会占用剪贴板，因此可以节省内存。

图4-41　在图层的选区中移动复制

图4-42　按住Alt键进行移动复制

> 提示
> 选择图层，在菜单栏中选择【图层】|【复制图层】命令可以打开【复制图层】对话框，在该对话框中可以为复制的图层进行重命名，还可以在【文档】下拉列表框中选择某个文件将其复制到选择的文件中。

4.4.2　隐藏与显示图层

下面介绍图层的隐藏与显示。

在【图层】面板中，每一个图层的左侧都有一个【指示图层的可见性】图标，它用来控制图层的可视性，显示该图标的图层为可见的图层，如图4-43所示。

图4-43　显示图层

无该图标的图层为隐藏的图层，如图4-44所示。被隐藏的图层不能进行编辑和处理，也不能被打印出来。

图4-44　隐藏图层

4.4.3　实战：调节图层透明度

下面通过实例来观察如何调整图层透明度。

01 打开“素材\Cha04\调节图层.psd”素材文件，如图4-45所示。

图4-45　打开素材

02 在【图层】面板中单击【不透明度】右侧的按钮，会弹出数值滑块栏，调动滑块就可以调整图层的透明度，如图4-46所示。

图4-46　调整透明度

4.4.4　调整图层顺序

在【图层】面板中，将一个图层的名称拖至另外一个图层的上面或下面，突出显示的线条会出现在要放置图层的位置，如图4-47所示。

图4-47　拖动需要调整的图层

放开鼠标即可调整图层的堆叠顺序，如图4-48所示。

图4-48　调整图层顺序

4.4.5　链接图层

在编辑图像时，如果要经常同时移动或者变换几个图层，则可以将它们链接。链接图层的优点在于，只需选择其中的一个图层进行移动或变换，其他所有与之链接的图层都会发生相同的变换。

如果要链接多个图层，可以将它们选择，然后在【图层】面板中单击【链接图层】按钮 ⊖ ，被链接的图层右侧会出现一个 ⊖ 符号，如图4-49所示。

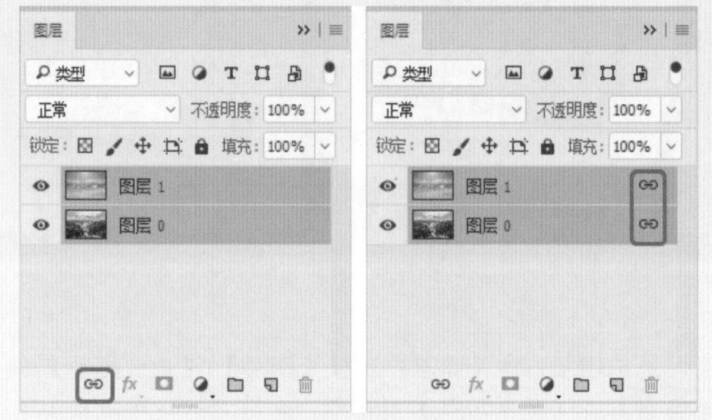

图4-49　链接图层

如果要临时禁用链接，可以按住Shift键单击链接图标，图标上会出现一个红色的“×”，按住Shift键再次单击【链接图层】按钮 ⊖ ，可以重新启用链接功能，如图4-50所示。

图4-50　禁用链接

如果要取消链接，则可以选择一个链接的图层，然后单击面板中【链接图层】按钮 ⊖ 。

> 提示
> 链接的图层可以同时应用变换或创建为剪贴蒙版，但却不能同时应用滤镜、调整混合模式、进行填充或绘画，因为这些操作只能作用于当前选择的一个图层。

4.4.6　锁定图层

在【图层】面板中，Photoshop提供了用于保护图层透明区域、图像像素和位置的锁定功能，可以根据需要锁定图层的属性，以免编辑图像时对图层内容造成修改。当一个图层被锁定后，该图层名称的右侧会出现一个锁状图标，如果图层被部分锁定，该图标是空心的；如果图层被完全锁定，则该图标是实心的；若要取消锁定，可以重新单击相应的锁定按钮，锁状图标也会消失。

在【图层】面板中有4项锁定功能，分别是锁定透明像素、锁定图像像素、锁定位置、锁定全部，下面分别进行介绍。

- 【锁定透明像素】按钮：按下该按钮后，编辑范围将被限定在图层的不透明区域，图层的透明区域会受到保护。例如，使用【画笔工具】涂抹图像时，透明区域不会受到任何影响，如图4-51所示。如果在菜单栏中选择模糊类的滤镜时，想要保持图像边界的清晰，就可以启用该功能。

图4-51　锁定透明像素

- 【锁定图像像素】按钮：按下该按钮后，只能对图层进行移动和变换操作，不能使用绘画工具修改图层中的像素，例如，不能在图层上进行绘画、擦除或应用滤镜。如图4-52所示为锁定图像像素后，使用【画笔工具】涂抹时弹出的警告。

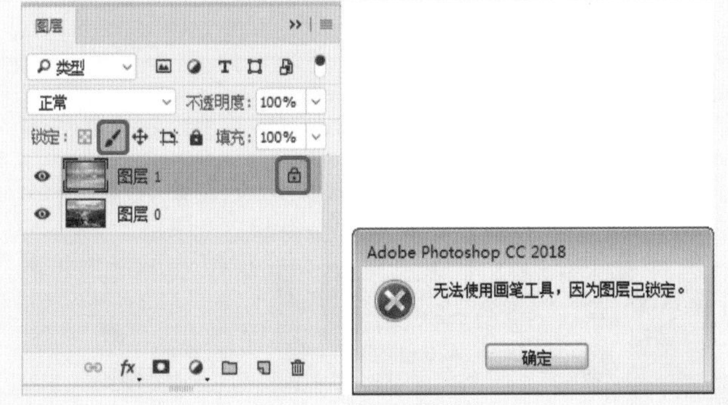

图4-52　锁定图像像素

- 【锁定位置】按钮：按下该按钮后，图层将不能被移动，如图4-53所示。
- 【锁定全部】按钮：按下该按钮后，可以锁定以上的全部选项，如图4-54所示

图4-53　锁定图层位置　　图4-54　完全锁定图层

4.4.7　删除图层

下面介绍如何对图层进行删除。

在【图层】面板中，将一个图层拖至【删除图层】按钮上，即可删除该图层，如果按住Alt键单击【删除图层】按钮，则可以将当时选择的图层删除。同样也可以在菜单栏中选择【图层】|【删除】|【图层】命令，将选择的图层删除。在图层数量较多的情况下，如果要删除所有隐藏的图层，可以在菜单栏中选择【图层】|【删除】|【隐藏图层】命令；如果要删除所有链接的图层，可以在菜单栏中选择【图层】|【选择链接图层】命令，将链接的图层选择，然后再将它们删除。

实例操作001——编辑茶叶包装的图层

此包装是茶叶的盒式包装，结构简单大方，便于机械生产，降低生产成本。色彩沉稳大方，透出一种高贵、淡雅、清香的感觉。精致图案更容易激起人们的购买欲望，促进销售，茶业包装如图4-55所示。

图4-55　茶叶包装

01 打开“素材\Cha04\茶叶包装素材.psd”素材文件，如图4-56所示。

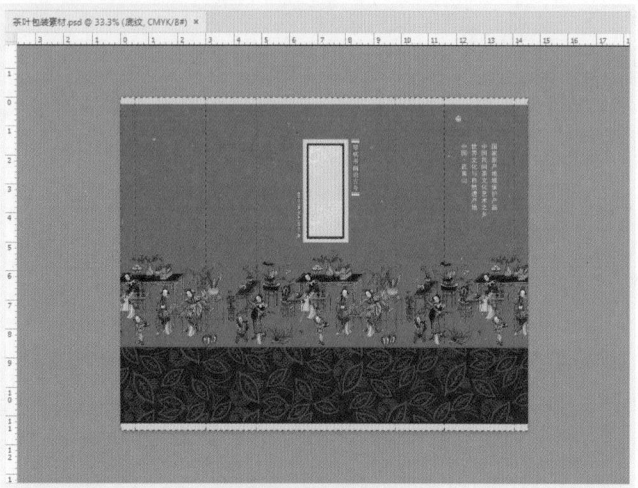
图4-56 打开素材文件

02 单击【正山小种】图层左侧的👁按钮，显示图层，如图4-57所示。

图4-57 显示图层

03 在该图层的右侧双击，弹出【图层样式】对话框，勾选【颜色叠加】复选框，设置颜色为黑色，单击【确定】按钮，如图4-58所示。

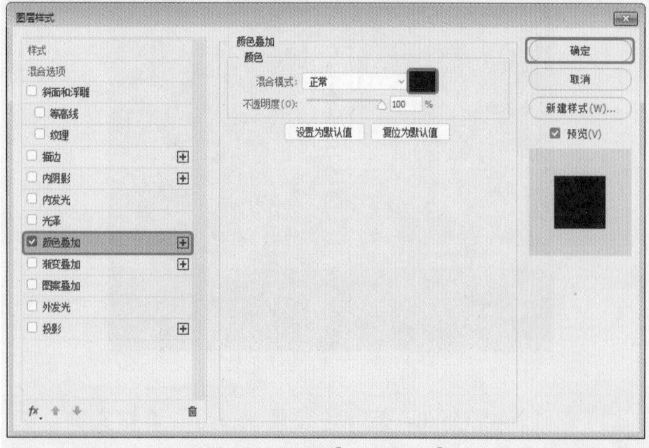
图4-58 设置【颜色叠加】

04 填充后的效果如图4-59所示。

图4-59 填充后的效果

05 选择如图4-60所示的图层，单击【链接图层】按钮 ，将图层进行链接。

06 选择LOGO图层，单击【锁定全部】按钮，锁定LOGO图层，如图4-61所示。

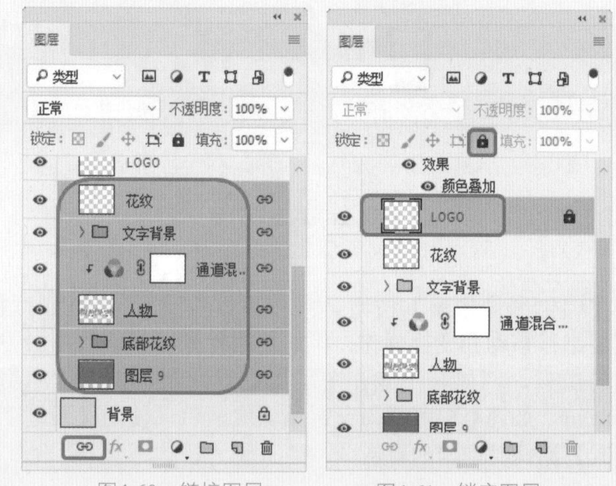
图4-60 链接图层 图4-61 锁定图层

知识链接 图层锁定后不可移动

此时图层已被锁定，若拖动鼠标，会弹出Adobe Photoshop CC 2018提示对话框，如图4-62所示。

图4-62 提示对话框

07 使用【横排文字工具】T，输入文本“中国红茶”，将【字体】设置为【宋体】，将【字体大小】设置为6点，将【颜色】设置为黑色，将【字距】设置为150，如图4-63所示。

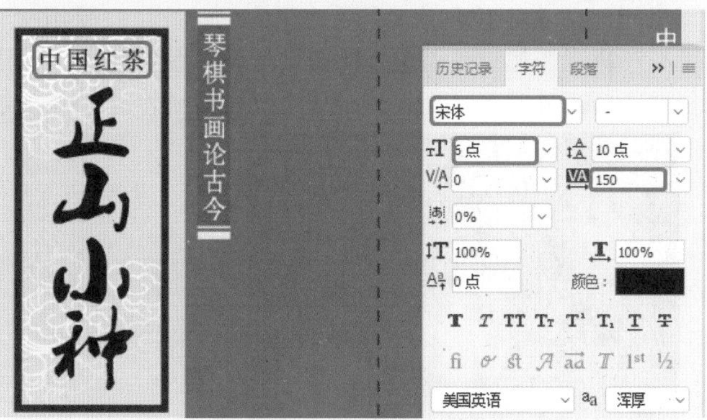

图4-63　设置字符格式

08 将文本图层拖动至【茶叶包装】组的上方，如图4-64所示。

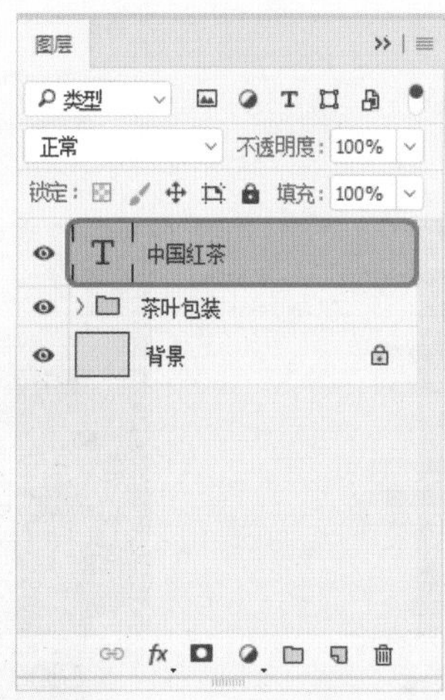

图4-64　调整图层顺序

09 茶叶包装效果如图4-65所示。

图4-65　茶叶包装效果

4.5 图层的合并操作

在Photoshop中，图层、图层组和图层样式等都占用计算机的内存，因此，以上内容的数量越多，占用系统资源也就越多，从而导致计算机运行速度变慢。将相同属性的图层合并，或者将没用的图层删除，都可以减小文件的大小。

4.5.1 向下合并图层

如果要将一个图层与它下面的图层合并，可以选择该图层，然后在菜单栏中选择【图层】|【向下合并】命令，或按Ctrl+E组合键，合并后的图层将使用合并前位于下面的图层的名称，如图4-66所示。也可以在图层名称右侧空白处右击，在弹出的快捷菜单中选择【向下合并】命令。

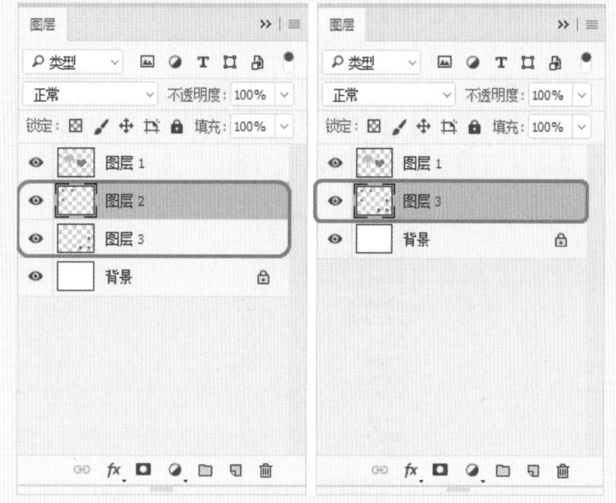

图4-66　向下合并图层

提示

【合并图层】命令可以合并相邻的图层，也可以合并不相邻的多个图层，而【向下合并】命令只能合并两个相邻的图层。

4.5.2 合并可见图层

如果要合并【图层】面板中所有的可见图层，可在菜单栏中选择【图层】|【合并可见图层】命令，或按Shift+Ctrl+E组合键。如果【背景】图层为显示状态，则这些图层将合并到【背景】图层中，如图4-67所示；如果【背景】图层被隐藏，则合并后的图层将使用合并前被选择的图层的名称。也可以在图层名称右侧空白处右击，在弹出的快捷菜单中选择【合并可见图层】命令。

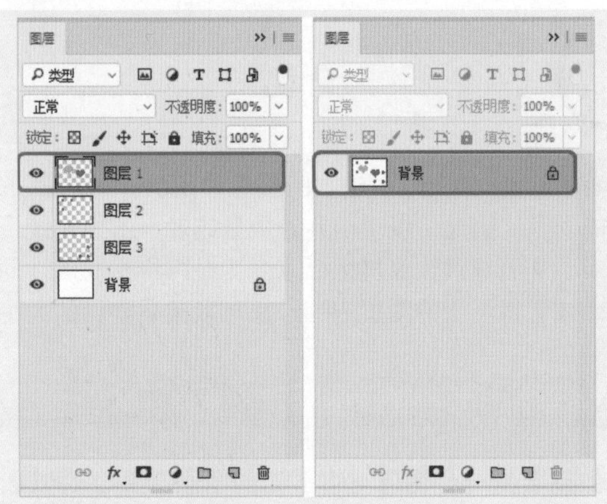

图4-67　合并可见图层

4.5.3　拼合图像

在菜单栏中选择【图层】|【拼合图像】命令，可以将所有的图层都拼合到【背景】图层中，图层中的透明区域会以白色填充。如果文档中有隐藏的图层，则会弹出提示信息，单击【确定】按钮可以拼合图层，并删除隐藏的图层，单击【取消】按钮则取消拼合操作，如图4-68所示。

图4-68　拼合图像

4.6 图层对象的对齐与分布

本节将通过在建立的文件中对文件的图层图像进行对齐与分布，以介绍对齐与分布的操作。

4.6.1　对齐图层对象

在【图层】面板中选择多个图层后，可以使用【图层】|【对齐】下拉菜单中的命令将它们对齐，如图4-69、图4-70所示。如果当前选择的图层与其他图层链接，则可以对齐与之链接的所有图层。

图4-69　选择图层

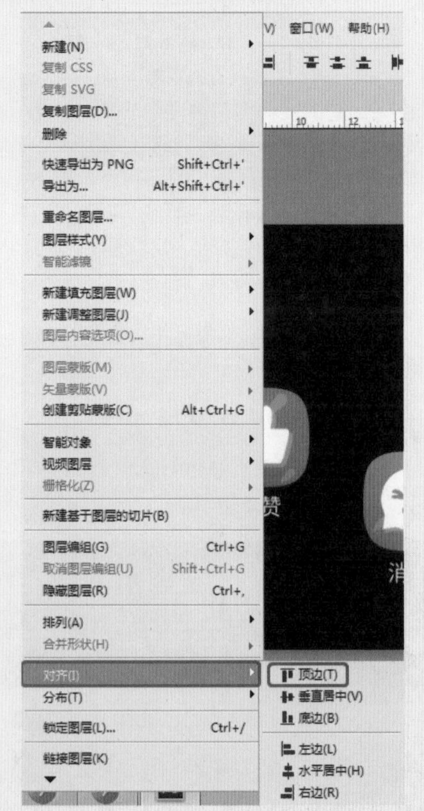

图4-70　打开【对齐】命令

- 【顶边】：可基于所选图层中最顶端的像素对齐其他图层，如图4-71所示。
- 【垂直居中】：可基于所选图层中垂直中心的像素对齐其他图层，如图4-72所示。

图4-71　对齐顶边

图4-72　垂直居中

- 【底边】：可基于所选图层中最底端的像素对齐其他图层，如图4-73所示。
- 【左边】：可基于所选图层中最左侧的像素对齐其他图层。
- 【水平居中】：可基于所选图层中水平中心的像素对齐其他图层．如图4-74所示。
- 【右边】：可基于所选图层中最右侧的像素对齐其他图层。

图4-73　对齐底边

图4-74　水平居中

4.6.2　分布图层对象

【图层】|【分布】下拉菜单中的命令用于均匀分布所选图层，在选择了三个或更多的图层时，才能使用这些命令，如图4-75、图4-76所示。

图4-75　选择图层

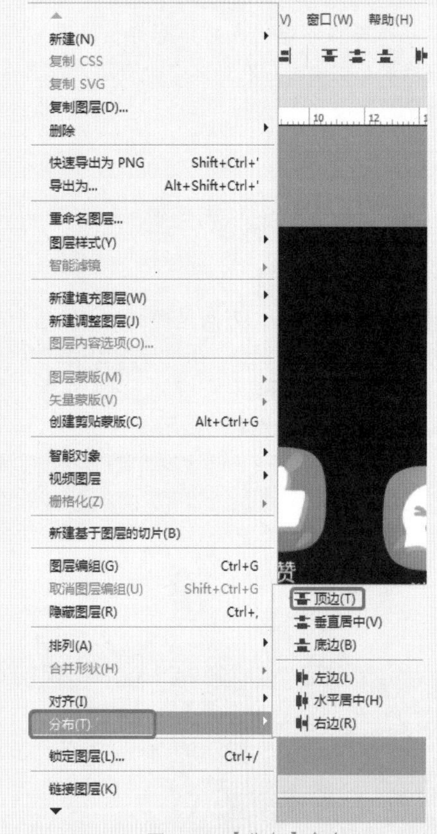

图4-76　【分布】命令

- 【顶边】：可以从每个图层的顶端像素开始，间隔均匀地分布图层，如图4-77所示。
- 【垂直居中】：可以从每个图层的垂直中心像素开始，间隔均匀地分布图层。
- 【底边】：可以从每个图层的底端像素开始，间隔均匀地分布图层。
- 【左边】：可以从每个图层的左端像素开始，间隔均匀地分布图层。
- 【水平居中】：可以从每个图层的水平中心开始，间隔均匀地分布图层。
- 【右边】：可以从每个图层的右端像素开始，间隔均匀地分布图层。

图4-77　分布顶边

由于分布操作不像对齐操作那样很容易地观察出每种选项的结果，读者可以在每一个分布结果后面绘制辅助线，以查看效果。

4.7 实战：图层混合模式

混合模式最主要的应用方向是控制当前图层中的像素与它下面图层中的像素如何混合。下面学习图层的混合模式。

01 打开“素材\Cha04\图层混合模式.psd”文件，按F7键打开【图层】面板，如图4-78所示。

图4-78 【图层】面板

02 在【图层】面板中将图层的混合模式改为【颜色】，效果如图4-79所示。在为图层添加混合模式后，使用任何工具在添加了图层混合式的图层上添加颜色或在该图层下面的图层上添加颜色均会产生效果。

图4-79 【颜色】混合模式下的效果

4.8 应用图层

图层样式又称为“图层效果”，它是为图层添加的各种效果，可以快速改变图层内容的外观。图层样式是一种非破坏性的功能，可以随时修改、隐藏或者删除，此外，使用Photoshop预设的样式，或者载入外部样式，便可以将效果应用于图像。

4.8.1 实战：应用图层样式

本节通过操作介绍如何为图层添加样式。

01 打开“素材\Cha04\应用图层样式.psd”素材文件，按F7键将【图层】面板打开。选择【聘】图层，如图4-80所示。

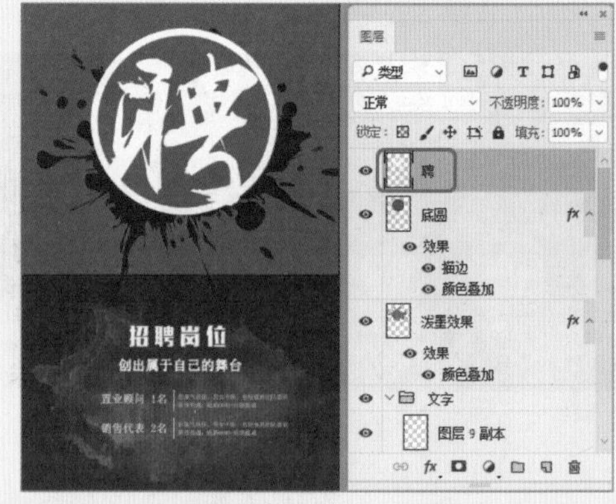

图4-80 选择图层

02 在【图层】面板下方单击【添加图层样式】按钮 fx，然后在打开的列表中选择一个效果命令，即可打开【图层样式】对话框并进入到相应效果的设置面板；或者双击文本图层名称右侧的空白区域，在弹出的【图层样式】对话框中，勾选【投影】和【描边】复选框，设置数值，完成后单击【确定】按钮，如图4-81所示。

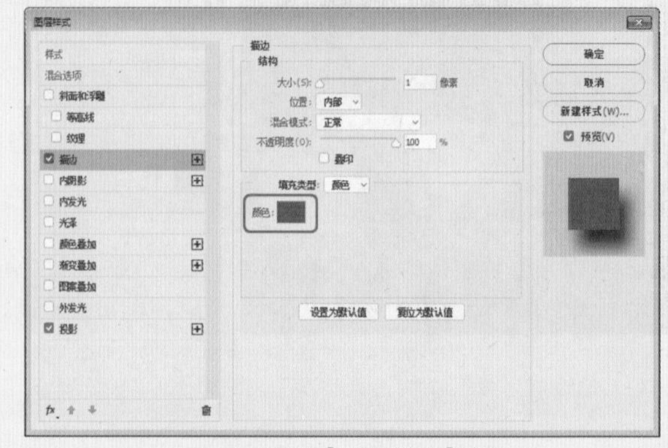

图4-81 设置【图层样式】参数

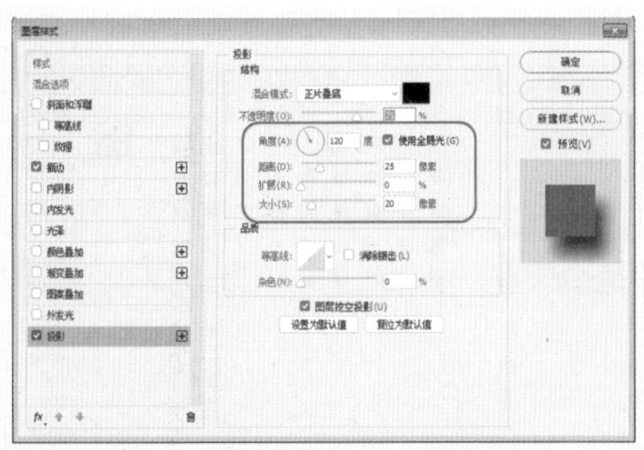

图4-81　设置【图层样式】参数（续）

03 至此就完成了对文本图层的添加图层样式，效果如图4-82所示。

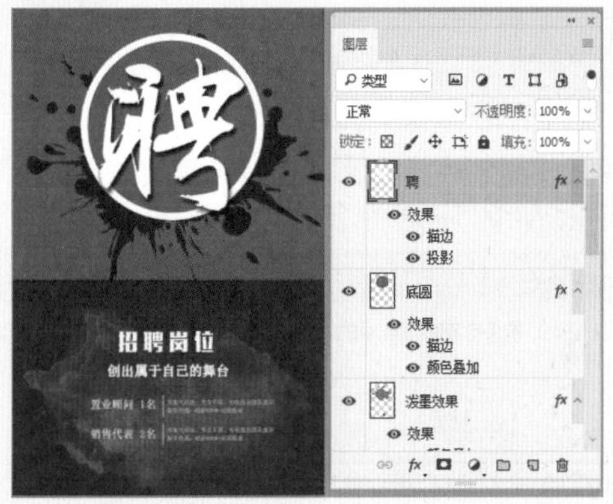

图4-82　完成后的效果

4.8.2　实战：清除图层样式

清除图层样式常用于清除一些多余图层样式，下面介绍如何操作。

01 继续上面的操作，在【图层】面板中可看到创建好的图层样式，如图4-83所示。

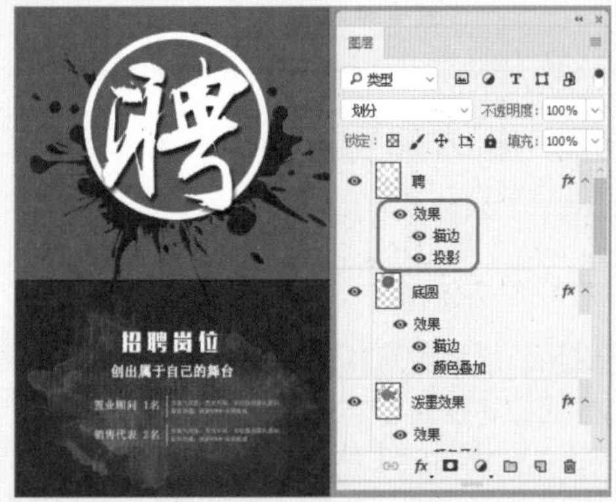

图4-83　观察图层样式

02 在菜单栏中选择【图层】|【图层样式】|【清除图层样式】命令，可以将选中图层的图层样式全部清除，如图4-84所示。

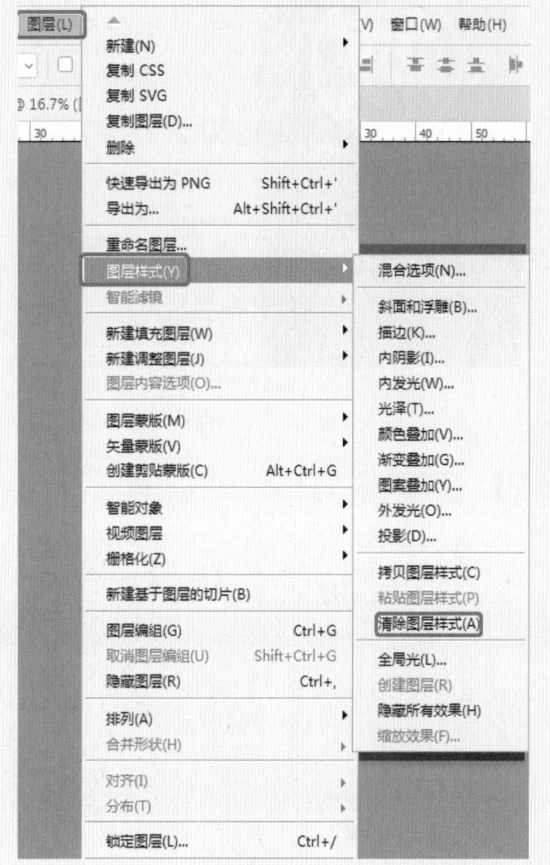

图4-84　选择【清除图层样式】命令

03 还可以在【图层】面板中选择一个图层样式，将其直接拖动到【删除图层】按钮 上，将图层中的该样式进行删除，如图4-85、图4-86所示。

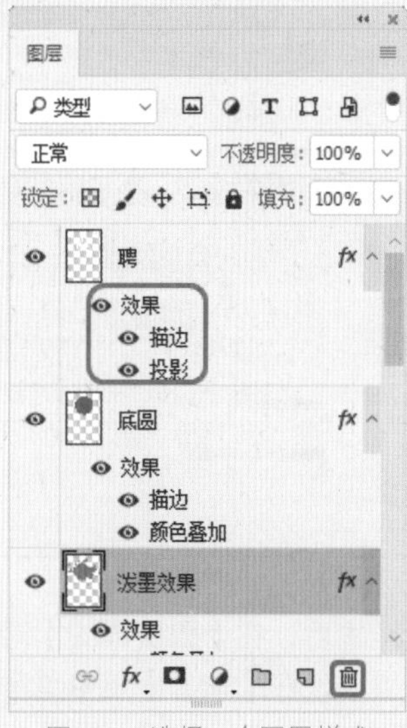

图4-85　选择一个图层样式

图4-86 清除后的效果

4.9 管理图层样式

4.9.1 实战：添加并创建图层样式

在使用Photoshop预设图层样式的时候，如果找不到预想的样式效果，可以通过创建新的图层样式来进行补充。

下面介绍如何创建图层样式。

01 新建一个空白文件，在【图层】面板中双击【背景】层将其解锁。确定【图层0】已选中的情况下，在菜单栏中选择【图层】|【图层样式】命令或在图层名称右侧空白处双击，在弹出的【图层样式】对话框中编辑要为图层添加的图层样式效果，如图4-87所示。

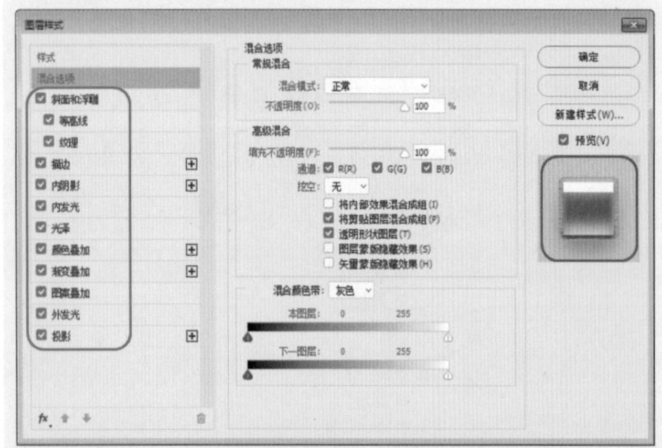
图4-87 设置图层样式

02 添加完图层样式后，在【图层样式】对话框中切换到【样式】选项卡，在【样式】组中单击【更多】按钮⚙，在弹出的下拉菜单中可以根据需要选择图层样式类型，如图4-88所示。

图4-88 【样式】菜单

03 选择完成后，会弹出【图层样式】对话框，单击【追加】按钮，如图4-89所示。

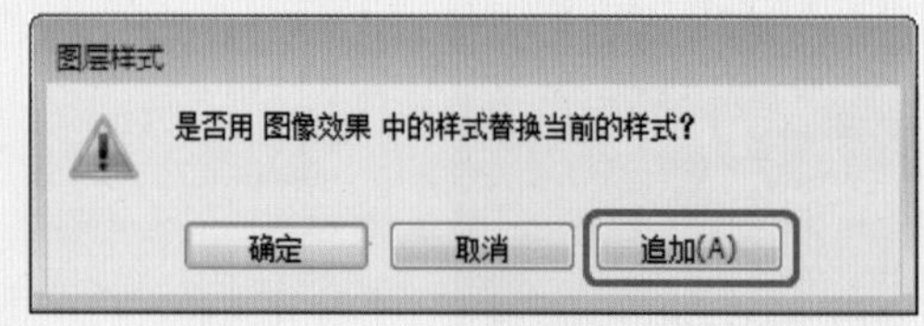

图4-89 单击【追加】按钮

04 设置完成后，此时在【样式】列表中即可追加刚才选择的图层样式类型中的图层样式，如图4-90所示。

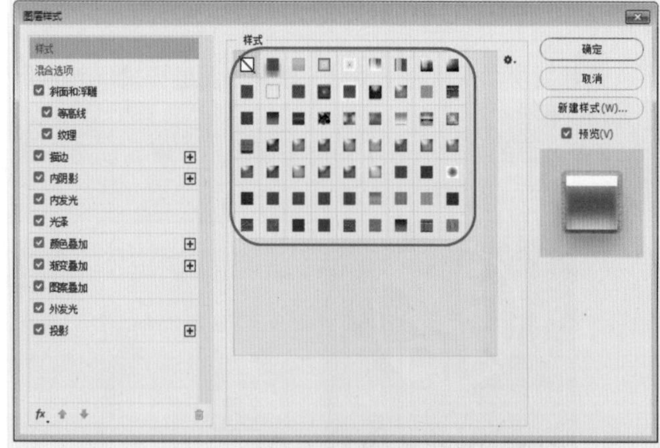
图4-90 新增样式

05 以上增加的是系统默认的样式，下面学习如何添加自定义样式。切换到【样式】选项卡，然后单击【新建样式】按钮，在弹出的【新建样式】对话框中，对新建的样式进行命名，然后单击【确定】按钮，如图4-91所示。

06 此时即可在【图层样式】对话框的【样式】选项卡中看到刚才添加的图层样式，如图4-92所示。

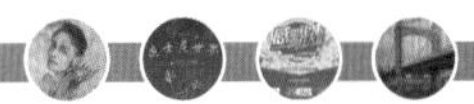

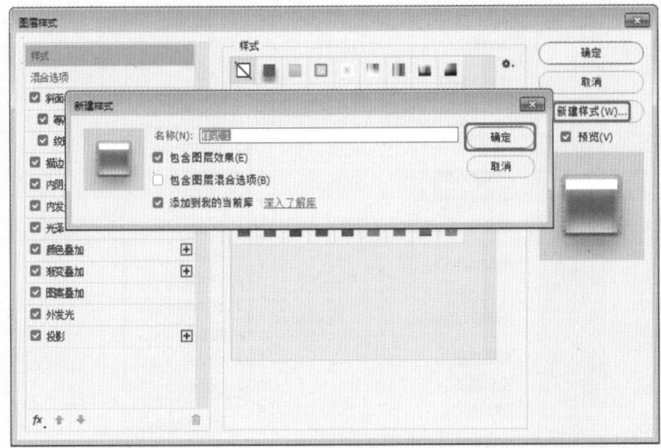

图4-91　【新建样式】对话框

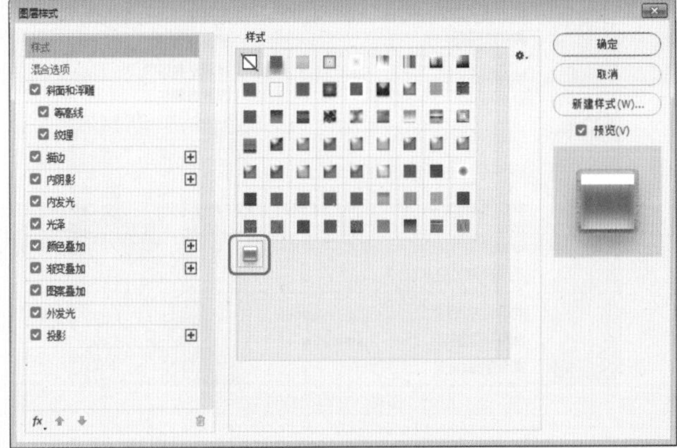

图4-92　完成新建

4.9.2 实战：管理图层样式

下面将介绍如何管理图层样式。

01 打开“素材\Cha04\管理图层样式.psd”素材文件，按F7键将【图层】面板打开。选择【心】图层，如图4-93所示。

图4-93　选择【心】图层

02 在菜单栏中选择【窗口】|【样式】命令，打开【样式】面板，确定绘制的形状图层处于编辑的状态，在【样式】面板中选择一种样式进行应用，如图4-94所示。

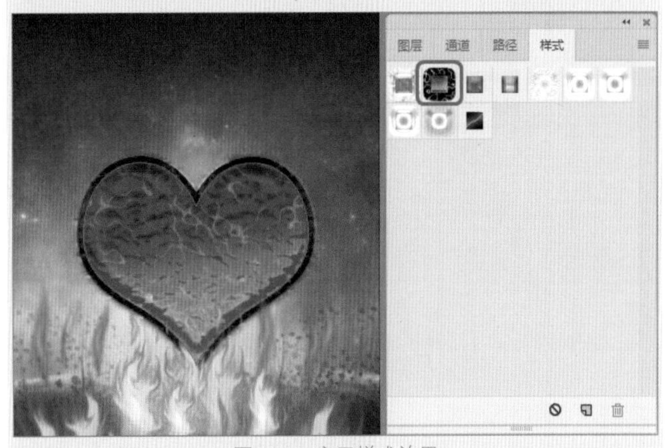

图4-94　应用样式效果

03 如果所选样式不符合需要，可在【样式】面板中重新选择样式进行应用，这样就可替换原有的样式，如图4-95所示。

图4-95　替换原样式后的效果

4.9.3 删除【样式】面板中的样式

下面介绍删除【样式】面板中样式的两种方法。

- 在菜单栏中选择【窗口】|【样式】命令，打开【样式】面板，选择想要删除的图层样式效果，右击，在弹出的快捷菜单中选择【删除样式】命令，即可将该图层样式效果删除，如图4-96所示。
- 打开【图层样式】对话框，切换到【样式】选项卡，从中选择想要删除的图层样式效果，右击，在弹出的快捷菜单中选择【删除样式】命令，删除该图层样式效果，如图4-97所示。

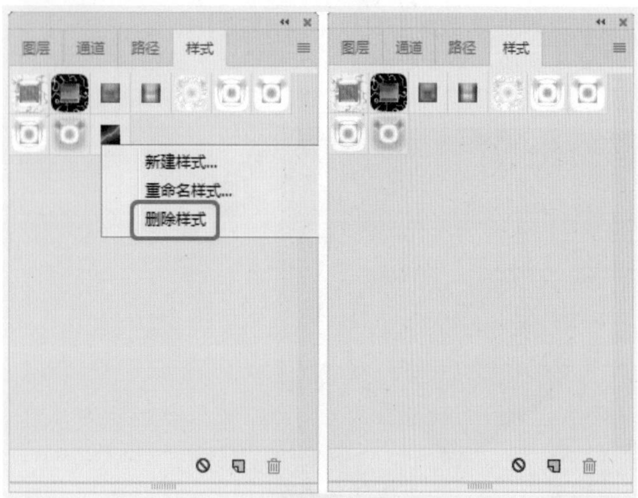

图4-96　在【样式】面板中删除样式

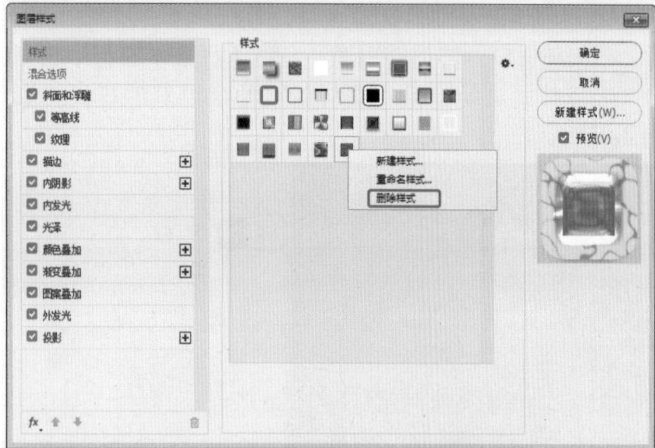

图4-97　在【图层样式】对话框中删除样式

提示　除以上两种方法外，在【样式】面板中选择一个图层样式，并将其拖动至🗑按钮上，可直接删除样式。

4.9.4　使用图层样式

在Photoshop中，对图层样式进行管理是通过【图层样式】对话框来完成的，还可以通过【图层】|【图层样式】命令添加各种样式，如图4-98所示。

单击【图层】面板下方的【添加图层样式】按钮 fx，如图4-99所示，双击图层名称右侧空白处，也可以打开【图层样式】对话框。

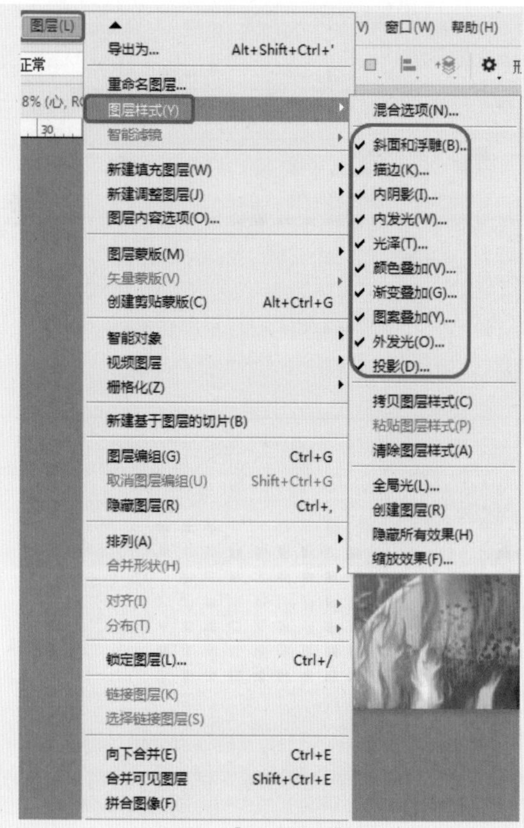

图4-98　【图层样式】命令

图4-99　添加图层样式

在【图层样式】对话框的右侧列出了10种效果，如图4-100所示。

在该对话框中选择任意效果选项后，即在该选项名称前面的复选框有“√”标记，表示在图层中添加了该效果。单击一个效果的名称，可以选中该效果，对话框的右侧会显示与之对应的设置选项，如图4-101所示。

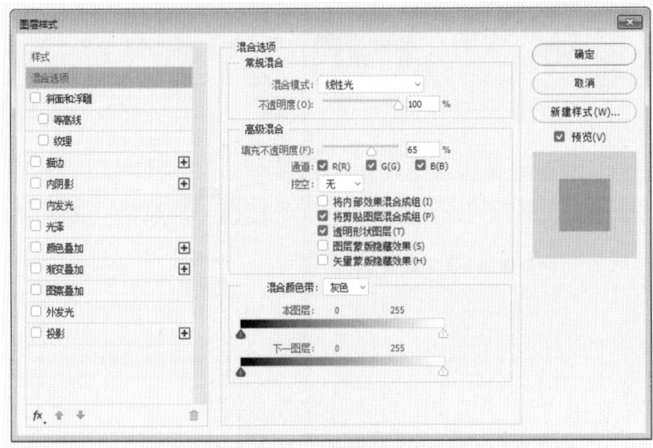

图4-100 【图层样式】对话框

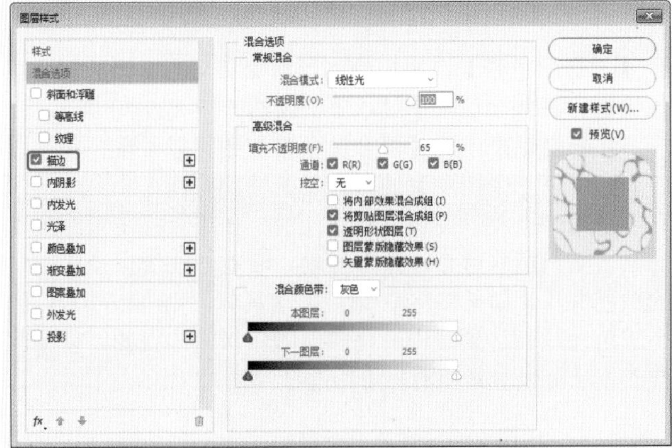

图4-101 选择效果

如果只单击效果名称前面的复选框，则可以应用该效果，但不会显示效果的选项，如图4-102所示。

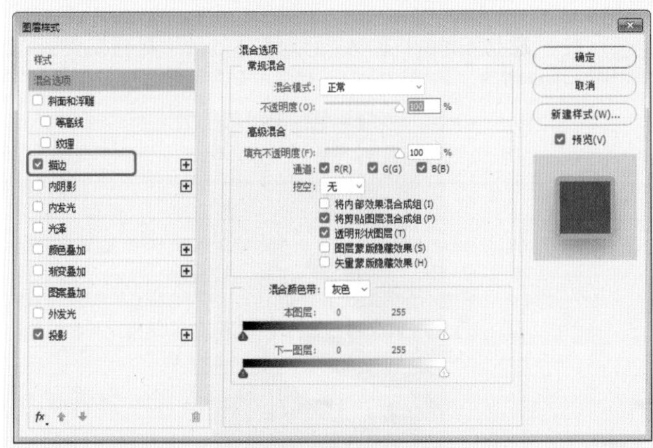

图4-102 使用效果

逐一尝试各个选项的功能后就会发现，所有样式的选项参数窗口都有许多的相似之处。

- 【混合模式】：在介绍图层混合模式时已经学过了，在此就不再赘述。
- 【不透明度】：可以输入数值或拖动滑块设置图层效果的不透明度。
- 【通道】：在3个复选框中，可以选择参加高级混合的R、G、B通道中的任何一个或者多个，也可以一个都不选，但是一般得不到理想的效果。至于通道的详细概念，会在后面的【通道】面板中加以阐述。
- 【挖空】：控制投影在半透明图层中的可视性或闭合。应用这个选项可以控制图层色调的深浅，如图4-103所示。单击下三角按钮可以弹出下拉列表，它们的效果各不相同。将【挖空】设置为【深】，将【填充不透明度】数值设定为0%，如图4-104所示，可挖空到背景图层，如图4-105所示。

图4-103 调整色调

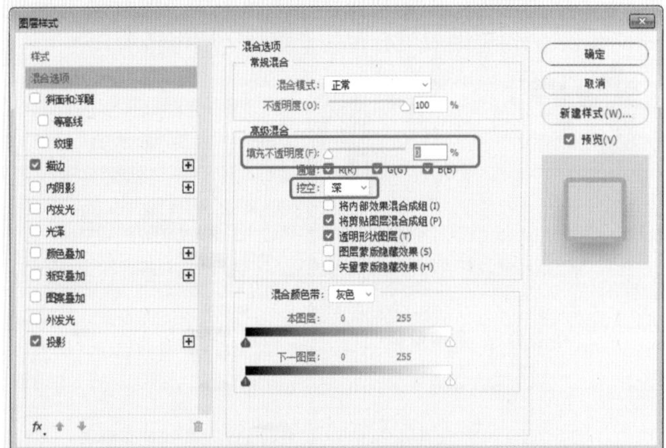

图4-104 设置【挖空】

提示

当使用【挖空】的时候，在默认的情况下会从该图层挖到背景图层。如果没有【背景】图层，则以透明的形式显示。

图4-105　挖空到背景效果

- 【将内部效果混合成组】：选中这个复选框，可将本次操作作用到图层的内部，然后合并到一个组中。这样在下次使用的时候，出现在窗口的默认参数即为现在的参数。
- 【将剪贴图层混合成组】：将剪贴的图层合并到同一个组中。
- 【透明形状图层】：可以限制样式或挖空效果的范围。
- 【图层蒙版隐藏效果】：用来定义图层效果在图层蒙版中的应用范围。如果在添加了图层蒙版的图层上没有勾选【图层蒙版隐藏效果】复选框，则效果会在蒙版区域内显示，如图4-106所示；如果勾选了【图层蒙版隐藏效果】复选框，则图层蒙版中的效果不会显示，如图4-107所示。
- 【矢量蒙版隐藏效果】：用来定义图层效果在矢量蒙版中的应用范围，勾选该复制框矢量蒙版中的效果不会显示，取消勾选则效果会在矢量蒙版区域内显示。

图4-106　未勾选【图层蒙版隐藏效果】

图4-107　勾选【图层蒙版隐藏效果】

- 【混合颜色带】：用来控制当前图层与它下面的图层混合时，在混合结果中显示哪些像素。

在该对话框中的【混合颜色带】中可以发现，【本图层】和【下一个图层】的颜色条两端均有两个小三角形，它们是用来调整该图层色彩深浅的。如果直接用鼠标拖动的话，则只能将整个三角形拖动，没有办法缓慢变化图层的颜色深浅。如果按住Alt键后拖动鼠标，则可拖动右侧的小三角，从而达到缓慢变化图层颜色深浅的目的。使用同样的方法可以对其他的三角形进行调整。

4.9.5　实战：投影

【投影】效果可以为图层内容添加投影，使其产生立体感。

01 打开“素材\Cha04\素材\特效素材.pad”素材文件，如图4-108所示。

图4-108　打开的素材文件

02 双击【主体图标】文本图层的右侧，打开【图层样式】对话框，勾选【投影】复选框，将【混合模式】设置为【正常】，将颜色设置为#000000，将【不透明度】

设置为67%，将【角度】设置为120度，将【距离】、【扩展】、【大小】分别设置为20、10、7，如图4-109所示。

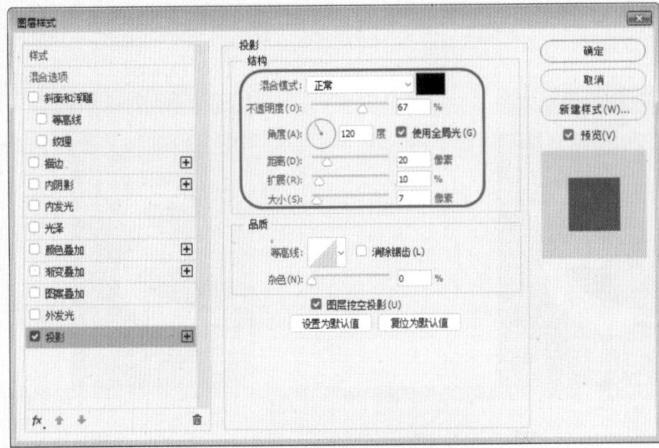

图4-109　设置【投影】参数

03 执行以上操作后单击【确定】按钮，效果如图4-110所示。

图4-110　设置阴影后的效果

【投影】选项中各项说明如下。

- 【混合模式】：用来设置投影与下面图层的【混合模式】，该选项默认为【正片叠底】。
- 【投影颜色】：单击【混合模式】右侧的色块，可以在打开的【拾色器（投影颜色）】对话框中设置投影的颜色，如图4-111所示。

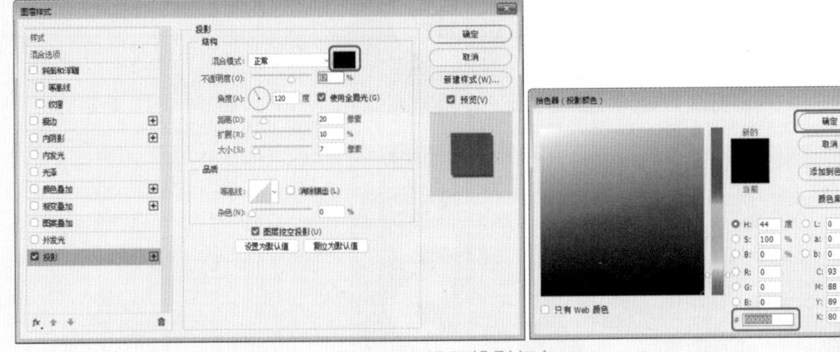

图4-111　设置投影颜色

- 【不透明度】：拖动滑块或输入数值可以设置投影的不透明度，该值越高，投影越深，值越低，投影越浅，如图4-112所示。
- 【角度】：确定效果应用于图层时所采用的光照角度，可以在文本框中输入数值，也可以拖动圆形的指针来进行调整，指针的方向为光源的方向，如图4-113所示。

图4-112　设置不透明度

图4-113　设置角度

- 【使用全局光】：选中该复选框，所产生的光源作用于同一个图像中的所有图层。取消选中该复选项，产生的光源只作用于当前编辑的图层。
- 【距离】：控制阴影离图层中图像的距离，值越高，投影越远。也可以将光标放在场景文件的投影上，当光标为形状时，单击并拖动鼠标可直接调整摄影的距离和角度，如图4-114所示。

图4-114　拖动投影的距离

- 【扩展】：用来设置投影的扩展范围，受下面【大小】选项的影响。
- 【大小】：用来设置投影的模糊范围，值越高，模糊范围越广，值越小投影越清晰，如图4-115所示。
- 【等高线】：应用这个选项可以使图像产生立体的效果。单击其下拉按钮，会弹出【等高线拾色器】窗口，从中可以根据图像选择适当的模式，如图4-116所示。

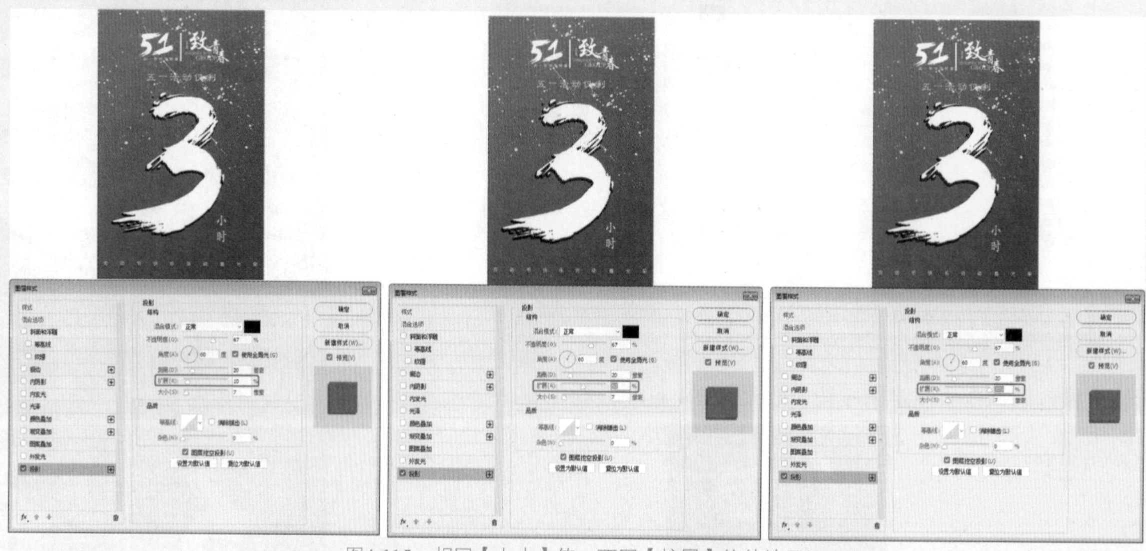

图4-115　相同【大小】值、不同【扩展】值的效果

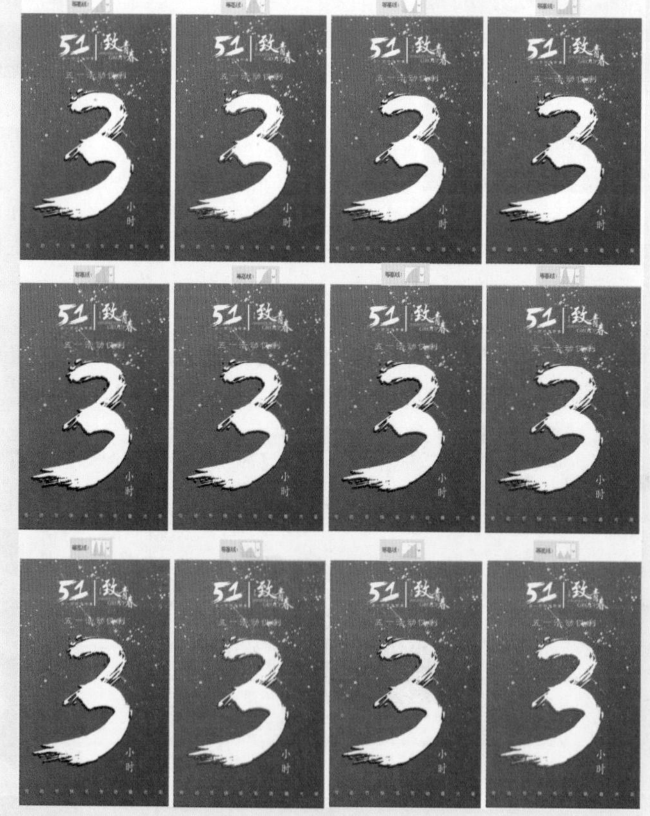

图4-116　12种等高线模式

- 【消除锯齿】：选中该复选框，在固定的选区做一些变化时，可以使变化的效果不突然，效果过渡变得柔和。

● 【杂色】：用来在投影中添加杂色，该值较高时，投影将显示为点状，如图4-117所示。

图4-117　添加杂色后的效果

● 【用图层挖空投影】：用来控制半透明图层中投影的可见性。选择该选项后，如果当前图层的【填充】小于100%，则半透明图层中的投影不见，如图4-118所示。如图4-119所示为取消选择的效果。

图4-118　勾选【用图层挖空投影】

图4-119　未勾选【用图层挖空投影】

如果觉得这里的模式太少，则可以在打开【等高线拾色器】窗口后，单击右上角的⚙.按钮，打开如图4-120所示的菜单。

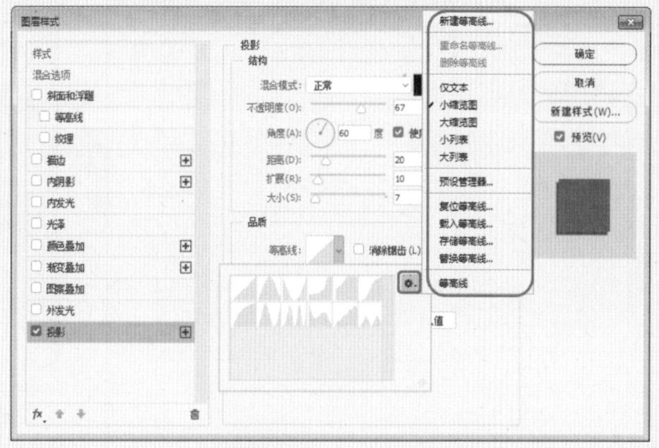

图4-120　下拉菜单

下面介绍如何新建一个等高线和等高线的一些基本操作。

单击等高线图标，可以弹出【等高线编辑器】对话框，如图4-121所示。

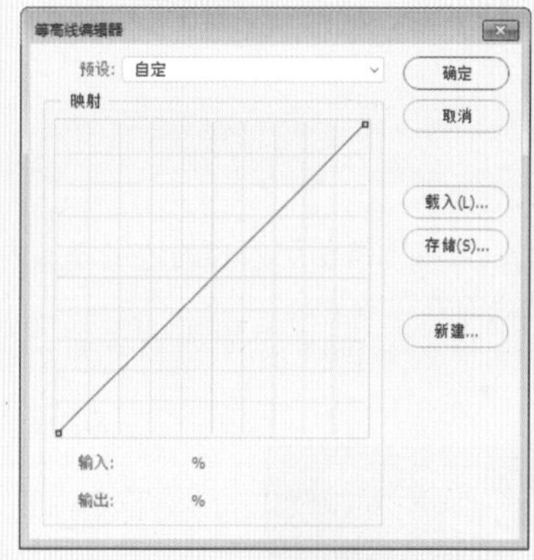

图4-121　【等高线编辑器】对话框

【等高线编辑器】对话框中各选项说明如下。

● 【预设】：在下拉列表框中可以先选择比较接近需要的等高线，然后在【映射】区域的曲线上面单击添加锚点，用鼠标指针拖动锚点会得到一条曲线，其默认的模式是平滑的曲线。
● 【输入】和【输出】：【输入】指的是图像在该位置原来的色彩相对数值。【输出】指的是通过这条等高线处理后，得到的图像在该处的色彩相对数值。
● 【边角】：这个复制项可以确定曲线是圆滑的还是尖锐的。

完成对曲线的制作以后，单击【新建】按钮，弹出【等高线名称】对话框，如图4-122所示。

图4-122　【等高线名称】对话框

如果对当前调整的等高线进行保留，可以通过单击【存储】按钮对等高线进行保存，在弹出的【另存为】对话框中命名即可，如图4-123所示。载入等高线的操作和保存类似。

图4-123 【另存为】对话框

4.9.6 实战：内阴影

应用【内阴影】选项可以围绕图层内容的边缘添加内阴影效果，使图层呈凹陷的外观效果。

01 打开“素材\Cha04\素材\特效素材.psd”素材文件，如图4-124所示。

图4-124 素材文件

02 在【主体图标】图层的右侧双击，打开【图层样式】对话框，勾选【内阴影】复选框，将【混合模式】设置为【正片叠底】，设置【填充颜色】为#730505，将【不透明度】设置为35%，将【角度】设置为120度，将【距离】设置为37像素，将【阻塞】设置为10%，将【大小】设置为5像素，如图4-125所示。

03 设置完成后单击【确定】按钮，添加内阴影后的效果如图4-126所示。

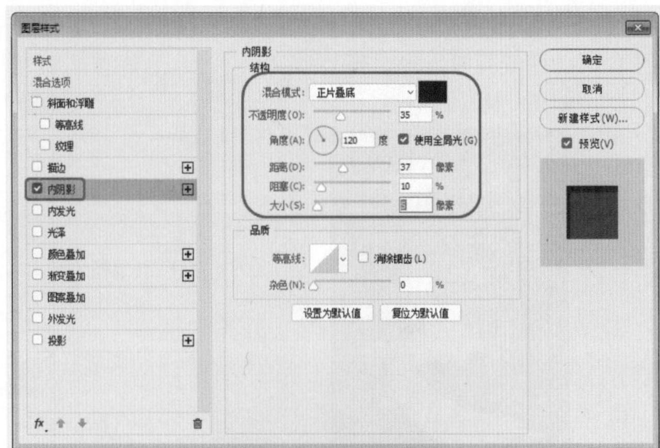

图4-125 设置内阴影

图4-126 设置内阴影后的效果

与【投影】相比，【内阴影】下半部分参数的设置在【投影】中都涉及了，而上半部分则稍有不同。

从图中可以看出，这个部分只是将原来的【扩展】改为了现在的【阻塞】，这是一个和扩展相似的功能，但它是扩展的逆运算。扩展是将阴影向图像或选区的外面扩展，而阻塞则是向图像或选区的里边扩展，得到的效果图极为类似，在精确制作时可能会用到。如果将这两个选项都选中并分别对它们进行参数设定，则会得到意想不到的效果。

4.9.7 实战：外发光

应用【外发光】选项可以围绕图层内容的边缘创建外部发光效果。

01 打开“素材\Cha04\素材\特效素材.psd”素材文件，如图4-127所示。

02 选择【主体图标】图层，然后打开【图层样式】对话框，勾选【外发光】复选框，将【混合模式】设置为【滤色】，将【不透明度】设置为64%，选择渐变颜色，将【方法】设置为【柔和】，将【扩展】设置为50%，将

【大小】设置为29像素，如图4-128所示。

图4-127 素材文件

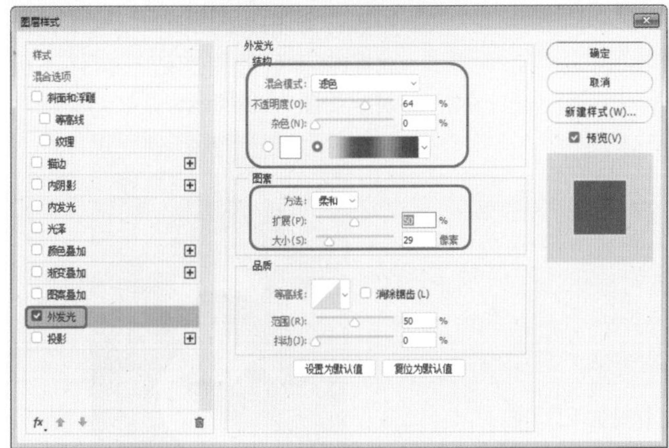

图4-128 设置【外发光】参数

03 设置完成后单击【确定】按钮，设置后的效果如图4-129所示。

图4-129 设置外发光后的效果

【外发光】选项参数中各项的含义如下。

- 【可选颜色】：选择纯色单选按钮，然后单击色块，在弹出的【拾色器】对话框中可以选择一种颜色作为外发光的颜色；单击右侧的渐变单选按钮，然后单击渐变条，可在弹出的【渐变编辑器】对话框中设置渐变颜色作为外发光颜色。
- 【方法】：包括【柔和】和【精确】两个选项，用于设置光线的发散效果。
- 【扩展】和【大小】：用于设置外发光的模糊程度和亮度。
- 【范围】：该选项用于设置颜色不透明度的过渡范围。
- 【抖动】：用于改变渐变的颜色和不透明度的应用。

4.9.8 实战：内发光

应用【内发光】选项可以围绕图层内容的边缘创建内部发光效果。

01 继续上一节的操作，选择【主体图标】图层，打开【图层样式】对话框，勾选【内发光】复选框，将【混合模式】设置为【线性光】，将【不透明度】设置为20%，将【杂色】设置为29%，选中【纯色】单选按钮并将颜色设置为#fe0000，将【方法】设置为【柔和】，将【阻塞】设置为10%，将【大小】设置为0像素，如图4-130所示。

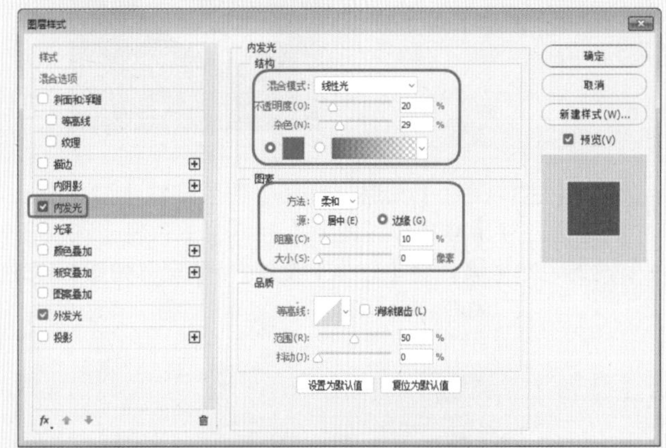

图4-130 设置【内发光】参数

02 设置完成后单击【确定】按钮，效果如图4-131所示。

图4-131 设置内发光后的效果

提示 在印刷过程中，关于样式的应用要尽量少使用。

【内发光】的选项和【外发光】的选项几乎一样。只是【外发光】选项中的【扩展】选项变成了【内发光】中的【阻塞】。【外发光】得到的阴影是在图层的边缘，在图层之间看不到效果的影响；而【内发光】得到的效果只在图层内部，即得到的阴影只出现在图层的不透明区域。

4.9.9 实战：斜面和浮雕

应用【斜面和浮雕】选项可以为图层内容添加暗调和高光效果，使图层内容呈现突起的浮雕效果。

01 打开“素材\Cha04\特效素材.psd”素材文件，如图4-132所示。

图4-132 素材文件

02 选择【主体图标】图层，打开【图层样式】对话框，勾选【斜面和浮雕】复选框，将【样式】设置为【外斜面】，将【深度】设置为334%，将【大小】设置为29像素，将【软化】设置为4像素，如图4-133所示。

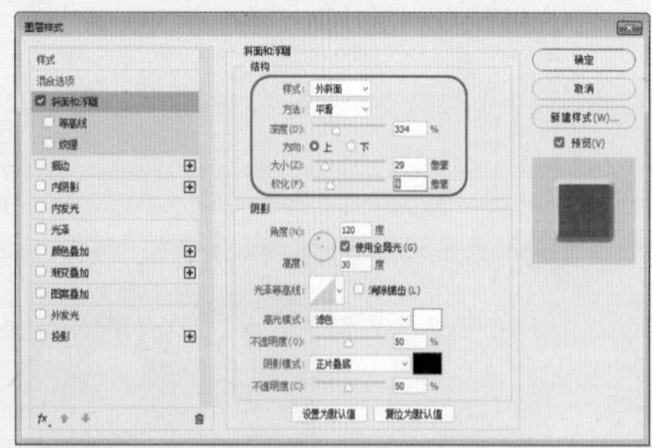

图4-133 设置【斜面和浮雕】参数

03 设置完成后单击【确定】按钮，效果如图4-134所示。

【斜面和浮雕】选项中各项参数含义如下。

- 【样式】：在此下拉列表中共有5个模式，分别是【外斜面】、【内斜面】、【浮雕效果】、【枕状浮雕】和【描边浮雕】。
- 【方法】：在此下拉列表框中有3个选项，分别是【平滑】、【雕刻清晰】和【雕刻柔和】。

图4-134 斜面和浮雕效果

- 【平滑】：选择这个选项可以得到边缘过渡比较柔和的图层效果，也就是它得到的阴影边缘变化不尖锐，如图4-135所示。

图4-135 平滑效果

- 【雕刻清晰】：选择这个选项将产生边缘变化明显的效果。比起【平滑】选项，它产生的效果立体感特别强，如图4-136所示。

图4-136 雕刻清晰

- 【雕刻柔和】：与【雕刻清晰】类似，但是它的边缘的色彩变化要稍微柔和一点，如图4-137所示。

图4-137 雕刻柔和

- 【深度】：控制效果的颜色深度。数值越大，得到的阴影越深；数值越小，得到的阴影颜色越浅。
- 【方向】：包括【上】、【下】两个方向，用来切换亮部和阴影的方向。选择【上】选项，则亮部在上面，如图4-138所示；选择【下】选项，则亮部在下面，如图4-139所示。

图4-138 【上】效果

图4-139 【下】效果

- 【大小】：用来设置斜面和浮雕中阴影面积的大小。
- 【软化】：用来设置斜面和浮雕的柔和程度，该值越大，效果越柔和。
- 【角度】：控制灯光在圆中的角度。圆中的圆圈符号可以用鼠标移动。
- 【高度】：指光源与水平面的夹角。值为 0 表示底边；值为 90 表示图层的正上方。
- 【使用全局光】：决定应用于图层效果的光照角度。既可以定义全部图层的光照效果，也可以将光照应用到单个图层中，制造出一种连续光源照在图像上的效果。
- 【光泽等高线】：此选项的编辑和使用方法和前面提到的等高线的编辑方法是一样的。
- 【消除锯齿】：选中该复选框，可以使混合等高线或光泽等高线的边缘像素变化的效果不会显得很突然，效果过渡变得柔和。此选项在具有复杂等高线的小阴影上最有用。
- 【高光模式】：指定斜面或浮雕高光的混合模式。这相当于在图层的上方有一个带色光源，光源的颜色可以通过右边的颜色方块来调整，它会使图层达到许多种不同的效果。
- 【阴影模式】：指定斜面或浮雕阴影的混合模式，可以调整阴影的颜色和模式。通过右边的颜色方块可以改变阴影的颜色，在下拉列表框中可以选择阴影的模式。
- 在对话框的左侧勾选【等高线】复选框，可以切换到【等高线】设置面板，如图4-140所示。使用【等高线】可以勾画在浮雕处理中被遮住的起伏、凹陷、凸起，如图4-141所示。

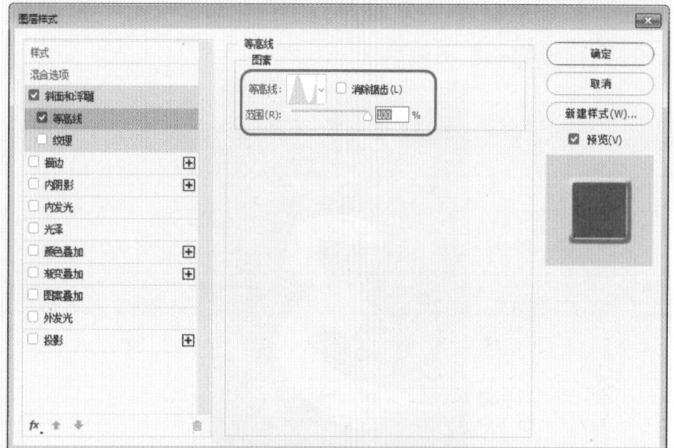

图4-140 设置【等高线】参数

图4-141 设置等高线后的效果

- 【斜面和浮雕】选项中的【纹理】参数设置如图4-142所示。

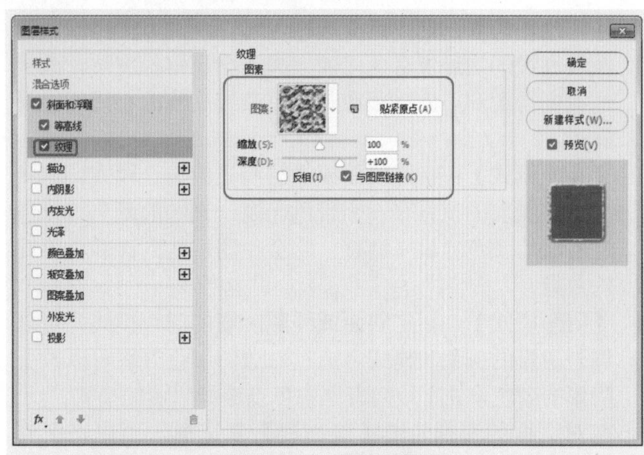

图4-142　纹理设置面板

- 【图案】：在这个选框中可以选择合适的图案。斜面和浮雕的效果就是按照图案的颜色或者它的浮雕模式进行的，如图4-143所示。在预览图上可以看出待处理的图像的浮雕模式和所选图案的关系。

图4-143　两种图案浮雕模式

- 【贴紧原点】：单击此按钮，可使图案的浮雕效果从图像或者文档的角落开始。
- 【缩放】：拖动滑块或输入数值，可以调整图案的大小。
- 【深度】：用来设置图案的纹理应用程度。
- 【反相】：可反转图案纹理的凹凸方向。
- 【与图层链接】：勾选该选项，可以将图案链接到图层，此时对图层进行变换操作时，图案也会一同变换。在该选项处于勾选状态时，单击【紧贴原点】按钮，可以将图案的原点对齐到文档的原点。如果取消选择该选项，单击【紧贴原点】按钮，则可以将原点放在图层的左上角。

实例操作002——制作水晶文字

本例主要介绍水晶文字的制作，使用【图层样式】命令可以得到想要的效果，如图4-144所示。

图4-144　水晶文字效果

01 启动Photoshop CC 2018软件，按Ctrl+N组合键新建文件，设置【名称】为“水晶文字”，将【宽度】设置为1920，【单位】设置为【像素】，【高度】设置为1080，【分辨率】设置为300像素/英寸，【颜色模式】设置为【RGB颜色】，【位数】设置为【8位】，【背景内容】设置为黑色。设置完成后，单击【创建】按钮，如图4-145所示。

图4-145　创建新项目文件

02 选择【横排文字工具】T，将【字体】设置为【方正琥珀简体】，【字号】设置为60点，将【颜色】设置为白色，在背景上单击，输入文本STUDAY，使用【移动工具】调整文字位置。效果如图4-146所示。

图4-146　设置文本参数

03 双击STUDAY文字图层右侧空白处，打开【图层样式】对话框，切换到【斜面和浮雕】选项卡，将【样式】设置为【内斜面】，将【方法】设置为【平滑】，将【深度】设置为823%，将【方向】设置为【上】，将【大小】设置为25像素，将【软化】设置为10像素，将【角度】设置为120度，并勾选【使用全局光】复选框，将【高度】设置为30度，将【高光模式】设置为【变亮】，将【颜色】设置为白色，将【不透明度】设置为100%，将【阴影模式】设置为【线性减淡（添加）】，将【颜色】设置为白色，将【不透明度】设置为40%，如图4-147所示。

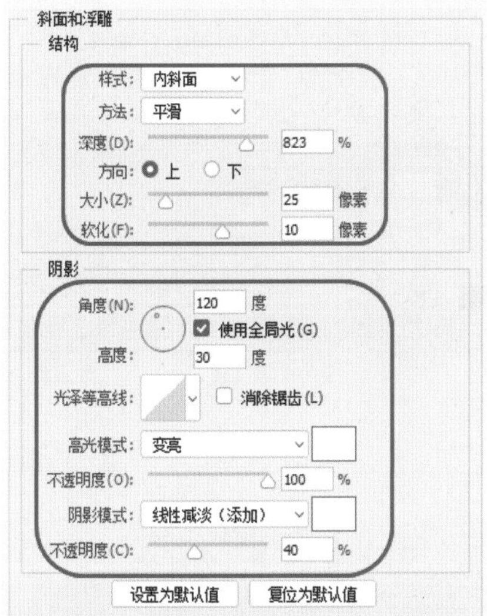

图4-147　设置【斜面和浮雕】参数

04 切换到【描边】选项卡，将【大小】设置为1像素，将【位置】设置为【外部】，将【混合模式】设置为【正常】，将【不透明度】设置为100%，将【填充类型】设置为【颜色】，将【颜色】设置为#22a0c8，如图4-148所示。

05 切换到【颜色叠加】选项卡，将【混合模式】设置为【正常】，将【颜色】设置为#0682c2，如图4-149所示。

06 切换到【外发光】选项卡，将【混合模式】设置为【滤色】，将【不透明度】设置为100%，将【杂色】设置为0%，将【颜色】设置为#49b0f1，将【方法】设置为【柔和】，将【扩展】设置为0%，将【大小】设置为20像素，将【范围】设置为50%，将【抖动】设置为0%，如图4-150所示。

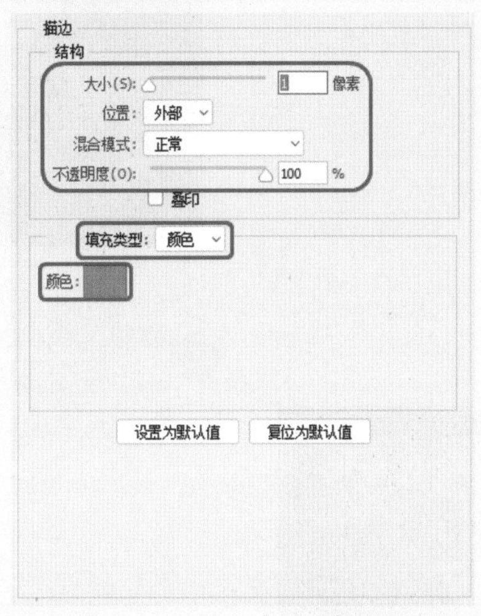

图4-148　设置【描边】参数

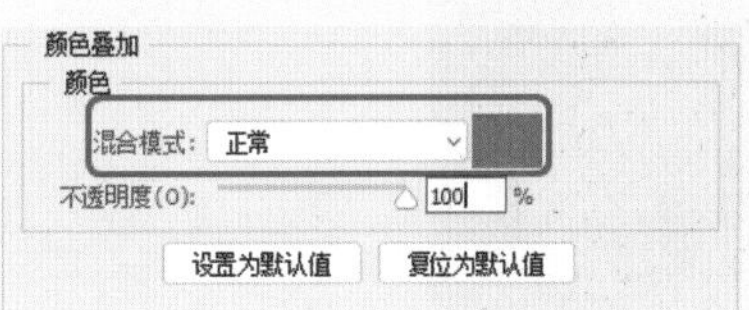

图4-149　设置【颜色叠加】参数

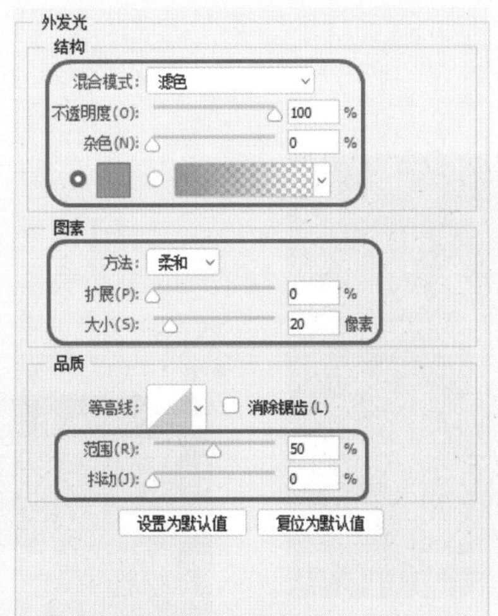

图4-150　设置【外发光】参数

07 切换到【投影】选项卡，将【混合模式】设置为【正片叠底】，将【颜色】设置为#000000，将【不透明度】设置为75%，将【角度】设置为120度，勾选【使用全局光】复选框，将【距离】设置为5像素，将【扩展】设置为0%，将【大小】设置为5像素，单击【确定】按钮，如图4-151所示。

图4-151　设置【投影】参数

08 单击【创建新图层】按钮，新建【图层1】，将【图层1】拖动至文字图层STUDAY下方，如图4-152所示。

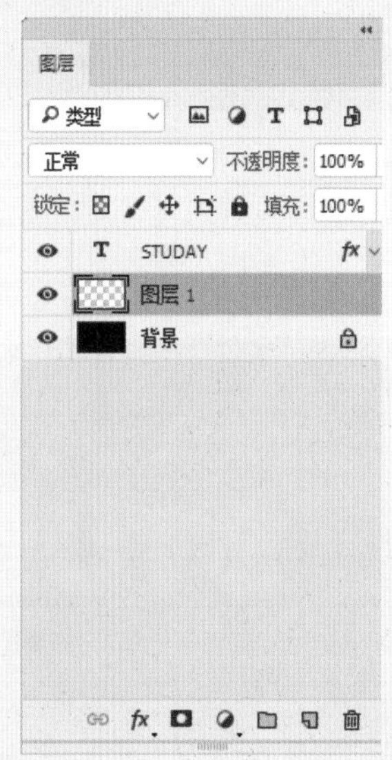

图4-152　【创建新图层】

09 选中【图层1】，选择【画笔工具】，打开【画笔设置】对话框，设置【大小】为401像素，打开【画笔】面板，选择【特殊效果画笔】中的【Kyle的喷溅画笔-高级喷溅和纹理】，如图4-153所示，在【图层1】中进行绘画，如图4-154所示。

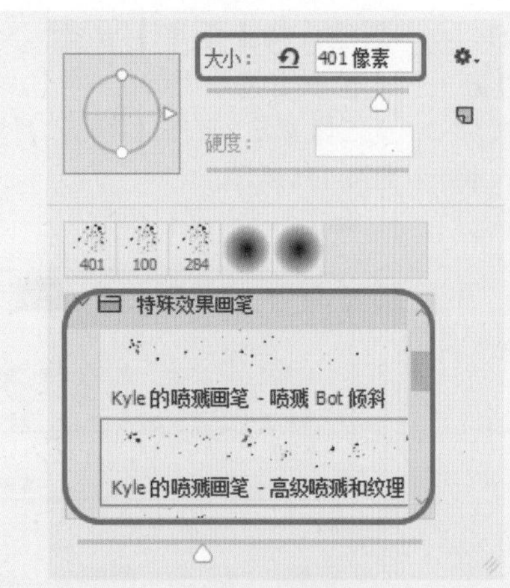

图4-153　画笔设置

图4-154　绘图效果

10 使用同样的方式，在文字图层上方创建新【图层2】并绘画，如图4-155所示。

图4-155　绘图效果

11 选择文字图层STUDAY，拖动图层到【创建新图层】按钮 上复制图层，将【STUDAY拷贝】图层的【不透明度】设置为12%，在菜单栏中选择【编辑】|【变换】|【垂直翻转】命令，用【移动工具】将其向下移动，如图4-156所示。

图4-156　复制图层变换后的效果

12 选中文字图层【STUDAY拷贝】，单击【添加图层蒙版】按钮，为该图层添加蒙版，如图4-157所示。

图4-157　添加蒙版

13 选择【渐变工具】，将【前景色】设置为黑色，将【背景色】设置为白色，在选项栏中勾选【反向】复选框，在图片中从上往下进行拖动填充，如图4-158所示。

图4-158　填充渐变

14 最终效果如图4-159所示，按Ctrl+S组合键保存后退出。

图4-159　最终效果

4.9.10　实战：光泽

应用【光泽】选项可以根据图层内容的形状在内部应用阴影，创建光滑的打磨效果。

01 打开“特效素材.psd”素材文件，双击【主体图标】右侧，打开【图层样式】对话框，设置【光泽】选项的参数，将【混合模式】设置为【正片叠底】，将【颜色】设置为#eeb314，将【不透明度】设置为50%，将【角度】设置为120度，将【距离】设置为11像素，将【大小】设置为14像素，如图4-160所示。

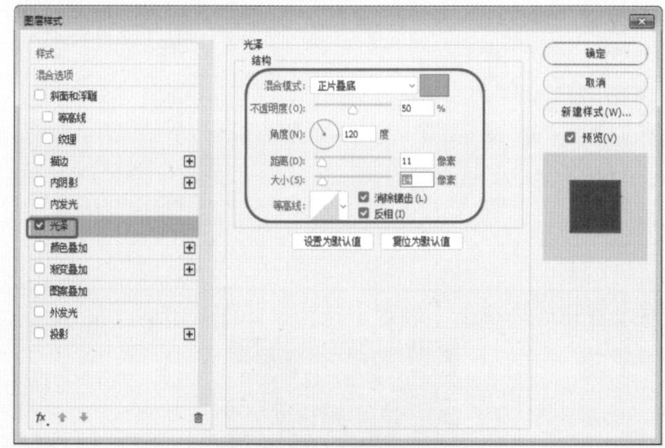

图4-160　设置【光泽】参数

02 设置完成后单击【确定】按钮，效果如图4-161所示。

【光泽】选项卡中各选项参数含义如下。

- 【混合模式】：它以图像和黑色为编辑对象，其模式与图层的【混合模式】一样，只是在这里Photoshop将黑色当作一个图层来处理。
- 【不透明度】：调整【混合模式】中颜色图层的不透明度。
- 【角度】：即光照射的角度，它控制着阴影所在的方向。
- 【距离】：指定阴影或光泽效果的偏移距离。可以在文档窗口中拖动以调整偏移距离。数值越小，图像上被效果覆盖的区域越大。此值控制着阴影的距离。
- 【大小】：即光照的大小，它控制阴影的大小。
- 【等高线】：这个选项在前面的效果选项中已经提到过，这里不再重复。

图4-161　最终效果

4.9.11　实战：颜色叠加

应用【颜色叠加】选项可以为图层内容添加颜色。

01 继续上一小节的操作，打开【图层样式】对话框，勾选【颜色叠加】复选框，并设置【颜色叠加】参数，将【混合模式】设置为【正常】，将【颜色】设置为#f1f4a7，将【不透明度】设置为30%，如图4-162所示。

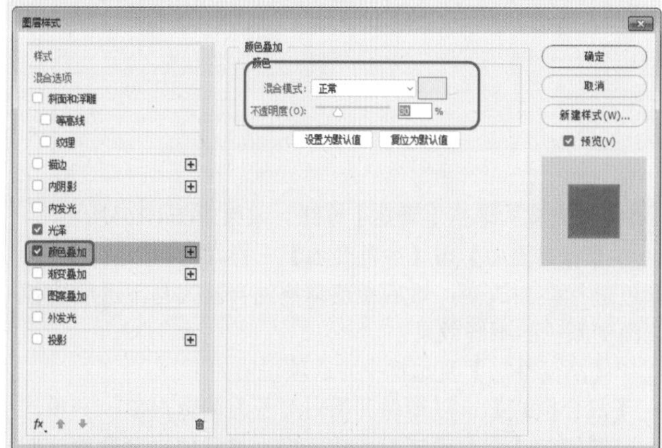

图4-162　设置【颜色叠加】参数

02 设置完成后单击【确定】按钮，效果如图4-163所示。

颜色叠加是将颜色当作一个图层，然后再对这个图层施加一些效果或者混合模式。

图4-163　设置颜色叠加后的效果

4.9.12　实战：渐变叠加

应用【渐变叠加】选项可以为图层内容添加渐变颜色。

01 打开“特效素材.psd”素材文件，双击【主体图标】右侧空白部分打开【图层样式】对话框，在该对话框中选中【渐变叠加】复选框，并设置【渐变叠加】参数，将【混合模式】设置为【正常】，将【不透明度】设置为100%，选择一种渐变样式，将【角度】设置为90度，如图4-164所示。

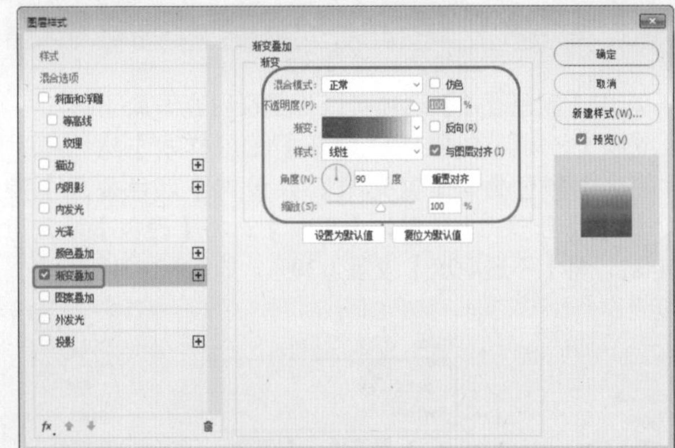
图4-164　设置【渐变叠加】参数

02 设置完成后单击【确定】按钮，效果如图4-165所示。

【渐变叠加】与【颜色叠加】一样，都可以将原有的颜色进行叠加改变，然后通过调整混合模式与不透明度控制渐变颜色的不同效果。

【渐变叠加】复选框中各选项说明如下。

- 【混合模式】：以图像和黑白渐变为编辑对象，其模式与图层的【混合模式】一样，用于设置使用渐变叠加时色彩混合的模式。
- 【不透明度】：用于设置对图像进行渐变叠加时色彩的不透明程度。
- 【渐变】：设置使用的渐变色。
- 【样式】：用于设置渐变类型。

图4-165　设置渐变叠加后的效果

4.9.13　实战：图案叠加

应用【图案叠加】选项可以选择一种图案叠加到原有图像上。

01 继续上一小节的操作，打开【图层样式】对话框选中【图案叠加】复选框，并设置【图案叠加】参数，将【混合模式】设置为【正常】，将【不透明度】设置为100%，选择一种图案，如图4-166所示。

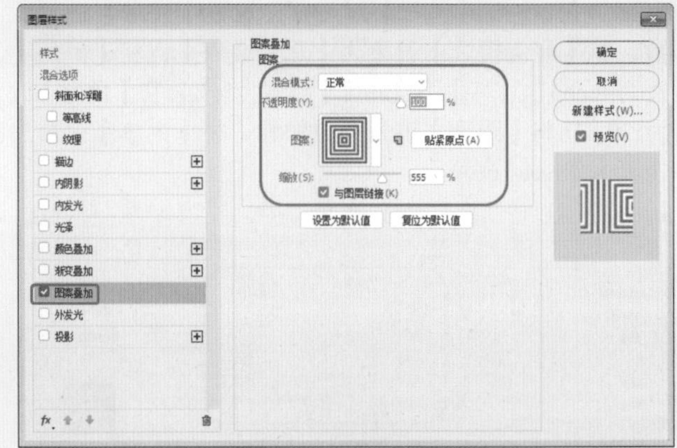
图4-166　设置【图案叠加】参数

02 设置完成后单击【确定】按钮，如图4-167所示。

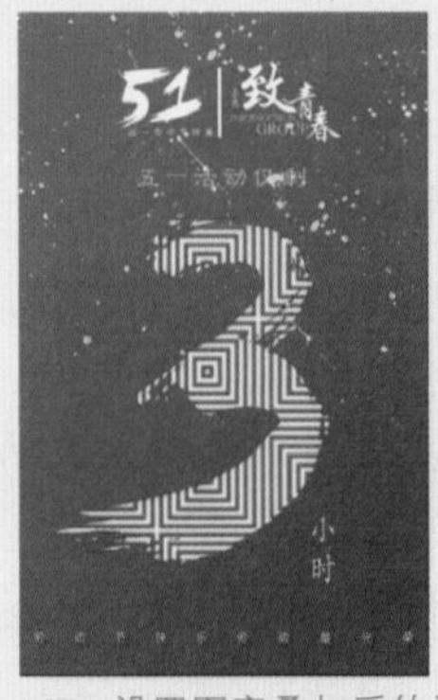
图4-167　设置图案叠加后的效果

实例操作003——中国风剪纸

中国风剪纸效果，主要用了【投影】和【颜色叠加】效果，具体操作步骤如下。

01 启动Photoshop CC 2018，打开“素材\Cha04\中国风剪纸.psd”和“中国风剪纸（剪纸）.jpg”文件，如图4-168、图4-169所示。

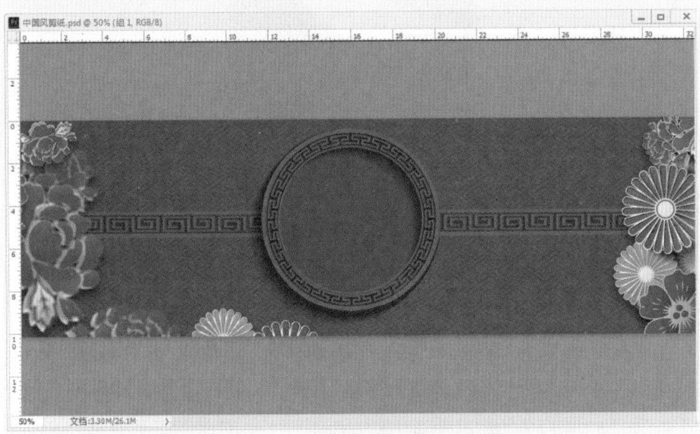

图4-168 “中国风剪纸.psd”文件

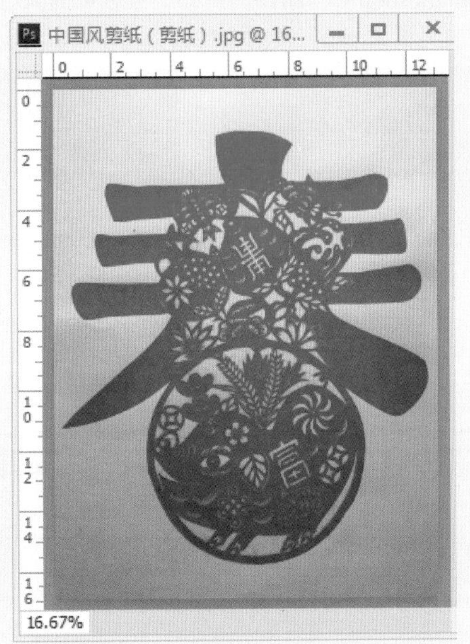

图4-169 “中国风剪纸（剪纸）.jpg”文件

02 选中【中国风剪纸（剪纸）.jpg】，选择【魔棒工具】，将【容差】设置为120，选中红色剪纸部分，如图4-170所示。

03 选择【移动工具】，拖动剪纸部分至“中国风剪纸.psd”文件中，按Ctrl+T组合键自由变换，按Enter键确认变换，如图4-171所示。

04 双击剪纸所在图层右侧的空白处，打开【图层样式】对话框，勾选【颜色叠加】复选框，设置【混合模式】为【正常】、【颜色】为#ffe450、【不透明度】为100%，如图4-172所示。

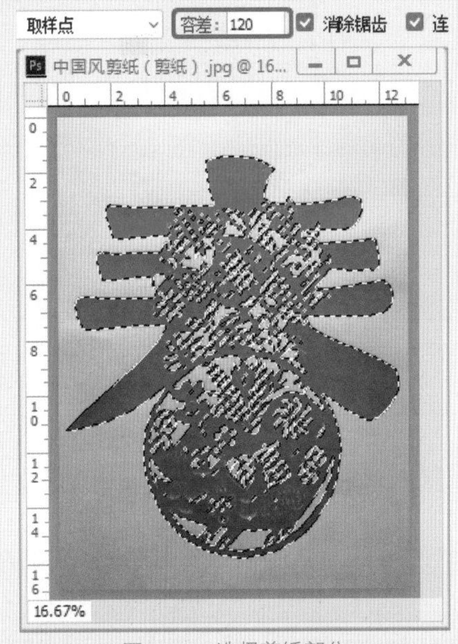

图4-170 选择剪纸部分

图4-171 将剪纸放入场景

图4-172 设置【颜色叠加】参数

05 勾选【投影】复选框，设置【混合模式】为【正片叠底】，将【颜色】设置为黑色，将【不透明度】设置为80%，将【角度】设置为60度，勾选【使用全局光】复选框，将【距离】设置为15像素，将【扩展】设置为0%，将【大小】设置为10像素，单击【确定】按钮，如图4-173所示。

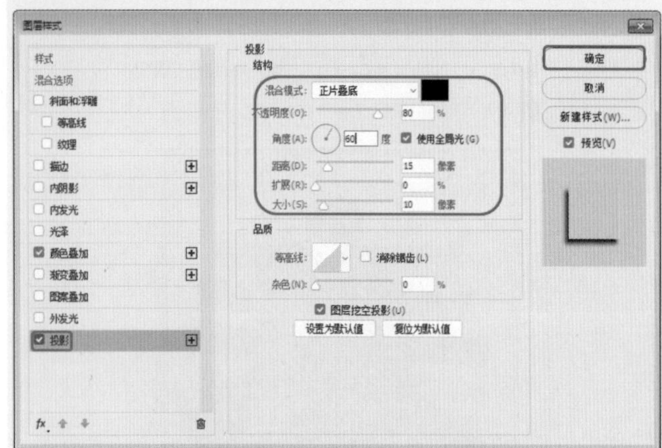

图4-173 设置【投影】参数

06 最终效果如图4-174所示，按Ctrl+S组合键保存后关闭文件。

图4-174 最终效果

4.9.14 实战：描边

该选项可以使用颜色、渐变或图案来描绘对象的轮廓。

01 继续上面的操作，为其添加【描边】效果，然后对其参数进行设置，将【大小】设置为13像素，将【不透明度】设置为100%，将【颜色】设置为#ffc706，如图4-175所示。

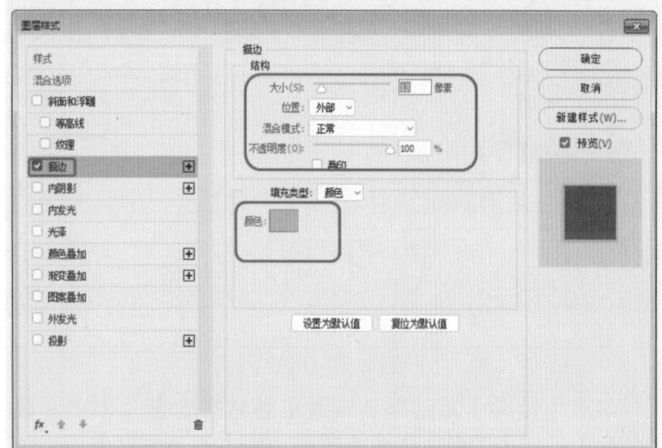

图4-175 设置【描边】参数

02 设置完成后单击【确定】按钮，效果如图4-176所示。

图4-176 设置后的效果

4.10 上机练习——制作抽奖界面

本例将介绍抽奖界面的制作，主要通过【圆角矩形工具】绘制圆角矩形，然后通过【图层样式】制作需要的样式，完成后的效果如图4-177所示。

01 打开Photoshop CC 2018，打开“素材\Cha04\上机练习-制作抽奖页面.psd”素材文件，如图4-178所示。

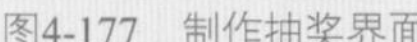

图4-177 制作抽奖界面　　图4-178 打开的素材文件

02 新建一个图层，选择【圆角矩形工具】，在工具选项栏中将【半径】设置为50像素，将【工具模式】设置为【像素】，在画布中绘制一个圆角矩形。按Ctrl+T组合键调整到合适大小后放到抽奖区域的中心位置，如图4-179所示。

03 双击新建的图层右侧空白处，打开【图层样式】对话框，勾选【斜面和浮雕】复选框，设置【样式】为【浮雕效果】、【方法】为【平滑】、【深度】为100%、【方向】为【下】、【大小】为8像素、【软化】为0像素，如图4-180所示。

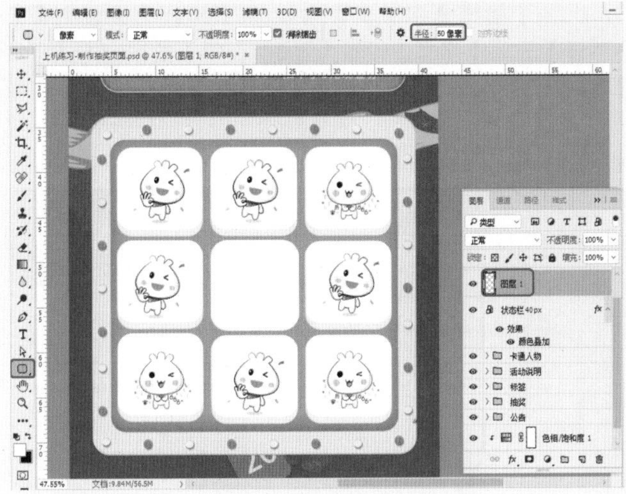

图4-179 绘制圆角矩形

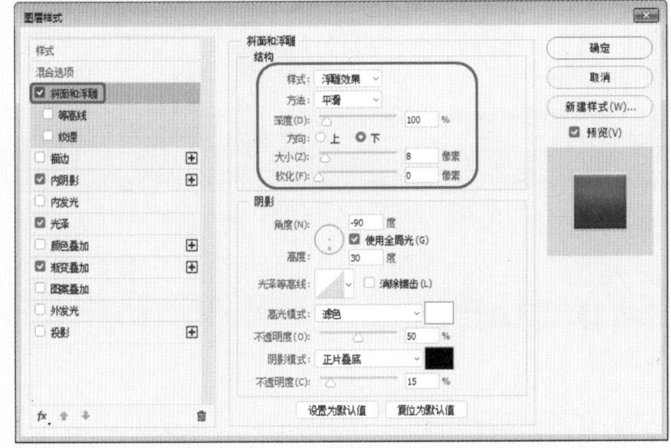

图4-180 设置【斜面和浮雕】参数

04 勾选【内阴影】复选框，设置【混合模式】为【正片叠底】、【颜色】为#000000、【角度】为-90度，勾选【使用全局光】复选框，设置【距离】为30像素、【阻塞】为0%、【大小】为20像素，如图4-181所示。

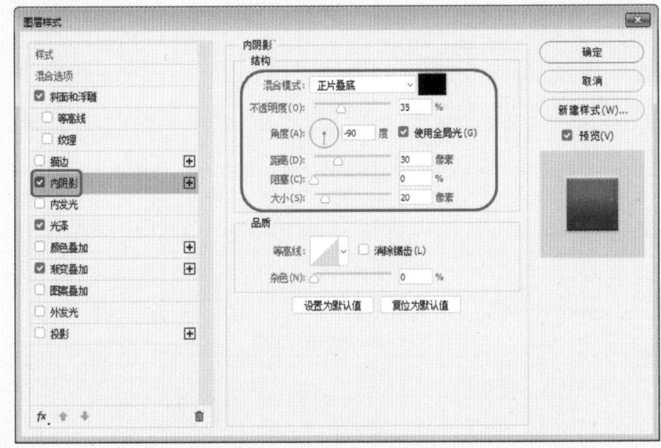

图4-181 设置【内阴影】参数

05 勾选【光泽】复选框，设置【混合模式】为【柔光】、【颜色】为#ffffff、【不透明度】为30%、【角度】为-90度、【距离】为250像素、【大小】为160像素，如图4-182所示。

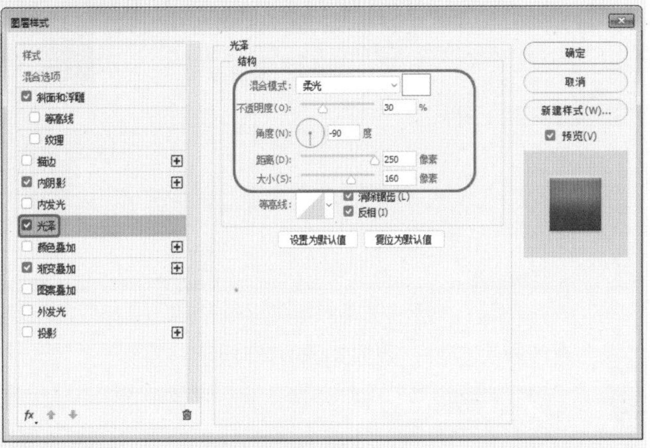

图4-182 设置【光泽】参数

06 勾选【渐变叠加】复选框，设置【混合模式】为【正常】、【不透明度】为100%，单击【渐变】按钮打开【渐变编辑器】对话框。双击左下角的【色标】，将【颜色】设置为#d80000，将【位置】设置为30%。双击右下角的【色标】，将【颜色】设置为#ff4040，将【位置】设置为70%，单击【确定】按钮，如图4-183所示。在【渐变叠加】中设置【样式】为【线性】，勾选【与图层对齐】复选框，将【角度】设置为90度，将【缩放】设置为100%，单击【确定】按钮，如图4-184所示。

图4-183 设置【渐变编辑器】参数

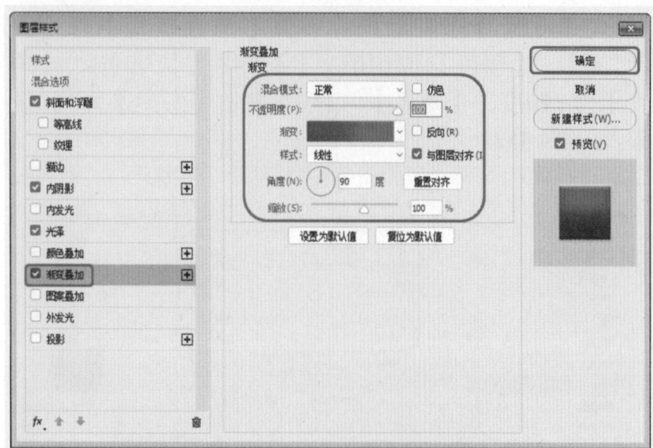

图4-184　设置【渐变叠加】参数

07 上述步骤完成后，效果如图4-185所示。

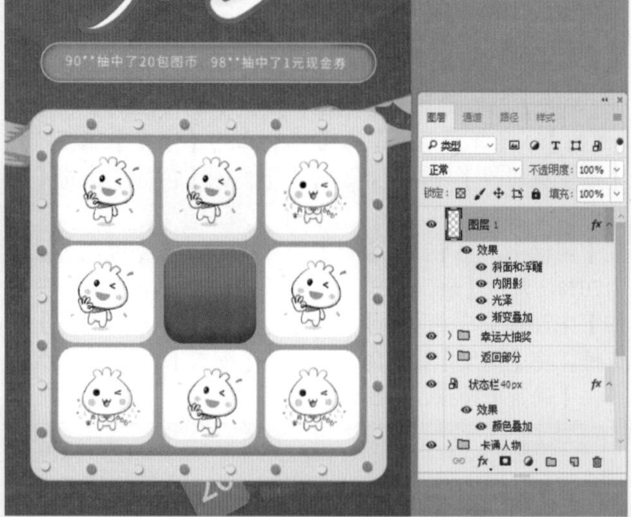

图4-185　按钮添加完成后的效果

08 选择【横排文字工具】T，将【字体】设置为【黑体】，将【字号】设置为100点，将【抗锯齿方式】设置为【浑厚】，将【字体颜色】设置为#ffffff，在画布上单击，输入文字“抽奖”，调整到合适位置后按Ctrl+Enter组合键确认输入，如图4-186所示。

图4-186　添加文字后的效果

4.11 思考与练习

1. 如何创建新图层？
2. 如何添加图层样式？

第5章 文本及常用广告艺术文字特效

在平面设计作品中，文字不仅可以传达信息，还能起到美化版面、强化主题的作用。Photoshop的工具箱中包含4种文字工具，可以创建不同类型的文字。本章将介绍点文本、段落文本和蒙版文本的创建及对于文本的编辑。

5.1 文本的输入

文字是人们传达信息的主要方式，在设计工作中显得尤为重要。文字的不同大小、颜色及不同的字体，传达给人们的信息也不相同，所以，熟练地掌握关于文字的输入与设定的方法是掌握Photoshop必不可少的程序。

5.1.1 点文本的输入

点文本的输入方法非常简单，它通常用于文字比较少的场合，例如标题等。输入时，在工具箱中选择文字工具，在画布中单击输入即可，它不会自动换行。

下面来介绍一下如何输入点文本。

1.【横排文字工具】

01 打开“素材\Cha05\横排文字工具.jpg”素材文件，如图5-1所示。

图5-1 打开的素材文件

02 在工具箱中选择【横排文字工具】T，在工具选项栏中将文字样式设置为Arial Black，将字号设置为180点，将文本颜色的RGB值设置为23、25、144，如图5-2所示。

图5-2 输入参数

03 在空白的区域上单击，输入文本“sport”，按Ctrl+Enter组合键确认输入，如图5-3所示。

图5-3 输入文字

提示

当用户在图形上输入文本后，系统将会为输入的文字单独生成一个图层。

2.【直排文字工具】

01 打开“素材\Cha05\直排文字工具.jpg”素材文件，如图5-4所示。

图5-4 打开的素材文件

02 在工具箱中选择【直排文字工具】IT，在工具选项栏中将文字样式设置为【汉仪娃娃篆简】，将字号设置为160点，将文本颜色的RGB值设置为218、182、152，如图5-5所示。

图5-5 输入参数

03 在空白的区域上单击，输入文本“奶茶”，按Ctrl+Enter组合键确认输入，如图5-6所示。

图5-6　效果图

实例操作001——制作手写书法字

下面将介绍如何制作手写书法字。本例首先创建文字选区，然后为其添加羽化、USM锐化滤镜和径向模糊滤镜，完成后的效果如图5-7所示。

图5-7　手写书法字

01 打开“素材\Cha05\制作手写书法字.jpg”素材文件，如图5-8所示。

图5-8　打开的素材文件

02 在工具箱中选择【横排文字工具】，在工具选项栏中将字体设置为【叶根友毛笔行书2.0版】，将字体大小设置为140点，将字体颜色设置为黑色，如图5-9所示。

图5-9　设置参数

03 在空白的区域上单击，输入文本“勤酬道天”，按Ctrl+Enter组合键确认输入，效果如图5-10所示。

图5-10　输入文字

04 在【图层】面板中选择文字图层，单击鼠标右键，在弹出的快捷菜单中选择【栅格化文字】命令，按住Ctrl键单击文字图层的缩览图将文字载入选区。按Shift+F6组合键打开【羽化选区】对话框，将【羽化半径】设置为4像素，设置完成后单击【确定】按钮，如图5-11所示。

图5-11　【羽化选区】对话框

05 按Ctrl+Shift+I组合键进行反选，然后按Delete键将其删除，按Ctrl+D组合键，完成后的效果如图5-12所示。

图5-12　设置完成后的效果

> 提示
> 选区羽化是通过建立选区和选区周围像素之间的转换边界来模糊边缘的，这种模糊方式将丢失图像边缘的一些细节，但可以使选区边缘细化。

06 确定文字图层处于选择状态，在菜单栏中选择【滤镜】|【锐化】|【USM锐化】命令，在弹出的对话框中将【数量】、【半径】、【阈值】分别设置为219、4.7、130，设置完成后单击【确定】按钮，如图5-13所示。

07 在菜单栏中选择【滤镜】|【模糊】|【径向模糊】命令，在弹出的对话框将【模糊方法】设置为【缩放】，将【数量】设置为3，设置完成后单击【确定】按钮，如图5-14所示。

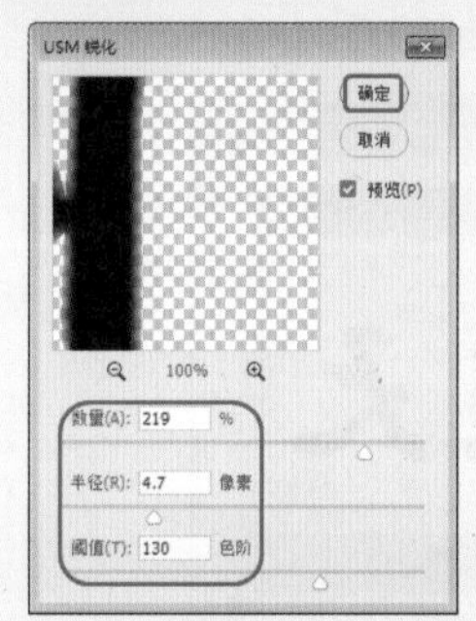

图5-13 【USM锐化】对话框

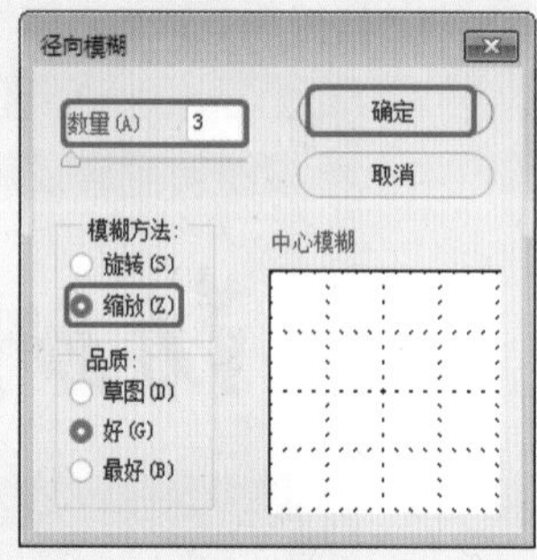

图5-14 【径向模糊】对话框

08 至此，手写书法字就制作完成了，将图像进行保存即可。

5.1.2 设置文字属性

下面介绍如何设置文字属性的方法。

选择【横排文字工具】，其工具选项栏如图5-15所示。

图5-15 文本工具选项栏

- 【切换文本方向】：单击此按钮，可以在横排文字和直排文字之间进行切换。
- 【字体】设置框 黑体：在该设置框中，可以设置字体类型。
- 【字号】设置框 140点：在该设置框中，可以设置字体大小。
- 【消除锯齿】设置框 锐利：消除锯齿的方法，包括【无】、【锐利】、【犀利】、【浑厚】和【平滑】等，通常设定为【平滑】。
- 【段落格式】设置区：包括【左对齐文本】、【居中对齐文本】和【右对齐文本】。
- 【文本颜色】设置项：单击可以弹出拾色器，从中可以设置文本颜色。
- 【取消】：取消当前的所有编辑。
- 【提交】：提交当前的所有编辑。

5.1.3 实战：编辑段落文本

段落文字是在文本框内输入的文字，它具有自动换行、可调整文字区域大小等优势，在处理文字量较大的文本时，可以使用段落文字来完成。下面将具体介绍段落文本的创建。

01 打开“素材\Cha05\编辑段落文本.jpg”素材文件，如图5-16所示。

图5-16 打开的素材文件

02 在工具箱中选择【横排文字工具】，在工作区单击并拖动鼠标创建一个矩形定界框，如图5-17所示。

图5-17 创建矩形定界框

03 释放鼠标，在素材图形中会出现一个闪烁的光标后，进行文本的输入，设置【字体】为【经典行书简】、【字号】为36点，单击【文本颜色】按钮，将文本颜色的RGB值设置为255、138、0，当输入的文字到达文本框边界时系统会进行自动换行。完成文本的输入后，按Ctrl+Enter组合键进行确定，效果如图5-18所示。

04 当文本框内不能显示全部文字时，其右下角的控制点会显示为状，如图5-19所示。拖动文本框上的控制点可以调整定界框大小，文本会在调整后的文本框内进行重新排列。

图5-18　效果图

图5-19　文本显示不全时的效果

> 提示
>
> 在创建文本定界框时，如果按住Alt键，会弹出【段落文本大小】对话框，在对话框中输入【宽度】值和【高度】值可以精确定义文字区域的大小。

知识链接　如何使用【字符】面板

【字符】面板提供了比工具选项栏更多的选项，如图5-20所示，图5-21所示为面板菜单。字体系列、字体样式、文字大小、文字颜色和消除锯齿等都与工具选项栏中的相应选项相同，下面介绍其他选项。

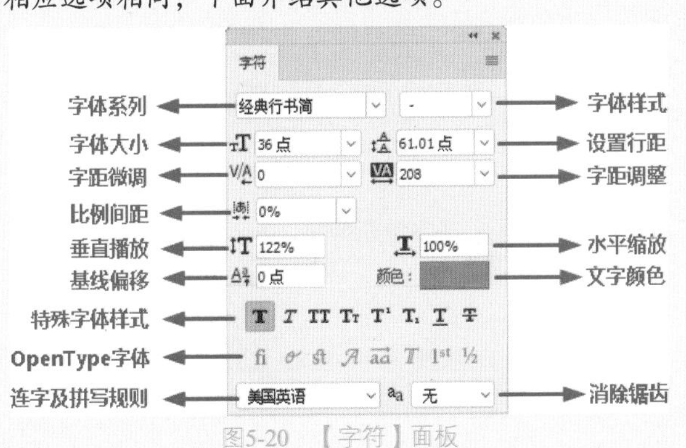

图5-20　【字符】面板

更改文本方向
标准垂直罗马对齐方式(R)
直排内横排(T)
字符对齐
OpenType
✔ 仿粗体(X)　Shift+Ctrl+B
仿斜体(I)　Shift+Ctrl+I
全部大写字母(C)　Shift+Ctrl+K
小型大写字母(M)　Shift+Ctrl+H
上标(P)　Shift+Ctrl++
下标(B)　Alt+Shift+Ctrl++
下划线(U)　Shift+Ctrl+U
删除线(S)　Shift+Ctrl+/
✔ 分数宽度(F)
系统版面
无间断(N)
中东语言功能
复位字符(E)
关闭
关闭选项卡组

图5-21　【字符】面板菜单

- 【设置行距】：行距是指文本中各个文字行之间的垂直间距。同一段落的行与行之间可以设置不同的行距，但文字行中的最大行距决定了该行的行距。图5-22所示是行距为72点的文本，图5-23所示是行距调整为100点的文本。

水滴石穿
绳锯木断

图5-22　行距为72的文字

水滴石穿
绳锯木断

图5-23　行距为100的文字

- 【字距微调】：用来调整两个字符之间的间距，在操作时首先在要调整的两个字符之间单击，设置插入点，如图5-24所示，然后再调整数值。图5-25所示为增加数值后的文本，图5-26所示为减少该值后的文本。

水滴石穿
绳锯木断

图5-24　设置插入点

水滴　石穿
绳锯木断

图5-25　增加数值后的文本

水滴石穿
绳锯木断

图5-26　减少数值后的文本

- 【字距调整】：选择了部分字符时，可调整所选字符的

间距，如图5-27所示。没有选择字符时，可调整所有字符的间距，如图5-28所示。

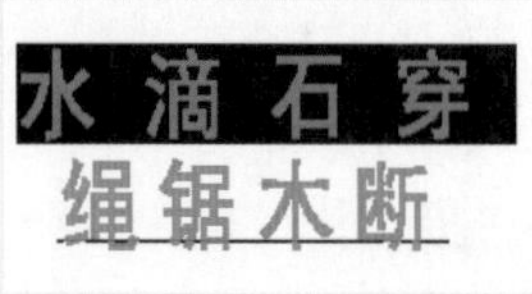

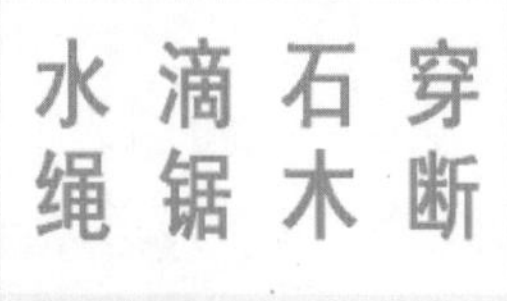

图5-27　调整所选字符的间距　图5-28　调整所有字符的间距

- 【比例间距】：用来设置所选字符的比例间距。
- 【水平缩放】、【垂直缩放】：【水平缩放】用于调整字符的宽度，【垂直缩放】用于调整字符的高度。这两个百分比相同时，可进行等比缩放；不同时，可进行不等比缩放。
- 【基线偏移】：用来控制文字与基线的距离，它可以升高或降低所选文字，如图5-29所示。

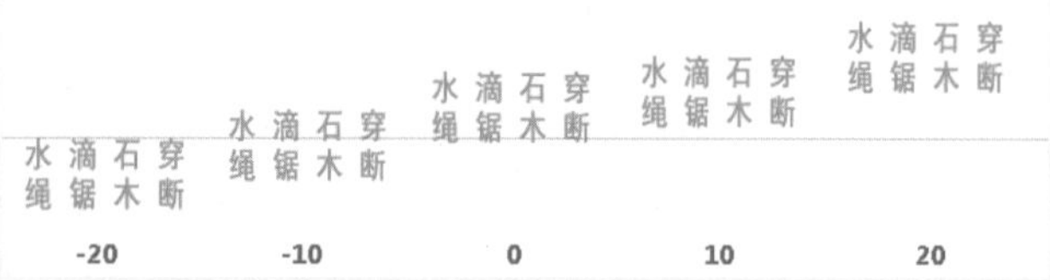

图5-29　基线偏移

- 【OpenType字体】：包含当前PostScript和TrueType字体不具备的功能，如花饰字和自由连字。
- 【连字及拼写规则】：可对所选字符进行有关连字符和拼写规则的语言设置。Photoshop使用语言词典检查连字符连接。

5.1.4　点文本与段落文本之间的转换

在文本的文字输入中，点文本与段落文本之间是可以转换的，下面将详细介绍点文本和段落文本之间的转换方法。

1. 点文本转换为段落文本

下面介绍如何将点文本转换为段落文本。

01 打开“素材\Cha05\点文本转换为段落文本.jpg”素材文件，在工具箱中单击【横排文字工具】，在工具选项栏中将字体设置为【黑体】，将字号设置为48点，将文本颜色的RGB值设置为238、76、16，在素材图形中单击并输入文字，输入后的效果如图5-30所示。

02 在【图层】面板中右击文字图层，在弹出的快捷菜单中选择【转换为段落文本】命令，如图5-31所示。

03 操作执行完后即可将文本转换为段落文本，完成后的效果如图5-32所示。

图5-30　输入文字

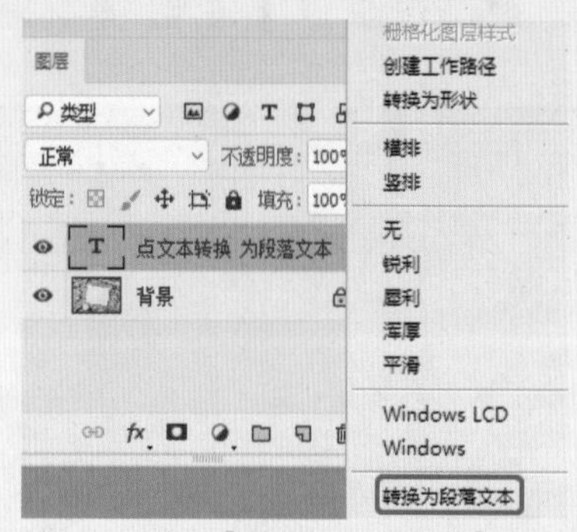

图5-31　选择【转换为段落文本】命令

图5-32　转换成段落文本

2. 段落文本转换为点文本

下面介绍段落文本转换为点文本的操作。

01 打开“素材\Cha05\编辑段落文本.psd”素材文件，在【图层】面板中的文字图层上右击，在弹出的快捷菜单中选择【转换为点文本】命令，如图5-33所示。

图5-33　选择【转换为点文本】命令

02 执行操作后，即可将其转换为点文本，效果如图5-34所示。除此之外，还可以通过在菜单栏中选择【图层】|【文字】|【转换为点文本】命令来转换点文本。

图5-34　完成后效果

5.2 创建蒙版文本

创建蒙版文本主要选用工具箱中的【横排蒙版工具】和【直排蒙版工具】，将文本进行创建为文字状选区。

5.2.1 实战：横排文字蒙版的输入

下面将介绍如何进行横排文字蒙版的输入。

01 打开"素材\Cha05\横排文字蒙版.jpg"素材文件，在工具箱中选择【横排文字蒙版工具】，在工具选项栏中将文字设置为Blackadder ITC，将字号设置为72点，如图5-35所示。

图5-35　设置文字

02 单击该图片右下角，确定文字的输入点，输入文字The Peerless Beauty，即创建了一个横排文字蒙版，如图5-36所示。

图5-36　创建蒙版

03 按Ctrl+Enter组合键确认，创建文字选区，如图5-37所示。

图5-37　输入文字

04 在工具箱中选择【渐变工具】，在工具选项栏中单击【点按可打开"渐变"拾色器】下拉箭头，选择【铜色渐变】，在文字选区中拖动鼠标，对文字进行颜色填充，按Ctrl+D组合键取消选区，完成后的效果如图5-38所示。

图5-38　完成后的效果

5.2.2 实战：直排文字蒙版的输入

下面介绍如何创建直排文字蒙版的输入。

01 打开"素材\Cha05\直排文字蒙版.jpg"素材文件，在工具箱中选择【直排文字蒙版工具】，在工具选项栏中将文字设置为【方正少儿简体】，将字号设置为120点，如图5-39所示。

图5-39　设置文字

02 单击该图片确定文字的输入点，输入文字“多彩的童年”，即创建了一个直排文字蒙版，如图5-40所示。

图5-40　创建蒙版

03 按Ctrl+Enter组合键确认，创建文字选区，如图5-41所示。

图5-41　输入文字

04 在工具箱中选择【渐变工具】，在工具选项栏中单击【点按可打开“渐变”拾色器】下拉箭头，选择【色谱】，在文字选区中拖动鼠标，对文字进行颜色填充，按Ctrl+D组合键取消选区，完成后的效果如图5-42所示。

图5-42　完成后的效果

实例操作002——制作石刻文字

本例将通过为文字添加【斜面和浮雕】与【内阴影】选项制作出石刻文字的效果，如图5-43所示。

图5-43　效果图

01 打开“素材\Cha05\背景岩石.jpg”素材文件。

02 在工具箱中选择【直排文字工具】，在工具选项栏中将字体设置为【汉仪魏碑简】，设置字体大小为36点，将颜色设置为红色，在场景中输入“天涯海角”，然后按Ctrl+Enter组合键确认输入，效果如图5-44所示。

图5-44　输入文本效果

03 在【图层】面板中将其【填充】设置为70%，按Enter键确认，如图5-45所示。

图5-45　设置【填充】参数

04 在【图层】面板中双击文字图层，在弹出的【图层样式】对话框中选中【斜面和浮雕】复选框，在【结构】区域将【样式】设置为【外斜面】，将【方法】设置为【雕刻清晰】，将【深度】参数设置为1%，将【方向】设置为【下】，将【大小】设置为5像素，在【阴影】区域勾选【使用全局光】复选框，将【角度】设置为145度，将【高度】设置为35度，如图5-46所示。

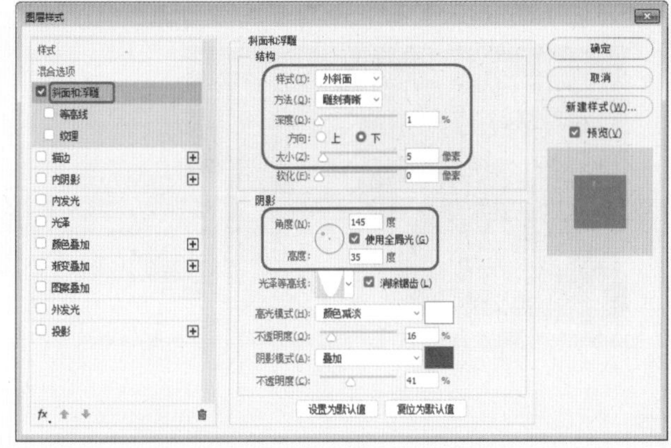

图5-46　设置【斜面和浮雕】参数

05 将以上参数设置完成后，选中【内阴影】复选框，将【距离】设置为5像素，将【大小】设置为5像素，单击【确定】按钮，如图5-47所示。设置完成后关闭该对话框。

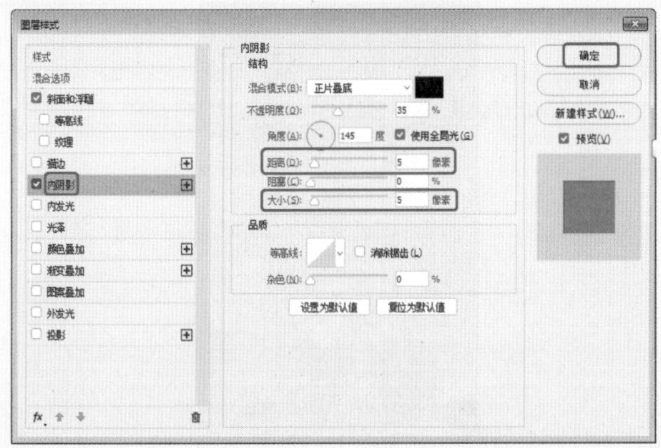

图5-47　设置【内阴影】参数

06 至此，石刻文字就制作完成了。将制作完成后的场景文件进行保存即可。

5.3 文本的编辑

对创建的文字进行编辑，主要运用文字的变形、样式和栅格化。在Photoshop中，各种滤镜、绘画工具和调整命令都不能用于文字图层，这就需要先对所输入的文字进行编辑处理，从而达到预想效果。

5.3.1 实战：设置文字字形

为了增强文字的效果，可以创建变形文本。下面介绍设置文字变形的方法。

01 打开“素材\Cha05\文字变形.psd”素材文件，在工具箱中选择【横排文字工具】T，在素材中选择文字，如图5-48所示。

图5-48　选择素材中的文字

02 在工具选项栏中单击【创建变形文字】按钮，在弹出的【变形文字】对话框中单击【样式】右侧的下三角按钮，在弹出的下拉列表中选择【波浪】选项，如图5-49所示。

图5-49　选择【波浪】选项

03 单击【确定】按钮，按Enter键即可完成对文字的变形，效果如图5-50所示，保存场景即可。

图5-50　文字变形后的效果

5.3.2　实战：应用文字样式

下面我们将介绍如何应用文字样式。不同的文字样式会出现不同的效果，具体操作步骤如下。

01 打开“素材\Cha05\文字变形.psd”素材文件，在工具箱中选择【横排文字工具】T，在素材图形中选择文字，在工具选项栏中单击【设置字体】下三角按钮，在弹出的下拉列表中选择【汉仪雁翎体简】选项，如图5-51所示。

汉仪雁翎体简	-	48点
筛选：所有类		从 Typekit 添加字体：
☆ 汉仪秀英体简		字体样式
☆ 汉仪雪峰体简		字体样式
★ 汉仪雪君体简		字体样式
☆ 汉仪YY体简		字体样式
★ 汉仪雁翎体简		字体样式
☆ 汉仪圆叠体简		字体样式
☆ 汉仪长美黑简		字体样式
☆ 汉仪长宋简		字体样式
☆ 汉仪长艺体简		字体样式
☆ 汉仪中等线简		字体样式
☆ 汉仪中黑简		字体样式
☆ 汉仪中楷简		字体样式
☆ 汉仪中隶书简		字体样式

图5-51　选择字体

02 执行操作后，即可改变字体样式，效果如图5-52所示。

图5-52　完成后的效果

5.3.3　实战：栅格化文字

文字图层是一种特殊的图层。要想对文字进行进一步的处理，可以对文字进行栅格化处理，即先将文字转换成一般的图像再进行处理。

对文字进行栅格化处理的方法如下。

01 打开“素材\Cha05\栅格化文字.psd”，在【图层】面板中的文字图层上右击鼠标，在弹出的快捷菜单中选择【栅格化文字】命令，如图5-53所示。

图5-53　选择【栅格化文字】命令

02 执行操作后，即可将文字进行栅格化，效果如图5-54所示。

图5-54　完成后的效果

实例操作003——栅格化文字并进行编辑

下面介绍如何栅格化文字并进行编辑，其中主要使用了【文字变形】、【图层样式】等，完成后效果如图5-55所示。

图5-55　效果图

01 打开"素材\Cha05\迪士尼世界.jpg"素材文件，如图5-56所示。

图5-56　打开的素材文件

02 在工具箱中选择【横排文字工具】T，将文字颜色的RGB的值设置为255、221、0，字体设置为【汉仪雪君体简】，字号设置为86点，在图像上方输入"迪士尼世界"，如图5-57所示。

图5-57　输入文字

03 在工具选项栏中单击【创建变形文字】按钮，在弹出的【变形文字】对话框中单击【样式】右侧的下三角按钮，在弹出的下拉列表中选择【扇形】选项，将【弯曲】选项的值设置为20%，如图5-58所示。

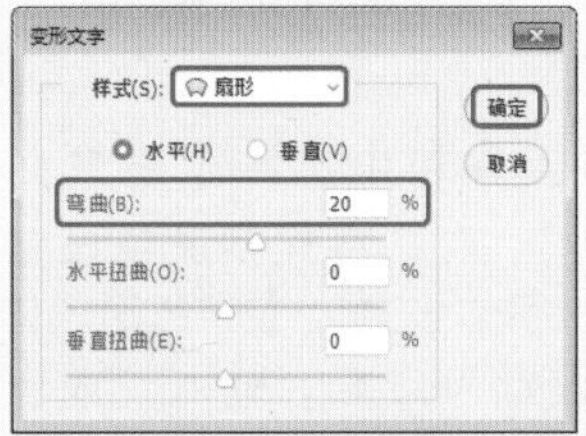

图5-58　【变形文字】对话框

04 设置完成后单击【确定】按钮，按Enter键确认，设置后的效果如图5-59所示。

05 选择这个文字图层，按Ctrl+J组合键复制一个图层。右击【迪士尼世界】图层，在弹出的快捷菜单中选择【栅格化文字】命令，如图5-60所示。

图5-59　扇形效果　　图5-60　栅格化文字

06 栅格化完成，将背景色的RGB值设置为121、30、20，按住Ctrl键的同时单击【迪士尼世界】的缩览图，创建文字选区，按Ctrl+Delete组合键填充背景色，按Ctrl+D组合键取消选区，如图5-61所示。

图5-61　填充颜色

07 选择【迪士尼世界】图层，选择【移动工具】，利用方向键将其向右调整三个单位、向下调整两个单位，调整位置如图5-62所示。

图5-62　调整位置

08 选择【迪士尼世界 拷贝】文字图层，双击文字图层空白处，在弹出的【图层样式】对话框中勾选【斜面和浮雕】复选框，在【结构】区域将【样式】设置为【内斜面】，将【方法】设置为【平滑】，将【深度】设置为100%，将【方向】设置为【上】，将【大小】设置为9像素，将【软化】设置为0像素，如图5-63所示。

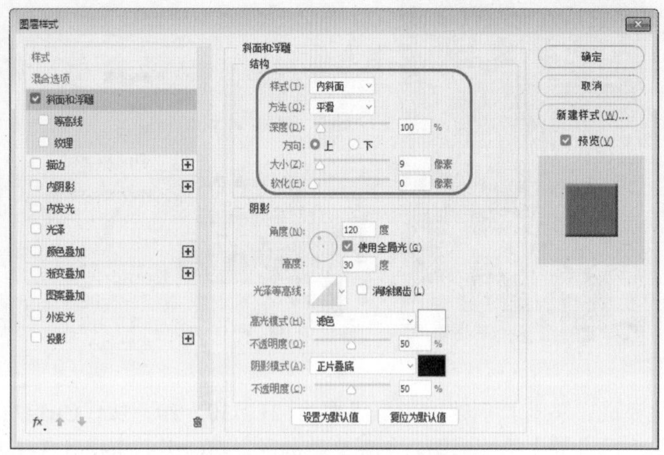

图5-63　勾选【斜面和浮雕】复选框

09 设置完成单击【确定】按钮，设置后的效果如图5-64所示。

10 选择【横排文字工具】T，将文字颜色的RGB的值设置为255、221、0，设置字体为Kunstler Script，字号设置为86点，在文字上方输入英文“Disney”，在工具选项栏中单击【创建变形文字】按钮，在弹出的【变形文字】对话框中单击【样式】右侧的下三角按钮，在弹出的下拉列表中选择【扇形】选项，将【弯曲】选项的值设置为20%，效果如图5-65所示。

11 选择Disney文字图层，按Ctrl+J组合键复制三个图层，加深文字效果，如图5-66所示。

图5-64　文字效果

图5-65　输入文字

图5-66　加深效果

12 在工具箱中选择【横排文字工具】T，将文字颜色的RGB的值设置为255、221、0，字体设置为【Adobe 黑体 Std】，字号设置为40点，将输入法设置为英文，在文字下方输入“[ ]”，按Enter键确认输入，如图5-67所示。

13 在工具箱中选择【横排文字工具】T，将文字颜色设置为白色，字体设置为DeVinne Txt BT，字号设置为16点，输入“Travel around”，按Enter键确认输入，调整位置如图5-68所示。

图5-67　输入文字

图5-68　输入文字

14 在工具箱中选择【横排文字工具】T，将文字颜色设置为白色，将字体设置为High Tower Text Regular，字号设置为11点，输入“Professional travel services, play the line Travel experts arou”，选择【左对齐文本】，按Enter键确认输入，调整位置如图5-69所示。

图5-69　输入文字

15 在工具箱中选择【横排文字工具】T，将文字颜色设置为白色，将字体设置为【创艺简黑体】，字号设置为12点，输入“迪士尼乐园，孩子们的最爱”，按Enter键确认

输入，调整位置如图5-70所示。

图5-70　输入文字

16 在工具箱中选择【横排文字工具】T，将文字颜色设置为白色，将字体设置为【方正大黑简体】，字号设置为80点，输入"，"，按Enter键确认输入，调整位置如图5-71所示。

图5-71　完成后的效果

知识链接　消除文字锯齿

在输入文字的时候，经常会出现文字边缘锯齿化的现象，下面介绍怎么消除文字锯齿。

（1）打开"素材\Cha05\消除文字锯齿.psd"素材文件，选择【横排文字工具】T，选中文字，如图5-72所示。

锯齿

图5-72　有锯齿的效果

（2）可以看出文字是有锯齿的，选择工具选项栏中的锯齿方式为【平滑】，如图5-73所示。

图5-73　选择【平滑】

（3）消除锯齿的效果如图5-74所示。

锯齿

图5-74　消除锯齿的效果

5.3.4　实战：载入文本路径

路径文字是创建在路径上的文字，文字会沿路径排列出图形效果。下面将介绍如何创建路径文本，具体操作步骤如下。

01 打开"素材\Cha05\载入文本路径.jpg"素材文件，在工具箱中选择【直线工具】／，将【工具模式】更改为形状，在工作区中绘制一条直线，如图5-75所示。

图5-75　绘制直线

02 在工具箱中选择【横排文字工具】T，在工具选项栏中将字体设置为【汉仪行楷简】，将字号设置为72，将字体颜色的RGB值设置为48、58、254，将光标放在路径中心处，当光标变为 时，如图5-76所示，在直线段的中心点位置处单击鼠标左键，输入文字"百年好合"即可，如图5-77所示。

图5-76　光标在路径上的显示形状

图5-77　输入文字后的效果

提示

除此之外，用户还可以改变文字的路径，在工具箱中选择【直接选择工具】，将鼠标放置到路径的末端，单击鼠标并进行拖动，完成后的效果如图5-78所示。

图5-78　使用【直接选择工具】移动路径

5.3.5　实战：将文字转换为智能对象

下面介绍文字文本转换为智能对象的方法。

01 【图层】面板上的文字图层处于选择状态，单击鼠标右键，在弹出的快捷菜单中选择【转换为智能对

象】命令，如图5-79所示。

02 即可将文字转换为智能对象，如图5-80所示。

图5-79 转换为智能对象　　图5-80 转换后的图层

5.4 上机练习——制作钢纹字

本例将讲解如何制作钢纹字，通过【图层样式】来表现钢纹，完成后的效果如图5-81所示。

图5-81 制作钢纹字

01 启动软件后，按Ctrl+N组合键，在弹出的【新建文档】对话框中将【预设详细信息】改为【钢纹字】，将【宽度】、【高度】分别设置为650、300，将【分辨率】设置为72，将【颜色模式】设置为RGB颜色8位，将【背景内容】设置为【白色】，设置完成后单击【创建】按钮。将【设置 前景色】RGB的值设置为131、131、131。打开【图层】面板，选择【背景】图层，按住鼠标将其拖动至【创建新图层】按钮上，松开鼠标将【背景】图层进行复制，完成后的效果如图5-82所示。

图5-82 【图层】面板

02 确定拷贝的图层处于选择状态，按Alt+Delete组合键为其填充前景色，双击【背景拷贝】图层，在弹出的【图层样式】对话框中选中【投影】复选框，在【结构】区域下将【不透明度】参数设置为45%，设置【距离】、【扩展】和【大小】参数分别为10像素、35%和20像素，如图5-83所示。

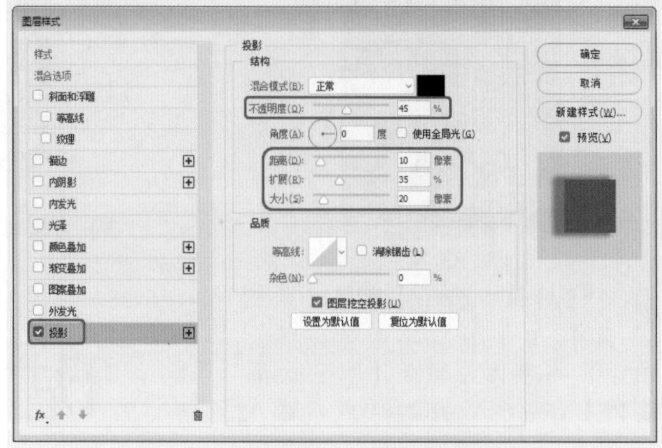

图5-83 设置【投影】参数

03 选中【外发光】复选框，在【结构】区域下定义【混合模式】为【叠加】，设置【不透明度】参数为55%，将【颜色】设置为【黑色】，设置【扩展】和【大小】参数分别为15%和20。选中【斜面和浮雕】复选框，在【结构】区域下设置【深度】参数为450%，设置【大小】参数为4像素，如图5-84所示。

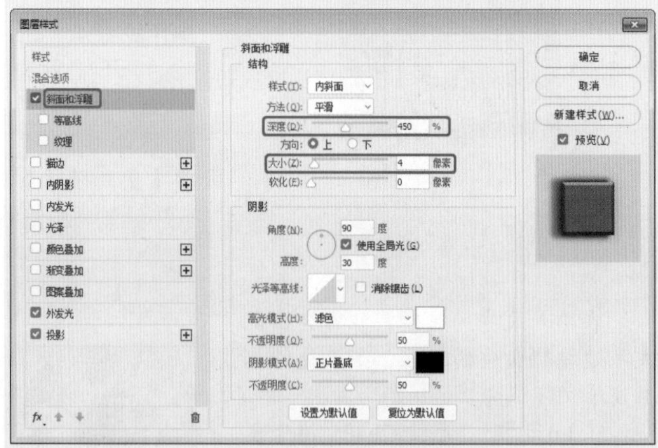

图5-84 设置【斜面和浮雕】参数

04 选中【光泽】复选框，在【结构】区域下设置【颜色】为【白色】，设置【不透明度】参数为60%，将【距离】和【大小】分别设置为10像素和15像素，然后设置【等高线】为【画圆步骤】。选中【渐变叠加】复选框，在【渐变】区域下设置【不透明度】为20%，选择黑白渐变，设置【角度】和【缩放】分别为125度和130%，如图5-85所示。

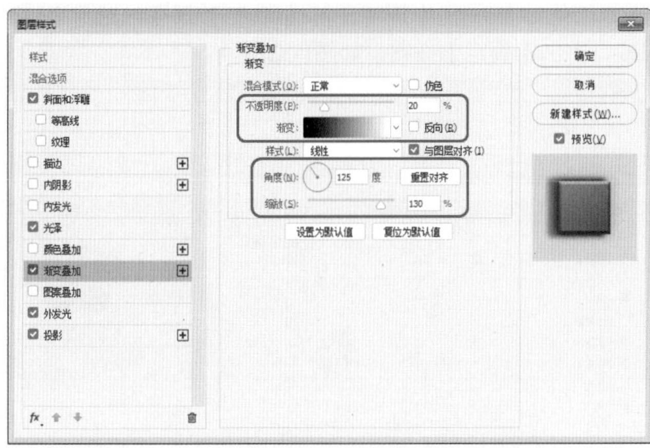

图5-85　设置【渐变叠加】参数

05 单击【确定】按钮，按Ctrl+N组合键，在弹出的对话框中将【宽度】、【高度】分别设置为650像素、300像素，将【分辨率】设置为72，将【颜色模式】设置为【RGB颜色】，将【背景内容】设置为【白色】，设置完成后单击【创建】按钮。在工具箱中选择【渐变工具】，在工具选项栏中单击【点按可编辑渐变】按钮，弹出【渐变编辑器】对话框，在该对话框中为其设置渐变，将0%位置处的颜色值设置为131、131、131，单击此色标，按住Alt键将其分别拖动至50%处和100%处，再在25%和75%处设置两个白色色标，如图5-86所示。

图5-86　【渐变编辑器】对话框

06 单击【确定】按钮，在画布中拖动鼠标填充渐变，在菜单栏中选择【编辑】|【定义图案】命令，弹出【图案名称】对话框，在该对话框中使用默认名称，单击【确定】按钮，如图5-87所示。

图5-87　【图案名称】对话框

07 返回到【钢纹字】文档中，双击【背景 拷贝】图层，打开【图层样式】对话框，选中【图案叠加】复选框，将【图案】定义为刚刚制作的图案，将【缩放】设置为100%，如图5-88所示。

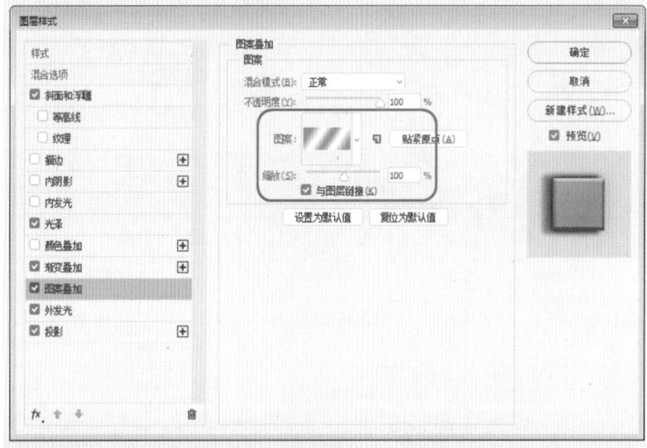

图5-88　【图案叠加】对话框

08 选中【描边】复选框，在【结构】区域下将【大小】设置为2 像素，将【颜色】的RGB值设置为4、30、90，将【位置】设置为【外部】，将【不透明度】设置为76%，设置完成后单击【确定】按钮，如图5-89所示。

09 在工具箱中选择【横排文字工具】，在工具选项栏中将【颜色】的RGB值设置为131、131、131，将【字体】设置为【方正水柱简体】，设置【字体大小】为140点，然后在文件中输入“钢筋铁骨”，按Enter键确认。调整其位置，在【图层】面板中右击【背景 拷贝】图层，在弹出的快捷菜单中选择【拷贝图层样式】命令，然后再在【钢筋铁骨】图层上右击，在弹出的快捷菜单中选择【粘贴图层样式】命令，完成后的效果如图5-90所示。

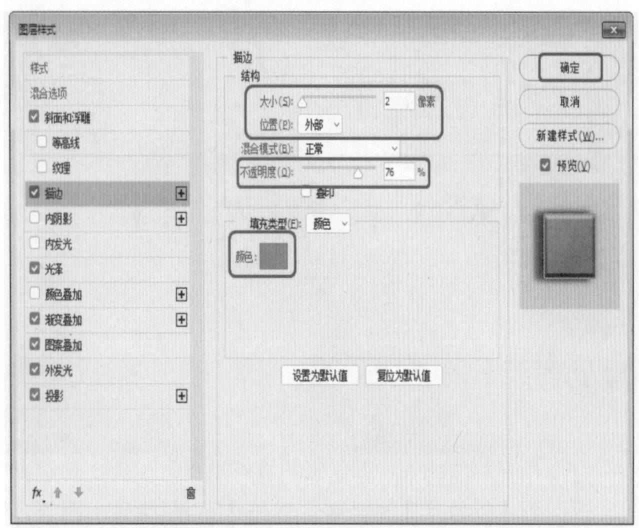

图5-89　设置【描边】参数

图5-90　设置完成后的效果

10 在【图层】面板中双击【钢筋铁骨】图层，在弹出的【图层样式】对话框中选中【纹理】复选框，在【图素】区域下，设置【图案】为之前预设的图案，然后将【缩放】和【深度】均设置为5%，单击【确定】按钮，如图5-91所示。

11 双击【背景 拷贝】图层，在弹出的【图层样式】对话框中选中【纹理】复选框，在【图素】区域下选择同样的图案，然后将【缩放】和【深度】分别设置为2%、1%，单击【确定】按钮，如图5-92所示。

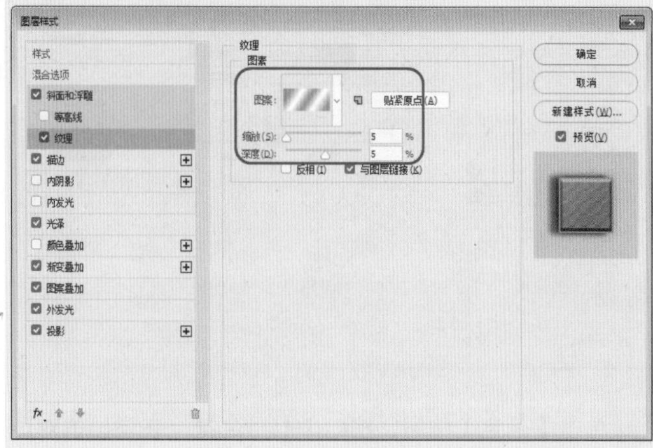

图5-91　为文字图层添加纹理

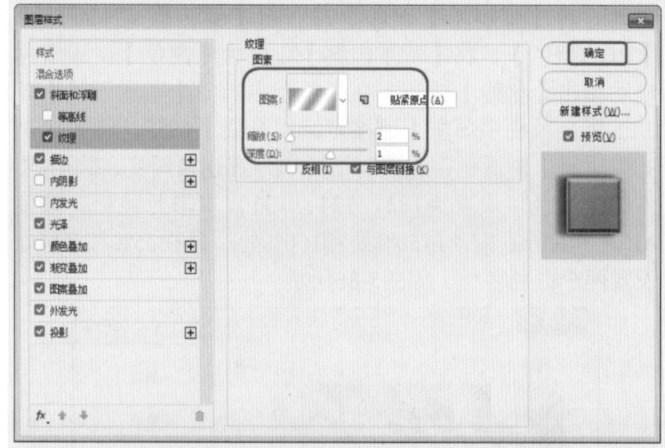

图5-92　为【背景 拷贝】图层添加纹理

12 至此，钢纹字就制作完成了，制作完成后将场景进行保存即可。

5.5 思考与练习

1.如何精确设置【段落文本大小】对话框的大小?

2. 如何将文字转换为图像?

第6章 路径的创建与编辑

本章主要对路径的创建、编辑和修改进行介绍。Photoshop中的路径主要是用来精确选择图像、精确绘制图形，是工作中用得比较多的一种方法。创建路径的工具主要有【钢笔工具】和【形状工具】。

6.1 认识路径

路径是不包含像素的矢量对象，用户可以利用路径功能绘制各种线条或曲线，它在创建复杂选区、准确绘制图形方面有更快捷、更实用的优点。

6.1.1 路径的形态

【路径】是由线条及其包围的区域组成的矢量轮廓，它包括有起点和终点的开放式路径，如图6-1所示；以及没有起点和终点的闭合式两种，如图6-2所示，此外，路径也可以由多个相互独立的路径组件组成，这些路径组件被称为“子路径”，如图6-3所示的路径中包含3个子路径。

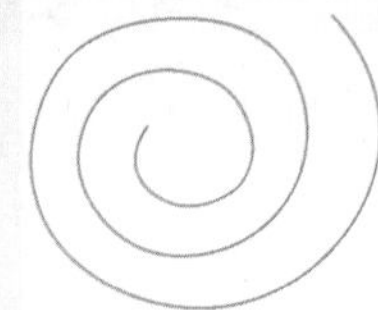

图6-1 开放式路径

图6-2 闭合式路径

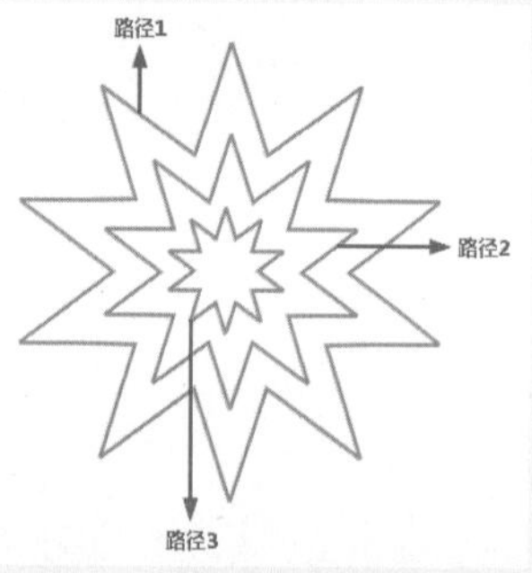

图6-3 多子路径组合路径

6.1.2 路径的组成

路径由一个或多个曲线段或直线段、控制点、锚点和方向线等构成，如图6-4所示。

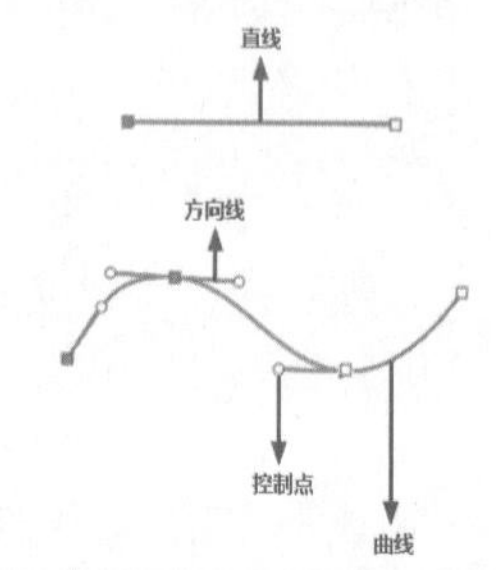

图6-4 路径构成

> 提示
>
> 锚点被选中时为一个实心的方点，不被选中时是一个空心的方点。控制点在任何时候都是实心的方点，而且比锚点小。

锚点又称为“定位点”，它的两端会连接直线或曲线。根据控制柄和路径的关系，可分为几种不同性质的锚点。平滑点连接可以形成平滑的曲线，如图6-5所示；角点连接可以形成直线或转角曲线，如图6-6所示。

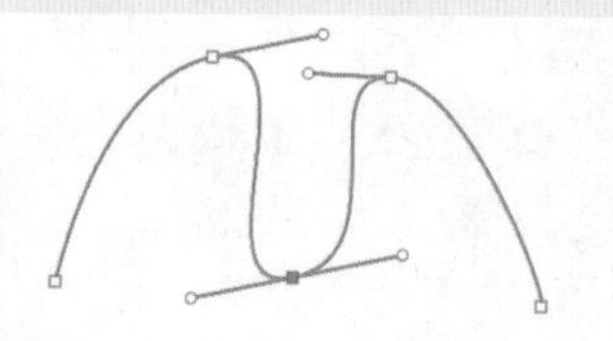

图6-5 平滑点连接成的平滑曲线

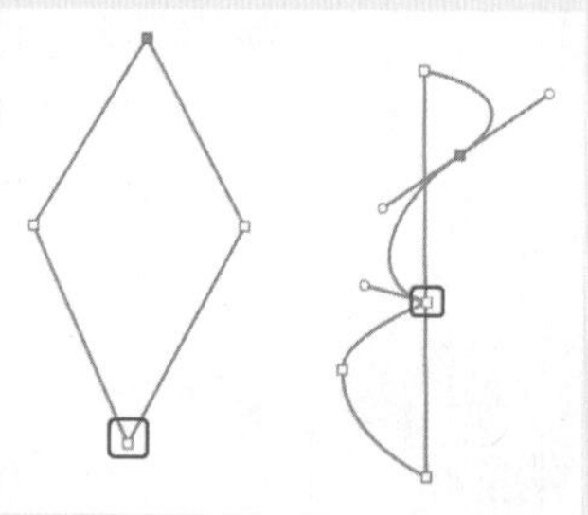

图6-6 角点连接成的直线、转角曲线

知识链接 像素

在工具选项栏中选择【像素】选项后，可以为绘制的图像设置混合模式和不透明度，如图6-7所示。

像素 | 模式：正常 | 不透明度：100% | 消除锯齿

图6-7 工具选项栏

- 【模式】：可以设置图像的混合模式，让绘制的图像与下方其他图像产生混合效果。
- 【不透明度】：可以为图像设置不透明度，使其呈现透明效果。
- 【消除锯齿】：可以使图像的边缘平滑，消除锯齿。

6.1.3 【路径】面板

【路径】面板用来存储和管理路径。

执行菜单栏中的【窗口】|【路径】命令，可以打开【路径】面板，面板中列出了每条存储的路径，以及当前工作路径和当前矢量蒙版的名称和缩览图，如图6-8所示。

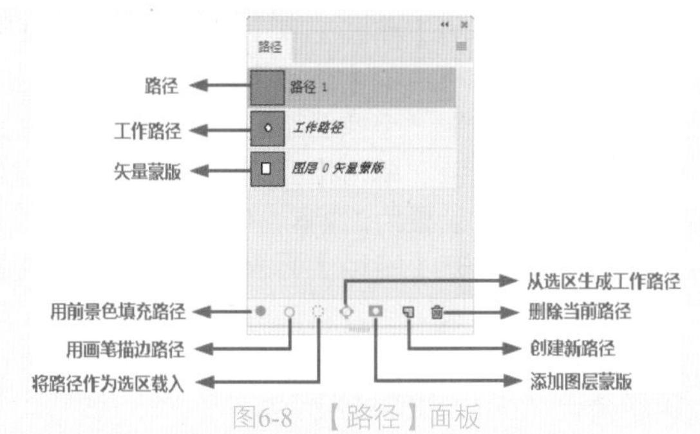

图6-8　【路径】面板

- 【路径】：当前文档中包含的路径。
- 【工作路径】：工作路径是出现在【路径】面板中的临时路径，用于定义形状的轮廓。
- 【矢量蒙版】：当前文档中包含的矢量蒙版。
- 【用前景色填充路径】按钮：单击该按钮，可以用前景色填充路径形成的区域。
- 【用画笔描边路径】按钮：单击该按钮，可以用画笔工具沿路径描边。
- 【将路径作为选区载入】按钮：单击该按钮，可以将当前选择的路径转换为选区。
- 【从选区生成工作路径】按钮：如果创建了选区，单击该按钮，可以将选区边界转换为工作路径。
- 【添加图层蒙版】按钮：单击该按钮，可以为当前工作路径创建矢量蒙版。
- 【创建新路径】按钮：单击该按钮，可以创建新的路径。如果按住Alt键单击该按钮，可以打开【新建路径】对话框，在对话框中输入路径的名称也可以新建路径。新建路径后，可以使用【钢笔工具】或【形状工具】绘制图形。
- 【删除当前路径】按钮：选择路径后，单击该按钮，可删除路径。也可以将路径拖至该按钮上直接删除。

6.2 创建路径

使用【钢笔工具】、【自由钢笔工具】、【矩形工具】、【圆角矩形工具】、【椭圆工具】、【多边形工具】、【直线工具】和【自定形状工具】等都可以创建路径，不过前提是将工具选项栏中的工具模式设置为【路径】。【钢笔工具】是具有最高精度的绘画工具。

6.2.1 【钢笔工具】的使用

【钢笔工具】是创建路径的最主要工具，它不仅可以用来选取图像，而且可以绘制矢量图形等，如图6-9所示。【钢笔工具】无论是画直线或是曲线，都非常简单，随手可得。其操作特点是通过用鼠标在工作界面中创建各个锚点，根据锚点的路径和描绘的先后顺序，产生直线或者是曲线的效果。

图6-9　矢量图形

选择【钢笔工具】，开始绘制之前，光标会呈形状显示，若大小写锁定键被按下则为形状。下面来学习用【钢笔工具】创建路径与图形的方法。

1. 绘制直线图形

下面将介绍如何使用【钢笔工具】绘制直线图形，具体操作步骤如下。

01 打开“素材\Cha06\绘制直线图形.jpg”素材文件，如图6-10所示。

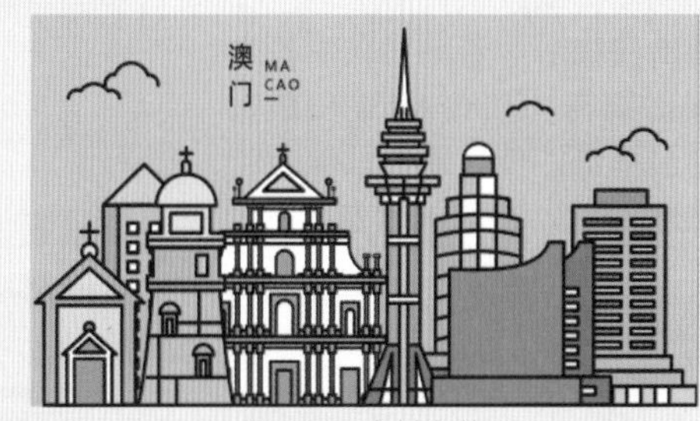

图6-10　素材文件

02 在工具箱中单击【钢笔工具】，在工具选项栏中将【工具模式】设置为【形状】，将【填充】设置为黑色，将【描边】设置为【无】，在工作界面中的不同位置单击鼠标，使用钢笔工具绘制直线，如图6-11所示。

图6-11　绘制直线

03 使用相同的方法绘制其他直线，即可完成由直线组成的图形，效果如图6-12所示。

图6-12　绘制图形后的效果

2. 绘制曲线图形

● 绘制曲线

单击鼠标绘制出第一点，然后单击左键并按住鼠标拖动绘制出第二点，如图6-13所示，这样就可以绘制曲线并使锚点两端出现方向线。方向点的位置及方向线的长短会影响到曲线的方向和弧度。

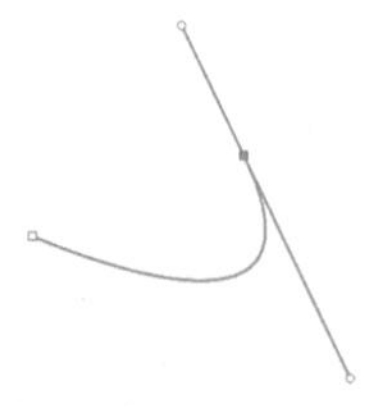
图6-13　绘制曲线

● 绘制曲线之后接直线

绘制出曲线后，若要在之后接着绘制直线，则需要按住Alt键在最后一个锚点上单击，使控制线只保留一段，再松开Alt键，在新的地方单击另一点即可，如图6-14所示。

图6-14　绘制曲线后接直线

下面将通过实际步骤来讲解如何绘制曲线路径。

01 打开“素材\Cha06\绘制曲线图形.jpg”素材文件，如图6-15所示。

02 在工具箱中单击【钢笔工具】，在工具选项栏中将【工具模式】设置为【形状】，将【填充】的颜色设置为白色，单击鼠标绘制出第一点，然后单击左键并按住鼠标拖动绘制出第二点，绘制一条曲线，如图6-16所示。

图6-15　打开素材文件

图6-16　绘制曲线

03 绘制完成第二点后，用同样的方法绘制兔子的右耳朵和头部，如图6-17所示。

图6-17　绘制兔子头部

04 根据上面所介绍的方法绘制兔子的胳膊和身体，绘制后的效果如图6-18所示。

图6-18　绘制其他曲线后的效果

05 继续用【钢笔工具】绘制路径，用【直接选择工具】调整路径，并将【填充】的RGB值设置为241、158、194，绘制完成兔子的内耳路径如图6-19所示。

06 单击【图层】面板底部的【创建新图层】按钮，选择工具箱中的【椭圆工具】，然后单击工具选项栏中的【路径】按钮，在兔子左边绘制一个椭圆路径，将前景色设置为黑色。单击【画笔工具】，画笔的大小设置为2像素，硬度设置为100%。打开【路径】面板，选中刚才绘制的椭圆路径，单击面板下方的【用画笔描边路径】按钮，为椭圆路径描边，如图6-20所示。

图6-19　绘制内耳

图6-20　绘制左眼

07 选择工具箱中的【移动工具】，按住Alt键将其拖动至右眼处，如图6-21所示。

图6-21　绘制右眼

08 将前景色的RGB值设置为241、158、194，单击工具箱中的【椭圆工具】，将填充方式设置为【像素】，在兔子的左右两边绘制两个椭圆，如图6-22所示。

图6-22　效果图

知识链接　贝塞尔曲线

当选择【钢笔工具】后，在工具选项栏中单击【设置其他钢笔和路径选项】按钮，在弹出的下拉列表中勾选【橡皮带】复选框，如图6-23所示，则可在绘制时直观地看到下一节点之间的轨迹，如图6-24所示。

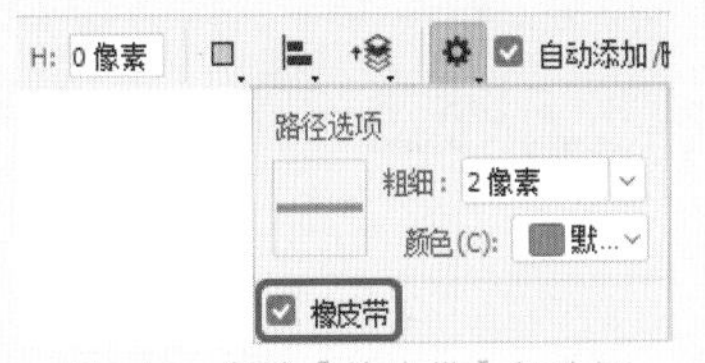

图6-23　勾选【橡皮带】复选框

贝塞尔曲线是依据四个位置任意的点坐标绘制出的一条光滑曲线。在历史上，研究贝塞尔曲线的人最初是按照已知曲线参数方程来确定四个点的思路设计出这种矢量曲线绘制法。贝塞尔曲线的有趣之处更在于它的"皮筋效应"，也就是说，随着点有规律地移动，曲线将产生皮筋伸引一样的变换，带来视觉上的冲击。

图6-24　显示锚点之间的轨迹

6.2.2　实战：【自由钢笔工具】的使用

【自由钢笔工具】用来绘制比较随意的图形，它的使用方法与【套索工具】非常相似，选择该工具后，在画面中单击并拖动鼠标即可绘制路径，路径的形状为光标运行的轨迹，Photoshop会自动为路径添加锚点。

下面来详细介绍一下用【自由钢笔工具】创建图形的方法。

01 继续刚才的操作，在工具箱中单击【自由钢笔工具】，在工具选项栏中将【工具模式】设置为【形状】，将【填充】设置为白色，将【描边】设置为【无】，在工作界面中绘制云朵，如图6-25所示。

02 继续在左边绘制一个云朵，效果如图6-26所示。

图6-25　绘制云朵

图6-26　继续绘制云朵

6.2.3　实战：【弯度钢笔工具】的使用

【弯度钢笔工具】可以以同样轻松的方式绘制平滑曲线和直线段。使用【弯度钢笔工具】可以在设计中创建自定义形状，或定义精确的路径，以便毫不费力地优化图像。在执行该操作的时候，无须切换工具就能创建、切换、编辑、添加或删除平滑点或角点。

下面介绍如何使用【弯度钢笔工具】创建路径，操作步骤如下。

01 打开"素材\Cha06\弯度钢笔工具.jpg"素材文件，如图6-27所示。

02 在工具箱中选择【弯度钢笔工具】，在工具选项栏中将【工具模式】设置为【形状】，将【填充】的RGB值设置为246、158、194，将【描边】设置为【无】，在工作界面中单击鼠标左键创建锚点，然后再继续创建锚点，即可创建曲线，如图6-28所示。

图6-27　打开的素材文件

图6-28　绘制曲线

03 然后再在工作界面中继续创建锚点，此时，前面所绘制的直线将自动调节为曲线状态，如图6-29所示。

提示 路径的第一段最初显示为工作界面中的一条直线。依据接下来绘制的是曲线段还是直线段，Photoshop 稍后会对它进行相应的调整。如果绘制的下一段是曲线段，Photoshop 将使第一段曲线与下一段平滑地关联。

04 使用相同的方法创建其他锚点，完成图形的绘制，如图6-30所示。

图6-29 继续绘制曲线

图6-30 绘制完成后的图形

05 在【图层】面板中双击【形状1】图层空白处，在弹出的【图层样式】对话框中勾选【斜面和浮雕】复选框，将【深度】设置为63%，将【大小】设置为9像素，将【软化】设置为7像素，如图6-31所示。

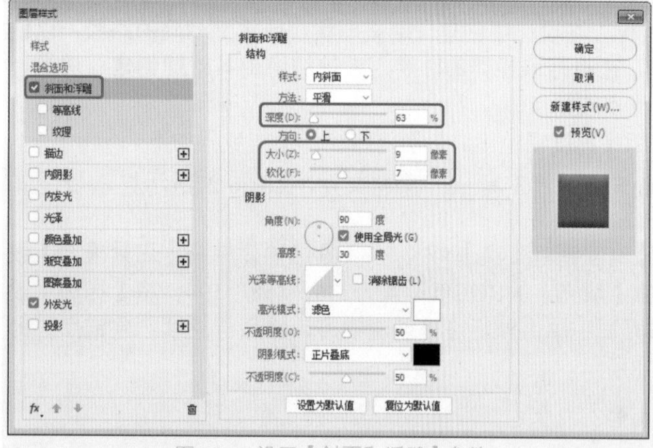

图6-31 设置【斜面和浮雕】参数

06 勾选【外发光】复选框，将【不透明度】设置为48%，将【扩展】设置为5%，将【大小】设置为54像素，单击【确定】按钮，如图6-32所示。

提示 在使用【弯度钢笔工具】绘制图形时，如果希望路径的下一段变为弯曲的曲线状态，单击一次鼠标左键创建锚点，Photoshop将会自动将绘制的线段平滑为曲线状态；如果希望接下来要绘制一条直线段，可以双击鼠标创建锚点，则创建的线段将会变为直线段。

07 最终效果如图6-33所示。

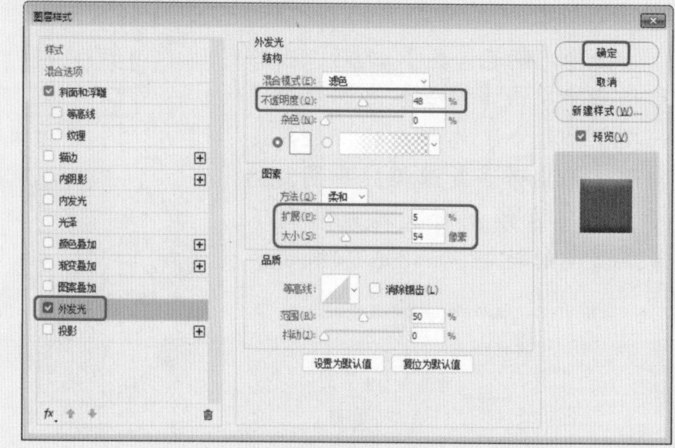

图6-32 设置【外发光】参数

图6-33 效果图

知识链接 【弯度钢笔工具】使用技巧

如果需要将已经创建的曲线转换为角点，使用【弯度钢笔工具】在锚点上双击鼠标，即可将曲线转换为角点状态；同样，如果需要将角点转换为曲线，使用【弯度钢笔工具】在锚点上双击，即可将角点转换为曲线。

在使用【弯度钢笔工具】时，如果需要对创建的锚点进行移动，只需要单击该锚点并按住鼠标进行拖动便可移动该锚点的位置。

如果需要将创建的锚点进行删除，可以使用【弯度钢笔工具】在需要删除的锚点上单击，然后按Delete键将其删除。在删除锚点后，曲线将被保留下来并根据剩余的锚点进行适当的调整。

6.2.4 形状工具的使用

形状工具包括【矩形工具】、【圆角矩形工具】、【椭圆工具】、【多边形工具】、【直线工具】和【自定形状工具】。这些工具包含了一些常用的基本形状和自定义图形，通过这些图形可以方便地绘制所

需要的基本形状和图形。

1.【矩形工具】

【矩形工具】用来绘制矩形和正方形，按住Shift键的同时拖动鼠标可以绘制正方形；按住Alt键的同时拖动鼠标，可以以光标所在位置为中心绘制矩形；按住Shift+Alt组合键的同时拖动鼠标，可以以光标所在位置为中心绘制正方形。

选择【矩形工具】后，在工具选项栏中单击【设置其他形状和路径选项】按钮，弹出如图6-34所示的选项板，在其中可以选择绘制矩形的方法。

- 【不受约束】：选中该单选按钮后，可以绘制任意大小的矩形和正方形。
- 【方形】：选中该单选按钮后，只能绘制任意大小的正方形。
- 【固定大小】：选中该单选按钮后，在右侧的文本框中输入要创建的矩形的固定宽度和固定高度。输入完成后，则会按照输入的宽度和高度来创建矩形。
- 【比例】：选中该单选按钮后，在右侧的文本框中输入相对宽度和相对高度的值，此后无论绘制多大的矩形，都会按照此比例进行绘制。
- 【从中心】：选中该复选框后，无论以任何方式绘制矩形，都将以光标所在位置为矩形的中心向外扩展绘制矩形。

下面介绍如何使用【矩形工具】绘制图形，其操作步骤如下。

01 打开“素材\Cha06\矩形工具.jpg”素材文件，如图6-35所示。

图6-34　矩形选项板

图6-35　打开的素材文件

02 在工具箱中单击【矩形工具】，在工具选项栏中将【工具模式】设置为【形状】，将【填充】设置为无，将【描边】的RGB值设置为27、101、58，将【宽度】设置为7像素，单击【设置其他形状和路径选项】按钮，单击【固定大小】单选按钮，将W、H分别设置为2.5、3.8，如图6-36所示。

03 设置完成后，在工作界面中拖动鼠标，即可创建一个固定大小的矩形，如图6-37所示。

图6-36　设置工具选项参数

图6-37　创建矩形后的效果

提示：在使用【矩形工具】绘制矩形时，按住Shift键可以绘制正方形。

04 绘制完成可用【移动工具】调整一下它的位置，效果如图6-38所示。

图6-38　调整图层的排放顺序

2.【圆角矩形工具】

【圆角矩形工具】▢.用来创建圆角矩形。它的创建方法与矩形工具相同，只是比【矩形工具】多了一个【半径】选项，用来设置圆角的半径，该值越高，圆角就越大。图6-39所示为将【半径】设置为20像素时的效果。图6-40所示为【半径】为50像素时的效果。

图6-39　半径为20像素时的效果

图6-40　半径为50像素时的效果

提示　在使用【圆角矩形工具】创建图形时，半径只可以介于0.00像素到1000.00像素之间。

3.【椭圆工具】

使用【椭圆工具】◯.可以创建规则的圆形，也可以创建不受约束的椭圆形。在绘制图形时，按住Shift键可以绘制一个正圆。

下面将介绍如何利用【椭圆工具】绘制图形，其操作步骤如下。

01 打开“素材\Cha06\椭圆工具.jpg”素材文件，如图6-41所示。

02 在工具箱中单击【椭圆工具】，在工具选项栏中将【选择工具模式】设置为【形状】，将【填充】设置为白色，将【描边】设置为无，在工作界面中按住鼠标在熊的左脚处绘制一个椭圆形，按Ctrl+T组合键可调整其大小和位置，如图6-42所示。

图6-41　打开的素材文件　　图6-42　绘制椭圆形

03 在【图层】面板中将【椭圆1】形状图层拖曳至底部的【创建新图层】按钮上，并移动至右脚位置处，如图6-43所示。

图6-43　复制图层

04 在工具箱中选择【椭圆工具】，在工具选项栏中单击【路径操作】按钮▫，在弹出的下拉列表中选择【减去顶层形状】选项，如图6-44所示。

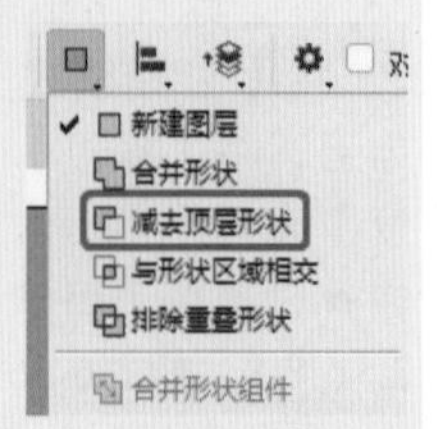

图6-44　选择【减去顶层形状】选项

知识链接　路径操作下拉列表功能

【色相/饱和度】对话框中各选项的介绍如下。

- 【新建图层】：选择该选项后，可以创建新的图形图层。
- 【合并形状】：选择该选项后，新绘制的图形会与现有的图形合并，如图6-45所示。
- 【减去顶层形状】：选择该选项后，可以从现有的图形中减去新绘制的图形，如图6-46所示。

图6-45　合并形状

图6-46　减去顶层形状

- 【与形状区域相交】：选择该选项后，即可保留两个图形所相交的区域，如图6-47所示。
- 【排除重叠形状】：选择该选项后，将删除两个图形所重叠的部分，效果如图6-48所示。
- 【合并形状组件】：选择该选项后，将会将两个图形进行合并，并将其转换为常规路径。

图6-47　与形状区域相交

图6-48　排除重叠形状

05 在工具选项栏中将【选择工具模式】设置为【形状】，将【填充】的RGB值设置为235、172、168，将【描边】设置为【无】，创建一个新图层，在工作界面中绘制一个如图6-49所示的椭圆形。

06 再次使用【椭圆工具】在工作界面中绘制一个如图6-50所示的椭圆形。

07 在【图层】面板中选择【椭圆 2】图层，按住鼠标将其拖曳至【创建新图层】按钮上，将其进行复制，按Ctrl+T组合键变换选取，右击，在弹出的快捷菜单中选择【水平翻转】命令，如图6-51所示。

08 执行该操作后，即可将选中的图形进行水平翻转，在工作界面中调整其位置，调整后的效果如图6-52所示。

图6-49　绘制椭圆形

图6-50　绘制其他椭圆形

图6-51　选择【水平翻转】命令

图6-52　调整图形位置后的效果

4.【多边形工具】

使用【多边形工具】可以创建多边形和星形，下面将介绍如何使用【多边形工具】。

01 打开“素材\Cha06\多边形工具.jpg”素材文件，如图6-53所示。

图6-53　打开的素材文件

02 在【图层】面板中选择【背景】图层，在工具箱中单击【多边形工具】，在工具选项栏中将【工具模式】设置为【形状】，将【填充】的RGB值设置为250、201、69，将【描边】设置为【无】，单击【设置其他形状和路径选项】按钮，在弹出的选项板中勾选【星形】和

【平滑拐角】复选框，将【缩进边依据】设置为50%，将【边】设置为5，如图6-54所示。

图6-54 设置工具参数

知识链接 设置其他形状和路径选项

选择【多边形工具】后，在工具选项栏中单击【设置其他形状和路径选项】按钮，弹出如图6-55所示的选项板，在该面板上可以设置相关参数，其中各个选项的功能如下。

- 【半径】：用来设置多边形或星形的半径。
- 【平滑拐角】：用来创建具有平滑拐角的多边形或星形。如图6-56所示为未勾选与勾选该复选框的对比效果。

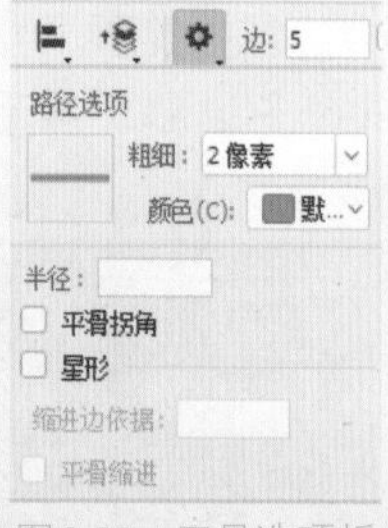

图6-55 工具选项板

图6-56 未勾选【平滑拐角】和勾选【平滑拐角】对比

- 【星形】：勾选该复选框可以创建星形。
- 【缩进边依据】：当勾选【星形】复选框后该选项才会被激活，用于设置星形的边缘向中心缩进的数量，该值越高，缩进量就越大，如图6-57、图6-58所示为【缩进边依据】为50%和【缩进边依据】为70%的对比效果。

图6-57 【缩进边依据】为50%　图6-58 【缩进边依据】为70%

- 【平滑缩进】：当勾选【星形】复选框后该选项才会被激活，勾选该复选框可以使星形的边平滑缩进，如图6-59、图6-60所示为勾选前与勾选后的对比效果。

图6-59 未勾选【平滑缩进】的效果　图6-60 勾选【平滑缩进】的效果

03 设置完成后，使用【多边形工具】在工作界面中绘制一个星形，如图6-61所示。

图6-61 绘制星形

04 在【图层】面板中双击【多边形1】图层，在弹出的对话框中选择【投影】选项，将【混合模式】设置为【正常】，将【阴影颜色】的RGB值设置为237、155、44，将【不透明度】设置为100%，将【距离】、【大小】分别设置为10像素、150像素，如图6-62所示。

05 设置完成后，效果如图6-63所示。

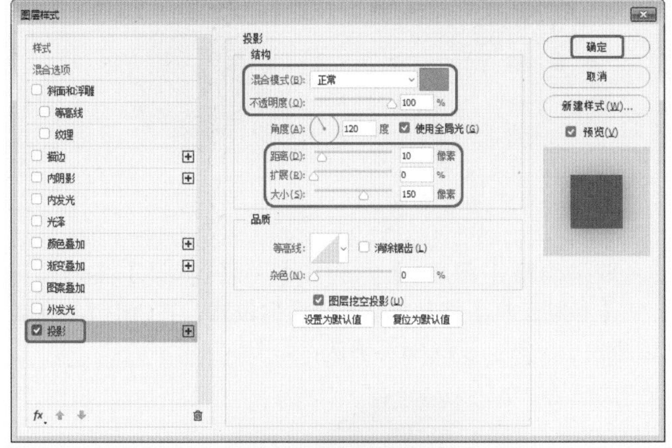

图6-62　设置投影参数

图6-63　效果图

5.【直线工具】

【直线工具】 是用来创建直线和带箭头的线段的。选择【直线工具】 后，在工具选项栏中单击【设置其他形状和路径选项】按钮 ，弹出如图6-64所示的选项板。

图6-64　【直线工具】选项板

- 【起点/终点】：勾选【起点】复选框后会在直线的起点处添加箭头，勾选【终点】复选框后会在直线的终点处添加箭头，如果同时勾选这两个复选框，则会绘制出双向箭头。
- 【宽度】：该选项用来设置箭头宽度与直线宽度的百分比。
- 【长度】：该选项用来设置箭头长度与直线宽度的百分比。
- 【凹度】：该选项用来设置箭头的凹陷程度。

6.【自定形状工具】

在【自定形状工具】 中有许多Photoshop自带的形状，选择该工具后，单击工具选项栏中的【形状】后的 按钮，即可打开形状库。然后单击形状库右上角的 按钮，在弹出的下拉列表中选择【全部】命令，在弹出的提示框中单击【确定】按钮，即可显示系统中存储的全部图形，如图6-65所示。

图6-65　【自定形状工具】形状库

使用【自定形状工具】创建图形的方法比较简单，在单击【自定形状工具】后，在工具选项栏中单击【形状】右侧的 按钮，在弹出的下拉列表中选择需要的形状，然后在工作界面中绘制相应的图形即可。

实例操作001——制作音乐按钮

本例主要介绍音乐按钮的制作，首先使用【圆角矩形工具】在场景中绘制图形，使用【渐变工具】为绘制的图形增加模糊，并使用【扩展】、【羽化选区】命令得到想要的效果，其完成后的效果如图6-66所示。

图6-66　音乐按钮

01 启动软件后，按Ctrl+N组合键，弹出【新建文档】对话框，将【预设详细信息】改为【音乐按钮】，将【宽度】和【高度】都设置为500像素，将【分辨率】设置为72像素/英寸，单击【创建】按钮，如图6-67所示。

图6-67　新建文档

02 在工具箱中选择【椭圆工具】，在其工具选项栏中将其模式设为【路径】，单击【设置其他形状和路径选项】按钮⚙，在弹出的下拉列表框中勾选【固定大小】，将W、H的值均设置为12厘米，然后在场景中创建路径，效果如图6-68所示。

03 打开【路径】面板，单击底部的【将路径作为选区载入】按钮◌，载入选区，如图6-69所示。

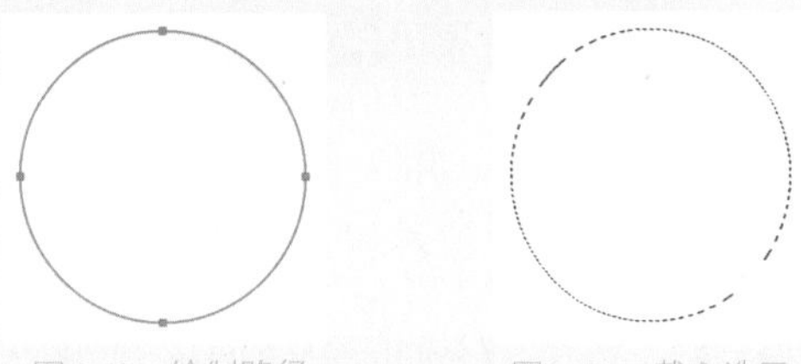
图6-68　绘制路径　　图6-69　载入选区

04 在工具箱中选择【渐变工具】，将渐变色设置为#de5df0到#6918e0的渐变，如图6-70所示。

05 单击【确定】按钮，新建一个图层，在选区中从左上方到左下方拖动选区，按Ctrl+D组合键取消选区，效果如图6-71所示。

图6-70　【渐变编辑器】对话框　　图6-71　绘制渐变

06 在【图层】面板中将【图层1】拖曳至底部的【创建新图层】按钮上，效果如图6-72所示。

07 将【图层1】隐藏，选择复制的图层，选择工具箱中的【橡皮擦工具】，将【大小】设置为200，将【硬度】设置为0，在圆形的边缘涂抹，效果如图6-73所示。

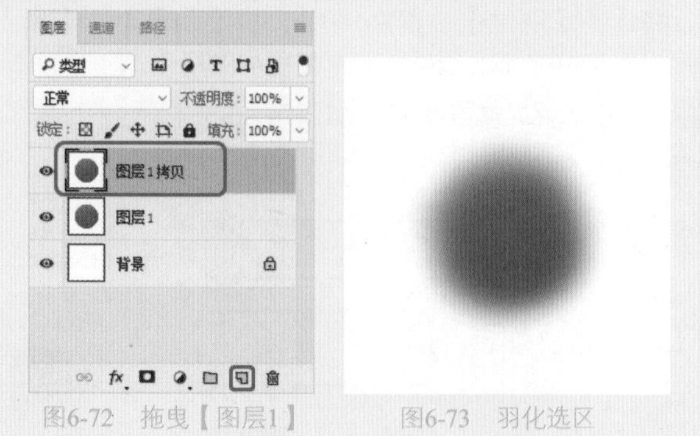
图6-72　拖曳【图层1】　　图6-73　羽化选区

08 取消隐藏【图层1】，选择【图层1拷贝】图层，用【移动工具】将其拖动至合适的位置，按Ctrl+T组合键调整大小位置，按Enter键确认，如图6-74所示。

图6-74　羽化选区

09 选择菜单栏中的【文件】|【置入嵌入对象】命令，打开“素材\Cha06\符号.png”素材文件，调整大小和位置，效果如图6-75所示。

10 打开“素材\Cha06\手机背景.jpg”素材文件，如图6-76所示。

图6-75　置入音符　　图6-76　素材文件

11 将制作好的音乐按钮在【图层】面板中选中并按Ctrl+E组合键合并，用【移动工具】将其拖动到“手机背景.jpg”素材文件中，如图6-77所示。

12 按Ctrl+T组合键调整它的大小、位置和角度，调整完成后，效果如图6-78所示。

图6-77　拖动图标

图6-78　效果图

6.3 修改路径

本节介绍关于路径的修改，路径的修改工具主要有【路径选择工具】、【直接选择工具】、【添加锚点工具】、【删除锚点工具】和【转换点工具】等，使用它们可以对路径进行任意修改，如改变锚点性质，选择、复制、删除以及移动路径等操作。

6.3.1 选择路径

本节主要介绍【路径选择工具】和【直接选择工具】两种路径选择的方法。

1.【路径选择工具】

【路径选择工具】用于选择一个或几个路径并对其进行移动、组合、对齐、分布和变形。选择【路径选择工具】，或按Shift+A组合键，其选项栏如图6-79所示。

图6-79　【路径选择工具】选项栏

下面将介绍如何使用【路径选择工具】，操作步骤如下。

01 打开“素材\Cha06\路径选择工具.jpg”素材文件，如图6-80所示。

02 在工具箱中单击【路径选择工具】，选择【脚印】图层，在工作界面中的脚印上单击鼠标，即可选中该图形的路径，可以看到路径上的锚点都是实心显示的，即可移动路径，如图6-81所示。

图6-80　打开的素材文件

图6-81　使用【路径选择工具】选择路径

03 按住Alt键拖动鼠标，即可对选中的心形进行复制，效果如图6-82所示。

图6-82　复制后的效果

> 提示：在使用【路径选择工具】时，如果直接拖动鼠标，可以对选中的路径进行移动。

2.【直接选择工具】

【直接选择工具】用于移动路径中的锚点或线段，还可以调整手柄和控制点。路径的原始效果如图6-83所示，选择要调整的锚点，按住鼠标进行拖动，即可改变路径的形状，如图6-84所示。

图6-83　选择路径

图6-84　调整路径后的效果

6.3.2　添加/删除锚点

本节主要介绍【添加锚点工具】和【删除锚点工具】在路径中的使用方法，下面就详细来介绍一下这两种工具的使用。

1.【添加锚点工具】

【添加锚点工具】可以用于在路径上添加的新锚点。

01 在工具箱中选择【添加锚点工具】，在路径上单击，如图6-85所示。

02 添加锚点后，按住鼠标拖动锚点，即可对图形进行调整，如图6-86所示。

图6-85　使用【添加锚点工具】

图6-86　调整图形后的效果

2.【删除锚点工具】

【删除锚点工具】用于删除路径上已经存在的锚点。

01 使用【直接选择工具】选择要进行调整的路径，如图6-87所示。

02 在工具箱中选择【删除锚点工具】，在需要删除的锚点上单击，即可将该锚点删除，效果如图6-88所示。

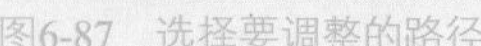

图6-87　选择要调整的路径

图6-88　删除锚点后的效果

> 提示
>
> 也可以在【钢笔工具】状态下，在工具选项栏中勾选【自动添加/删除】复选框，此时在路径上单击即可添加锚点，在锚点上单击即可删除锚点。

6.3.3　转换点工具

使用【转换点工具】可以使锚点在角点、平滑点和转角之间进行转换。

- 将角点转换成平滑点：使用【转换点工具】在锚点上单击并拖动鼠标，即可将角点转换成平滑点，如图6-89所示。

图6-89　将角点转换成平滑点

- 将平滑点转换成角点：使用【转换点工具】直接在锚点上单击即可，如图6-90所示。

图6-90　将平滑点转换成角点

- 将平滑点转换成转角：使用【转换点工具】单击方向点并拖动，更改控制点的位置或方向线的长短即可，如图6-91所示。

图6-91　将平滑点转换成转角

6.4　编辑路径

初步绘制的路径往往不够完美，需要对局部或整体进行编辑，编辑路径的工具与修改路径的工具相同，下面来

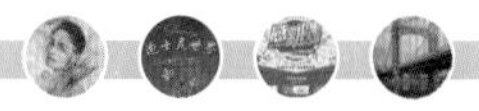

介绍一下编辑路径的方法。

6.4.1　实战：将选区转换为路径

下面介绍一下将选区转换为路径的方法。

01 打开"素材\Cha06\将选区存储为路径.psd"素材文件，如图6-92所示。

02 在【图层】面板中选择【椭圆】图层，按住Ctrl键单击【椭圆】缩览图，将其载入选区，如图6-93所示。

图6-92　打开的素材文件

图6-93　载入选区

03 打开【路径】面板，单击【从选区生成工作路径】按钮，即可将选区转换为路径，如图6-94所示。

图6-94　将选区转换为路径

6.4.2　路径和选区的转换

下面来介绍路径与选区之间的转换。

在【路径】面板中单击【将路径作为选区载入】按钮，可以将路径转换为选区进行操作，如图6-95所示，也可以按Ctrl+Enter组合键来完成这一操作。

图6-95　将路径转换成选区

如果在按住Alt键的同时单击【将路径作为选区载入】按钮，则可弹出【建立选区】对话框，如图6-96所示。通过该对话框可以设置【羽化半径】等选项。

图6-96　【建立选区】对话框

单击【从选区生成工作路径】按钮，可以将当前的选区转换为路径进行操作。如果在按住Alt键的同时单击【从选区生成工作路径】按钮，则可弹出【建立工作路径】对话框，如图6-97所示。

图6-97　【建立工作路径】对话框

提示
【建立工作路径】对话框中的【容差】是控制选区转换为路径时的精确度的，【容差】值越大，建立路径的精确度就越低；【容差】值越小，精确度就越高，但同时锚点也会增多。

6.4.3　实战：描边路径

描边路径是指用绘画工具和修饰工具沿路径描边。下

面来学习一下描边路径的使用方法。

01 将前景色的RGB值设置为234、48、62，在工具箱中选择【画笔工具】，然后在工具选项栏中单击【切换“画笔设置”面板】按钮，在该面板中选择【尖角6】笔尖形状，将【间距】设置为161%，如图6-98所示。

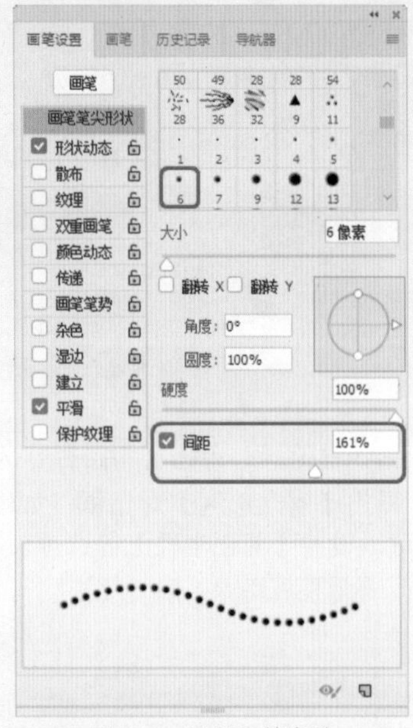

图6-98　设置画笔参数

02 在【路径】面板中单击【用画笔描边路径】按钮，即可为路径进行描边，效果如图6-99所示，

图6-99　描边路径后的效果

提示

在【路径】面板中选择一个路径后，单击【用画笔描边路径】按钮，可以使用【画笔工具】的当前设置描边路径。再次单击该按钮会增加描边的不透明度，使描边看起来更粗。前景色可以控制描边路径的颜色。

除了上述方法外，还可以使用【钢笔工具】在路径上右击鼠标，在弹出的快捷菜单中选择【描边路径】命令，如图6-100所示，执行该操作后，将会打开【描边路径】对话框，如图6-101所示，单击【确定】按钮，同样也可以对路径进行描边。

图6-100　选择【描边路径】命令

图6-101　【描边路径】对话框

6.4.4 实战：填充路径

下面来介绍填充路径的使用方法。

01 首先在工具箱中选择【自定形状工具】，在工具选项栏中将【选择工具模式】设置为【路径】，将【形状】设置为【复选标记】，在画布中绘制路径，如图6-102所示。

图6-102　创建路径

02 将【前景色】的RGB值设置为234、48、62，创建一个新图层，在【路径】面板中单击【用前景色填充路径】按钮，即可为路径填充前景色；取消选择工作路径，效果如图6-103所示。

图6-103 填充前景色后的效果

实例操作002——制作开关按钮

本例主要介绍开关按钮的制作，首先使用【圆角矩形工具】在场景中绘制图形，并使用【图层样式】命令来修改图形的样式得到想要的效果，其完成后的效果如图6-104所示。

01 打开“素材\Cha06\制作开关按钮.jpg”素材文件，如图6-105所示。

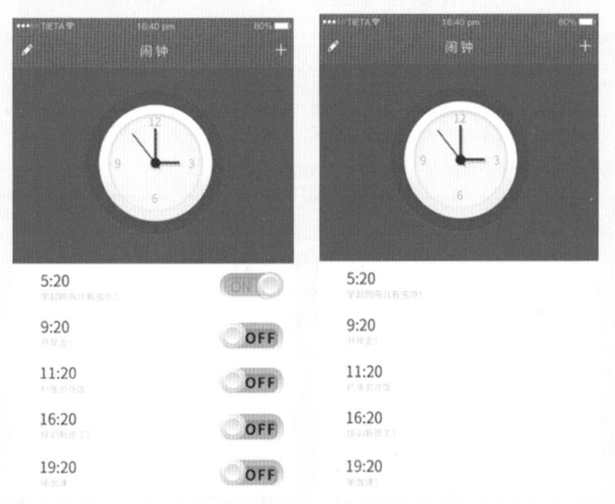

图6-104 开关按钮　　图6-105 素材文件

02 在工具箱中选择【圆角矩形工具】，在工具选项栏中将【选择工具模式】设置为【路径】，绘制圆角矩形，如图6-106所示。

03 新建一个【圆角矩形】图层，按Ctrl+Enter组合键将路径载入选区，将前景色的RGB值设置为172、192、76，并按Alt+Delete组合键填充前景色，按Ctrl+D组合键取消选区，如图6-107所示。

图6-106 绘制圆角矩形　　图6-107 填充前景色

04 双击【圆角矩形】图层空白处，进入【图层样式】对话框，勾选【描边】复选框，在【结构】区域下，将【大小】设置为6像素，将【位置】设置为外部，将【填充类型】设置为渐变，单击【渐变】后方的【点按可编辑渐变】按钮，打开【渐变编辑器】对话框，将第一个色标的RGB颜色值分别设置为170、170、170，第二个色标设置为白色，单击【确定】按钮，勾选【反向】复选框，如图6-108所示。

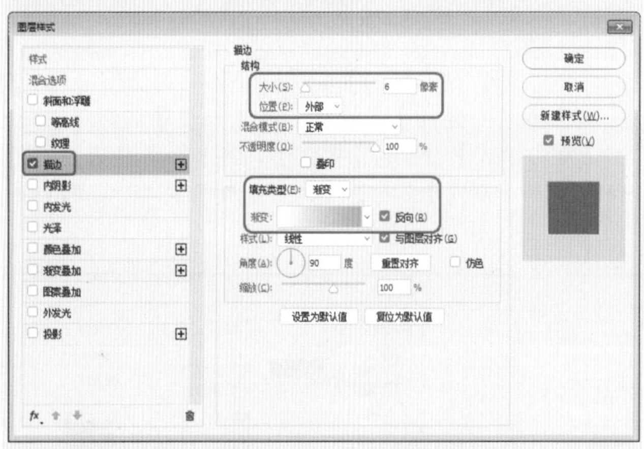

图6-108 设置【描边】参数

05 勾选【内阴影】复选框，在【结构】区域下，将【混合模式】设置为【正常】，将【不透明度】设置为15%，将【距离】设置为2像素，将【大小】设置为5像素，如图6-109所示。

06 勾选【内发光】复选框，在【结构】区域下，将【混合模式】设置为【正常】，将【不透明度】设置为

25%，将【设置发光颜色】的RGB值设置为138、179、39。在【图素】区域下，将【阻塞】设置为100%，将【大小】设置为1像素，如图6-110所示。

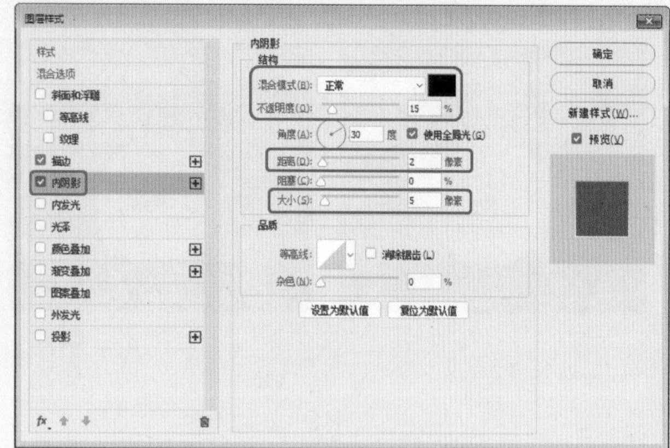

图6-109 设置【内阴影】参数

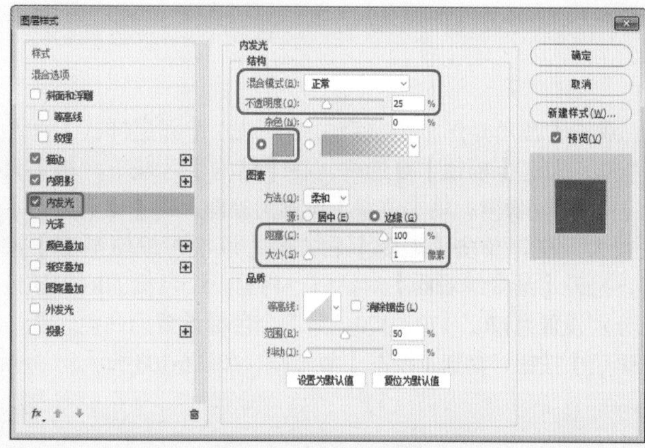

图6-110 设置【内发光】参数

07 勾选【渐变叠加】复选框，在【渐变】区域下，将【混合模式】设置为【柔光】，将【不透明度】设置为25%，将【渐变】设置为【黑，白渐变】，并勾选【反向】复选框，如图6-111所示。

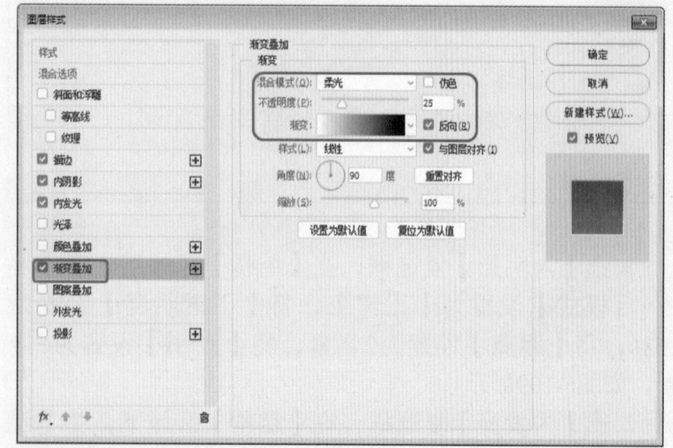

图6-111 设置【渐变叠加】参数

08 单击【确定】按钮。新建一个【滑动按钮】图层，在工具箱中选择【椭圆工具】，在工具选项栏中将【选择工具模式】设置为【像素】，将前景色设置为白色，按住Alt+Shift组合键绘制白色正圆，用【移动工具】调整位置，如图6-112所示。

图6-112 绘制正圆

09 双击【滑动按钮】图层空白处，打开【图层样式】对话框，勾选【描边】复选框，在【结构】区域下，将【位置】设置为【外部】，将【填充类型】设置为【渐变】，单击【渐变】后方的【点按可编辑渐变】按钮，打开【渐变编辑器】对话框，将第一个色标的RGB颜色值设置为170、170、170，将第二个色标设置为白色，单击【确定】按钮，勾选【反向】复选框，如图6-113所示。

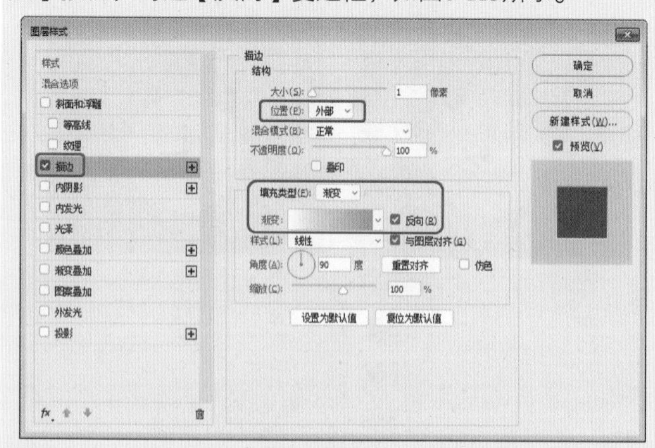

图6-113 设置【描边】参数

10 勾选【内阴影】复选框，在【结构】区域下，将【混合模式】设置为【正常】，将【不透明度】设置为10%，将【角度】设置为30度，将【大小】设置为1像素，如图6-114所示。

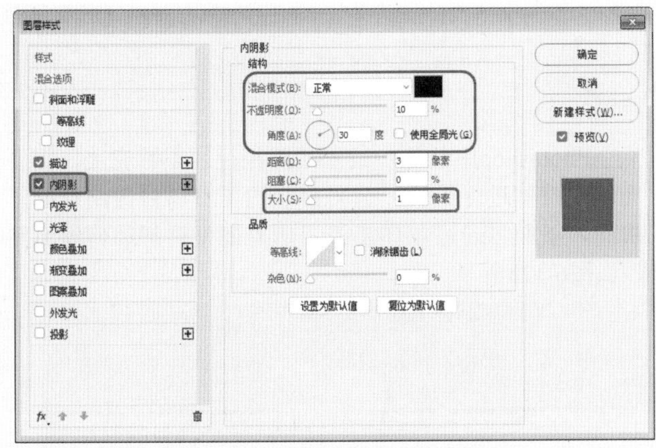

图6-114　设置【内阴影】参数

11 勾选【内发光】复选框，在【结构】区域下，将【混合模式】设置为【正常】，将【不透明度】设置为40%。在【图素】区域下，将【阻塞】设置为50%，将【大小】设置为1像素，如图6-115所示。

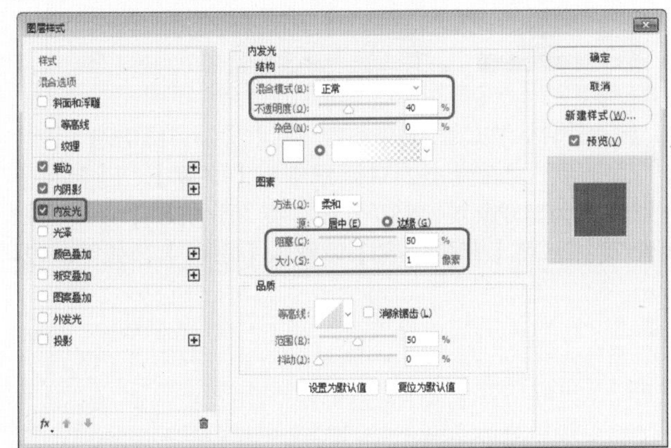

图6-115　设置【内发光】参数

12 勾选【渐变叠加】复选框，在【渐变】区域下，在【混合模式】后勾选【仿色】复选框，将【不透明度】设置为20%，在【渐变】后选择【黑，白渐变】，如图6-116所示。

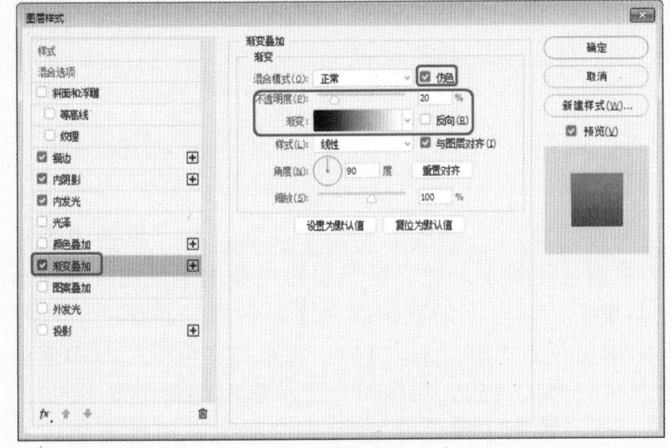

图6-116　设置【渐变叠加】参数

13 勾选【投影】复选框，在【结构】区域下，将【混合模式】设置为【正常】，将【不透明度】设置为10%，将【大小】设置为0像素，如图6-117所示，单击【确定】按钮。

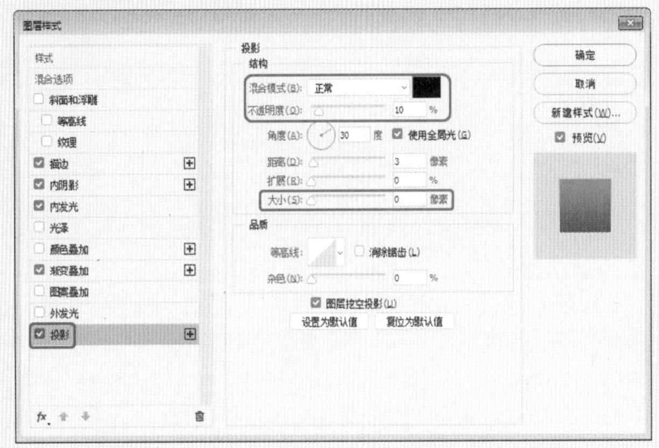

图6-117　设置【投影】参数

14 在【图层】面板中，创建一个【圆】图层，在工具箱中选择【椭圆工具】，在工具选项栏中将【选择工具模式】设置为【像素】，将前景色设置为白色，按住Alt+Shift组合键绘制白色正圆，用【移动工具】调整位置，如图6-118所示。

图6-118　绘制圆形

15 选择【圆】图层并双击，勾选【内阴影】复选框，在【结构】区域下，将【混合模式】设置为【正常】，将【不透明度】设置为5%，将【距离】设置为1像素，将【大小】设置为0像素，如图6-119所示。

16 勾选【渐变叠加】复选框，在【结构】区域下，将【混合模式】设置为【正常】，在【渐变】选项后勾选【反向】复选框，如图6-120所示，单击【确定】按钮。

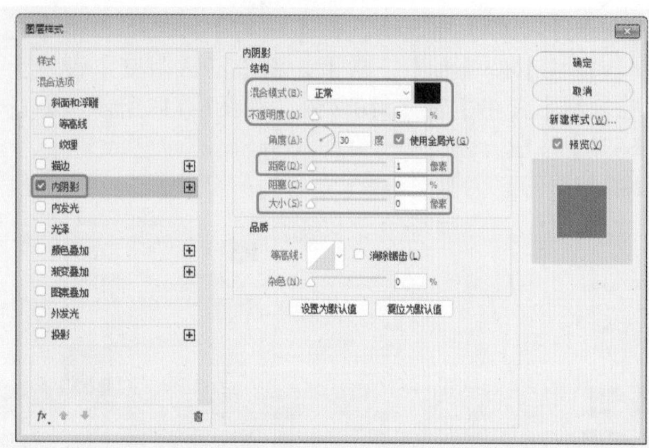

图6-119 设置【内阴影】参数

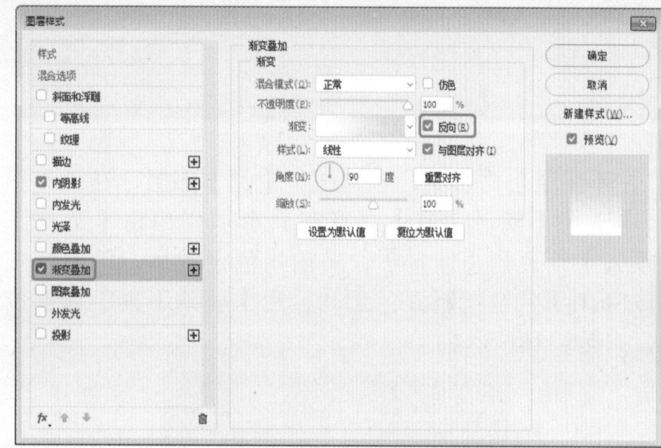

图6-120 设置【渐变叠加】参数

17 在工具箱中选择【横排文字工具】，在工具选项栏将字体设置为Myriad Pro，将字体样式设置为Regular，将大小设置为5点，将【消除锯齿的方法】设置为【浑厚】，输入文字，如图6-121所示。

18 使用同样的方法制作按钮OFF，完成后效果如图6-122所示。

图6-121 输入文字

图6-122 完成后的效果

6.5 上机练习——手机日历界面

在Photoshop中，初步绘制的路径往往不够完美，需要对局部或整体进行编辑，编辑路径的工具与修改路径的工具相同，下面将通过制作手机日历界面来讲解如何编辑路径，如图6-123所示。

图6-123 手机日历界面

01 启动软件，按Ctrl+N组合键，将【预设详细信息】改为“日历”，在弹出的对话框中将【宽度】、【高度】分别设置为500像素、880像素，将【分辨率】设置为72像素/英寸，将【背景内容】设置为【白色】，如图6-124所示。

图6-124 设置文档参数

02 设置完成后，单击【创建】按钮，在工具箱中选择【渐变工具】，在工具选项栏中单击【点按可编辑渐变】按钮，弹出【渐变编辑器】对话框，将第一个色标的RGB值设置为58、31、142，将第二个色标的RGB值设置为144、51、152，将第三个色标的RGB值设置为223、43、95，单击【确定】按钮，在画布中拖曳渐变，如图6-125所示。

03 在工具箱中单击【矩形工具】，在工具选项栏中将【选择工具模式】设置为【形状】，将【填充】的RGB值设置为192、34、71，将【描边】设置为【无】，在工作界面中绘制一个矩形，在弹出的【属性】面板中将W、H分别设置为18厘米、2厘米，并将该形状拖动至顶部合适的位置，如图6-126所示。

图6-125　绘制矩形并进行设置

图6-126　绘制矩形

04 新建一个图层，在工具箱中单击【矩形工具】，在工具选项栏中将【选择工具模式】设置为【形状】，将【填充】设置为【白色】，将【描边】设置为【无】，在工作界面中绘制一个矩形，在弹出的【属性】面板中将W、H分别设置为110、75，并为其设置如图6-127所示的参考线。

05 在工具选项栏中单击【路径操作】按钮，在弹出的下拉菜单中选择【减去顶层形状】选项，如图6-128所示。

06 继续在刚才绘制的白色矩形上绘制，绘制后的效果如图6-129所示。

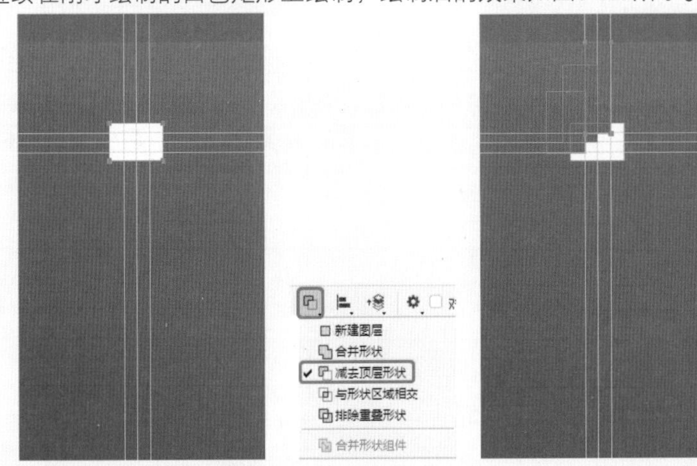

图6-127　绘制矩形及设置参考线　图6-128　选择【减去顶层形状】选项　图6-129　绘制矩形

07 在菜单栏中选择【视图】|【清除参考线】命令，并继续设置参考线，如图6-130所示。

08 继续选择【矩形工具】，用刚才的方法绘制矩形，绘制后的效果如图6-131所示，并按Ctrl+T组合键调整大小及位置，如图6-132所示。

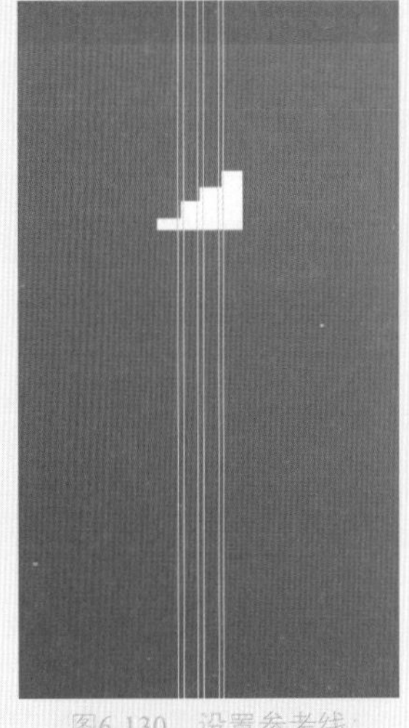
图6-130　设置参考线

图6-131　绘制矩形

图6-132　调整位置

09 用同样的方法绘制一个白色矩形，并在工具选项栏中选择【合并形状】，再次绘制矩形，效果如图6-133所示。

图6-133 绘制矩形

10 按Ctrl+T组合键调整其大小和位置，如图6-134所示。

图6-134 调整位置

11 继续设置参考线，如图6-135所示。

图6-135 设置参考线

12 创建一个新图层，在工具箱中选择【钢笔工具】，在参考线的交叉处单击创建矩形路径，如图6-136所示。

图6-136 绘制路径

13 单击【路径】面板中的【将路径作为选区载入】按钮，并将前景色的RGB值设置为140、42、106。创建一个新图层，按Alt+Delete组合键填充前景色，按Ctrl+D组合键取消选区，并清除参考线，如图6-137所示。

图6-137 填充前景色

14 新建一个图层,在工具箱中选择【钢笔工具】，绘制一个路径，如图6-138所示。

15 在工具箱中选择【画笔工具】，单击工具选项栏中的【切换“画笔设置”面板】按钮，在弹出的【画笔设置】对话框中将【大小】设置为3，将【间距】设置为1，将前景色设置为白色，单击【路径】面板中的【用画笔描边路径】按钮，如图6-139所示。

图6-138 绘制路径

图6-139 描边路径

16 在工具箱中选择【移动工具】，在画布中按住Alt键拖曳绘制的路径，复制出一个路径，如图6-140所示。

图6-140 复制路径

17 在菜单栏中选择【编辑】|【变换】|【水平翻转】命令，如图6-141所示。

图6-141　选择【水平翻转】命令

18 在画布中设置如图6-142所示的参考线。

19 创建一个新图层，在工具箱中选择【钢笔工具】，在参考线的交叉处单击创建矩形路径，如图6-143所示。

20 单击【路径】面板中的【将路径作为选区载入】按钮，并将前景色的RGB值设置为76、35、118，按Alt+Delete组合键填充前景色，按Ctrl+D组合键取消选区，并清除参考线，如图6-144所示。

图6-142　翻转路径

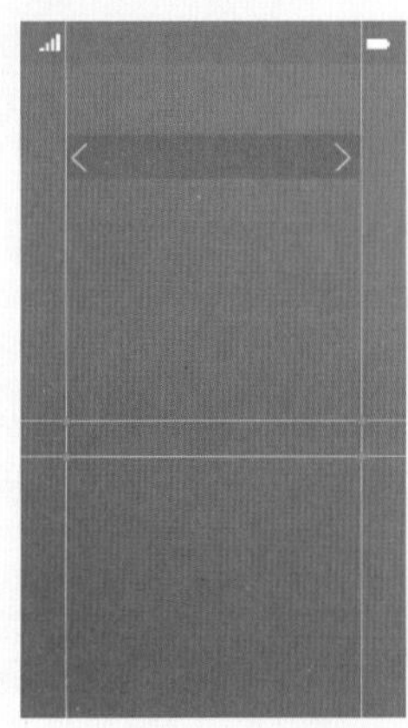

图6-143　创建路径

图6-144　填充前景色

21 在工具箱中选择【矩形选框工具】，在刚才绘制的矩形上绘制一个矩形选区，并按Delete键删除，如图6-145所示。

图6-145　删除选区

22 按Ctrl+D组合键取消选区，用同样的方法复制出三个同样的矩形，如图6-146所示。

图6-146　复制矩形

23 用同样的方法在画布底部绘制一个颜色的RGB值为76、35、118的矩形，如图6-147所示。

24 在工具箱中选择【椭圆工具】，将【选择工具模式】设置为【形状】，【填充】设置为【无】，将【描边】设置为白色，并设置为2像素，在画布底部绘制一个正圆，并复制出一个同样的正圆，调整位置到画布右边，如图6-148所示。

图6-147　绘制矩形

图6-148　绘制正圆

25 在工具箱中选择【直线工具】，在左边的正圆内绘制三条直线，如图6-149所示。

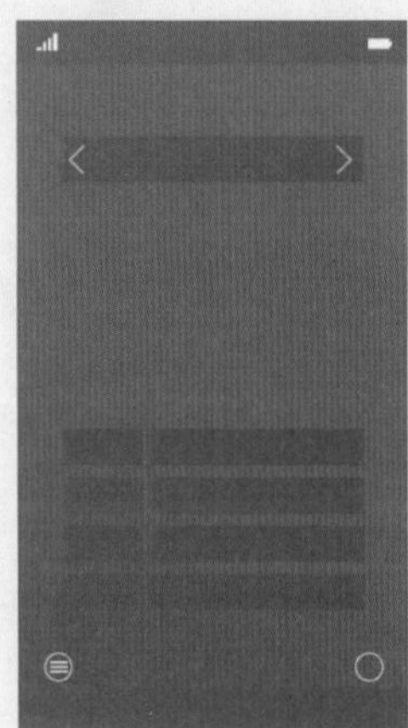

图6-149　绘制直线

26 用同样的方法在右边的正圆内绘制一个加号，如图6-150所示。

27 在工具箱中选择【多边形工具】，在工具选项栏中将【填充】设置为白色，将【描边】设置为【无】，将【边】设置为3，在画布中绘制一个三角形形状，如图6-151所示。

28 按Ctrl+T组合键调整它的大小和位置，如图6-152所示。

图6-150　绘制加号　　图6-151　绘制三角形

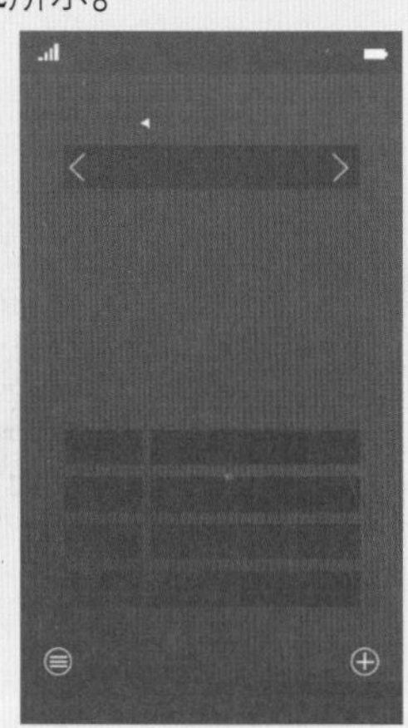

图6-152　调整大小及位置

29 将其复制到右边合适的位置并选择菜单栏中的【编辑】|【变换】|【水平翻转】命令，如图6-153所示。

图6-153　复制并翻转三角形

30 在工具箱中选择【横排文字工具】，在工具选项栏中将字体设置为Euphemia，将大小设置为14点，将方式设置为【平滑】，将【颜色】设置为白色，在画布中输入文字“2:23AM”，用【移动工具】调整其位置，如图6-154所示。

图6-154 输入文字

31 用同样的方法输入“2019”，并将【字号】设置为36点，用【移动工具】调整其位置，如图6-155所示。

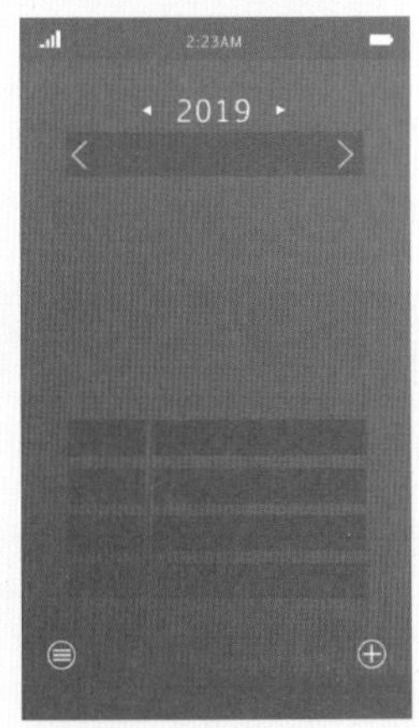

图6-155 输入文字

32 用同样的方法输入“MAY”，用【移动工具】调整其位置，如图6-156所示。

33 用同样的方法，在画布的底部矩形框中输入文字，并将字号设置为18点，如图6-157所示。

34 在画布中设置参考线，作为参考，如图6-158所示。

图6-156 输入文字

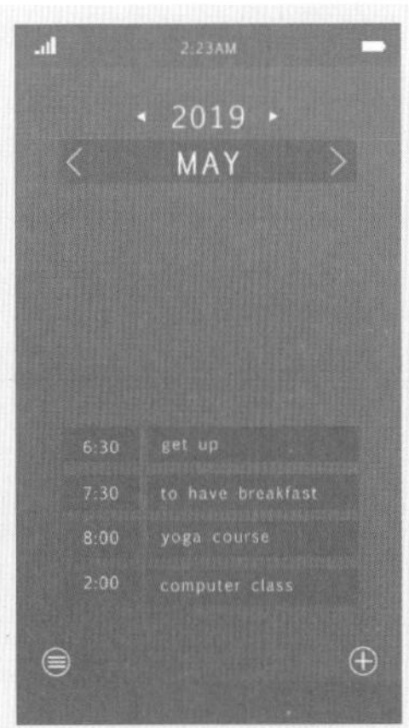

图6-157 输入文字

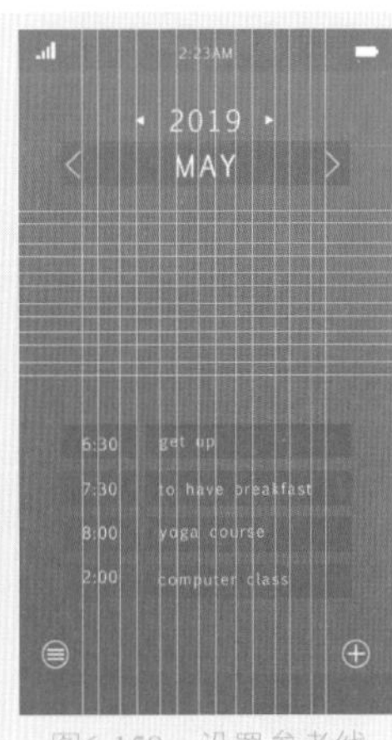

图6-158 设置参考线

35 用同样的方法在画布中输入文字，并将字号设置为20点，清除参考线，如图6-159所示。

36 用同样的方法在画布的右上角输入“100%”，并将字号设置为8点，用【移动工具】调整位置，效果如图6-160所示。

图6-159 输入文字

图6-160 完成后的效果

37 打开“素材\Cha06\手机背景2.jpg”素材文件，如图6-161所示。

图6-161 打开的素材文件

38 将刚才的“日历.jpg”文档合并图层并解锁，利用【移动工具】将其拖曳到“手机背景2.jpg”素材文件中，如图6-162所示。

图6-162　拖曳至素材文件

39 按Ctrl+T组合键调整它的大小和位置，并在菜单栏中选择【视图】|【清除参考线】命令，效果如图6-163所示。

图6-163　效果图

6.6 思考与练习

1. 如何利用【转换点工具】实现平滑点与角点的转换？
2. 将路径转换为选区的方法有哪些？

第7章 蒙版与通道在设计中的应用

蒙版是进行图像合成的重要工具，它可以控制部分图像的显示与隐藏，还可以对图像进行抠图处理，本章中主要来介绍蒙版在设计中的应用，Photoshop提供了4种用来合成图像的蒙版，分别是：图层蒙版、快速蒙版、矢量蒙版和剪贴蒙版，这些蒙版都有各自的用途和特点。

7.1 快速蒙版

利用快速蒙版能够快速地创建一个不规则的选区，当创建了快速蒙版后，图像就等于是创建了一层暂时的遮罩层，此时可以在图像上利用画笔、橡皮擦等工具进行编辑。被选取的区域和未被选取的区域以不同的颜色进行区分。当离开快速蒙版模式时，选取的区域转换成为选区。

7.1.1 实战：创建快速蒙版

下面来介绍如何创建快速蒙版以及使用方法。

01 打开“素材\Cha07\创建快速蒙版.jpg”素材文件，在工具箱中将【前景色】设置为黑色，单击【以快速蒙版模式编辑】按钮，进入到快速蒙版状态下。在工具箱中选择【画笔工具】，在工具选项栏中选择一个硬笔触，将【大小】设置为5像素，并在工具选项栏中将【不透明度】、【流量】均设置为100%，按Ctrl+“+”组合键放大图像，然后沿着对象的边缘进行涂抹选取，如图7-1所示。

图7-1 选取图像

02 选择完成后，选择工具箱中的【油漆桶】，将前景色设置为黑色，在选取的区域内进行单击填充，使蒙版覆盖整个需要的对象，如图7-2所示。

图7-2 填充选取的图像

03 完成后上一步的操作后单击工具箱中的【以标准模式编辑】按钮，退出快速蒙版模式，未涂抹部分变为选区，按Ctrl+Shift+I组合键反选，如图7-3所示。

04 此时在工具箱中选择【移动工具】，将鼠标放置到选区内单击鼠标并拖动，可以对选区内的图像进行移动操作，效果如图7-4所示。

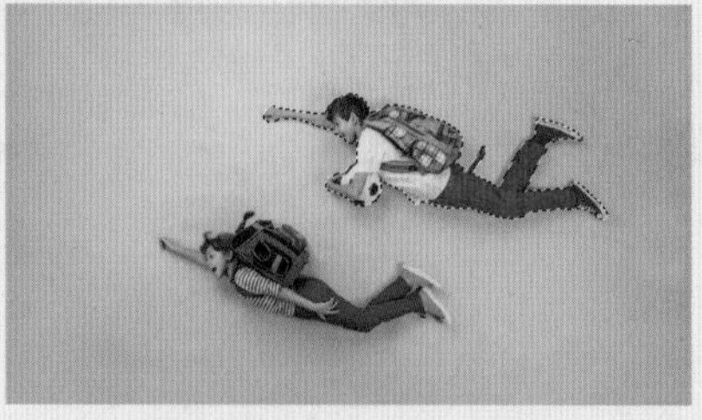

图7-3 退出快速蒙版模式

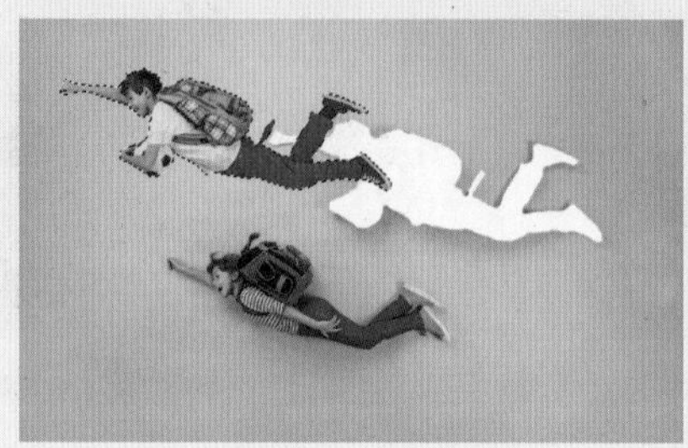

图7-4 效果图

7.1.2 实战：编辑快速蒙版

本节介绍如何对快速蒙版进行编辑。让我们通过实例体会一下快速蒙版的使用方法。

01 继续上面的操作，在工具箱中单击【以快速蒙版模式编辑】按钮，再次进入快速蒙版模式，如图7-5所示。

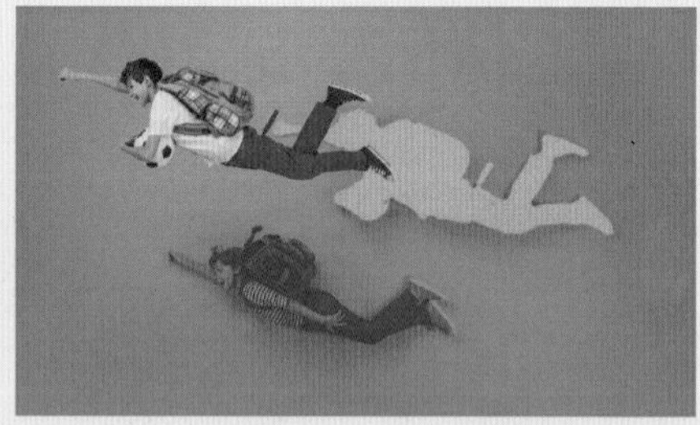

图7-5 进入快速蒙版模式

02 在键盘上按X键，将前景色与背景色交换，然后使用【画笔工具】，对选区进行修改，如图7-6所示。

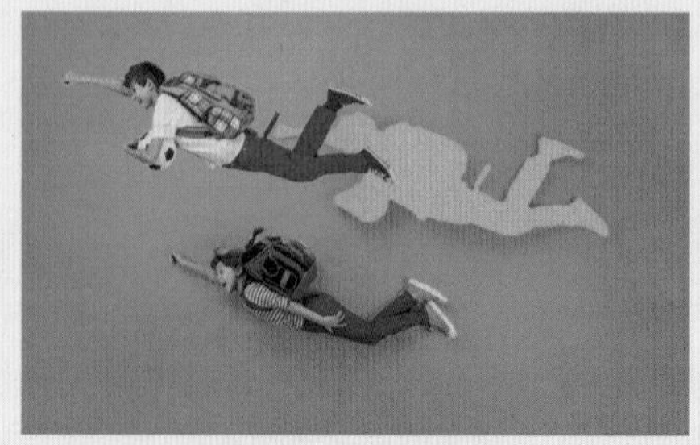

图7-6 编辑快速蒙版

提示

将前景色设定为白色，用画笔工具可以擦除蒙版（添加选区）；将前景色设定为黑色，用画笔工具可以添加蒙版（删除选区）。

03 单击工具箱中的【以标准模式编辑】按钮，退出蒙版模式，双击【以快速蒙版模式编辑】按钮，弹出【快速蒙版选项】对话框，从中可以对快速蒙版的各种属性进行设定，如图7-7所示。

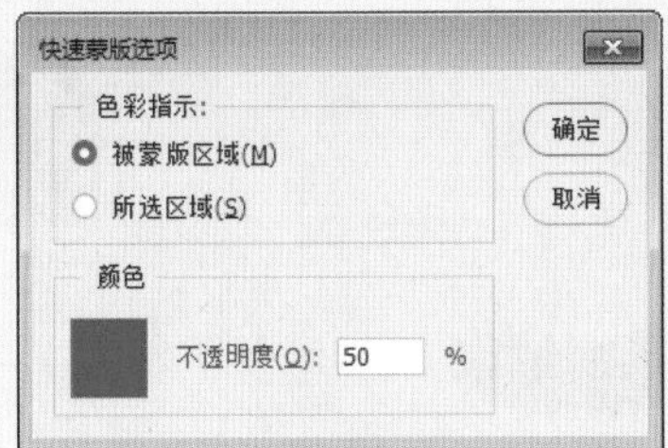

图7-7 【快速蒙版选项】对话框

注意

【颜色】和【不透明度】设置都只影响蒙版的外观，对如何保护蒙版下面的区域没有影响。更改这些设置能使蒙版与图像中的颜色对比更加鲜明，从而具有更好的可视性。

- 被蒙版区域：可使被蒙版区域显示为50%的红色，使选中的区域显示为透明。用黑色绘画可以扩大被蒙版区域，用白色绘画可以扩大选中区域。选择该选项时，工具箱中的按钮显示为。
- 所选区域：可使被蒙版区域显示为透明，使选中区域显示为50%的红色。用白色绘画可以扩大被蒙版区域。用黑色绘画可选中扩大选中区域。选择该单选项时，工具箱中的按钮显示为。
- 颜色：要选取新的蒙版颜色，可单击颜色框选取新颜色。
- 不透明度：要更改蒙版的不透明度，可在【不透明度】文本框中输入一个0~100之间的数值。

7.2 图层蒙版

图层蒙版是与当前文档具有相同分辨率的位图图像，可以用来合成图像，在创建调整图层、填充图层或者应用智能滤镜时，Photoshop也会自动为其添加图层蒙版。图层蒙版在颜色调整、应用滤镜和指定选择区域中发挥着重要的作用。

7.2.1 创建图层蒙版

创建图层蒙版的方法有四种，下面将分别对其进行介绍。

- 在菜单栏中选择【图层】|【图层蒙版】|【显示全部】命令，如图7-8所示。

图7-8 选择【显示全部】命令

- 在菜单栏中选择【图层】|【图层蒙版】|【隐藏全部】命令，如图7-9所示。

图7-9 选择【隐藏全部】命令

- 单击【添加图层蒙版】按钮，创建一个白色图层蒙版。
- 按住Alt键单击【图层】面板下方【添加图层蒙版】按

钮▣，创建一个黑色图层蒙版。

7.2.2 实战：编辑图层蒙版

创建图层蒙版后，可以像编辑图像那样使用各种绘画工具和滤镜编辑蒙版。下面就来介绍通过编辑图层蒙版合成一幅作品。

01 打开“素材\Cha07\编辑图层蒙版.jpg”素材文件，如图7-10所示。

图7-10 打开的素材文件

02 在菜单栏中选择【文件】|【置入嵌入对象】命令，打开“素材\Cha07\花背景.jpg”素材文件，调整其位置和大小，按Enter键，如图7-11所示。

图7-11 置入“花背景.jpg”素材文件

03 然后在【图层】面板底部按住Alt键单击【添加图层蒙版】按钮▣，添加图层蒙版，如图7-12所示。

图7-12 添加图层蒙版

04 在工具箱中选择画笔工具，单击工具选项栏中的【切换“画笔设置”面板】按钮，在打开的【画笔设置】面板中选择【杜鹃花】笔触，将其【大小】设置为200像素，如图7-13所示。

05 关闭【画笔设置】面板，将前景色设置为白色，在人物衣服中间单击一次鼠标，如图7-14所示。

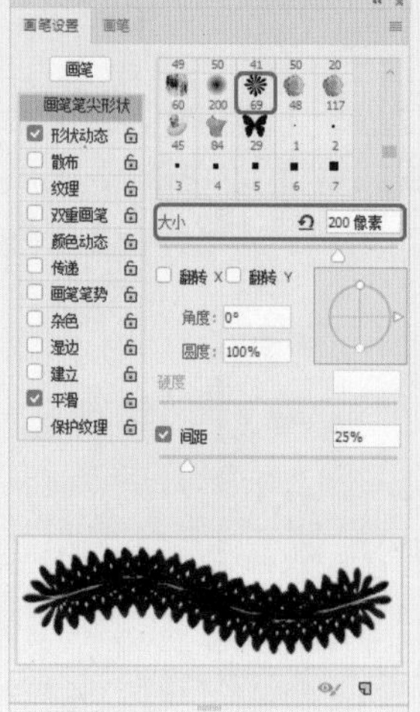

图7-13 【画笔设置】面板

图7-14 单击一次鼠标

06 双击【花背景】图层的空白区域，在弹出的【图层样式】对话框中，勾选【斜面和浮雕】复选框，在【结构】区域下将【样式】设置为【枕状浮雕】，将【深度】设置为84%，将【大小】设置为20，在【阴影】区域下，取消勾选【使用全局光】复选框，如图7-15所示。

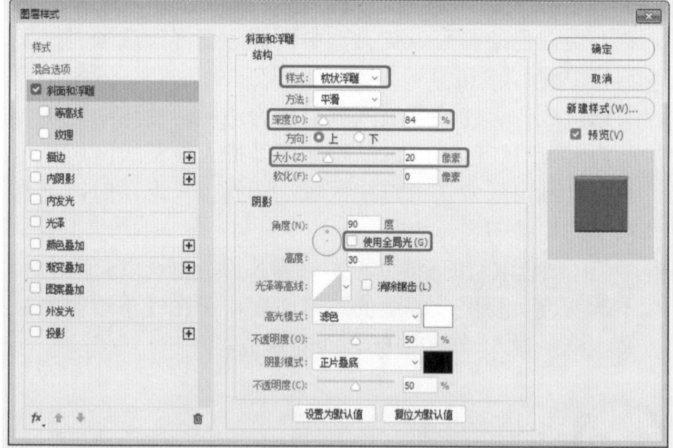

图7-15 【图层样式】对话框

07 单击【确定】按钮，完成后的效果如图7-16所示。

图7-16 效果图

7.3 矢量蒙版

矢量蒙版是通过路径和矢量形状控制图像显示区域的蒙版，需要使用绘图工具才能编辑蒙版。矢量蒙版中的路径是与分辨率无关的矢量对象，因此，在缩放蒙版时不会产生锯齿。向矢量蒙版添加图层样式可以创建标志、按钮、面板或者其他的Web设计元素。

7.3.1 创建矢量蒙版

创建矢量蒙版的方法有四种，下面将分别对它们进行介绍。

- 选择一个图层，然后在菜单栏中选择【图层】|【矢量蒙版】|【显示全部】命令，如图7-17所示。
- 按Ctrl键单击【添加图层蒙版】按钮，即可创建一个隐藏全部内容的白色矢量蒙版。
- 在菜单栏中选择【图层】|【矢量蒙版】|【隐藏全部】命令，如图7-18所示。
- 按住Ctrl+Alt组合键单击【添加图层蒙版】按钮，创建一个隐藏全部的灰色矢量蒙版。

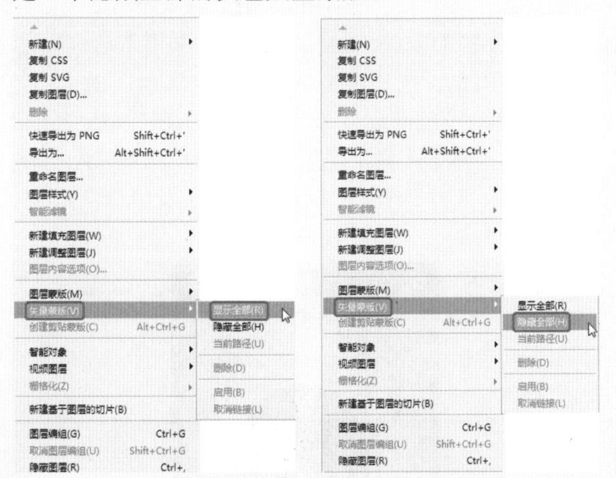

图7-17　选择【显示全部】命令　图7-18　选择【隐藏全部】命令

> 提示
>
> 多通道，位图或索引颜色模式的图像不支持图层，在这样的图像上输入文字时，文字将以栅格化的形式出现在背景上，因而不会创建文字图层。

7.3.2 实战：编辑矢量蒙版

图层蒙版和剪贴蒙版都是基于像素的蒙版，而矢量蒙版则是基于矢量对象的蒙版，它是通过路径和矢量形状来控制图像显示区域的，为图层添加矢量蒙版后，【路径】面板中会自动生成一个矢量蒙版路径，编辑矢量蒙版时需要使用绘图工具。

矢量蒙版与分辨率无关，因此，在进行缩放、旋转、扭曲等变换和变形操作时不会产生锯齿，但这种类型的蒙版只能定义清晰的轮廓，无法创建类似图层蒙版那种淡入淡出的遮罩效果。在Photoshop中，一个图层可以同时添加一个图层蒙版和一个矢量蒙版，矢量蒙版显示为灰色图标，并且总是位于图层蒙版之后。

01 打开“素材\Cha07\编辑矢量蒙版.jpg”素材文件，如图7-19所示。

图7-19　打开的素材文件

02 在菜单栏中选择【文件】|【置入嵌入对象】命令，打开“素材\Cha07\海背景.jpg”素材文件，调整其位置和大小，按Enter键，如图7-20所示。

03 单击工具箱中的【椭圆工具】按钮，在工具选项栏中将【选择工具模式】改为【路径】，在画布中按住Shift+Alt组合键画一个正圆路径，如图7-21所示。

图7-20　打开“海背景.jpg”文件　　图7-21　绘制路径

04 在菜单栏中选择【图层】|【矢量蒙版】|【当前路径】命令，按Enter键即可为图像创建矢量蒙版，按Ctrl+T组合键调整其位置大小，如图7-22所示。

图7-22　添加矢量蒙版效果

05 在【图层】面板中单击【添加图层蒙版】按钮，在工具箱中选择【画笔工具】，在工具选项栏中选择一个柔边缘画笔，将【大小】设置为150，将前景色设置为黑色，图像上方涂抹，效果如图7-23所示。

图7-23　效果图

7.4 剪贴蒙版

剪贴蒙版是一种非常灵活的蒙版，它可以使用下面图层中图像的形状限制上层图像的显示范围。因此，可以通过一个图层来控制多个图层的显示区域，而矢量蒙版和图层蒙版都只能控制一个图层的显示区域。

7.4.1 实战：创建剪贴蒙版

剪贴蒙版的创建方法非常简单，只需选择一个图层，然后在菜单栏中选择【图层】|【创建剪贴蒙版】命令或按Alt+Ctrl+G组合键，即可将该图层与它下面的图层创建为一个剪贴蒙版。下面我们来使用剪贴蒙版合成一幅作品。

01 打开“素材\Cha07\创建剪贴蒙版.psd”素材文件，如图7-24所示。

02 选择【背景】图层，在菜单栏中选择【文件】|【置入嵌入对象】命令，打开“素材\Cha07\人物.jpg”素材文件，调整其位置和大小，按Enter键，如图7-25所示。

图7-24　打开的素材文件

图7-25　置入人物图片

03 选择【背景】图层，单击【创建新图层】按钮，创建【图层1】，选择该图层，在工具箱中选择【椭圆工具】，将前景色设置为黑色，将【选择工具模式】设置为【像素】，将【人物】图层隐藏，在相框中按Alt键绘制椭圆，绘制完成按Ctrl+T组合键调整大小及位置，如图7-26所示。

图7-26　绘制黑色椭圆

04 将【人物】图层显示并右击该图层，在弹出的快捷菜单中选择【创建剪贴蒙版】命令，如图7-27所示。

05 完成后的效果如图7-28所示。

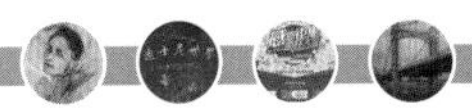

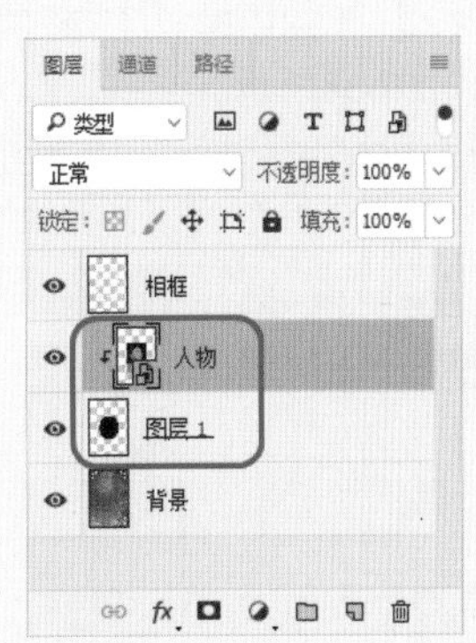

图7-27　创建剪贴蒙版图层

图7-28　完成后的效果

7.4.2　实战：编辑剪贴蒙版

创建剪贴蒙版后，可以对其进行编辑。在剪贴蒙版中基底图层的形状决定了内容图层的显示范围，如图7-32所示。移动基底图层中的图形可以改变内容图层的显示区域。如果在基底层添加其他形状，可以增加内容图层的显示区域。

当需要释放剪贴蒙版时，可以选择内容图层，然后在菜单栏中选择【图层】|【释放剪贴蒙版】命令或者按键盘上Ctrl+Alt+G组合键，将剪贴蒙版释放。下面我们来练习编辑剪贴蒙版。

01 打开“素材\Cha07\编辑剪贴蒙版.psd”素材文件，如图7-29所示。

图7-29　打开的素材文件

02 选择背景图层，单击【创建新图层】按钮，新建一个【图层1】，如图7-30所示。

图7-30　创建新图层

03 按住Alt键单击【人物】图层和【图层1】的中间位置，即可为人物创建一个剪贴蒙版，如图7-31所示。

图7-31　创建剪贴蒙版

04 在工具箱中选择【画笔工具】，选择一个柔画笔，将【大小】设置为100，将前景色设置为黑色，在【图层1】中绘制图案即可显示人物，如图7-32所示。

图7-32　完成后的效果

实例操作001——神奇放大镜

神奇放大镜效果是利用素描风格照片和原图，通过不同图层顺序，通过剪切蒙版来制作的神奇的放大镜效果，下面介绍如何制作该效果。

01 打开“素材\Cha07\神奇放大镜.jpg”素材文件，如图7-33所示。

图7-33　打开的素材文件

02 选择背景层，按Ctrl+J组合键复制图层，在菜单栏中选择【图像】|【调整】|【去色】命令，然后再次复制去

色后的图层，如图7-34所示。

图7-34　去色后的效果

03 选择【图层1 拷贝】图层，按Ctrl+I组合键反相，如图7-35所示。

04 在【图层】面板中将该图层的【混合模式】改为【颜色减淡】，如图7-36所示，此时照片会变为白色。

图7-35　反相效果　　图7-36　【颜色减淡】模式

05 再在菜单栏中选择【滤镜】|【其他】|【最小值】命令，在弹出的【最小值】对话框中将【半径】设置为5像素，单击【确定】按钮，如图7-37所示。

图7-37　执行【最小值】效果

06 按住Ctrl键将【图层1】和【图层1 拷贝】选中，按Ctrl+E组合键合并图层，如图7-38所示。

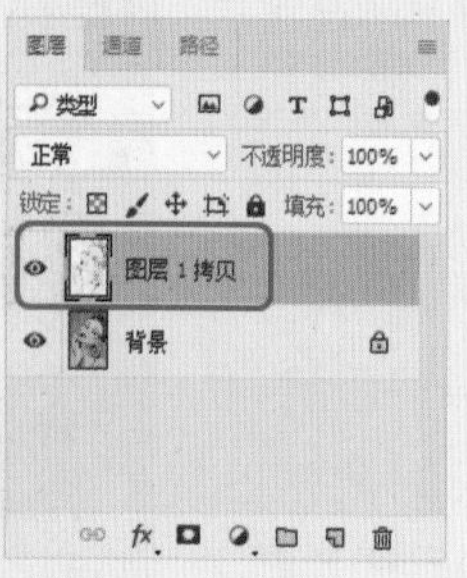

图7-38　合并图层

07 选中合并后的图层，选择菜单栏中的【滤镜】|【杂色】|【添加杂色】命令，在弹出的【添加杂色】对话框中将【数量】设置为10，单击【确定】按钮，如图7-39所示。

图7-39　【添加杂色】效果

08 在菜单栏中选择【滤镜】|【模糊】|【动感模糊】命令，在弹出的【动感模糊】对话框中将【角度】设置为43，将【距离】设置为5，单击【确定】按钮，如图7-40所示。

图7-40　【动感模糊】效果

09 打开“素材\Cha07\放大镜.psd”素材文件，按住Ctrl键选中【镜片】图层和【镜框】图层，右击鼠标，在弹

出的快捷菜单中选择【链接图层】命令，如图7-41所示。

10 使用【移动工具】，将“放大镜.psd”文件拖动至“神奇放大镜.jpg”素材文件中，单击【图层】面板右侧的【指定图层部分锁定】按钮来解锁背景图层，然后将其拖动至【镜片】图层的上方，如图7-42所示。

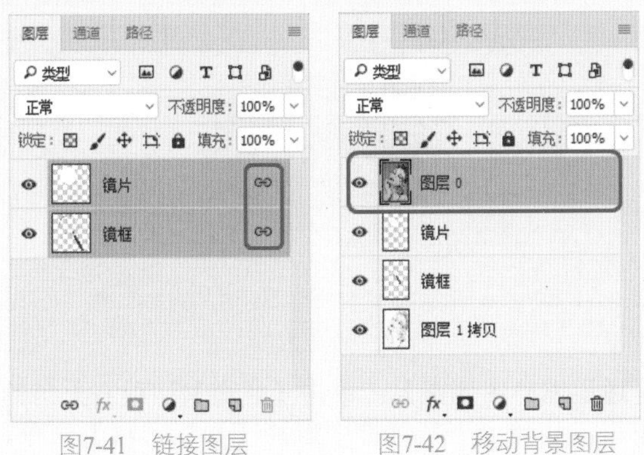

图7-41　链接图层　　图7-42　移动背景图层

11 然后再将【镜框】图层移动至背景层上方，如图7-43所示。

12 按住Alt键在人物图层和【镜片】图层之间单击鼠标，创建剪贴蒙版，如图7-44所示。

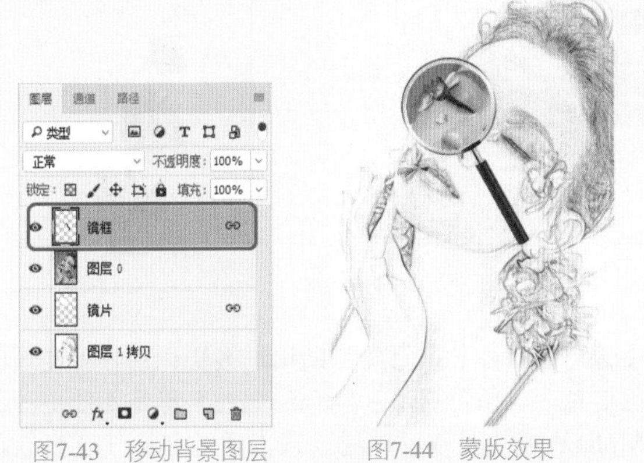

图7-43　移动背景图层　　图7-44　蒙版效果

13 用鼠标移动放大镜就可以看到下方的彩色人物，如图7-45所示。

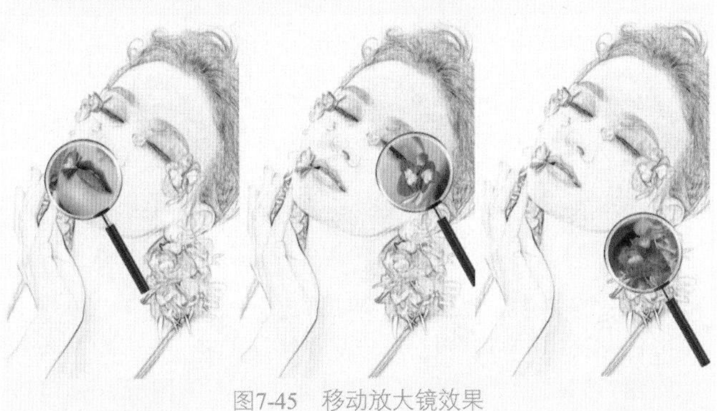

图7-45　移动放大镜效果

知识链接　图层蒙版的操作

在学习和了解了各种蒙版的使用方法和作用后，下面将介绍图层蒙版的一些基本操作，使大家可以更好地掌握图层蒙版的使用。

1. 应用或删除图层蒙版

打开“素材\Cha07\图层蒙版的操作.psd”素材文件，按住Shift键的同时单击图层蒙版缩略图，即可停用图层蒙版，同时图层蒙版缩略图中会显示红色叉号，表示此图层蒙版已经停用，图像随即还原成原始效果，如图7-46所示。如果需要启用图层蒙版，再次按住键盘上Shift键的同时单击图层蒙版缩略图即可启用图层蒙版。

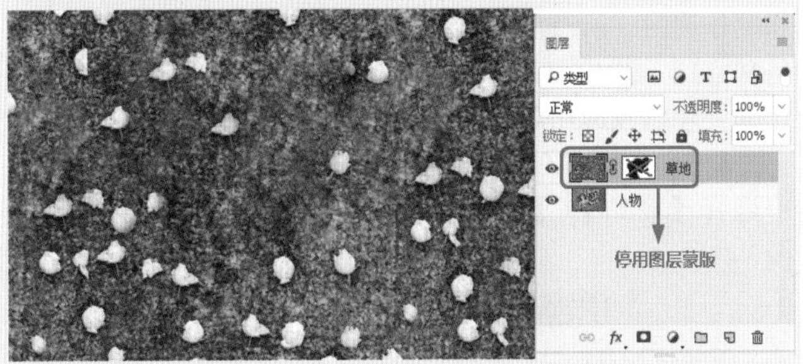

图7-46　停用蒙版

> 提示
> 还可以在蒙版缩览图中单击鼠标右键，在弹出的快捷菜单中选择【停用图层蒙版】/【启用图层蒙版】可以将蒙版停用或启用。

2. 删除蒙版

选择图层蒙版后，在蒙版缩略图中单击鼠标右键，在弹出的快捷菜单中选择【删除图层蒙版】命令，如图7-47所示，即可将图层蒙版删除。

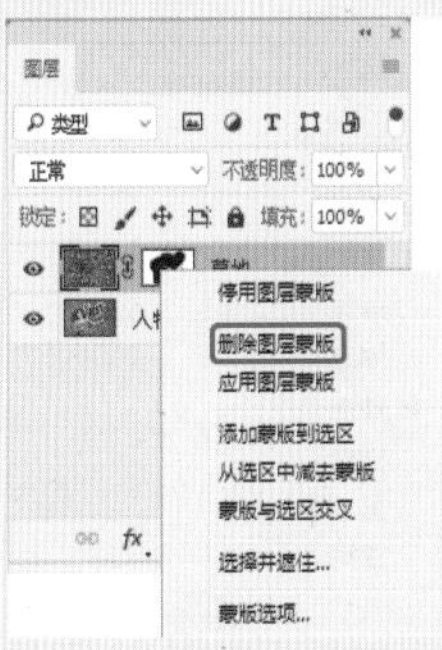

图7-47　选择【删除图层蒙版】命令

还可以通过选择图层蒙版缩略图，然后单击【图层】面板下方【删除图层】按钮，此时会弹出提示对话框，如图7-48所示。单击【应用】按钮，可以将图层蒙版效果仍应用于图层中；单击【删除】按钮，可以将图层蒙版删除，效果不会应用到图层中；单击【取消】按钮，则取消

本次操作。

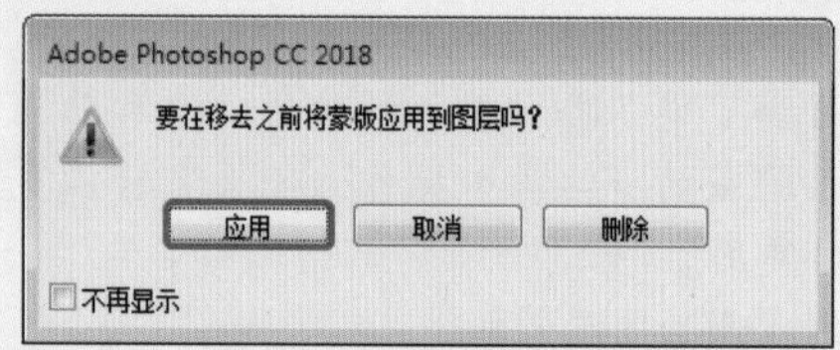

图7-48　提示对话框

7.5 通道面板的使用

通道主要用于存储颜色的数据，也可以用来存储选区和制作选区。所有的通道都是8位灰度图像，对通道的操作是独立的，我们可以针对每一个通道进行色彩的控制、图像的处理以及应用各种滤镜，从而制作出特殊的效果。

打开"素材\Cha07\通道.jpg"素材文件，在菜单栏中选择【窗口】|【通道】命令，打开【通道】面板，如图7-49所示。

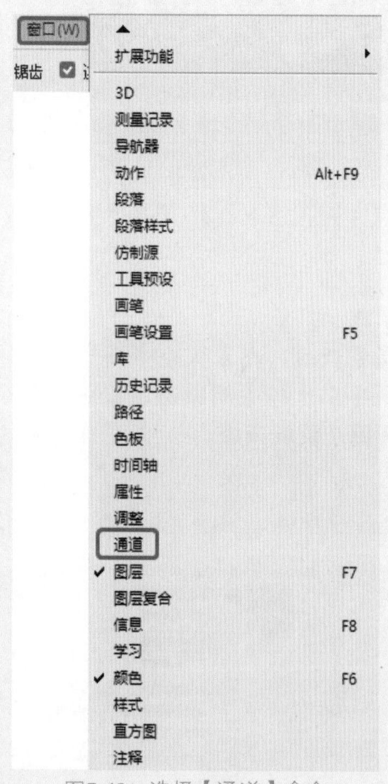

图7-49　选择【通道】命令

> 提示
>
> 由于复合通道（即RGB通道）是由各原色通道组成的，因此在选中隐藏面板中的某个原色通道时，复合通道将会自动隐藏。如果选择显示复合通道的话，那么组成它的原色通道将自动显示。

- 【查看与隐藏通道】：单击👁图标可以使通道在显示和隐藏之间切换，用于查看某一颜色在图像中的分布情况。例如在RGB模式下的图像，如果选择显示RGB通道，则R通道、G通道和B通道都自动显示，如图7-50所示。

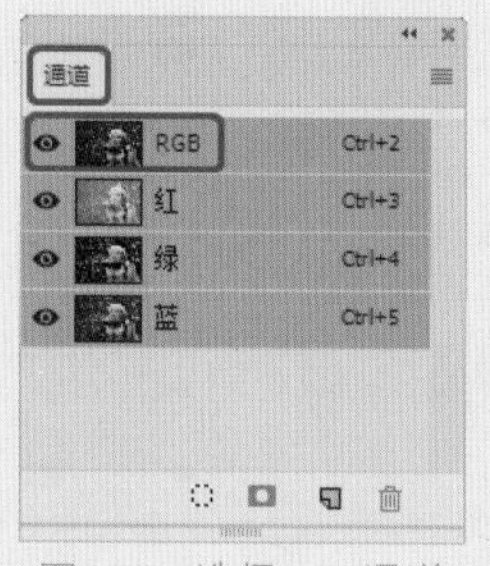

图7-50　选择RGB通道

- 【通道缩略图调整】：单击【通道】面板右上角的≡按钮，从弹出下拉菜单中选择【面板选项】命令，如图7-51所示。打开【通道面板选项】对话框，从中可以设定通道缩略图的大小，以便对缩略图进行观察，如图7-52所示。

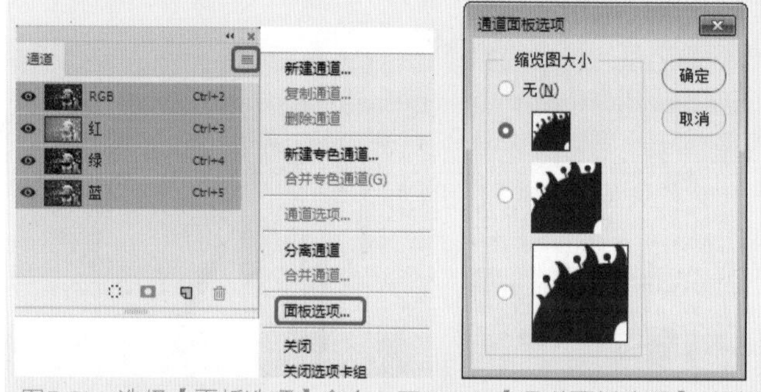

图7-51　选择【面板选项】命令　图7-52　【通道面板选项】对话框

- 【通道的名称】：它能帮助用户很快识别各种通道的颜色信息。各原色通道和复合通道的名称是不能更改的，Alpha通道的名称可以通过双击通道名称任意修改，如图7-53所示。

图7-53　重命名Alpha通道

- 【新建通道】：单击图标可以创建新的Alpha通道，按住Alt键并单击图标可以设置新建Alpha通道的参数，如图7-54所示。如果按住Ctrl键并单击该图标，则可以创建新的专色通道，如图7-55所示。

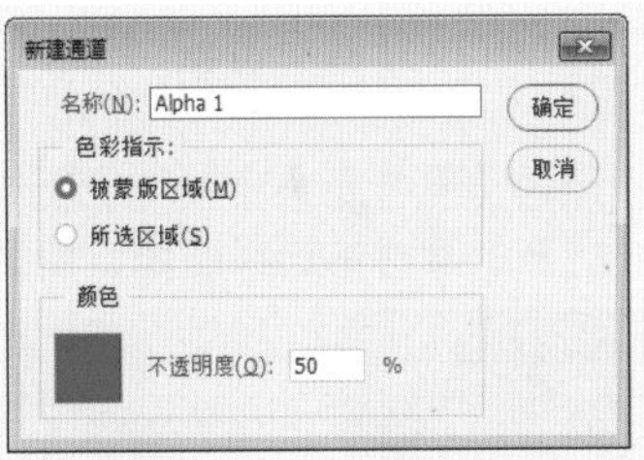

图7-54 【新建通道】对话框

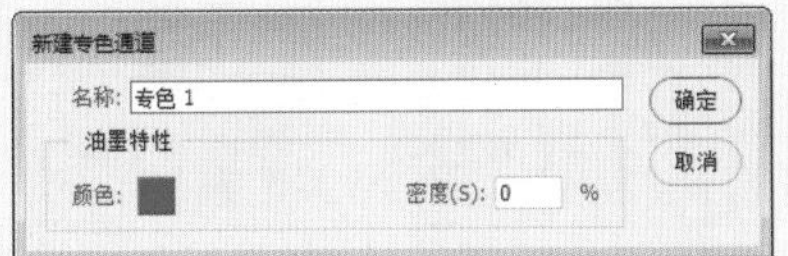

图7-55 【新建专色通道】对话框

提示

将颜色通道删除后会改变图像的色彩模式。例如原色彩为RGB模式时，删除其中的G通道，剩余的通道将变为青色和黄色通道，此时色彩模式将变化为多通道模式。如图7-56所示。

图7-56 删除【绿色】通道

- 【创建新通道】按钮：所创建的通道均为Alpha通道，颜色通道无法用【创建新通道】创建。
- 【将通道作为选区载入】按钮：选择任意一个通道，在面板中单击【将通道作为选区载入】按钮，则可将通道中的颜色比较淡的部分当作选区加载到图像中，如图7-57所示。

图7-57 将通道作为选区载入

提示

通过通道载入选区还可以按住Ctrl键并在面板中单击该通道来实现。

- 【将选区存储为通道】按钮：如果当前图像中存在选区，那么可以通过单击【将选区存储为通道】按钮把当前的选区存储为新的通道，以便修改和以后使用。在按住Alt键的同时单击该图标，可以新建一个通道并且为该通道设置参数，如图7-58所示。

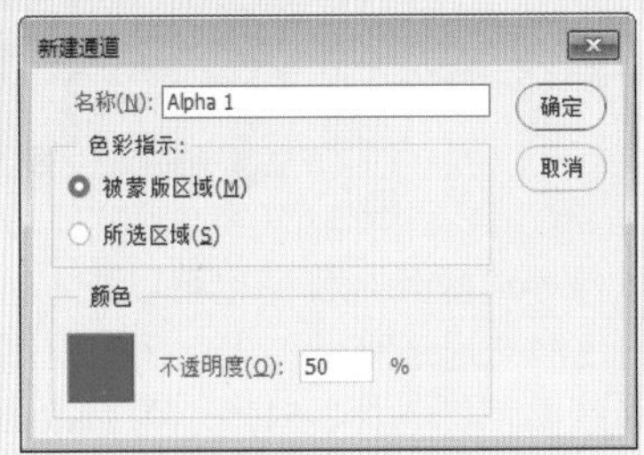

图7-58 【新建通道】对话框

- 【删除通道】按钮：单击【删除通道】按钮可以将当前的编辑通道删除。

7.6 通道的类型及应用

通道主要有三种，分别是颜色通道、Alpha通道和专色通道。颜色通道是在打开新图像时自动创建的，图像的颜色模式决定了所创建的颜色通道的数目；Alpha通道主要作用是建立、保存与编辑选区；专色通道主要用于印刷。

7.6.1 Alpha通道的作用

Alpha通道用来保存选区，它可以将选区存储为灰度图像。在Alpha通道中，白色代表了被选择的区域，黑色代表了未被选择的区域，灰色则代表了被部分选择的区域，即羽化的区域。解锁打开的背景层，图7-59所示为一个添加了渐变的Alpha通道，并通过Alpha通道载入选区的图像。图7-60所示为载入该通道中的选区后切换至RGB复合通道并删除选区中像素后的效果的图像。

图7-59 选区通道中的图像

图7-60　显示图像的Alpha通道

除了可以保存选区外，我们也可以在A1pha通道中编辑选区。用白色涂抹通道可以扩大选区的范围，用黑色涂抹可以收缩选区的范围，图7-61所示为修改后的A1pha通道，图7-62所示为载入该通道中的选区选取出来的图像。

图7-61　修改后的Alpha通道

图7-62　选取通道中的图像

7.6.2　实战：专色通道的作用

专色是特殊的预混油墨，例如金属质感的油墨、荧光油墨等，它们用于替代或补充印刷色（CMYK）油墨，因为印刷色油墨打印不出金属和荧光等炫目的颜色。专色通道通常使用油墨的名称来命名，如图7-69所示的背景的填充颜色便是一种专色，从专色通道的名称中可以看到，这种专色是PANTONE 182 C。

专色通道的创建方法比较特别，下面通过实际操作来了解如何创建专色通道。

01 打开“素材\Cha0\专色通道.jpg”素材文件，如图7-63所示。

02 在工具箱中选择【魔棒工具】，勾选【连续】复选框，然后在打开的素材中选择图像，如图7-64所示。

图7-63　打开的素材文件

图7-64　创建选区

03 打开【通道】面板，按住Ctrl键的同时，单击【创建新通道】按钮，弹出【新建专色通道】对话框，如图7-65所示。

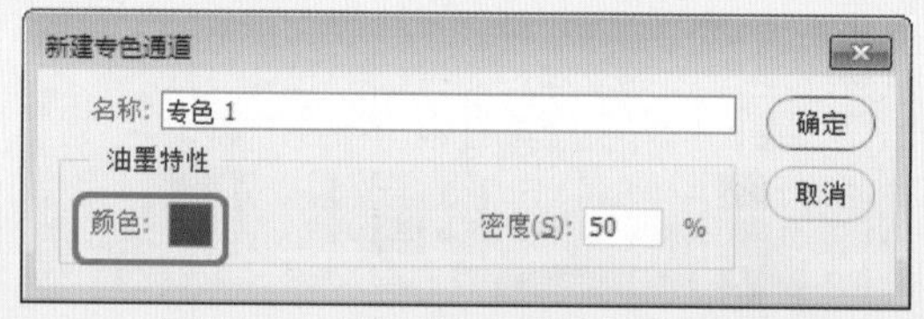

图7-65　【新建专色通道】对话框

04 单击【颜色】选项右侧的颜色块，打开【拾色器（专色）】对话框，再单击【颜色库】按钮，打开【颜色库】对话框，选择一种专色，如图7-66所示。

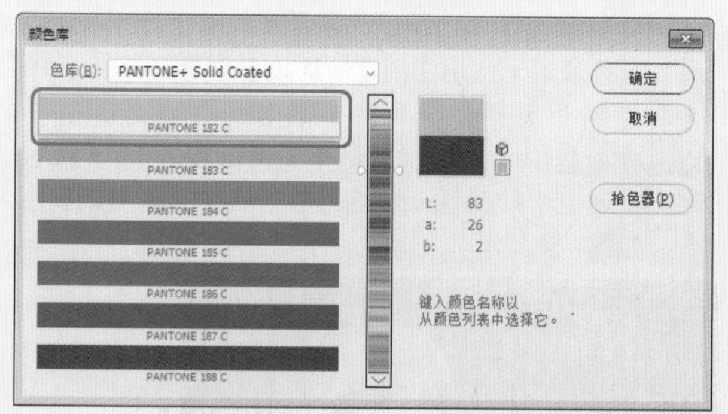

图7-66　【颜色库】对话框

05 单击【确定】按钮，返回到【新建专色通道】对话框，将【密度】设置为50%，如图7-67所示。更改密度后，可以在屏幕上模拟印刷时专色的密度。

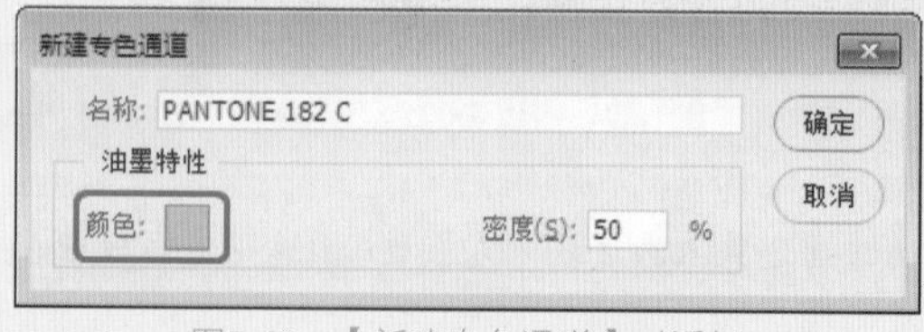

图7-67　【新建专色通道】对话框

06 单击【确定】按钮，创建一个专色通道，如图7-68所示。

07 原选区将由指定的专色填充，图7-69所示为创建专色通道后的效果。

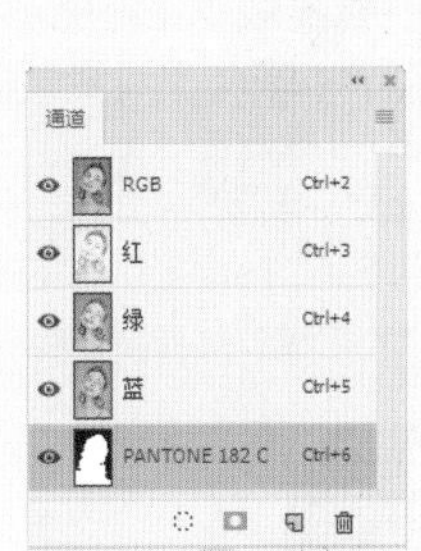

图7-68　创建的专色通道

图7-69　创建后的效果

知识链接　通道的原理与工作方法

通道是Photoshop中最重要、也是最为核心的功能之一，它用来保存选区和图像的颜色信息。打开“素材\Cha07\风景.jpg”素材文件，如图7-70所示，【通道】面板中会自动创建该图像的颜色信息通道。

图7-70　打开的图像

在图像窗口中看到的彩色图像是复合通道的图像，它是由所有颜色通道组合起来产生的效果，如图7-71所示的【通道】面板，可以看到，此时所有的颜色通道都处于激活状态。

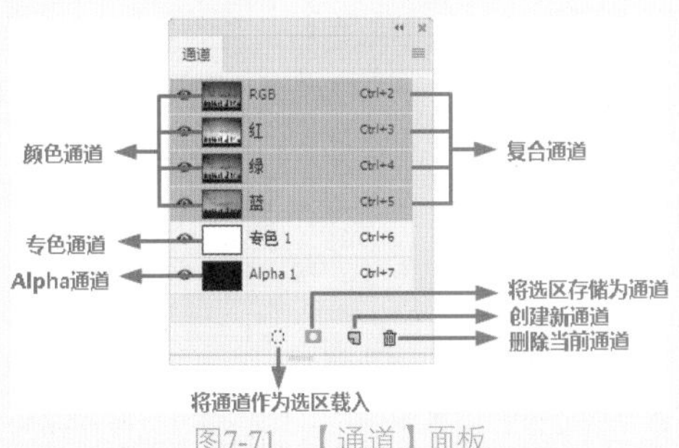

图7-71　【通道】面板

单击一个颜色通道即可选择该通道，图像窗口中会显示所选通道的灰度图像，如图7-72所示。

图7-72　选择【绿】通道

按住Shift键单击其他通道，可以选择多个通道，此时窗口中将显示所选颜色通道的复合信息，如图7-73所示。

图7-73　选择【红】、【绿】通道

通道是灰度图像，我们可以像处理图像那样使用绘画工具和滤镜对它们进行编辑。编辑复合通道时将影响所有的颜色通道，如图7-74所示。

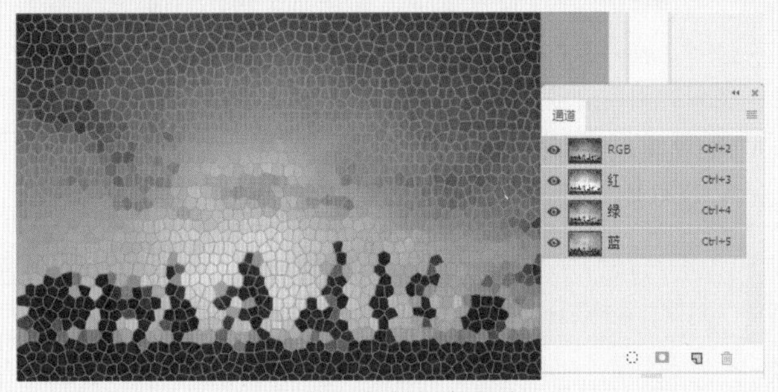

图7-74　编辑复合通道

编辑一个颜色通道时，会影响该通道及复合通道，但不会影响其他颜色通道，如图7-75所示。

图7-75　编辑一个通道

颜色通道用来保存图像的颜色信息，因此，编辑颜色通道时将影响图像的颜色和外观效果。Alpha通道用来保存选区，因此，编辑Alpha通道时只影响选区，不会影响图像。对颜色通道或者Alpha通道编辑完成后，如果要返回到彩色图像状态，可单击复合通道，此时，所有的颜色通道将重新被激活，如图7-76所示。

图7-76 返回到彩色图像状态

> 提示
> 按Ctrl+数字键可以快速选择通道，以RGB模式图像为例，按Ctrl+3键可以选择红色通道、按Ctrl+4键可以选择绿色通道、按Ctrl+5键可以选择蓝色通道，如果图像包含多个Alpha通道，则增加相应的数字便可以将它们选择。如果要回到RGB复合通道查看彩色图像，可以按Ctrl+2键。

实例操作002——合并专色通道

合并专色通道指的是将专色通道中的颜色信息混合到其他的各个原色通道中。它会对图像在整体上添加一种颜色，使得图像带有该颜色的色调。

合并专色通道的操作方法如下。

01 打开“素材\Cha07\合并专色通道.jpg”素材文件，如图7-77所示。

02 在工具箱中选择【快速选择工具】，然后在打开的素材图片中创建选区，如图7-78所示。

03 打开【通道】面板，按住Ctrl键的同时单击【创建新通道】按钮，弹出【新建专色通道】对话框，在该对话框中单击【油墨特性】选项组中【颜色】右侧的色块，在弹出的【拾色器（专色）】对话框中单击【颜色库】，在弹出的【颜色库】对话框中选择一种专色，如图7-79所示。

图7-77 打开的文件

图7-78 创建选区

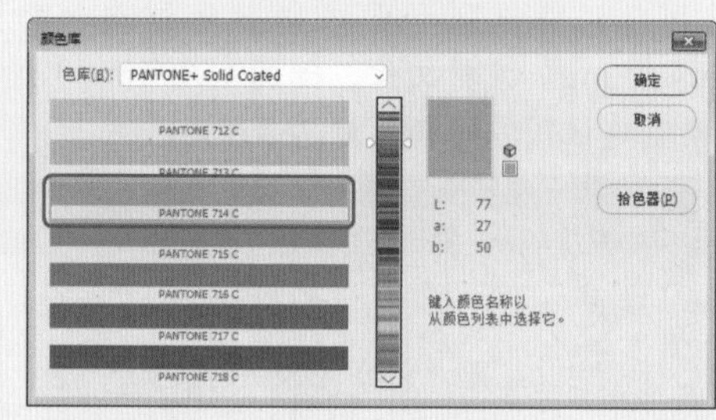
图7-79 设置专色

04 单击【确定】按钮，再次返回【新建专色通道】对话框，将【密度】设置为50%，单击【确定】按钮，如图7-80所示。

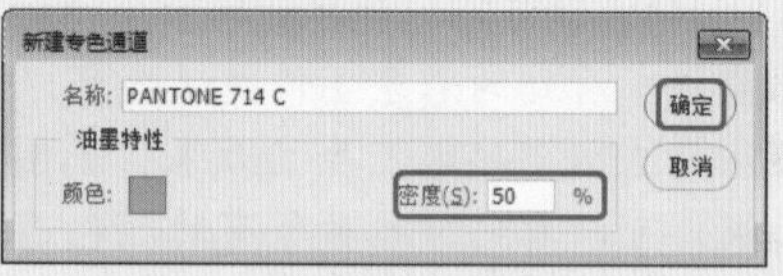
图7-80 设置【密度】参数

05 然后在【通道】面板中单击右上角的☰按钮，在弹出的下拉菜单中选择【合并专色通道】命令，如图7-81所示。

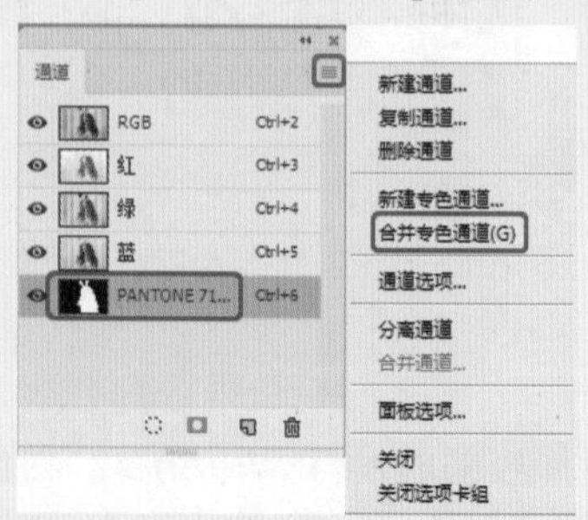
图7-81 选择【合并专色通道】命令

06 合并专色通道后的效果如图7-82所示。

图7-82　合并专色通道后的效果

7.7 分离通道

分离通道后会得到3个通道，它们都是灰色的。其标题栏中的文件名为源文件名加上该通道名称的缩写，而原文件则被关闭。当需要在不能保留通道的文件格式中保留单个通道信息时，分离通道就非常有用。

分离通道的操作方法如下。

01 打开“素材\Cha07\分离通道.jpg”素材文件，如图7-83所示。

图7-83　打开的文件

02 在【通道】面板中单击右上角的 ≡ 按钮，在弹出的下拉菜单中选择【分离通道】命令，如图7-84所示。

图7-84　选择【分离通道】命令

03 分离通道后的效果如图7-85所示。

图7-85　分离通道后的效果

> 提示
>
> 【分离通道】命令只能用来分离拼合后的图像，分层的图像不能进行分离通道的操作。

7.7.1 实战：合并通道

在Photoshop中，可以将多个灰度图像合并为一个图像的通道，进而创建彩色的图像。用来合并的图像必须是灰度模式、具有相同的像素尺寸，而且还要处于打开的状态。

01 打开“素材\Cha07\合并通道（红）.jpg、合并通道（绿）.jpg、合并通道（蓝）.jpg”素材文件，如图7-86所示。

图7-86　打开的三个灰度模式文件

02 在【通道】面板中单击右上角的 ≡ 按钮，在弹出的下拉菜单中的选择【合并通道】命令，如图7-87所示。

图7-87　选择【合并通道】命令

03 打开【合并通道】对话框，在【模式】下拉列表中选择【RGB颜色】，如图7-88所示。

图7-88　【合并通道】对话框

04 单击【确定】按钮，弹出【合并RGB通道】对话框，指定红、绿和蓝色通道使用的图像文件，如图7-89所示。

图7-89 【合并RGB通道】对话框

05 单击【确定】按钮，效果如图7-90所示。

图7-90 效果图

提示

如果打开了四个灰度图像，则可以在【模式】下拉列表中选择【CMYK颜色】选项，将它们合并为一个CMYK图像。

7.7.2 重命名与删除通道

如果要重命名Alpha通道或专色通道，可以双击该通道的名称，在显示的文本框中输入新名称，如图7-91所示。复合通道和颜色通道不能重命名。

图7-91 重命名通道

如果要删除通道，可将其拖动到删除当前通道按钮 上，如图7-92所示。如果删除的是一个颜色通道，则Photoshop会将图像转换为多通道模式，如图7-93所示。

图7-92 删除颜色通道

图7-93 删除通道后的效果

提示

多通道模式不支持图层，因此，图像中所有的可见图层都会拼合为一个图层。删除Alpha通道、专色通道或快速蒙版时，不会拼合图像。

7.7.3 载入通道中的选区

Alpha通道、颜色通道和专色通道都包含选区，在【通道】面板中选择要载入选区的通道，然后单击【将通道作为选区载入】 按钮，即可载入通道中的选区，如图7-94所示。

图7-94 使用【将通道作为选区载入】载入通道选区

按住Ctrl键单击通道的缩览图可以直接载入通道中的选区，这种方法的好处在于不必通过切换通道就可以载入选区，因此，也就不必为了载入选区而在通道间切换，如

图7-95所示。

图7-95　配合Ctrl键载入通道选区

7.8 上机练习——电脑宣传单

在使用Photoshop软件进行图形处理时，我们常常需要保护一部分图像，以使它们不受各种处理操作的影响，蒙版就是这样一种工具，它是一种灰度图像，其作用就像一张布，可以遮盖住处理区域中的一部分，当我们对处理区域内的整个图像进行模糊、上色等操作时，被蒙版遮盖起来的部分就不会受到影响。在学习和了解了各种蒙版的使用方法和作用后，下面通过介绍蒙版的一个基本案例——制作电脑宣传单，使大家可以更好地掌握蒙版的使用，完成后的效果如图7-96所示。

图7-96　电脑宣传海报

01 打开“素材\Cha07\电脑宣传单背景.jpg”素材文件，如图7-97所示。

02 打开“素材\Cha07\电脑宣传单背景1.psd”素材文件，将其拖曳至“电脑宣传单背景.jpg”文档中，按Ctrl+T组合键调整其大小和位置，按Enter键确定，如图7-98所示。

图7-97　打开素材文件　　图7-98　置入对象

> 提示
> 按Shift+P快捷组合键，可快速使用【钢笔工具】绘制图形。

03 将置入的背景图层拖曳到【图层】面板的【创建新图层】按钮上，按Ctrl+T组合键调整其大小和位置，如图7-99所示。

图7-99　创建新图层

04 选择【背景1】图层，单击【图层】面板底部的【添加图层蒙版】按钮，创建一个图层蒙版，选择工具箱中的【画笔工具】，将【大小】设置为150，将【硬度】设置为0，在蒙版中涂抹，如图7-100所示。

图7-100　添加图层蒙版

05 用同样的方法为【背景1拷贝】图层添加图层蒙版，并进行涂抹，如图7-101所示。

图7-101 添加图层蒙版

06 在菜单栏中选择【文件】|【置入嵌入对象】命令，打开“素材\Cha07\电脑素材.png”素材文件，调整其大小和位置，按Enter键确定，如图7-102所示。

07 单击【图层】面板底部的【创建新图层】按钮，选择工具箱中的【矩形工具】，在工具选项栏中将【选择工具模式】设置为【像素】，将前景色设置为白色，在电脑屏幕绘制矩形，按Ctrl+T组合键调整其大小，按Enter键确认，如图7-103所示。

图7-102 置入对象

图7-103 绘制白色矩形

08 在菜单栏中选择【文件】|【置入嵌入对象】命令，打开“素材\Cha07\电脑屏幕.jpg”素材文件，调整其大小和位置，按Enter键确定，如图7-104所示。

图7-104 置入对象

09 在【图层】面板中按住Alt键在【图层1】图层和【电脑屏幕】图层之前单击，创建剪贴蒙版，如图7-105所示。

图7-105 创建剪贴蒙版

10 在工具箱中选择【横排文字蒙版】工具，将字体设置为【方正综艺简体】，将【大小】设置为18点，将【消除锯齿】设置为【锐利】，输入文字“急速巅峰”，打开【字符】面板，设置【设置所选字符的字距调整】为110，并单击设置文字为仿斜体，如图7-106所示。

图7-106 输入文字

11 单击【图层】面板底部的【创建新图层】按钮，在工具箱中选择【渐变工具】，单击工具选项栏中的【点按可编辑渐变】，打开【渐变编辑器】对话框，双击第一个色标，将其颜色设置为白色，将【位置】设置为7%，并按住Alt键将其分别拖动至18%、27%、37%、46%、56%、65%、74%、82%、92%处，用同样的方法将13%、32%、52%、69%、87%处颜色的RGB值设置为100、100、100，如图7-107所示。

12 单击【确定】按钮，在【图层】面板中按住Alt键单击【图层2】图层和【急速巅峰】文字图层中间位置，添加剪贴蒙版，并选中【图层2】图层，拖曳渐变，如图7-108所示。

图7-107 【渐变编辑器】对话框

图7-108 添加渐变

13 打开“素材\Cha07\光1.psd”素材文件，将其拖曳至“电脑宣传单背景.jpg”文档中，按Ctrl+T组合键调整其大小和位置，按Enter键确定，如图7-109所示。

14 用同样的方法添加“光2.psd”素材文件，如图7-110所示。

图7-109 打开的素材文件“光1.psd”

图7-110 置入“光2.psd”素材文件

15 在【图层】面板中将【光2】图层拖曳至底部的【创建新图层】按钮上，并调整其位置如图7-111所示。

16 打开“素材\Cha07\圆框.psd”素材文件，将其拖曳至“电脑宣传单背景.jpg”文档中，按Ctrl+T组合键调整其大小和位置，按Enter键确定，如图7-112所示。

图7-111 拖曳图层

图7-112 置入“圆框.psd”素材

17 在工具箱中选择【横排文字蒙版】工具，将字体设置为【方正细倩简体】，将【大小】设置为3点，将【消除锯齿】设置为【锐利】，输入文字“5D立体声效/发烧级画质/金属质感”，如图7-113所示。

图7-113 输入文字

18 打开“素材\Cha07\图标1.psd”素材文件，将其拖曳至“电脑宣传单背景.jpg”文档中，按Ctrl+T组合键调整其大小和位置，按Enter键确定，如图7-114所示。

图7-114 置入“图标1.psd”素材文件

19 打开“素材\Cha07\图标2.psd”素材文件，将其拖曳至“电脑宣传单背景.jpg”文档中，按Ctrl+T组合键调整其大小和位置，按Enter键确定，如图7-115所示。

> 提示
> 创建选区后也可以执行【图层】|【图层蒙版】|【显示选区】命令，基于选区创建图层蒙版；如果执行【图层】|【图层蒙版】|【隐藏选区】命令，则选区内的图像将被蒙版遮蔽。

20 在工具箱中选择【横排文字蒙版】工具，将字体设置为【方正细倩简体】，将【大小】设置为2.8点，将【消除锯齿】设置为【锐利】，输入文字“热线：123456789 地址：开发区急速大道巅峰路6号”，打开【字符面板】，取消选中 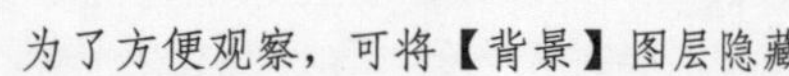 按钮，如图7-116所示。

> 提示
> 为了方便观察，可将【背景】图层隐藏

图7-115 置入“图标2.psd”素材文件

图7-116 输入文字

21 单击【图层】面板下的【创建新的填充或调整图层】按钮，在弹出的快捷菜单中选择【自然饱和度】命令，如图7-117所示。

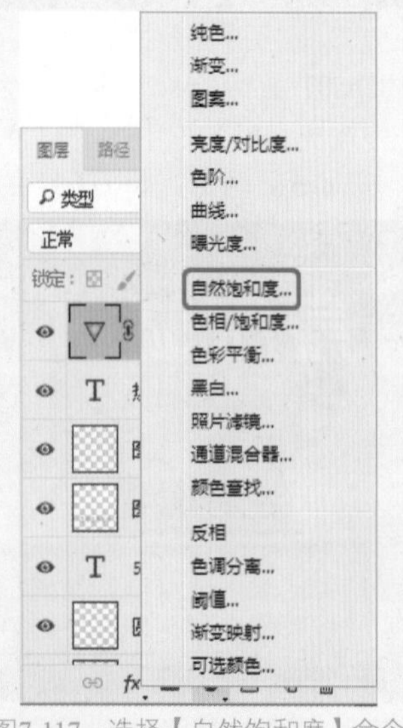

图7-117 选择【自然饱和度】命令

22 在弹出的【自然饱和度】对话框中，将【自然饱和度】值设置为30，将【饱和度】的值设置为40，关闭对话框，效果如图7-118所示。

图7-118 效果图

7.9 思考与练习

1. 图层蒙版的作用是什么？
2. 通道的作用是什么？

第8章 图像色彩及处理

本章主要介绍图像色彩与色调的调整方法及技巧，通过对本章的学习，读者可以根据不同的需要应用多种调整命令，对图像色彩和色调进行细微的调整，还可以对图像进行特殊颜色的处理。

8.1 查看图像的颜色分布

快速查看图像的基本信息和图像的色调，可以通过【信息】面板和【直方图】面板对其进行查看。

8.1.1 使用【直方图】面板查看颜色分布

在菜单栏中选择【窗口】|【直方图】命令，即可打开【直方图】面板，如图8-1所示。

图8-1 【直方图】面板

在【直方图】面板中，可以通过单击该面板右上角的三角按钮，在弹出的下拉菜单中对【直方图】的显示方式进行更改，下拉菜单如图8-2所示。

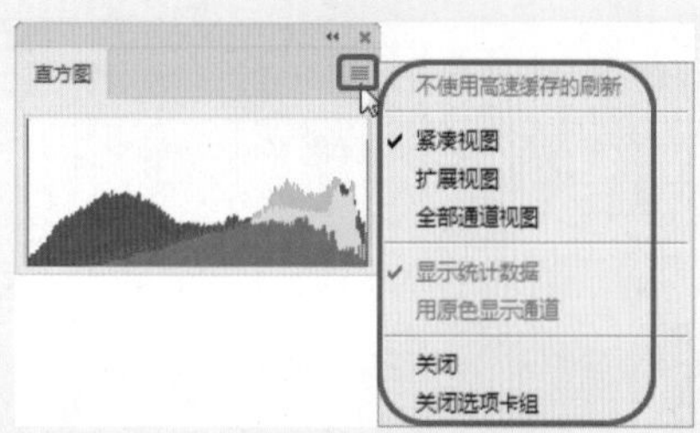

图8-2 【直方图】选项下拉列表

该下拉菜单中各个选项的讲解如下。

- 【紧凑视图】：该选项是默认的显示方式，它显示的是不带统计数据或控件的直方图。
- 【扩展视图】：选择该选项显示的是带有统计数据和控件的直方图，如图8-3所示。

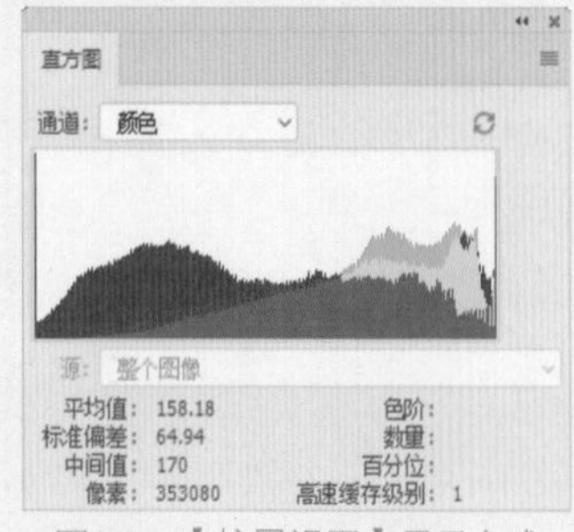

图8-3 【扩展视图】显示方式

- 【全部通道视图】：该选项显示的是带有统计数据和控件的直方图，同时还显示每一个通道的单个直方图（不包括Alpha通道、专色通道和蒙版），如图8-4所示，如果选择面板菜单中的【用原色显示通道】命令，则可以用原色显示通道直方图，如图8-5所示。

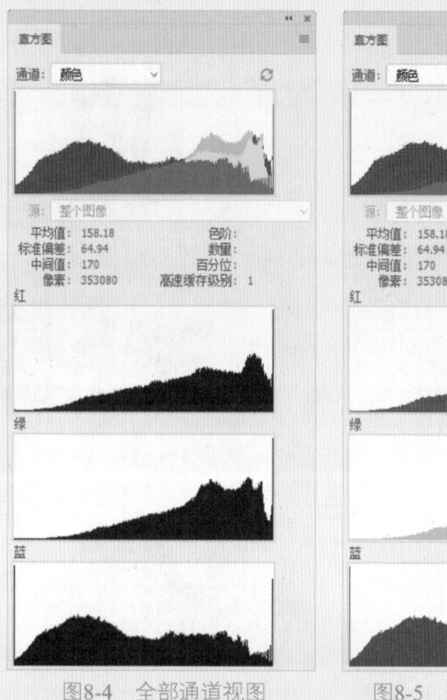

图8-4 全部通道视图　　图8-5 用原色显示通道

有关像素亮度值的统计信息出现在【直方图】面板的中间位置，如果要取消显示有关像素亮度值的统计信息，可以从面板菜单中取消选择【显示统计数据】选项，如图8-6所示。

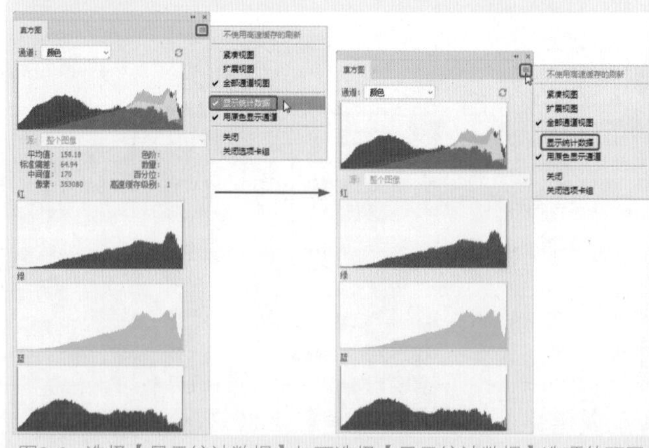

图8-6 选择【显示统计数据】与不选择【显示统计数据】选项的不同

统计信息包括以下几项。

- 【平均值】：表示平均亮度值。
- 【标准偏差】：表示亮度值的变化范围。
- 【中间值】：显示亮度值范围内的中间值。
- 【像素】：表示用于计算直方图的像素总数。
- 【高速缓存级别】：显示指针下面的区域的亮度级别。

- 【数量】：表示相当于指针下面亮度级别的像素总数。
- 【百分位】：显示指针所指的级别或该级别以下的像素累计数。该值表示图像中所有像素的百分数，从最左侧的0%到最右侧的100%。

选择【全部通道视图】时，除了显示【扩展视图】中的所有选项以外，还显示通道的单个直方图。单个直方图不包括Alpha通道、专色通道或蒙版。

8.1.2　实战：使用【信息】面板查看颜色分布

使用【信息】面板查看图像颜色分布的具体操作步骤如下。

01 打开“素材\Cha08\图片1.jpg”素材文件，如图8-7所示。

图8-7　打开的素材文件

02 在菜单栏中选择【窗口】|【信息】命令，在弹出的【信息】面板中可查看图形颜色的分布状况，如图8-8所示。

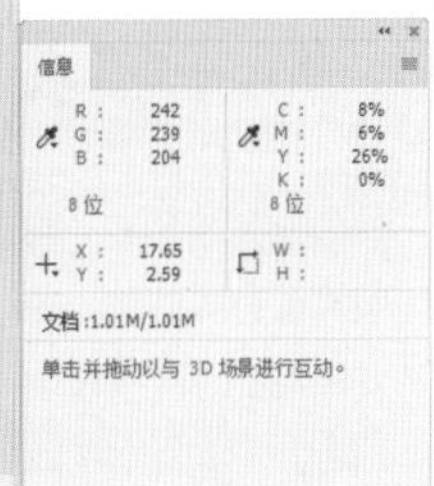

图8-8　【信息】面板

> 提示
>
> 在图像中将鼠标定义在不同的位置则【信息】面板中显示的基本信息不同。

8.2 图像色彩调整

在Photoshop中，对图像色彩和色调的控制是图像编辑的关键，这直接关系到图像最后的效果，只有有效地控制图像的色彩和色调，才能制作出高品质的图像。

8.2.1　亮度/对比度

【亮度/对比度】可以对图像的色调范围进行简单的调整。在菜单栏中选择【图像】|【调整】|【亮度/对比度】命令，弹出【亮度/对比度】对话框，如图8-9所示。

图8-9　【亮度/对比度】对话框

在该对话框中勾选【使用旧版】复选框，然后向左侧拖动滑块可以降低图像的亮度和对比度，如图8-10所示；向右侧拖动滑块则增加亮度和对比度，如图8-11所示。

图8-10　降低图像的亮度和对比度

图8-11　增加图像的亮度和对比度

8.2.2 色阶

在Photoshop中可以通过【色阶】对话框调整图像暗调、灰色调和高光的亮度级别来校正图像的影调，包括反差、明暗和图像层次以及平衡图像的色彩。

打开【色阶】对话框的方法有以下几种。

- 在菜单栏中选择【图像】|【调整】|【色阶】命令。
- 按Ctrl+L组合键，弹出【色阶】对话框，如图8-12所示。

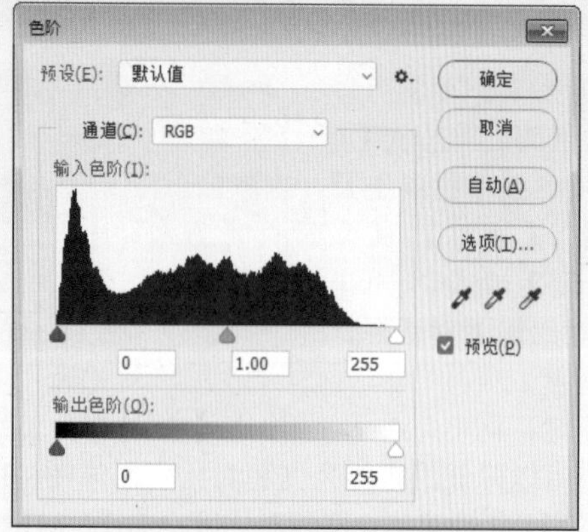

图8-12 【色阶】对话框

- 按F7键打开【图层】面板，在该面板中单击【创建新的填充或调整图层】按钮，在弹出的快捷菜单中选择【色阶】命令，如图8-13所示，此时系统会自动打开【属性】面板，可在该面板中设置色阶参数。

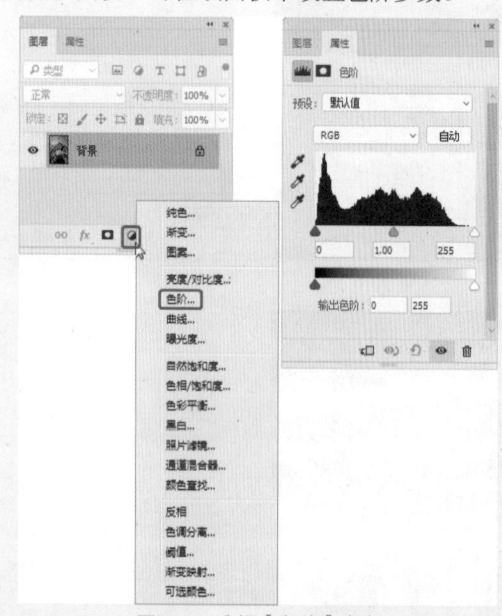

图8-13 选择【色阶】命令

【色阶】对话框中各个选项的讲解如下。

- 【通道】下拉列表框

利用此下拉列表框，可以在整个的颜色范围内对图像进行色调调整，也可以单独编辑特定颜色的色调。若要同时编辑一组颜色通道，在选择【色阶】命令之前应按住Shift键在【通道】面板中选择这些通道，之后，通道菜单会显示目标通道的缩写，例如CM代表青色和洋红。此下拉列表框还包含所选组合的个别通道，可以只分别编辑专色通道和Alpha通道。

- 【输入色阶】参数框

在【输入色阶】参数框中，可以分别调整暗调、中间调和高光的亮度级别来修改图像的色调范围，以提高或降低图像的对比度。

- 可以在【输入色阶】参数框中输入目标值，这种方法比较精确，但直观性不好。
- 以输入色阶直方图为参考，拖动3个【输入色阶】滑块可使色调的调整更为直观。
- 最左边的黑色滑块（阴影滑块）：向右拖可以将增大图像的暗调范围，使图像显示得更暗。同时拖曳的程度会在【输入色阶】最左边的方框中得到量化，如图8-14所示。

图8-14 增大图像的暗调范围

- 最右边的白色滑块（高光滑块）：向左拖动可以增大图像的高光范围，使图像变亮。高光的范围会在【输入色阶】最右边的方框中显示，如图8-15所示。

图8-15 增大图像的高光范围

- 中间的灰色滑块（中间调滑块）：左右拖动可以增大或减小中间色调范围，从而改变图像的对比度。其作用与在【输入色阶】中间方框输入数值相同。

- 【输出色阶】参数框

【输出色阶】参数框中只有暗调滑块和高光滑块，通过拖动滑块或在方框中输入目标值，可以降低图像的对比度。

具体来说，向右拖动暗调滑块，【输出色阶】左边方框中的值会相应增加，此时图像却会变亮；向左拖动高光滑块，【输出色阶】右边方框中的值会相应减小，图像却会变暗。这是因为在输出时Photoshop的处理过程是这样的：将第一个方框的值调为10，则表示输出图像会以在输入图像中色调值为10的像素的暗度为最低暗度，所以图像会变亮；将第二个方框的值调为245，则表示输出图像会以在输入图像中色调值245像素的亮度为最高亮度，所以图像会变暗。

总而言之，【输入色阶】的调整是用来增加对比度的，而【输出色阶】的调整则是用来减小对比度的。

- 吸管工具

吸管工具共有三个，即【图像中取样以设置黑场】、【图像中取样以设置灰场】、【图像中取样以设置白场】，它们分别用于完成图像中的黑场、灰场和白场的设定。使用设置黑场吸管在图像中的某点颜色上单击，该点则成为图像中的黑色，该点与原来黑色的颜色色调范围内的颜色都将变为黑色，该点与原来白色的颜色色调范围内的颜色整体都进行亮度的降低。使用设置白场吸管，完成的效果则正好与设置黑场吸管的作用相反。使用设置灰场吸管可以完成图像中的灰度设置。

- 自动按钮

单击【自动】按钮可将高光和暗调滑块自动地移动到最亮点和最暗点。

实例操作001——将照片调整为古铜色

本案例使用Photoshop来调出质感为古铜色皮肤的效果，主要通过对素材图片进行复制，然后为照片添加调整图层、并利用橡皮擦工具对人物进行修饰，从而使图像产生古铜色的质感，完成后的效果如图8-16所示。

图8-16　将照片调整为古铜色

01 按Ctrl+O组合键，打开“素材\Cha08\将照片调整为古铜色.jpg”素材文件，如图8-17所示。

图8-17　打开的素材文件

02 按两次Ctrl+J组合键，对打开的素材文件进行复制，如图8-18所示。

图8-18　复制图层

03 在【图层】面板中选择【图层1】，将【图层1】的混合模式设置为【柔光】，如图8-19所示。

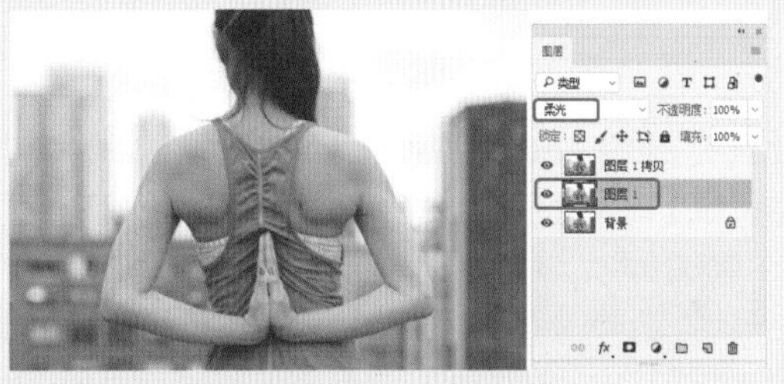

图8-19　设置图层的混合模式

04 设置完成后，在【图层】面板中选择【图层1拷贝】，将其图层混合模式设置为【正片叠底】，将【不透明度】设置为40，如图8-20所示。

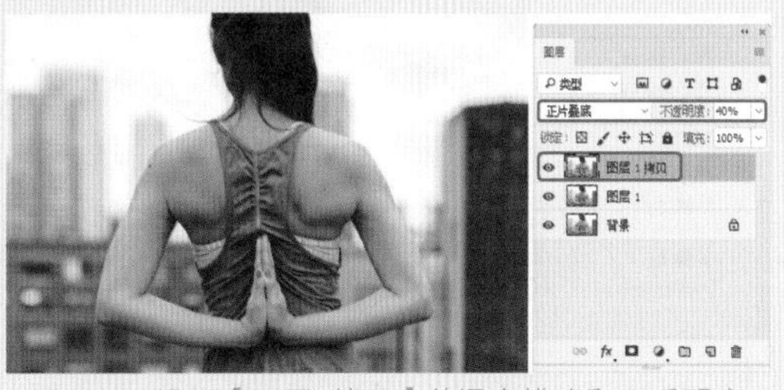

图8-20　设置【图层1拷贝】的混合模式和不透明度

05 设置完成后，按Ctrl+Shift+Alt+E组合键对图层进行盖印，在菜单栏中选择【图像】|【应用图像】命令，如图8-21所示。

图8-21 选择【应用图像】命令

06 在弹出的对话框中将【通道】设置为【蓝】，将【混合】设置为【正片叠底】，如图8-22所示。

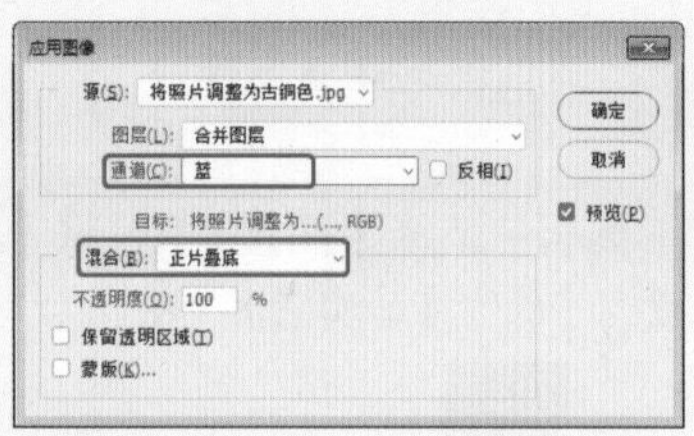

图8-22 设置【应用图像】参数

07 设置完成后，单击【确定】按钮，在菜单栏中选择【图像】|【调整】|【色阶】命令，如图8-23所示。

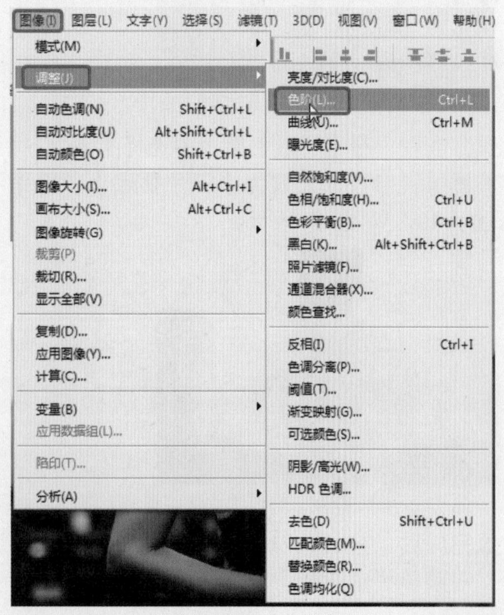

图8-23 选择【色阶】命令

08 在弹出的对话框中将【色阶】设置为0、1.9、200，设置完成后，单击【确定】按钮，如图8-24所示。

09 在【图层】面板中单击【创建新的填充或调整图层】按钮，在弹出的列表中选择【可选颜色】命令，如图8-25所示。

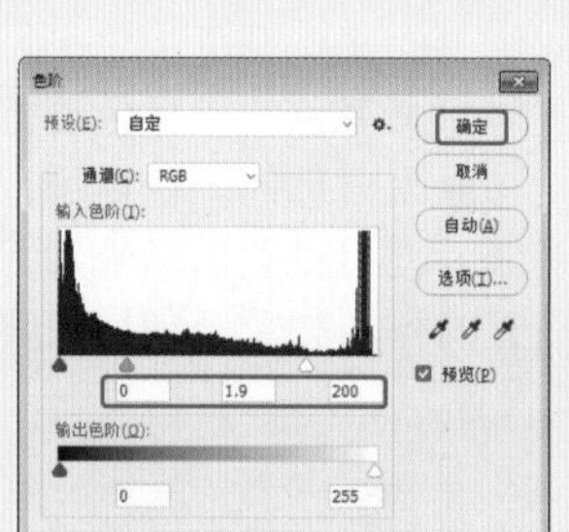

图8-24 设置【色阶】参数　　图8-25 选择【可选颜色】命令

10 在弹出的【属性】面板中将【颜色】设置为【红色】，勾选【相对】单选按钮，将【青色】、【洋红】、【黄色】、【黑色】分别设置为20、0、60、0，如图8-26所示。

图8-26 设置红色的可选颜色

11 按Ctrl+Shift+Alt+E组合键盖印图层，在菜单栏中选择【滤镜】|【模糊】|【高斯模糊】命令，如图8-27所示。

12 在弹出的【高斯模糊】对话框中将【半径】设置为20像素，设置完成后，单击【确定】按钮，如图8-28所示。

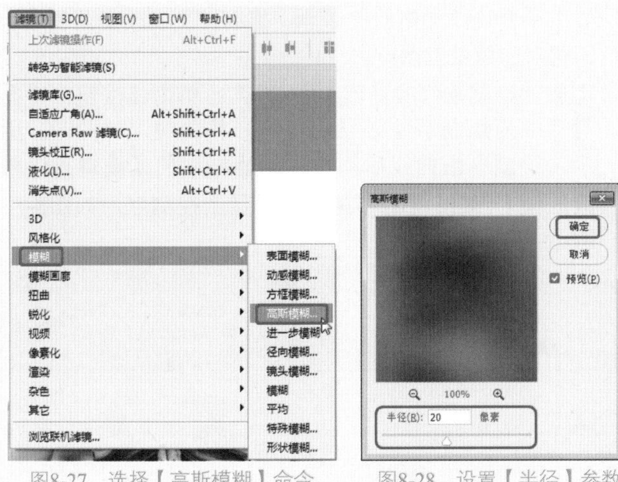

图8-27 选择【高斯模糊】命令　　图8-28 设置【半径】参数

13 在【图层】面板中单击【添加图层蒙版】按钮，添加一个蒙版，如图8-29所示。

图8-29 添加蒙版

14 将前景色设置为黑色，单击【画笔工具】，在工具选项栏中将【不透明度】设置为100，将【画笔大小】设置为245，在文档中对人物进行涂抹，效果如图8-30所示。

图8-30 涂抹后的效果

8.2.3 实战：曲线

【曲线】命令通过调整图像色彩曲线上的任意一个像素点来改变图像的色彩范围，其具体的操作方法如下。

01 打开"素材\Cha08\图片2.jpg"素材文件，如图8-31所示。

图8-31 打开的素材文件

02 在菜单栏中选择【图像】|【调整】|【曲线】命令，打开【曲线】对话框，在该对话框中将【输出】设置为148，将【输入】设置为103，如图8-32所示。

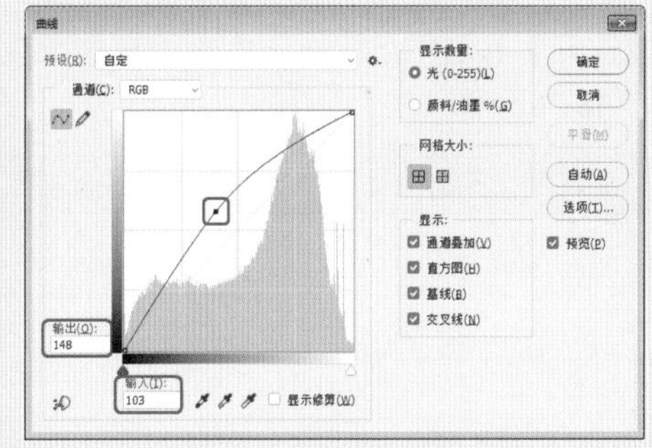

图8-32 【曲线】对话框

03 设置完成后单击【确定】按钮，完成后的效果如图8-33所示。

图8-33 完成后的效果

【曲线】对话框中各选项的介绍如下。

- 【预设】：该选项的下拉列表中包含了Photoshop提供的预设文件，如图8-34所示。当选择【默认值】时，可通过拖动曲线来调整图像，选择其他选项时，则可以使用预设文件调整图像，如图8-35所示。

图8-34 预设文件

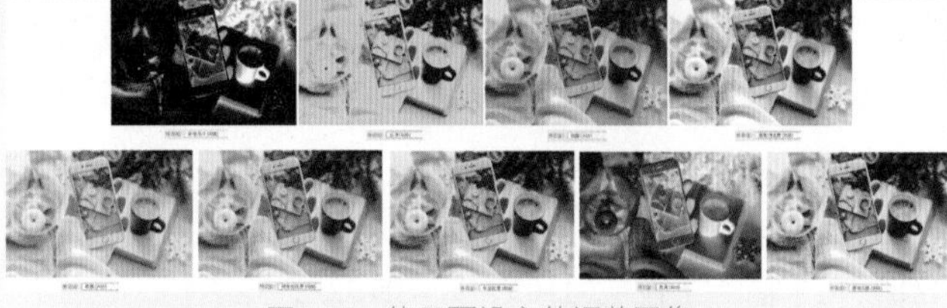
图8-35 使用预设文件调整图像

- 【预设选项】按钮⚙：单击该按钮，弹出一个下拉列表，如图8-36所示。

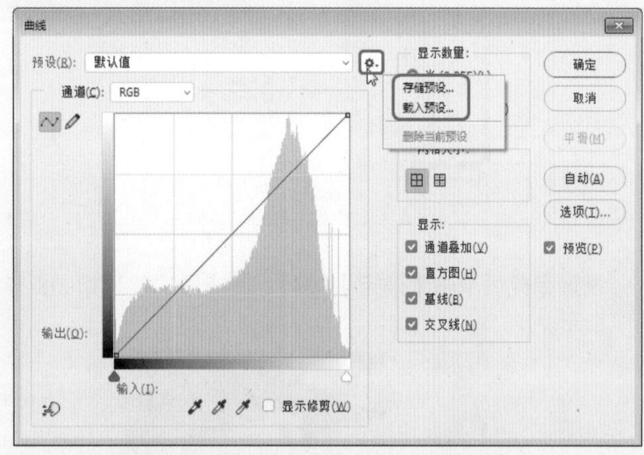

图8-36 【预设选项】下拉列表

  - 选择【存储预设】命令，可以将当前的调整状态保存为一个预设文件。
  - 选择【载入预设】命令，可以用载入的预设文件自动调整。
  - 选择【删除当前预设】命令，则删除存储的预设文件。
- 【通道】：在该选项的下拉列表中可以选择一个需要调整的通道。
- 【编辑点以修改曲线】按钮：按下该按钮后，在曲线中单击可添加新的控制点，拖动控制点改变曲线形状即可对图像做出调整。
- 【通过绘制来修改曲线】按钮：单击该按钮，可在对话框内绘制手绘效果的自由形状曲线，如图8-37所示。绘制自由曲线后，单击对话框中的【编辑点以修改曲线】按钮，可在曲线上显示控制点，如图8-38所示。

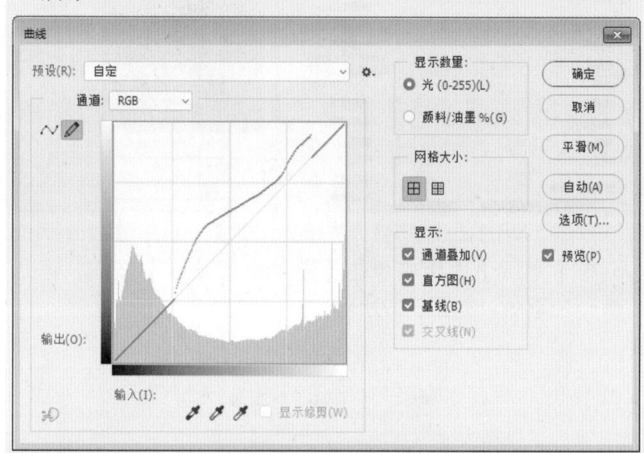

图8-37 绘制曲线

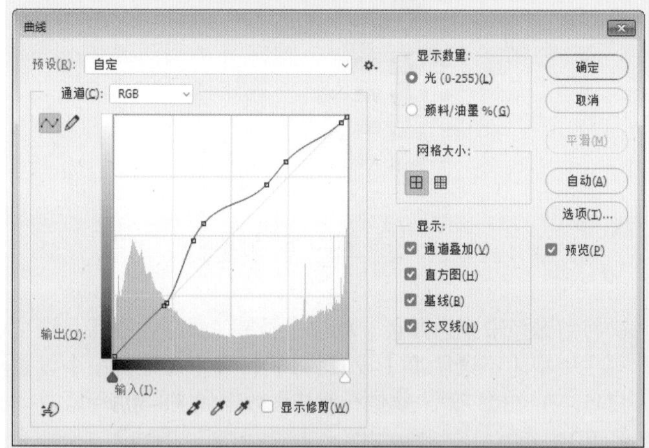

图8-38 修改曲线

- 【平滑】按钮：用【通过绘制来修改曲线】工具绘制曲线后，单击该按钮，可对曲线进行平滑处理。
- 【输入/输出】：【输入】显示了调整前的像素值，【输出】显示了调整后的像素值。
- 【选项】按钮：单击该按钮，会弹出【自动颜色校正选项】对话框，如图8-39所示。自动颜色校正选项用来控制由【色阶】和【曲线】中的【自动颜色】、【自动色阶】、【自动对比度】和【自动】选项应用的色调和颜色校正，它允许指定阴影和高光剪切百分比，并为阴影、中间调和高光指定颜色值。

图8-39 【自动颜色校正选项】对话框

8.2.4 实战：曝光度

【曝光度】命令是用来控制图片色调强弱的工具，其具体操作步骤如下。

01 打开“素材\Cha08\图片3.jpg”素材文件，如图8-40所示。

图8-40 打开的素材文件

02 在菜单栏中选择【图像】|【调整】|【曝光度】命令，打开【曝光度】对话框，在该对话框中将【曝光度】设置为2，如图8-41所示。

图8-41 设置【曝光度】参数

03 设置完成后单击【确定】按钮，设置曝光后的效果如图8-42所示。

【曝光度】对话框中各选项的介绍如下。

- 【曝光度】：该选项用于调整色彩范围的高光度，对极限阴影的影响不大。
- 【位移】：调整该选项的参数，可以使阴影和中间调变暗，对高光的影响不大。
- 【灰度系数校正】：通过设置该参数，来调整图像的灰度系数。

图8-42 完成后的效果

8.2.5 实战：自然饱和度

使用【自然饱和度】命令调整饱和度，以便在图像颜色接近最大饱和度时，最大限度地减少修剪，其操作方法如下。

01 打开“素材\Cha08\自然饱和度.jpg”素材文件，如图8-43所示。

图8-43 打开的素材文件

02 在菜单栏中选择【图像】|【调整】|【自然饱和度】命令，打开【自然饱和度】对话框，在该对话框中将【自然饱和度】设置为+13，将【饱和度】设置为+100，如图8-44所示。

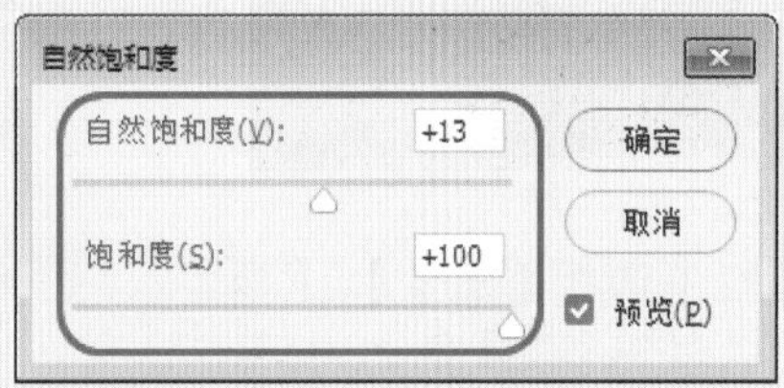

图8-44 【自然饱和度】对话框

03 设置完成后单击【确定】按钮，完成后的效果如图8-45所示。

图8-45　完成后的效果

8.2.6　实战：色相/饱和度

【色相/饱和度】命令可以调整图像中特定颜色分量的色相、饱和度和明度，或者同时调整图像中的所有颜色，该命令尤其适用于微调CMYK图像中的颜色，以便它们处在输出设备的色域内，其操作方法如下。

01 打开“素材\Cha08\色相-饱和度.jpg”素材文件，如图8-46所示。

图8-46　打开的素材文件

02 在菜单栏中选择【图像】|【调整】|【色相/饱和度】命令，打开【色相/饱和度】对话框，在该对话框中将【色相】设置为+38，将【饱和度】设置为-6，将【明度】设置为0，如图8-47所示。

03 设置完成后单击【确定】按钮，完成后的效果如图8-48所示。

【色相/饱和度】对话框中各选项的介绍如下。

- 【色相】：默认情况下，在【色相】文本框中输入数值，或者拖动该滑块可以改变整个图像的色相，如图8-49所示。也可以在【编辑】选项下拉列表中选择一个特定的颜色，然后拖动色相滑块，单独调整该颜色的色相，图8-50所示为单独调整红色色相的效果。

图8-47　【色相/饱和度】对话框

图8-48　完成后的效果

图8-49　拖动滑块调整图像的色相

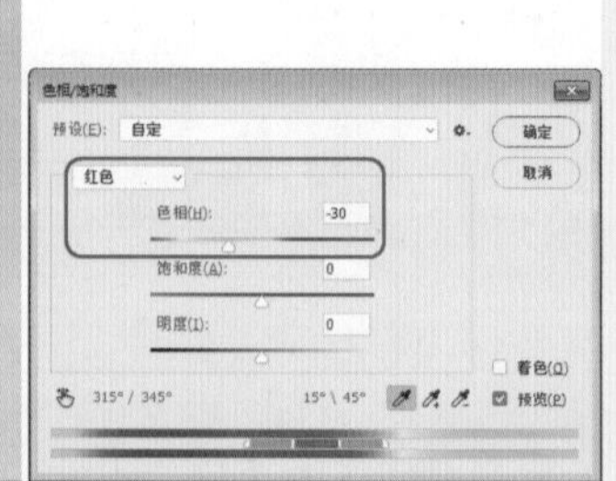

图8-50　调整红色色相的效果

- 【饱和度】：向右侧拖动饱和度滑块可以增加饱和度，向左侧拖动滑块则减少饱和度。同样也可以在【编辑】选项下拉列表中选择一个特定的颜色，然后单独调整该颜色的饱和度；图8-51所示为增加整个图像饱和度的调整结果，图8-52所示为单独增加红色饱和度的调整结果。

图8-51 拖动滑块调整图像的饱和度

图8-52 调整红色饱和度的效果

- 【明度】：向左侧拖动滑块则降低亮度，如图8-53所示；向右侧拖动明度滑块可以增加亮度，如图8-54所示。可在【编辑】下拉列表中选择【红色】，调整图像中红色部分的亮度。

图8-53 降低亮度效果

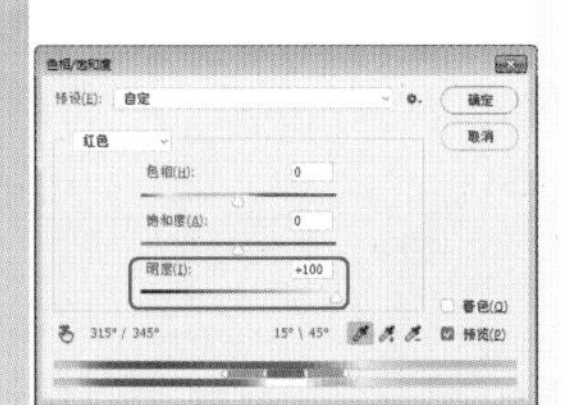

图8-54 增加亮度效果

- 【着色】：勾选该复选框，图像将转换为只有一种颜色的单色调图像，如图8-55所示。变为单色调图像后，可拖动色相滑块和其他滑块来调整图像的颜色，如图8-56所示。
- 【吸管工具】：如果在【编辑】选项中选择了一种颜色，可以使用【吸管工具】，在图像中单击，定位颜色范围，然后对该范围内的颜色进行更加细致的调整。如果要添加其他颜色，可以用【添加到取样】工具在相应的颜色区域单击；如果要减少颜色，可以用【从取样中减去】，单击相应的颜色。

图8-55 单色调图像

图8-56 调整其他颜色

- 【颜色条】：对话框底部有两个颜色条，上面的颜色条代表了调整前的颜色，下面的颜色条代表了调整后的颜色。如果在【编辑】选项中选择了一种颜色，两个颜色条之间便会出现几个滑块，如图8-57所示。两个内部的垂直滑块定义了将要修改的颜色范围，调整所影响的区域会由此逐渐向两个外部的三角形滑块处衰减，三角形滑块以外的颜色不会受到影响，如图8-58所示。

图8-57 【色相/饱和度】对话框

图8-58 调整颜色

实例操作002——更换人物衣服颜色

本例主要介绍使用【色相/饱和度】来完成为衣服更换

颜色的制作。

01 启动Photoshop CC 2018软件后，在菜单栏中选择【文件】|【打开】命令，打开“素材\Cha06\更换人物衣服颜色.jpg”文件，如图8-59所示。

图8-59　打开的素材文件

02 在图层面板中，将【背景】图层拖曳至 按钮上，将【背景】图层进行复制，得到【背景 拷贝】图层，如图8-60所示。

图8-60　复制背景图层

03 在菜单栏中选择【图像】|【调整】|【色相/饱和度】命令，在弹出的【色相/饱和度】对话框中，将当前操作更改为青色，将【色相】设置为+55，将【饱和度】设置为-39，将【明度】设置为+100，其他设置不变，如图8-61所示。

图8-61　设置【色相/饱和度】参数

04 设置完成后单击【确定】按钮，完成后的效果如图8-62所示。

图8-62　完成后的效果

8.2.7　实战：色彩平衡

【色彩平衡】命令可以更改图像的总体颜色，常用来进行普通的色彩校正。下面介绍使用【色彩平衡】调整图像总体颜色的操作方法，效果如图8-63所示。

图8-63　色彩平衡效果

01 打开“素材\Cha08\色彩平衡.jpg”素材文件，如图8-64所示。

图8-64　打开的素材文件

02 在菜单栏中选择【图像】|【调整】|【色彩平衡】命令，打开【色彩平衡】对话框，在该对话框中将【色彩平衡】选项组中的【色阶】分别设置为+45、-60、+60，如图8-65所示。

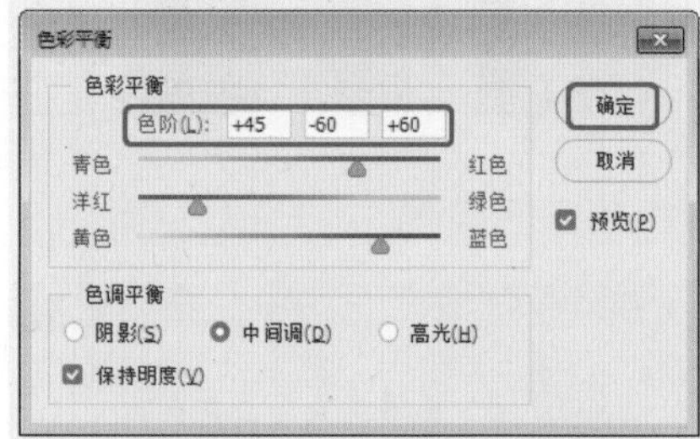

图8-65　【色彩平衡】对话框

03 设置完成后单击【确定】按钮，完成后的效果如图8-66所示。

图8-66　完成后的效果

在进行调整时，首先应在【色调平衡】选项组中选择要调整的色调范围，包括【阴影】、【中间调】和【高光】，然后在【色阶】文本框中输入数值，或者拖动【色彩平衡】选项组内的滑块进行调整。当滑块靠近一种颜色时，将减少另外一种颜色。例如：如果将最上面的滑块移向【青色】，其他参数保持不变，可以在图像中增加青色，减少红色，如图8-67所示。如果将滑块移向【红色】，其他参数保持不变，则增加红色，减少青色，如图8-68所示。

将滑块移向【洋红】后的效果如图8-69所示。将滑块移向【绿色】后的效果如图8-70所示。

图8-67 增加青色减少红色

图8-68 增加红色减少青色

图8-69 增加洋红减少绿色

图8-70 增加绿色减少洋红

将滑块移向【黄色】后的效果如图8-71所示。将滑块移向【蓝色】后的效果如图8-72所示。

图8-71 增加黄色减少蓝色

图8-72 增加蓝色减少黄色

8.2.8 实战：照片滤镜

【照片滤镜】既可以修正偏色照片，也可以为黑白图像上色，该命令还允许用户选择预设的颜色或者自定义的颜色调整图像的色相，其操作方法如下。

01 打开“素材\Cha08\图片4.jpg”素材文件，如图8-73所示。

图8-73 打开的素材文件

02 在菜单栏中选择【图像】|【调整】|【照片滤镜】命令，打开【照片滤镜】对话框，在弹出的【照片滤镜】对话框中的【滤镜】下拉列表中选择【深蓝】选项，将【浓度】设置为75%，如图8-74所示。

图8-74 【照片滤镜】对话框

03 设置完成后单击【确定】按钮，效果如图8-75所示。

图8-75 完成后的效果

【照片滤镜】对话框中各个选项的介绍如下。

- 【滤镜】：在该选项下拉列表中可以选择要使用的滤镜。加温滤镜（85和LBA）及冷却滤镜（80和LBB）用于调整图像中的白平衡的颜色转换；加温滤镜（81）和冷却滤镜（82）使用光平衡滤镜来对图像的颜色品质进行细微调整；加温滤镜（81）可以使图像变暖（变黄），冷却滤镜（82）可以使图像变冷（变蓝）；其他个别颜色的滤镜则根据所选颜色给图像应用色相调整。
- 【颜色】：单击该选项右侧的颜色块，可以在打开的【拾色器】中设置自定义的滤镜颜色。
- 【浓度】：可调整应用到图像中的颜色数量，该值越高，颜色的调整幅度就越大，如图8-76、图8-77所示。

图8-76 【浓度】为30%时

图8-77 【浓度】为100%时

- 【保留明度】：勾选该复选框，可以保持图像的亮度不变，如图8-78所示；未勾选该复选框时，会由于增加滤镜的浓度而使图像变暗，如图8-79所示。

图8-78 勾选【保留明度】复选框

图8-79 未勾选【保留明度】复选框

8.2.9 通道混合器

【通道混合器】可以使用图像中现有（源）颜色通道的混合来修改目标（输出）颜色通道，从而控制单个通道的颜色量。利用该命令可以创建高品质的灰度图像、棕褐

色调图像或其他色调图像，也可以对图像进行创造性的颜色调整。在菜单栏中选择【图像】|【调整】|【通道混合器】命令，打开【通道混合器】对话框，如图8-80所示。

图8-80 【通道混合器】对话框

【通道混合器】对话框中各个选项的介绍如下。

- 【预设】：在该选项的下拉列表中包含了预设的调整文件，可以选择一个文件来自动调整图像，如图8-81所示。

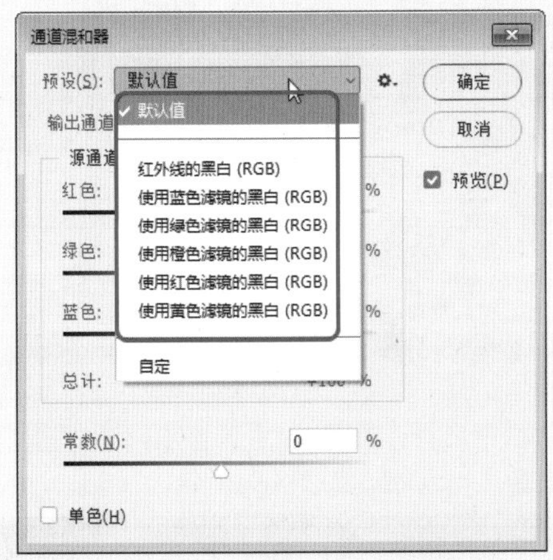

图8-81 【预设】下拉列表选项

- 【输出通道/源通道】：在【输出通道】下拉列表中选择要调整的通道，选择一个通道后，该通道的源滑块会自动设置为100%，其他通道则设置为0%。例如，如果选择【蓝色】作为输出通道，则会将【源通道】中的蓝色滑块设置为100%，红色和绿色滑块设置为0%，如图8-82所示。选择一个通道后，拖动【源通道】选项组中的滑块，即可调整此输出通道中源通道所占的百分比。将一个源通道的滑块向左拖移时，可减小该通道在输出通道中所占的百分比；向右拖移则增加百分比，负值可以使源通道在被添加到输出通道之前反相。调整红色通道的效果如图8-83所示；调整绿色通道的效果如图8-84所示；调整蓝色通道的效果如图8-85所示。

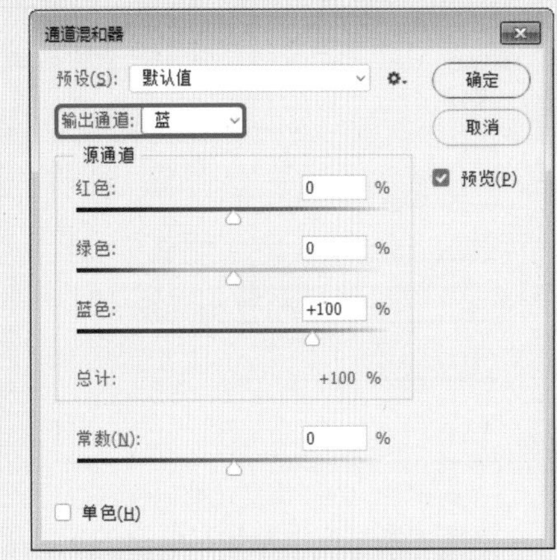

图8-82 以【蓝色】作为输出通道

图8-83 调整红色通道的效果

图8-84 调整绿色通道的效果

图8-85 调整蓝色通道的效果

- 【总计】：如果源通道的总计值高于100%，则该选项左侧会显示一个警告图标▲，如图8-86所示。

图8-86　总计值高于100%

- 【常数】：该选项是用来调整输出通道的灰度值。负值会增加更多的黑色，正值会增加更多的白色，-200%会使输出通道成为全黑，如图8-87所示；+200%会使输出通道成为全白，如图8-88所示。

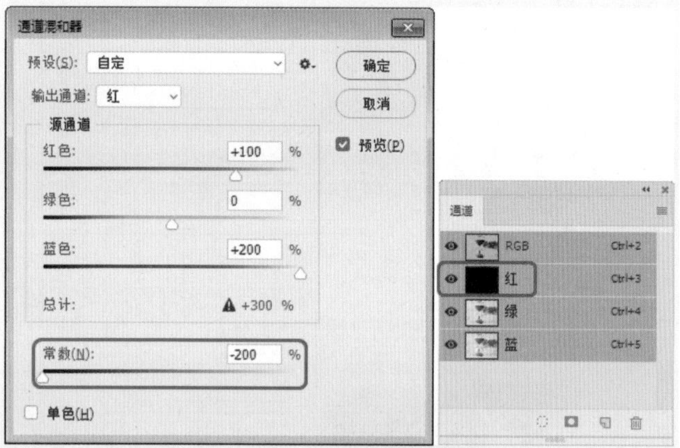

图8-87　常数值为-200%

图8-88　常数值为+200%

- 【单色】：勾选该复选框，彩色图像将转换为黑白图像，如图8-89所示。

图8-89　单色效果

8.2.10　实战：反相

选择【反相】命令，可以反转图像中的颜色，通道中每个像素的亮度值都会转换为256级颜色值刻度上相反的值。例如值为255的正片图像中的像素会转换为0，值为5的像素会转换为250。使用【反相】命令的操作方法如下。

01 打开“素材\Cha08\图片5.jpg”素材文件，如图8-90所示。

图8-90　打开的素材文件

02 在菜单栏中选择【图像】|【调整】|【反相】命令，即可对图像进行反相，如图8-91所示。

图8-91　反相后的效果

提示：用户还可以按Ctrl+I组合键执行【反相】命令。

8.2.11 色调分离

选择【色调分离】命令可以指定图像中每个通道的色调级（或亮度值）的数目，然后将像素映射为最接近的匹配级别。例如在RGB图像中选取两个色调级可以产生6种颜色：两种红色、两种绿色和两种蓝色。

在照片中创建特殊效果，如创建大的单调区域时此命令非常有用。在减少灰度图像中的灰色色阶数时，它的效果最为明显。但它也可以在彩色图像中产生特殊的效果。图8-92所示为使用【色调分离】前后的效果对比。

图8-92 使用【色调分离】前后的效果对比

8.2.12 阈值

【阈值】命令可以删除图像的色彩信息。将其转换为只有黑白两色的高对比度图像，其操作方法如下。

打开“素材\Cha08\图片6.jpg”素材文件，在菜单栏中选择【图像】|【调整】|【阈值】命令，即可打开【阈值】对话框，如图8-93所示；在该对话框中输入【阈值色阶】值，或者拖动直方图下面的滑块，也可以指定某个色阶作为阈值，所有比阈值亮的像素便被转换为白色，相反，所有比阈值暗的像素则被转换为黑色，如图8-94所示为调整阈值前后的效果对比。

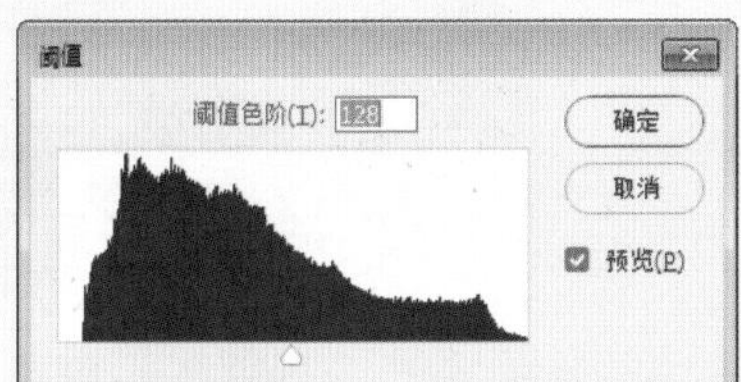

图8-93 【阈值】对话框

图8-94 调整阈值前后的效果对比

8.2.13 渐变映射

选择【渐变映射】命令可以将图像的色阶映射为一组渐变色的色阶。如指定双色渐变填充时，图像中的暗调被映射到渐变填充的一个端点颜色，高光被映射到另一个端点颜色，中间调被映射到两个端点之间的层次。

在菜单栏中选择【图像】|【调整】|【渐变映射】命令，即可打开【渐变映射】对话框，可设置渐变颜色，如图8-95所示。应用【渐变映射】命令前后的效果对比如图8-96所示。

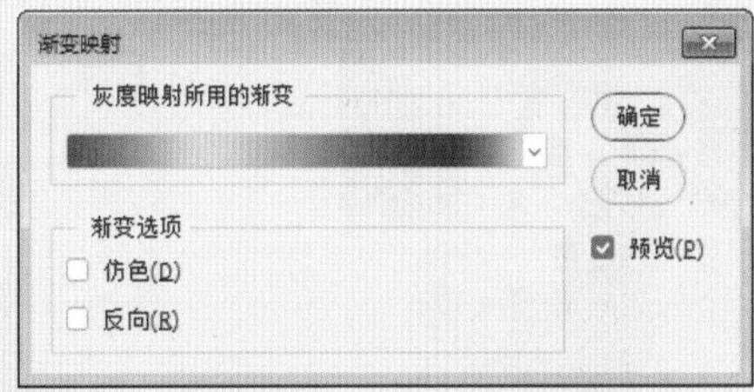

图8-95 【渐变映射】对话框

【渐变映射】对话框中各个选项的介绍如下。

- 【灰度映射所用的渐变】下拉列表框：从列表框中选择一种渐变类型。默认情况下，图像的暗调、中间调和高光分别映射到渐变填充的起始（左端）颜色、中间点和结束（右端）颜色。
- 【仿色】复选框：通过添加随机杂色，可使渐变映射效果的过渡显得更为平滑。
- 【反向】复选框：颠倒渐变填充方向，以形成反向映射的效果。

图8-96 应用【渐变映射】命令前后的效果对比

8.2.14 实战：可选颜色

使用【可选颜色】可以有选择性地修改主要颜色中的印刷色的数量，但不会影响其他主要颜色。例如，可以减少图像绿色图素中的青色，同时保留蓝色图素中的青色不变，效果如图8-97所示。具体操作步骤如下。

图8-97 可选颜色效果

01 打开“素材\Cha08\可选颜色.jpg”素材文件，如图8-98所示。

02 在菜单栏中选择【图像】|【调整】|【可选颜色】命令，打开【可选颜色】对话框，在该对话框中将【颜色】定义为【黄色】，将【青色】、【洋红】、【黄色】、【黑色】设置为+7、+35、−59、−7，如图8-99所示。

图8-98 打开的素材文件

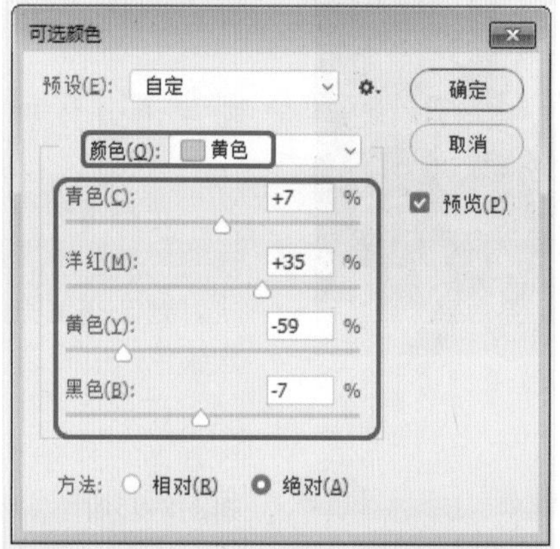

图8-99 【可选颜色】对话框

03 设置完成后单击【确定】按钮，完成后的效果如图8-100所示。

图8-100 完成后的效果

【可选颜色】对话框中各个选项的介绍如下。

- 【颜色】：在该选项下拉列表中可以选择要调整的颜色，这些颜色由加色原色、减色原色、白色、中性色和黑色组成。选择一种颜色后，可拖动【青色】、【洋红】、【黄色】和【黑色】滑块来调整这四种印刷色的数量。向右拖动【青色】滑块时，颜色向青色转换，向左拖动时，颜色向红色转换；向右拖动【洋红】滑块时，颜色向洋红色转换，向左拖动时，颜色向绿色转换；向右拖动【黄色】滑块时，颜色向黄色转换，向左拖动时，颜色向蓝色转换；拖动【黑色】滑块可以增加或减少黑色。
- 【方法】：用来设置色值的调整方式。选择【相对】时，可按照总量的百分比修改现有的青色、洋红、黄色或黑色的含量。例如，如果从50%的洋红像素开始添加10%，结果为55%的洋红（50%+50%×10%=55%）；选择【绝对】时，则采用绝对值调整颜色。例如，如果从50%的洋红像素开始添加10%，则结果为60%洋红。

8.2.15 去色

执行【去色】命令可以删除彩色图像的颜色，但不会改变图像的颜色模式，如图8-101、图8-102所示分别为执行该命令前后的图像效果。如果在图像中创建了选区，则执行该命令时，只会删除选区内图像的颜色，如图8-103所示。

图8-101 原图

图8-102 执行该命令之后的效果

图8-103 去除选区内的颜色

实例操作003——复古色调效果

下面介绍如何将照片制作成复古的效果，制作时主要利用了图层的【混合模式】和调整【曲线】命令，完成后的效果如图8-104所示。

01 启动软件后，按Ctrl+O组合键，在弹出的【打开】对话框选择中“素材\Cha08\复古色调效果.jpg”素材文件，如图8-105所示。

图8-104 复古色调效果图

图8-105 打开的素材文件

02 打开【图层】面板中选择【背景】图层，并将其拖曳到【创建新图层】按钮上，创建【背景 拷贝】图层，如图8-106所示。

03 在菜单栏中选择【图像】|【调整】|【去色】命令，完成后的效果如图8-107所示。

04 打开【图层】面板，选择【背景拷贝】图层，将图层的【混合模式】设置为【滤色】，将【不透明度】设置为50%，如图8-108所示。

图8-106 复制图层

图8-107 去色后的效果

图8-108 设置图层

05 打开【图层】面板，单击【创建新图层】按钮，新建【图层1】，将【前景色】的RGB值设置为73，52，6，然后按Alt+Delete组合键填充前景颜色，完成后的效果如图8-109所示。

图8-109　填充颜色

06 打开【图层】面板，选择【图层1】，将其【混合模式】设置为【颜色】，完成后的效果如图8-110所示。

图8-110　设置图层【混合模式】

07 打开【图层】面板选择【背景】图层，并对其进行复制，并将复制的图层拖曳到【图层1】的下面，如图8-111所示。

08 确定【背景 拷贝 2】处于被选择状态，按Ctrl+Alt+Shift+E组合键，盖印图层，如图8-112所示。

09 按Ctrl+M组合键，弹出【曲线】对话框，将【输出】设置为197，将【输入】设置为154，然后单击【确定】按钮，如图8-113所示。

图8-111　复制【背景】图层

图8-112　盖印图层

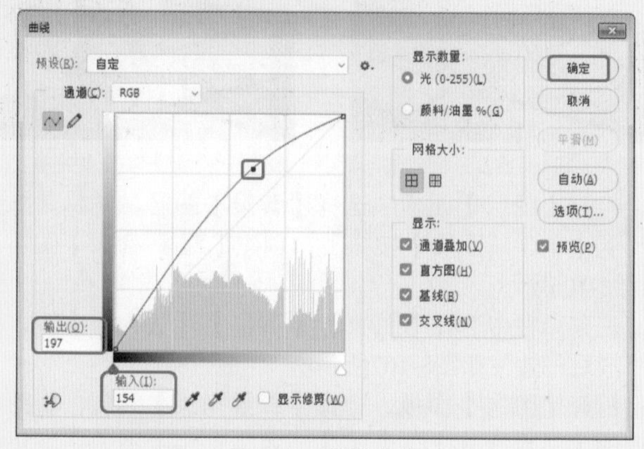

图8-113　设置曲线

8.2.16 实战：匹配颜色

【匹配颜色】命令可以将一个图像（源图像）的颜色与另一个图像（目标图像）的颜色相匹配，该命令比较适合处理多个图片，以使它们的颜色保持一致，其效果如图8-114所示。

图8-114 匹配颜色效果

01 打开“素材\Cha08\匹配颜色1.jpg、匹配颜色2.jpg”素材文件，如图8-115、图8-116所示。

图8-115 “匹配颜色1.jpg”素材文件

图8-116 “匹配颜色2.jpg”素材文件

02 将“匹配颜色1.jpg”素材文件设置为要修改的图层，然后在菜单栏中选择【图像】|【调整】|【匹配颜色】命令，打开【匹配颜色】对话框，在【源】选项下拉列表中选择“匹配颜色2.jpg”文件，如图8-117所示。

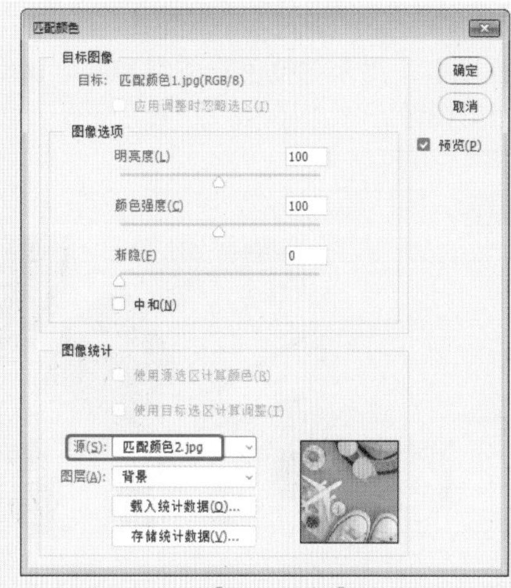

图8-117 【匹配颜色】对话框

03 设置完成后单击【确定】按钮，完成后的效果如图8-118所示。

图8-118 完成后的效果

【匹配颜色】对话框中各个选项的介绍如下。

- 【目标】：显示了被修改的图像的名称和颜色模式等信息。
- 【应用调整时忽略选区】：如果当前的图像中包含选区，勾选该复选框，可忽略选区，调整将应用于整个图像，如图8-119所示；取消勾选，则仅影响选区内的图像，如图8-120所示。

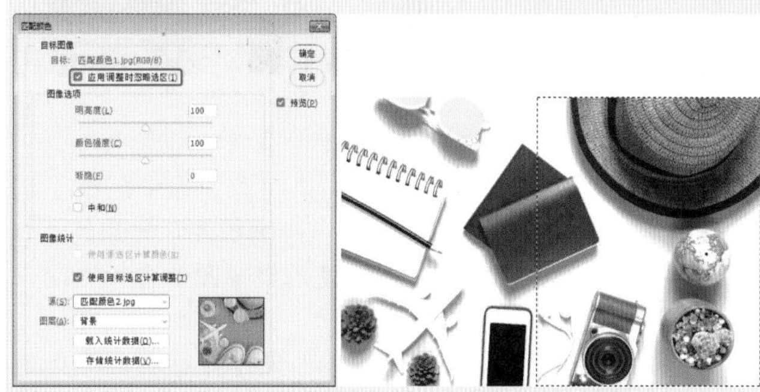
图8-119 勾选【应用调整时忽略选区】时的效果

- 【明亮度】：拖动滑块或输入数值，可以增加或减小图

像的亮度。

- 【颜色强度】：用来调整色彩的饱和度。该值为1时，可生成灰度图像。

图8-120　取消勾选【应用调整时忽略选区】复选框时的效果

- 【渐隐】：用来控制应用于图像的调整量，该值越高，调整的强度越弱，如图8-121、图8-122所示为【渐隐】值分别为30、70时的效果。

图8-121　【渐隐】值为30时的效果

图8-122　【渐隐】值为70时的效果

- 【中和】：勾选该复选框，可消除图像中出现的色偏。
- 【使用源选区计算颜色】：如果在源图像中创建了选区，勾选该复选框，可使用选区中的图像匹配颜色，如图8-123所示；取消勾选，则使用整幅图像进行匹配，如图8-124所示。
- 【使用目标选区计算调整】：如果在目标图像中创建了选区，勾选该复选框，可使用选区内的图像来计算调整；取消勾选，则会使用整个图像中的颜色来计算调整。
- 【源】：用来选择与目标图像中的颜色进行匹配的源图像。
- 【图层】：用来选择需要匹配颜色的图层。如果要将【匹配颜色】命令应用于目标图像中的某一个图层，应在执行命令前选择该图层。
- 【载入统计数据/存储统计数据】：单击【载入统计数据】按钮，可载入已存储的设置；单击【存储统计数据】按钮，可将当前的设置保存。当使用载入的统计数据时，无需在Photoshop中打开源图像就可以完成匹配目标图像的操作。

图8-123　勾选【使用源选区计算颜色】时的效果

图8-124　未勾选【使用源选区计算颜色】时的效果

提示

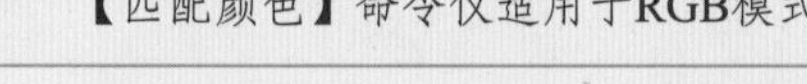

【匹配颜色】命令仅适用于RGB模式的图像。

8.2.17　实战：替换颜色

【替换颜色】命令可以选择图像中的特定颜色，然后将其替换。该命令的对话框中包含了颜色选择选项和颜色调整选项。颜色的选择方式与【色彩范围】命令基本相同，而颜色的调整方式又与【色相/饱和度】命令十分相似，所以，我们暂且将【替换颜色】命令看作是这两个命令的集合。

下面介绍一下使用【替换颜色】命令替换图像颜色的操作方法，其效果如图8-125所示。

01 打开“素材\Cha08\替换颜色.jpg”素材文件，如图8-126所示。

02 在菜单栏中选择【图像】|【调整】|【替换颜色】命令，打开【替换颜色】对话，使用吸管工具，在图像上吸取粉色部分的颜色，如图8-127所示。

图8-125 替换颜色效果

图8-126 打开的素材文件

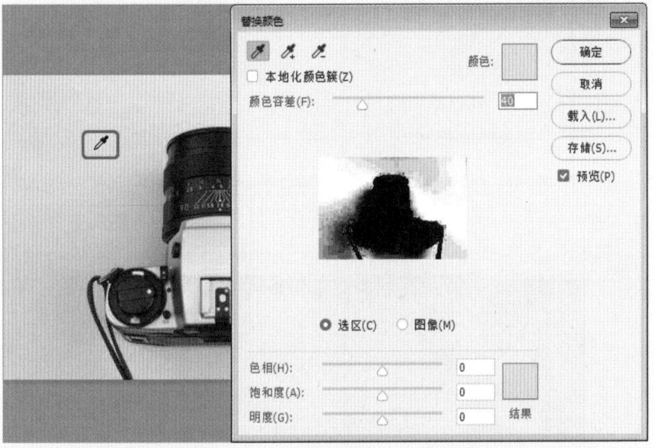

图8-127 吸取颜色

03 将【颜色容差】设置为180，在【替换】选项组中将【色相】设置为+116，将【饱和度】设置为+42，将【明度】设置为+59，如图8-128所示。

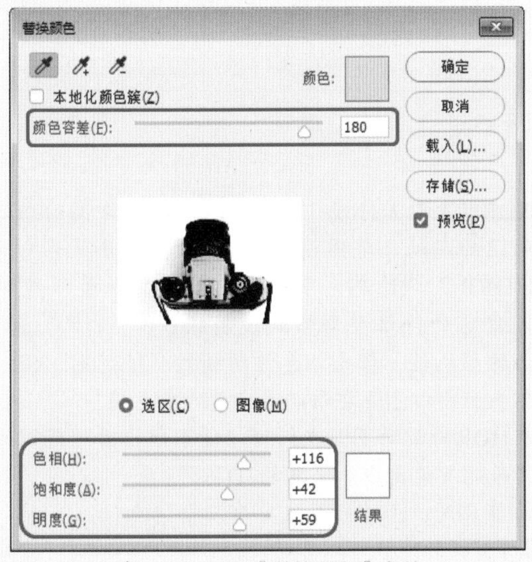

图8-128 设置【替换颜色】参数

04 设置完成后单击【确定】按钮，完成后的效果如图8-129所示。

图8-129 吸取颜色

8.2.18 阴影/高光

当照片曝光不足时，使用这个命令在打开的如图8-130所示的【阴影/高光】对话框中可以轻松校正图像，它不是简单地将图像变亮或变暗，而是基于阴影或高光区周围的像素协调地增亮和变暗。

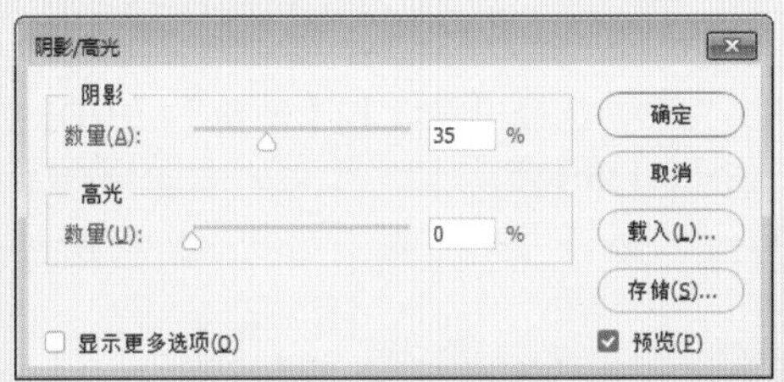

图8-130 【阴影/高光】对话框

8.2.19 黑白

将彩色图像转换为灰度图像，同时保持对各颜色的转换方式的完全控制，也可以通过对图像应用【色调】来为灰度着色。通过颜色滑块调整图像中特定颜色的灰色调。将滑块向左拖动或向右拖动分别可使图像的原色的灰色调变暗或变亮，【黑白】对话框如图8-131所示。

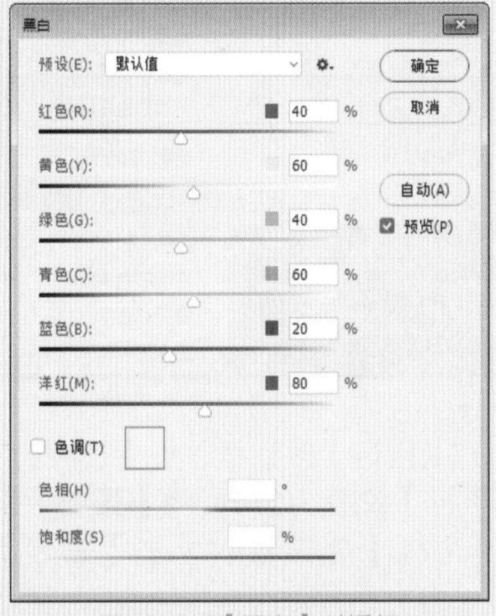

图8-131 【黑白】对话框

8.2.20 实战：HDR色调

下面介绍如何使用Photoshop设置图片的HDR色调的具体操作方法。

01 打开“素材\Cha08\HDR色调.jpg”素材文件，如图8-132所示。

图8-132 打开的素材文件

02 打开文件后，选择【图像】|【调整】|【HDR色调】命令，如图8-133所示。

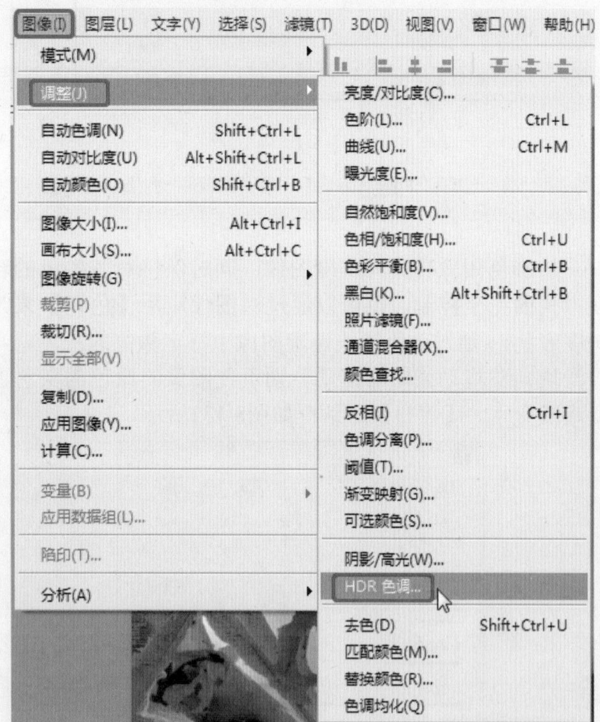

图8-133 选择【HDR色调】命令

03 弹出【HDR色调】对话框，在【边缘光】选项组下方将【半径】设置为270，将【强度】设置为1.5，勾选【平滑边缘】复选框，单击【确定】按钮，如图8-134所示。

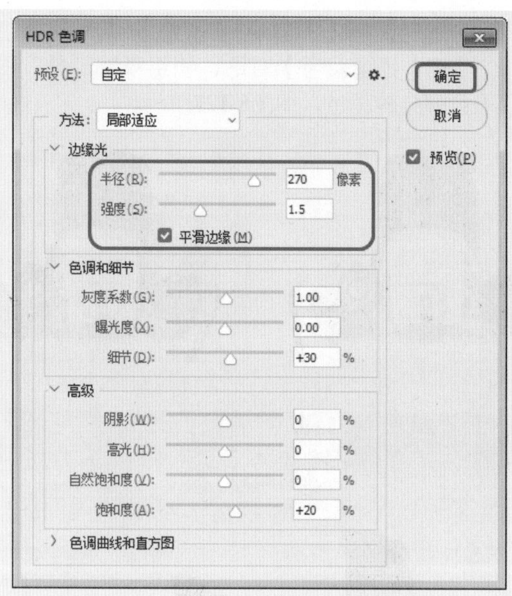

图8-134 设置【半径】和【强度】参数

04 返回工作界面中观察效果，如图8-135所示。

图8-135 观察效果

知识链接 HDR简介

HDR的全称是High Dynamic Range，即高动态范围，比如所谓的高动态范围图像（HDRI）或者高动态范围渲染（HDRR）。动态范围是指信号最高和最低值的相对比值。目前的16位整型格式使用从“0”（黑）到“1”（白）的颜色值，但是不允许所谓的“过范围”值，比如说金属表面比白色还要白的高光处的颜色值。

在HDR的帮助下，我们可以使用超出普通范围的颜色值，因而能渲染出更加逼真的3D场景。

简单来说，HDR效果主要有三个特点：

（1）亮的地方可以非常亮。

（2）暗的地方可以非常暗。

（3）亮暗部的细节都很明显。

8.3 上机练习——模拟脱焦效果

本案例将介绍如何将拍摄好的照片模拟脱焦效果，该案例主要通过利用径向模糊、描边、曲线调整图层等来制作脱焦效果，完成后的效果如图8-136所示。

图8-136　模拟焦距脱焦效果

01 启动Photoshop CC 2018，按Ctrl+O组合键，打开“素材\Cha08\模拟焦距脱焦效果.jpg”素材文件，如图8-137所示。

图8-137　打开的素材文件

02 按Ctrl+M组合键，在弹出的对话框中单击鼠标，添加一个编辑点，选中该编辑点，将【输出】和【输入】分别设置为163、184，如图8-138所示。

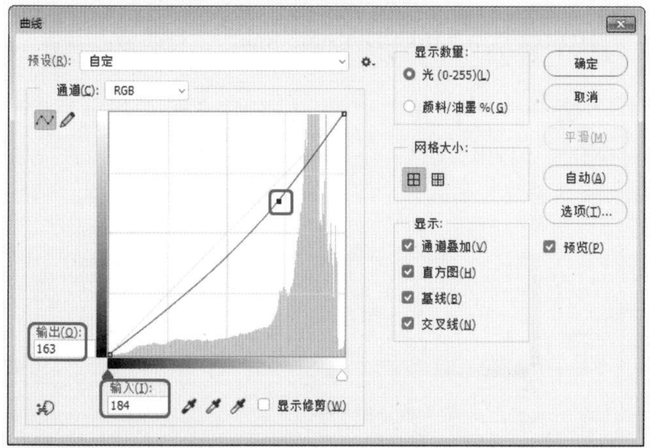

图8-138　设置【曲线】参数

03 设置完成后，单击【确定】按钮，在工具箱中单击【圆角矩形工具】，在工具选项栏中将工具模式设置为【路径】，将【半径】设置为10像素，在文档中绘制一个圆角矩形，如图8-139所示。

图8-139　绘制圆角矩形

04 按Ctrl+T组合键，在文档中调整该路径的位置，在工具选项栏中将旋转角度设置为-12.2度，如图8-140所示。

图8-140　调整路径的位置和角度

05 设置完成后，按Enter键确认，然后按Ctrl+Enter组合键，将路径载入选区，按Ctrl+Shift+I组合键进行反选，效果如图8-141所示。

图8-141　将路径载入选区并进行反选

06 在菜单栏中选择【滤镜】|【模糊】|【径向模糊】命令，如图8-142所示。

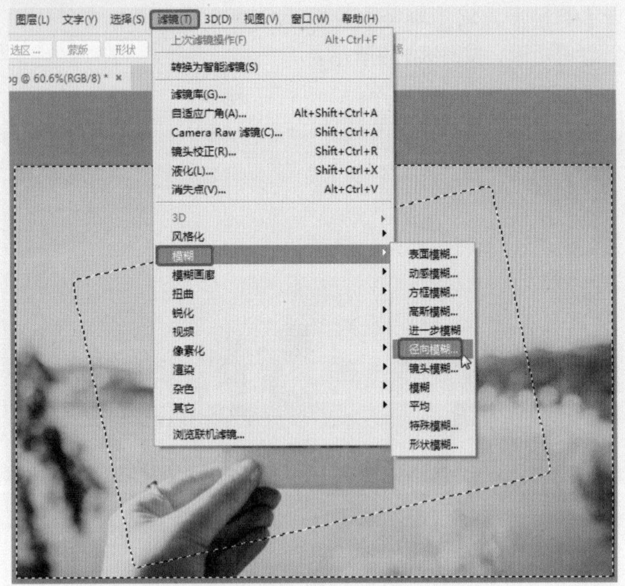

图8-142 选择【径向模糊】命令

07 在弹出的对话框中将【数量】设置为70，分别勾选【缩放】和【好】单选按钮，如图8-143所示。

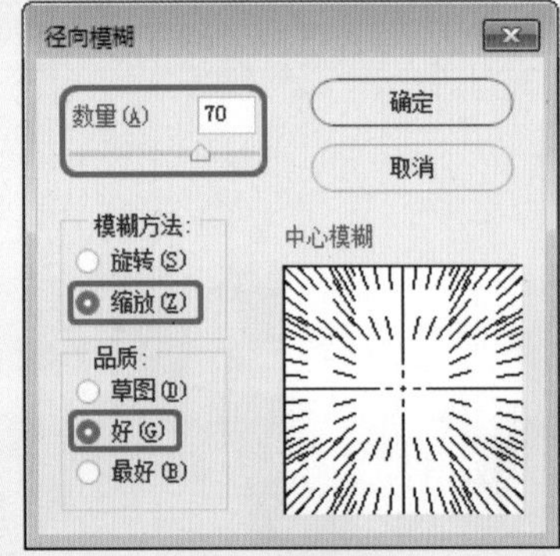

图8-143 设置【径向模糊】参数

08 设置完成后，单击【确定】按钮，执行该操作后即可完成径向模糊，按Ctrl+Shift+I组合键进行反选，如图8-144所示。

图8-144 设置完成并进行反选

09 按Ctrl+J组合键，将选区新建一个图层，在菜单栏中选择【编辑】|【描边】命令，在弹出的对话框中将【宽度】设置为15像素，将【颜色】设置为白色，勾选【居中】单选按钮，如图8-145所示。

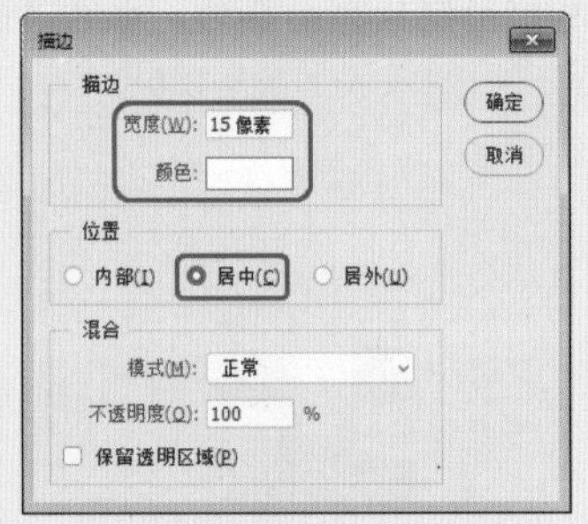

图8-145 设置【描边】参数

10 设置完成后，单击【确定】按钮，按Ctrl+M组合键，在弹出的对话框中将【通道】设置为【红】，在曲线上单击鼠标，添加一个编辑点，将【输出】、【输入】分别设置为205、188，如图8-146所示。

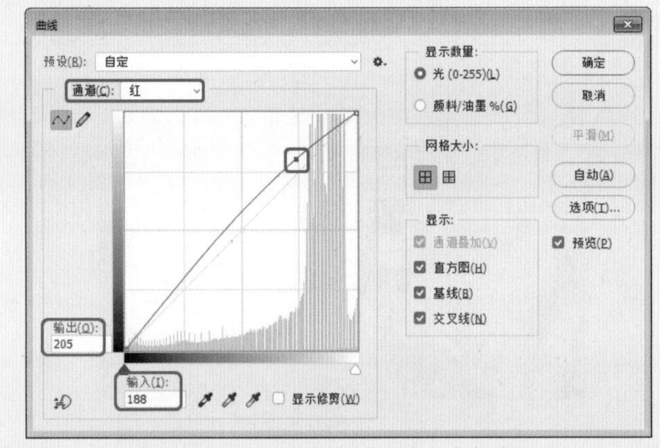

图8-146 设置红色通道的曲线参数

11 将【通道】设置为【绿】，在曲线上单击鼠标，添加一个编辑点，将【输出】、【输入】分别设置为217、198，如图8-147所示。

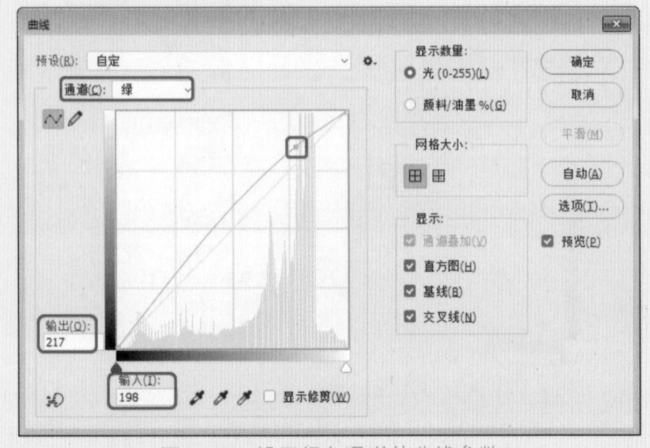

图8-147 设置绿色通道的曲线参数

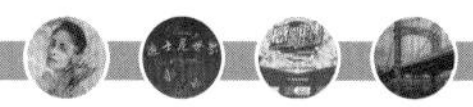

12 将【通道】设置为【蓝】，在曲线上单击鼠标，添加一个编辑点，将【输出】、【输入】分别设置为225、199，如图8-148所示。

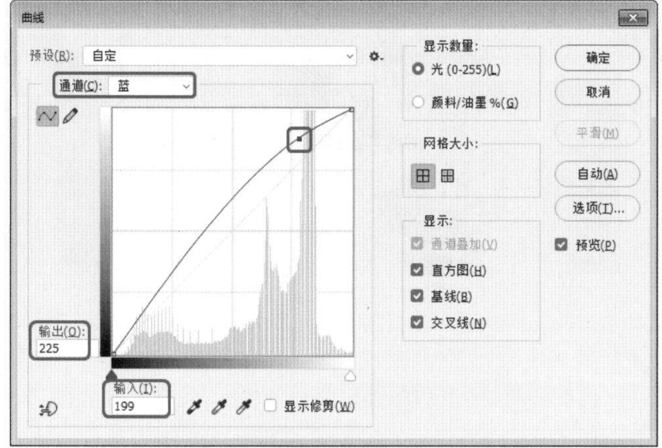

图8-148　设置蓝色通道的曲线参数

13 设置完成后，单击【确定】按钮，在【图层】面板中单击【创建新的填充或调整图层】按钮，在弹出的列表中选择【可选颜色】命令，如图8-149所示。

图8-149　选择【可选颜色】命令

14 在弹出的面板中将【颜色】设置为【红色】，勾选【绝对】单选按钮，将可选颜色参数分别设置为−74、−24、−46、0，如图8-150所示。

15 将【颜色】设置为【绿色】，将可选颜色参数分别设置为78、−25、63、0，如图8-151所示。

16 将【颜色】设置为【黑色】，将可选颜色参数分别设置为0、0、0、11，如图8-152所示。

图6-150　设置红色可选颜色参数

图8-151　设置绿色可选颜色参数

图8-152　设置黑色可选颜色参数

17 设置完成后，在【图层】面板中双击【图层1】，在弹出的【图层样式】对话框中选中【投影】复选框，将【角度】设置为0，将【距离】设置为0，将【大小】设置为95像素，如图8-153所示。

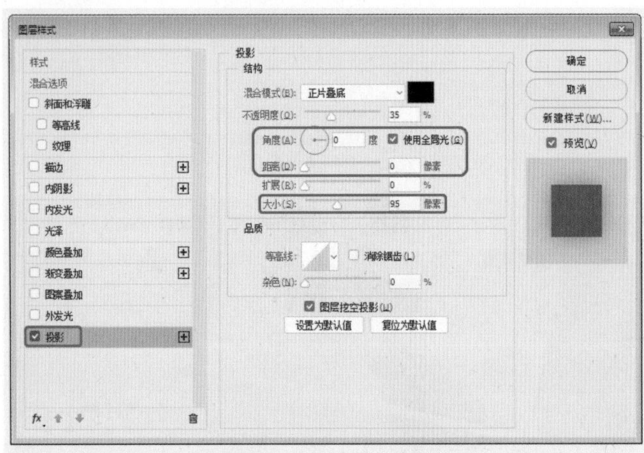

图8-153　设置【投影】参数

18 设置完成后，单击【确定】按钮，在【图层】面板中选择【背景】图层，在菜单栏中选择【图像】|【调整】|【亮度/对比度】命令，在弹出的对话框中将【亮度】、【对比度】分别设置为6、27，设置完成后，单击【确定】按钮，即可完成制作，效果如图8-154所示。

图8-154　完成后的效果

8.4 思考与练习

1.【色彩平衡】命令的主要作用是什么？
2. 一个颜色有几个属性？分别是什么？

第9章 滤镜的应用

滤镜是Photoshop中独特的工具，其菜单中有一百多种滤镜，利用它们可以制作出各种各样的效果。本章将介绍滤镜在设计中的应用，在使用Photoshop中的滤镜特效处理图像的过程中，读者可能会发现滤镜特效太多，不容易把握，也不知道这些滤镜特效究竟适合处理什么样的图片，要解决这些问题，就必须先了解这些滤镜特效的基本功能和特性，本章将对常用的滤镜进行简单的介绍。

9.1 初识滤镜

滤镜是Photoshop中最具吸引力的功能之一，它就像是一个魔术师，可以把普通的图像变为非凡的视觉作品。滤镜不仅可以制作各种特效，还能模拟素描、油画、水彩等绘画效果。

9.1.1 认识滤镜

【滤镜】原本是摄影师安装在照相机前的过滤器，用来改变照片的拍摄方式，以产生特殊的拍摄效果，Photoshop中的滤镜是一种插件模块，能够操纵图像中的像素，我们知道，位图图像是由像素组成的，每一个像素都有其位置和颜色值，滤镜就是通过改变像素的位置或颜色值生成各种特殊效果的。图9-1所示为原图像，图9-2所示是【拼贴】滤镜处理后的图像。

图9-1　原图像

图9-2　滤镜处理后的图像

Photoshop的【滤镜】菜单中包含多种滤镜，如图9-3所示。其中，【滤镜库】、【镜头校正】、【液化】和【消失点】是特殊的滤镜，被单独列出，而其他滤镜都依据其主要的功能被放置在不同类别的滤镜组中，如图9-4所示。

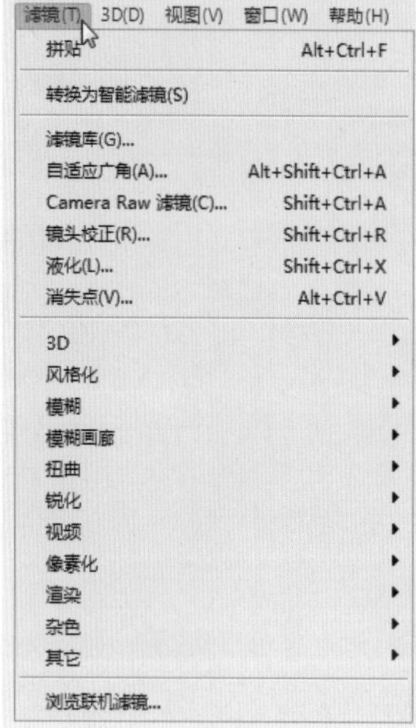

图9-3　【滤镜】下拉菜单

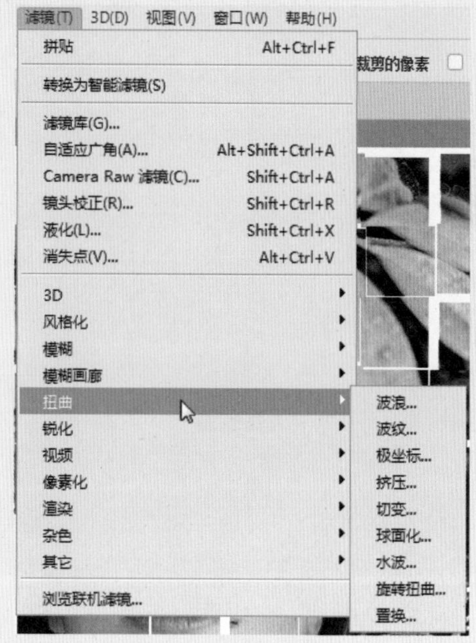

图9-4　滤镜子菜单

9.1.2 滤镜的分类

Photoshop中的滤镜可分为三种类型，第一种是修改类滤镜，它们可以修改图像中的像素，如【扭曲】、【纹理】、【素描】等滤镜，这类滤镜的数量最多；第二种是复合类滤镜，这类滤镜有自己的工具和独特的操作方法，更像是一个独立的软件，如【液化】、【消失点】和【滤镜库】；如图9-5所示。第三种是创造类滤镜，这类滤镜不需要借助任何像素便可以产生效果，如【镜头光晕】滤镜可以在图层上生成镜头光晕效果，如图9-6所示。这类滤镜的数量最少。

图9-5　滤镜库

图9-6 【镜头光晕】滤镜

9.1.3 滤镜的使用规则

使用滤镜处理图层中的图像时，该图层必须是可见的。如果创建了选区，滤镜只处理选区内的图像，如图9-7所示。没有创建选区，则处理当前图层中的全部图像，如图9-8所示。

图9-7 对选区内图像使用滤镜

图9-8 对全部图形应用滤镜

滤镜可以处理图层蒙版、快速蒙版和通道。

滤镜的处理效果是以像素为单位进行计算的，因此，相同的参数处理不同分辨率的图像，其效果也会不同。

只有云彩滤镜可以应用在没有像素的区域，如图9-9所示为应用【云彩】滤镜后的效果，其他滤镜都可以应用在包含像素的区域，否则不能使用这些滤镜。例如，在透明的图层上应用【彩色半调】滤镜时会弹出警告对话框，如图9-10所示。

图9-9 应用【云彩】滤镜后的效果

图9-10 提示对话框

RGB模式的图像可以使用全部的滤镜，部分滤镜不能用于CMYK模式的图像，索引模式和位图模式的图像则不能使用滤镜。如果要对位图模式、索引模式或CMYK模式的图像应用一些特殊滤镜，可以先将他们转换为RGB模式，再进行处理。

9.1.4 滤镜的使用技巧

在使用滤镜处理图像时，以下技巧可以帮助我们更好地完成操作。

使用过一个滤镜命令后，【滤镜】菜单的第一行便会

出现该滤镜的名称，如图9-11所示，单击它或者按Alt+Ctrl+F组合键可以快速应用这一滤镜。

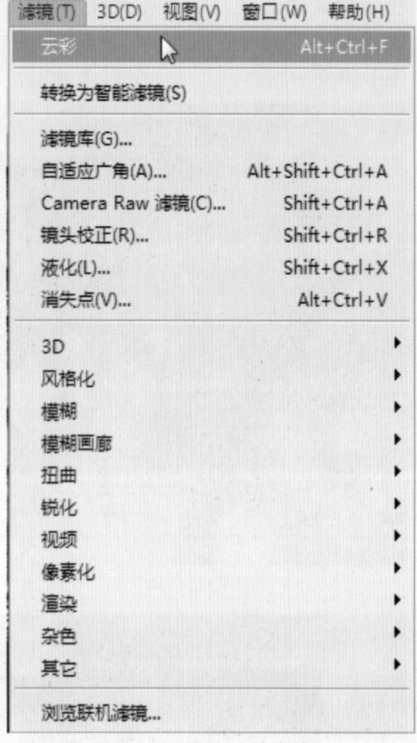

图9-11　显示滤镜名称

在任意【滤镜】对话框中按住Alt键，对话框中的【取消】按钮都会变成【复位】按钮，如图9-12所示。单击它可以将滤镜的参数恢复到初始状态。如果按Ctrl键，对话框中的【取消】按钮将会变为【默认】按钮，单击该按钮将可以恢复到最初的默认状态。

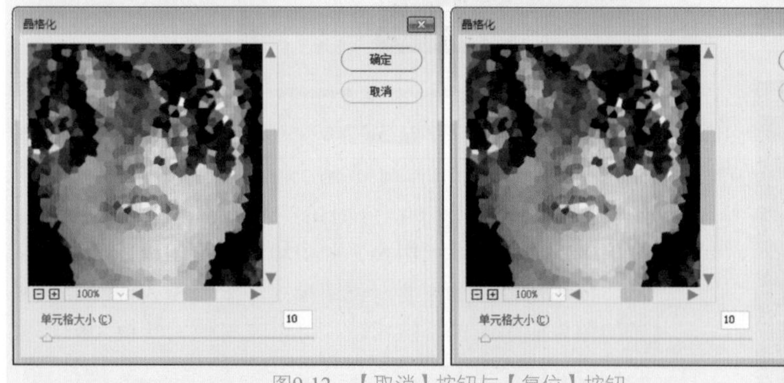

图9-12　【取消】按钮与【复位】按钮

如果在选择滤镜的过程中想要终止滤镜，可以按Esc键。

选择滤镜时通常会打开滤镜库或者相应的对话框，在预览框中可以预览滤镜效果，单击⊟和⊞按钮可以放大或缩小图像的显示比例。将光标移至预览框中，单击并拖动鼠标，可移动预览框内的图像，如图9-13所示。如果想要查看某一区域内的图像，则可将鼠标移至文档中，光标会显示为一个方框状，单击鼠标，滤镜预览框内将显示单击处的图像，如图9-14所示。

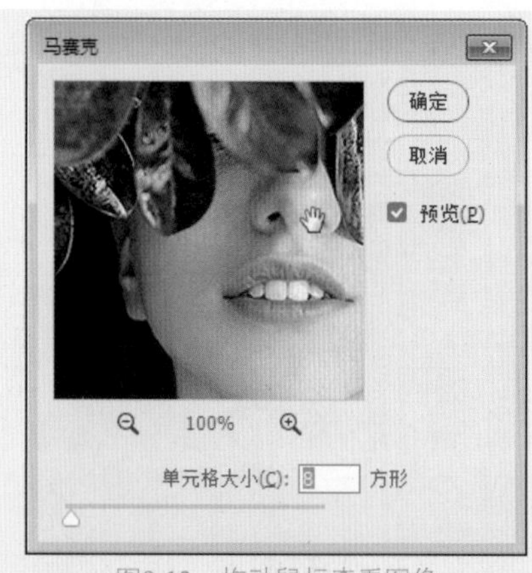

图9-13　拖动鼠标查看图像

图9-14　在预览框中查看图像

使用滤镜处理图像后，可选择【编辑】|【渐隐】命令修改滤镜效果的混合模式和不透明度。使用【渐隐】命令必须是在进行了编辑操作后立即选择，如果这中间又进行了其他操作，则无法选择该命令。

9.1.5　滤镜库

Photoshop将【风格化】、【画笔描边】、【扭曲】、【素描】、【纹理】和【艺术效果】滤镜组中的主要滤镜整合在一个对话框中，这个对话框就是【滤镜库】。通过【滤镜库】可以将多个滤镜同时应用于图像，也可以对同一图像多次应用同一滤镜，并且，还可以使用其他滤镜替换原有的滤镜。

选择【滤镜】|【滤镜库】命令，可以打开【滤镜库】对话框，如图9-15所示。对话框的左侧是滤镜效果预览区，中间是6组滤镜列表，右侧是参数设置区和效果图层编辑区。

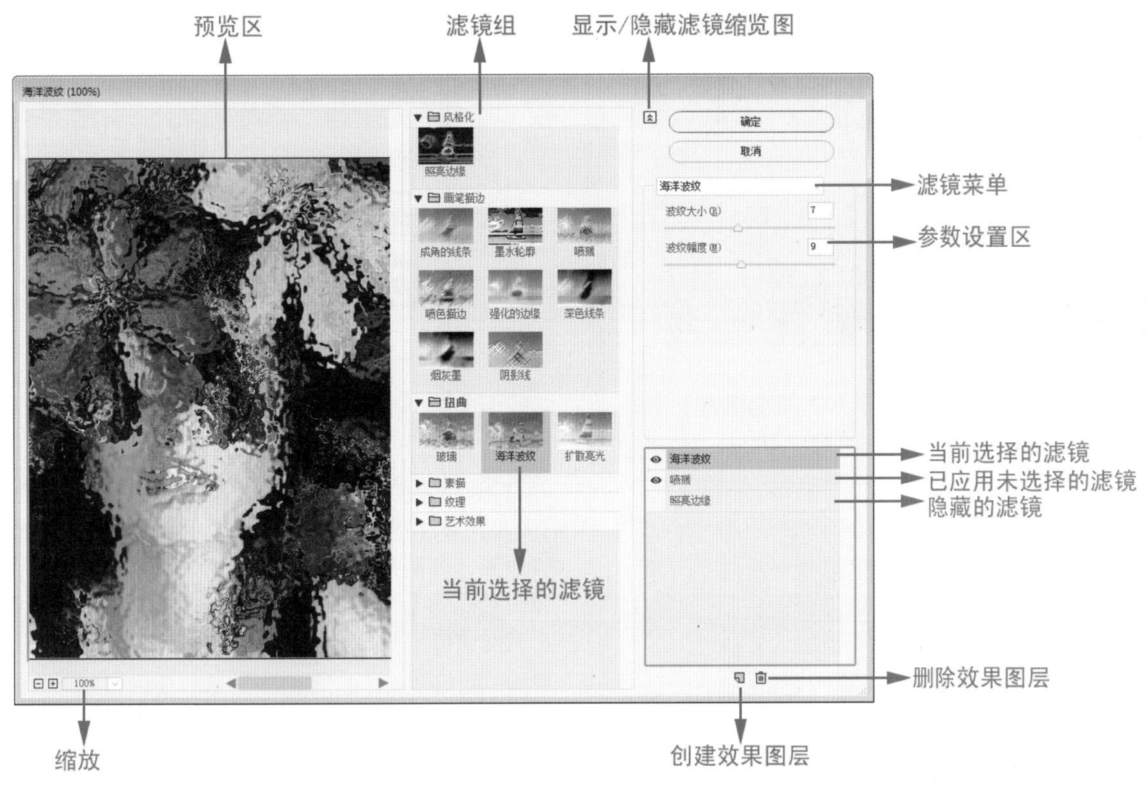

图9-15 【滤镜库】对话框

- 【预览区】：用来预览滤镜的效果。
- 【滤镜组/参数设置区】：【滤镜组】中共包含6组滤镜，单击一个滤镜组前的▶按钮，可以展开该滤镜组，单击滤镜组中的一个滤镜即可使用该滤镜，与此同时，右侧的参数设置区内会显示该滤镜的参数选项。
- 【当前选择的滤镜】缩览图：显示了当前使用的滤镜。
- 【显示/隐藏滤镜】缩览图：单击按钮，可以隐藏滤镜组，进而将空间留给图像预览区，再次单击则显示滤镜组。
- 【滤镜菜单】：单击照亮边缘，可在打开的下拉菜单中选择一个滤镜，这些滤镜是按照滤镜名称拼音的先后顺序排列的，如果想要使用某个滤镜，但不知道它在哪个滤镜组，便可以通过该下拉菜单进行选择。
- 【缩放】：单击⊞按钮，可放大预览区图像的显示比例，单击⊟按钮，可缩小图像的显示比例，也可以在文本框中输入数值进行精确缩放。

9.2 智能滤镜

智能滤镜是一种非破坏性的滤镜，它可以单独存在于图层面板中，并且可以对其进行操作，还可以随时进行删除或者隐藏，所有的操作都不会对图像造成破坏。

9.2.1 实战：创建智能滤镜

对普通图层中的图像选择【滤镜】命令后，此效果将直接应用在图像上，原图像将遭到破坏；而对智能对象应用【滤镜】命令后，将会产生【智能滤镜】。【智能滤镜】中保留有为图像选择的任何【滤镜】命令和参数设置，这样就可以随时修改选择的【滤镜】参数，且源图像仍保留有原有的数据。使用【智能滤镜】的具体操作如下。

01 打开“素材\Cha09\素材02.jpg”素材文件，如图9-16所示。

图9-16　打开的素材文件

02 在菜单栏中选择【滤镜】|【转换为智能滤镜】命令，此时会弹出系统提示对话框，如图9-17所示。

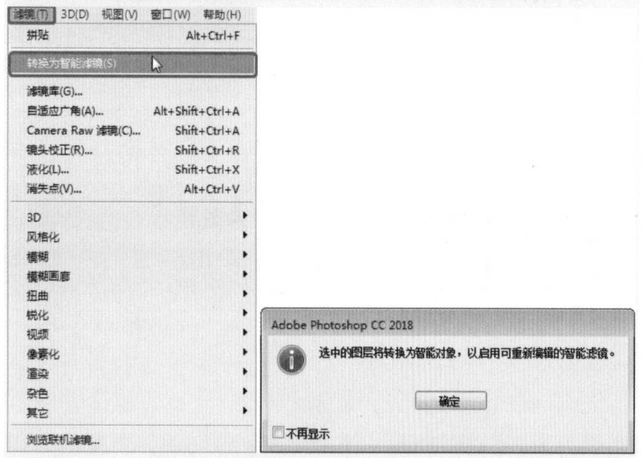

图9-17　提示对话框

03 单击【确定】按钮，将图层中的对象转换为智能对象，然后选择菜单栏中【滤镜】|【风格化】|【拼贴】命令，如图9-18所示。

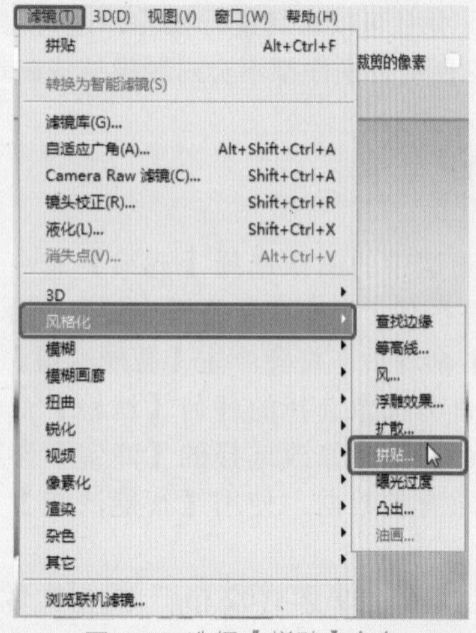

图9-18　选择【拼贴】命令

04 在弹出的对话框中将【最大位移】设置为15，选中【背景色】单选按钮，其他参数使用默认设置即可，如图9-19所示。

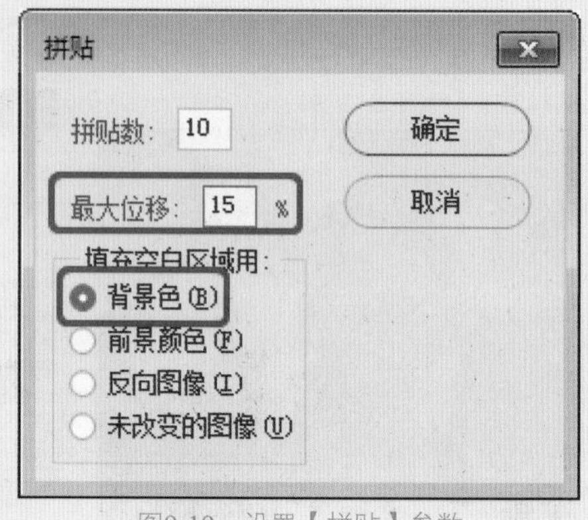

图9-19　设置【拼贴】参数

05 设置完成后，单击【确定】按钮，即可应用该滤镜效果，在【图层】面板中该图层的下方将会出现智能滤镜效果，如图9-20所示，如果用户需要对【拼贴】进行设置，可以在【图层】面板中双击【拼贴】效果，然后在弹出的对话框中对其进行设置即可。

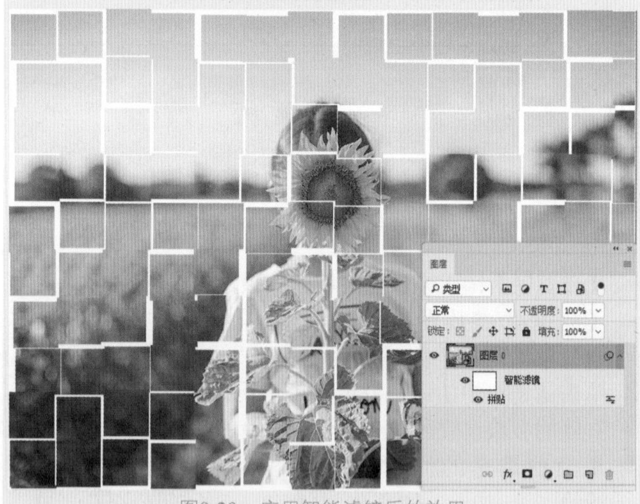

图9-20　应用智能滤镜后的效果

9.2.2　停用/启用智能滤镜

单击智能滤镜前的 👁 图标可以不应用滤镜，图像恢复为原始状态，如图9-21所示。或者选择菜单栏中【图层】|【智能滤镜】|【停用智能滤镜】命令，如图9-22所示，也可以将该滤镜停用。

如果需要恢复使用滤镜，选择菜单栏中的【图层】|【智能滤镜】|【启用智能滤镜】命令即可，如图9-23所示。或者在 👁 图标位置处单击鼠标左键，即可恢复滤镜的启用状态。

图9-21　停用智能滤镜

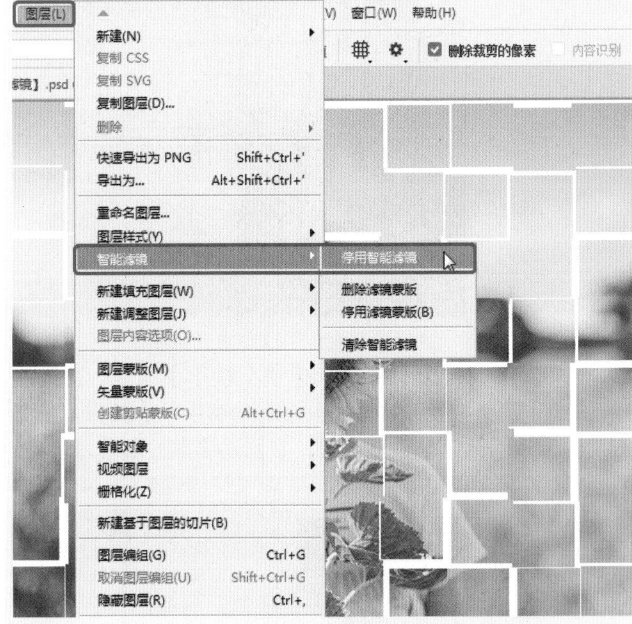

图9-22　选择【停用智能滤镜】命令

9.2.3 编辑智能滤镜蒙版

当将智能滤镜应用于某个智能对象时，在【图层】面板中该智能对象下方的【智能滤镜】上会显示一个蒙版缩览图。默认情况下，此蒙版显示完整的滤镜效果。如果在应用智能滤镜前已建立选区，则会在【图层】面板中的智能滤镜行上显示适当的蒙版而非一个空白蒙版。

滤镜蒙版的工作方式与图层蒙版非常相似，可以对它们进行绘画，用黑色绘制的滤镜区域将隐藏，用白色绘制的区域将可见，如图9-24所示。

图9-23　选择【启用智能滤镜】命令

图9-24　编辑蒙版后效果

9.2.4 删除智能滤镜蒙版

删除智能滤镜蒙版的操作方法有以下3种。

- 将【图层】面板中的滤镜蒙版缩览图拖动至面板下方的【删除图层】按钮 🗑 上，释放鼠标左键。
- 单击【图层】面板中的滤镜蒙版缩览图，将其设置为工作状态，然后单击【蒙版】中的【删除图层】按钮 🗑 。
- 选择【智能滤镜】效果，并选择【图层】|【智能滤镜】|【删除滤镜蒙版】命令。

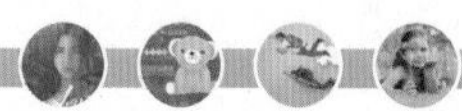

9.2.5 清除智能滤镜

清除智能滤镜的方法有三种：①选择菜单栏中的【图层】|【智能滤镜】|【清除智能滤镜】命令，如图9-25所示。②在【图层】面板中选择智能滤镜，右击鼠标，在弹出的快捷菜单中选择【清除智能滤镜】命令，如图9-26所示。③将智能滤镜拖动至【图层】面板下方【删除图层】按钮 🗑 上。

图9-25 选择【清除智能滤镜】命令

图9-26 在【图层】面板中选择【清除智能滤镜】命令

9.3 滤镜的应用

9.3.1 实战：镜头校正

镜头校正滤镜可修复常见的镜头瑕疵、色差和晕影等，也可以修复由于相机垂直或水平倾斜而导致的图像透视现象。

01 按Ctrl+O组合键，在弹出的对话框中打开“素材\Cha09\素材03.jpg”素材文件，如图9-27所示。

图9-27 打开的素材文件

02 在菜单栏中选择【滤镜】|【镜头校正】命令，此时会弹出【镜头校正】对话框，如图9-28所示。其中左侧是工具栏，中间部分是预览窗口，右侧是参数设置区域。

图9-28 【镜头校正】对话框

03 在【镜头校正】对话框中将【相机制造商】设置为Canon，勾选【晕影】复选框，如图9-29所示。

图9-29 设置校正参数

04 再在该对话框中选择【自定】选项卡，将【移去扭曲】设置为39，将【垂直透视】、【水平透视】分别设置为-13、28，将【角度】设置为343.79°，将【比例】设置为120，如图9-30所示。

图9-30 自定义校正参数

提示

用户除了可以在【自定】选项卡中的文本框中进行参数设置外，还可以通过左侧工具栏中的各个工具进行调整。

05 设置完成后，单击【确定】按钮，即可完成对素材文件的校正，对比效果如图9-31所示。

图9-31 校正的前后效果对比

知识链接 【镜头校正】对话框

【镜头校正】对话框中的【自定】选项卡下的各个参数的功能简介如下。

- 【移去扭曲】：该参数用于校正镜头桶形或枕形失真的图像。也可以使用【移去扭曲工具】 来进行此校正。向图像的中心拖动可校正枕形失真，而向图像的边缘拖动可校正桶形失真。
- 【色差】选项组：该选项组中的参数可以通过相对其中一个颜色通道来调整另一个颜色通道的大小，以达到补偿边缘的目的。
- 【数量】：该参数用于设置沿图像边缘变亮或变暗的程度，从而校正由于镜头缺陷或镜头遮光处理不正确而导致拐角较暗、较亮的图像。
- 【中点】：用于指定受【数量】滑块影响的区域的宽度。如果指定较小的数，则会影响较多的图像区域。如果指定较大的数，则只会影响图像的边缘，如图9-32左图为【数量】设置为100，【中点】为32时的效果，右图为【数量】设置为-72，【中点】为18时的效果。

图9-32　设置中点参数后的效果

- 【垂直透视】：该参数用于校正由于相机向上或向下倾斜而导致的图像透视。使图像中的垂直线平行。
- 【水平透视】：该参数用于校正图像透视，并使水平线平行。
- 【角度】：该参数用于校正由于相机歪斜而拍摄的扭曲图像，或在校正透视后进行调整。也可以使用【拉直工具】来进行此校正。
- 【比例】：该参数用于向上或向下调整图像缩放。图像像素尺寸不会改变。主要用途是移去由于枕形失真、旋转或透视校正而产生的图像空白区域。

9.3.2 液化

【液化】滤镜可用于推、拉、旋转、反射、折叠和膨胀图像的任意区域。【液化】滤镜是修饰图像和创建艺术效果的强大工具，使用该滤镜可以非常灵活地创建推拉、扭曲、旋转、收缩等变形效果。下面让我们来学习一下【液化】滤镜的使用方法。

01 打开“素材\Cha09\素材04.jpg”素材文件，如图9-33所示。

图9-33　打开的素材文件

02 选择【滤镜】|【液化】命令，打开【液化】对话框，如图9-34所示。

1. 变形工具

【液化】对话框中包含各种变形工具，选择这些工具后，在对话框中的图像上单击并拖动鼠标涂抹即可进行变形处理，变形效果将集中在画笔区域的中心，并且会随着鼠标在某个区域中的重复拖动而得到增强。

图9-34　【液化】对话框

- 【向前变形工具】：拖动鼠标时可以向前推动像素，如图9-35所示。

图9-35　使用【向前变形工具】

- 【重建工具】：在变形的区域单击或拖动鼠标进行涂抹，可以恢复图像，如图9-36所示。

图9-36　使用【重建工具】

- 【平滑工具】：在变形的区域单击或拖动鼠标进行涂抹，可以将扭曲的图像变得平滑并恢复图像，其效果与【重建工具】类似。
- 【顺时针旋转扭曲工具】：在图像中单击或拖动鼠标可以顺时针旋转像素，如图9-37所示；按住Alt键操作则逆时针旋转扭曲像素。

图9-37 使用【顺时针旋转扭曲工具】

- 【褶皱工具】：在图像中单击或拖动鼠标可以使像素向画笔区域的中心移动，使图像产生向内收缩的效果，如图9-38所示。

图9-38 使用【褶皱工具】

- 【膨胀工具】：在图像中单击或拖动鼠标可以使像素向画笔区域中心以外的方向移动，使图像产生向外膨胀的效果，如图9-39所示。

图9-39 使用【膨胀工具】产生膨胀效果

- 【左推工具】：垂直向上拖动鼠标时，像素向左移动；向下拖动，则像素向右移动；按住Alt键垂直向上拖动时，像素向右移动；按住Alt键向下拖动时，像素向左移动。如果围绕对象顺时针拖动，则可增加其大小，如图9-40左图所示，逆时针拖动时则减小其大小，如图9-40右图所示。

图9-40 使用【左推工具】

- 【冻结蒙版工具】：在对部分图像进行处理时，如果不希望影响其他区域，可以使用【冻结蒙版工具】，在图像上绘制出冻结区域（要保护的区域），如图9-41左图所示，然后使用变形工具处理图像，被冻结区域内的图像就不会受到影响了，效果如图9-41右图所示。

图9-41 使用【冻结蒙版工具】

- 【解冻蒙版工具】：该按钮可以将冻结的蒙版区域进行解冻。
- 【脸部工具】：通过该工具可以对人物脸部进行调整。
- 【手抓工具】：可以在图像的操作区域中对图像进行拖动并查看。按住【空格】键拖动鼠标，可以移动画面。
- 【缩放工具】：可将图像进行放大或缩小显示；也可以通过快捷键来操作，如按Ctrl+“+”组合键，可以放大视图；按Ctrl+“-”组合键，可以缩小视图。

知识链接 冻结蒙版

通过冻结预览图像的区域，防止更改这些区域。冻结区域会被使用【冻结蒙版工具】绘制的蒙版覆盖。还可以使用现有的蒙版、选区或透明度来冻结区域。

选择【冻结蒙版工具】并在要保护的区域上拖动。按住Shift键单击可在当前点和前一次单击的点之间的直线中冻结。

如果要将液化滤镜应用于带有选区、图层蒙版、透明度或Alpha通道的图层，可以在对话框【蒙版选项】选项组中，在五个按钮中的任意一个按钮的弹出菜单中选择【选区】、【透明度】或【图层蒙版】选项，即可使用现有的选区、蒙版或透明度通道。

其中各个按钮的功能如下。

- 【替换选区】：单击该按钮可以显示原图像中的选区、蒙版或透明度。
- 【添加到选区】：单击该按钮可以显示原图像中的蒙版，以便使用【冻结蒙版工具】添加到选区，将通道中的选定像素添加到当前的冻结区域中。
- 【从选区中减去】：单击该按钮可以从当前的冻结区域中减去通道中的像素。
- 【与选区交叉】：只使用当前处于冻结状态的选定像素。
- 【反相选区】：使用选定像素使当前的冻结区域反相。

在该对话框的【蒙版选项】选项组中，单击【全部蒙

住】可以冻结所有解冻区域。

在该对话框的【蒙版选项】选项组中，单击【全部反相】按钮可以反相解冻区域和冻结区域。

在该对话框的【视图选项】选项组中，选择或取消选择【显示蒙版】可以显示或隐藏冻结区域。

在对话框的【视图选项】选项组中，从【蒙版颜色】菜单中选取一种颜色即可更改冻结区域的颜色。

2. 设置工具选项

【液化】对话框中的【工具选项】选项组用来设置当前选择的工具的属性。

- 【画笔大小】：用来设置扭曲工具的画笔大小。
- 【画笔压力】：用来设置扭曲速度，范围为1～100。较低的压力可以减慢变形速度，因此，更易于对变形效果进行控制。
- 【重建选项】：用于重建工具，选取的模式决定了该工具如何重建预览图像的区域。
- 【光笔压力】：当计算机配置有数位板和压感笔时，勾选该项可通过压感笔的压力控制工具。

3. 设置重建选项

在【液化】对话框中扭曲图像时，可以通过【重建选项】选项组来撤销所做的变形。具体的操作方法是：首先在【模式】选项下拉列表中选择一种重建模式，然后单击【重建】按钮，按照所选模式恢复图像，如果连续单击【重建】按钮，则可以逐步恢复图像。如果要取消所有扭曲效果，将图像恢复为变形前的状态，可以单击【恢复全部】按钮。

实例操作001——美化人物图像

下面将介绍如何利用【脸部工具】对人物的脸部进行调整，其具体操作步骤如下。

01 打开“素材\Cha09\素材05.jpg”素材文件，如图9-42所示。

图9-42　打开的素材文件

02 在【图层】面板中选择【背景】图层，右击鼠标，在弹出的快捷菜单中选择【转换为智能对象】命令，如图9-43所示。

图9-43　选择【转换为智能对象】命令

03 在菜单栏中选择【滤镜】|【液化】命令，在弹出的【液化】对话框中单击【脸部工具】，如图9-44所示。

图9-44　单击【脸部工具】

> 提示
> 单击【脸部工具】后，当照片中有多个人时，照片中的人脸会被自动识别，且其中一个人脸会被选中。被识别的人脸会列在【人脸识别液化】选项组中的【选择脸部】菜单中罗列出来。可以通过在画布上单击人脸或从弹出的菜单中来选择不同的人脸。

04 在【人脸识别液化】选项组中将【眼睛】下的【眼睛大小】均设置为34，将【鼻子】下的【鼻子高度】设置为100，如图9-45所示。

05 再在该对话框中将【嘴唇】下的【下嘴唇】设置为53，将【脸部形状】下的【前额】、【下巴高度】、【下颌】、【脸部宽度】分别设置为−100、100、−48、−100，如图9-46所示。

图9-45 设置眼睛与鼻子参数

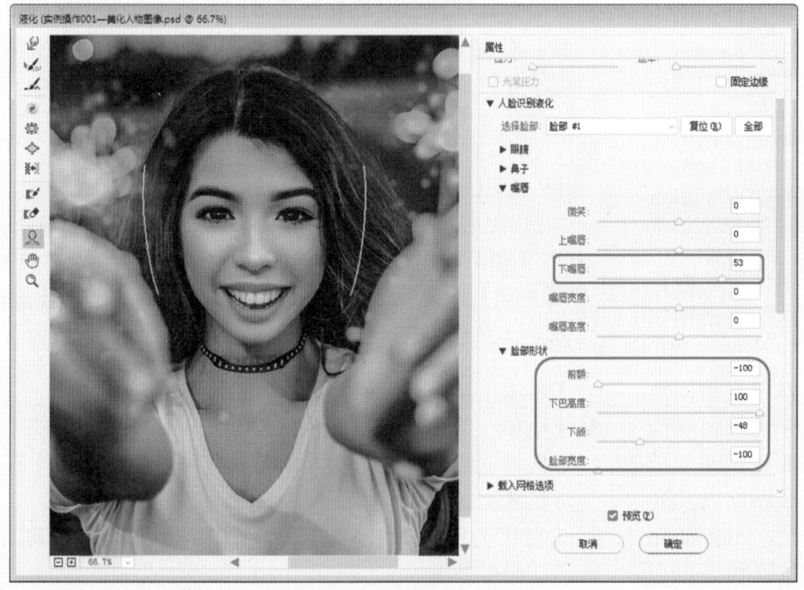

图9-46 设置嘴唇与脸部形状

06 设置完成后，单击【确定】按钮，即可完成对人物脸部的修整，修整后的前后效果如图9-47所示。

图9-47 使用【脸部工具】调整后的效果

知识链接 脸部工具

作为使用【脸部工具】功能的先决条件，首先要确保在Photoshop首选项中启用图形处理器。用户可以通过以下操作查看是否启用了图形处理器。

（1）在菜单栏中选择【编辑】|【首选项】|【性能】命令，如图9-48所示。

图9-48 选择【性能】命令

（2）在弹出的对话框中选中【使用图形处理器】复选框，如图9-49所示。

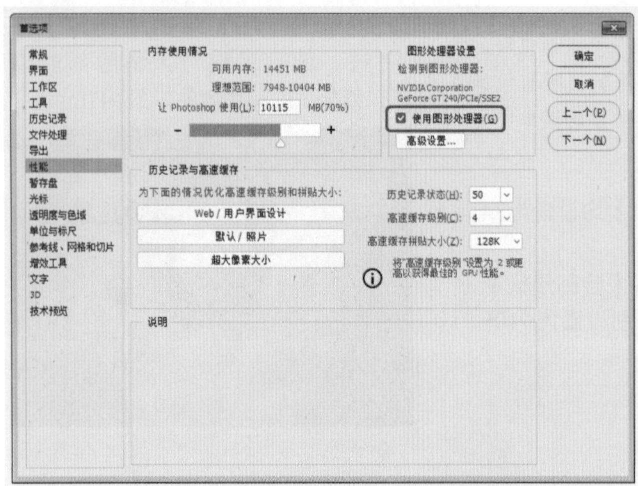

图9-49　勾选【使用图形处理器】复选框

（3）单击【高级设置】按钮，在弹出的对话框中确保【使用图形处理器加速计算】复选框处于选中状态，如图9-50所示。

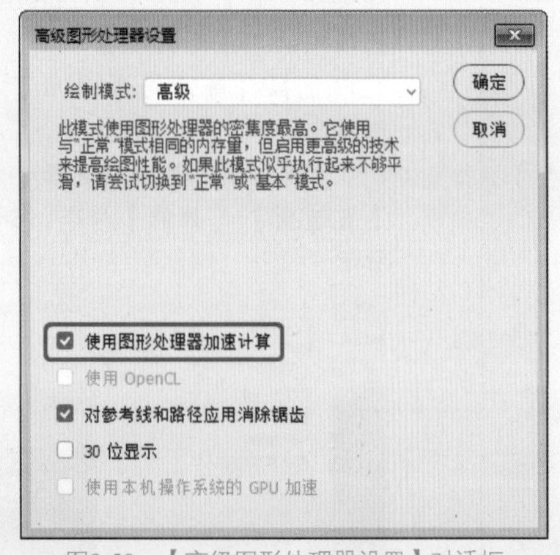

图9-50　【高级图形处理器设置】对话框

（4）单击两次【确定】按钮即可完成设置。

9.3.3　实战：消失点

当使用【消失点】来修饰、添加或移去图像中的内容时，结果将更加逼真，因为系统可正确确定这些编辑操作的方向，并且将它们缩放到透视平面。

【消失点】是一个特殊的滤镜，它可以在包含透视平面（如建筑物侧面或任何矩形对象）的图像中进行透视校正编辑，使用【消失点】滤镜时，我们首先要在图像中指定透视平面，然后再进行绘画、仿制、拷贝或粘贴以及变换等操作，所有的操作都采用透视平面来处理，Photoshop可以确定这些编辑操作的方向，并将它们缩放到透视平面，因此，可以使编辑结果更加逼真。

【消失点】对话框如图9-51所示。其中【消失点】各项参数说明如下。

图9-51　【消失点】对话框

- 【编辑平面工具】：用来选择、编辑、移动平面的节点以及调整平面的大小。
- 【创建平面工具】：用来定义透视平面的四个角节点，创建了四个角节点后，可以移动、缩放平面或重新确定其形状。按住Ctrl键拖动平面的边节点可以拉出一个垂直平面。
- 【选框工具】：在平面上单击并拖动鼠标可以选择图像。选择图像后，将光标移至选区内，按住Alt键拖动可以复制图像，按住Ctrl键拖动选区，则可以用源图像填充该区域。
- 【图章工具】：选择该工具后，按住Alt键在图像中单击设置取样点，然后在其他区域单击并拖动鼠标即可复制图像。按住Shift键单击可以将描边扩展到上一次单击处。

提示

选择【图章工具】后，可以在对话框顶部的选项中选择一种【修复模式】。如果要绘画且不与周围像素的颜色、光照和阴影混合应选择【关】，如果要绘画并将描边与周围像素的光照混合，同时保留样本像素的颜色，应选择【亮度】，如果要绘画并保留样本图像的纹理同时与周围像素的颜色、光照和阴影混合，应选择【开】。

- 【画笔工具】：可在图像上绘制选定的颜色。
- 【变换工具】：使用该工具时，可以通过移动定界框的控制点来缩放、旋转和移动浮动选区，类似于在矩形选区上使用【自由变换】命令。
- 【吸管工具】：可拾取图像中的颜色作为画笔工具的绘画颜色。
- 【测量工具】：可在平面中测量项目的距离和角度。

- 【抓手工具】：放大图像的显示比例后，使用该工具可在窗口内移动图像。
- 【缩放工具】：在图像上单击，可放大图像的视图；按住Alt键单击。则缩小视图。

下面通过实际的操作来学习【消失点】滤镜的使用方法。

01 按Ctrl+O组合键，打开“素材\Cha09\素材06.jpg”素材文件，如图9-52所示。

02 选择菜单栏中【滤镜】|【消失点】命令，此时会弹出【消失点】对话框，如图9-53所示。

03 在【消失点】对话框中单击【创建平面工具】按钮，然后在图像的四角多次单击鼠标创建一个平面，如图9-54所示。

图9-52 打开的素材文件

图9-53 【消失点】对话框

图9-54 创建平面

04 在该对话框中单击【图章工具】按钮，在绘制的矩形框中按住Alt键单击仿制源点，如图9-55所示。

图9-55 单击仿制源点

05 单击完成后，将鼠标移动至要绘画的位置，单击鼠标，将会对前面所仿制的对象进行绘画，如图9-56所示。

图9-56 复制对象后的效果

06 继续按住鼠标进行绘画，对仿制的蝴蝶进行复制，单击【确定】按钮，即可完成【消失点】滤镜的应用，效果如图9-57所示。

图9-57　对蝴蝶复制后的效果

9.3.4　【风格化】滤镜

风格化滤镜组中包含9种滤镜，它们可以置换像素、查找并增加图像的对比度，产生绘画和印象派风格的效果。下面将介绍几种常用的风格化滤镜。

1. 查找边缘

使用该滤镜可以将图像的高反差区变亮，低反差区变暗，并使图像的轮廓清晰化。像【等高线】滤镜一样，【查找边缘】滤镜用相对于白色背景的黑色线条勾勒图像的边缘，这对于生成图像周围的边界非常有用。选择【滤镜】|【风格化】|【查找边缘】命令，【查找边缘】滤镜的对比效果如图9-58所示。

图9-58　【查找边缘】滤镜效果对比

2. 等高线

等高线滤镜可以查找并为每个颜色通道勾勒主要亮度区域，以获得与等高线图中的线条类似的效果。选择【滤镜】|【风格化】|【等高线】命令，在弹出的【等高线】对话框中对图像的色阶进行调整后，单击【确定】按钮，【等高线】滤镜的对比效果如图9-59所示。

图9-59　【等高线】滤镜效果对比

3. 风

【风】滤镜可在图像中增加一些细小的水平线来模拟风吹效果，方法包括【风】、【大风】（用于获得更生动的风效果）和【飓风】（使图像中的风线条发生偏移）等几种。选择【滤镜】|【风格化】|【风】命令，在弹出的【风】对话框中进行各项设置后，可以为图像制作出风吹的效果。【风】滤镜的对比效果如图9-60所示。

图9-60　【风】滤镜效果对比

4. 浮雕效果

【浮雕效果】滤镜将选区的填充色转换为灰色，并用原填充色描画边缘，从而使选区显得凸起或压低。

选择【滤镜】|【风格化】|【浮雕效果】命令，打开【浮雕效果】对话框，在该对话框中进行设置，使用该滤镜的对比效果如图9-61所示。

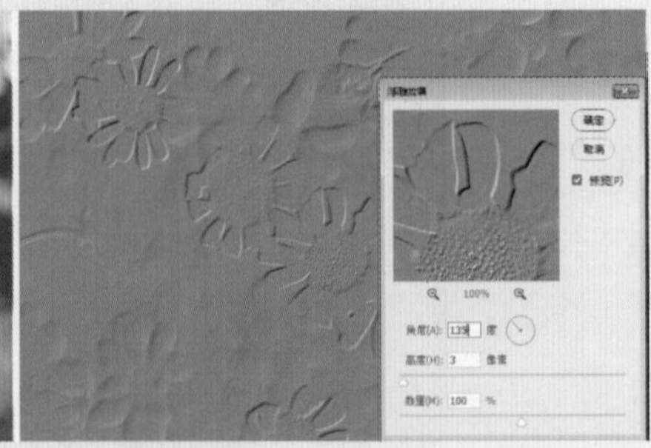

图9-61　【浮雕效果】滤镜效果对比

该对话框中的选项包括【角度】（从-360°使表面压低，+360°使表面凸起）、【高度】和选区中颜色数量的百分比（1%～500%）。

若要在进行浮雕处理时保留颜色和细节，可在应用【浮雕效果】滤镜之后使用【渐隐】命令。

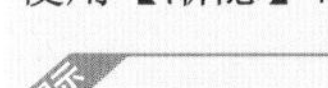

提示 用户可以在菜单栏中单击【编辑】菜单，在弹出的下拉列表中选择【渐隐】命令。

5. 扩散

根据【扩散】对话框的选项搅乱选区中的像素，可使选区显得十分聚焦。

选择【滤镜】|【风格化】|【扩散】命令，打开【扩散】对话框，在该对话框中进行设置，使用【扩散】滤镜的对比效果如图9-62所示。

图9-62 【扩散】滤镜效果对比

【扩散】对话框各项功能说明如下。

- 【正常】：该选项可以将图像的所有区域进行扩散，与原图像的颜色值无关。
- 【变暗优先】：该选项可以将图像中较暗区域的像素进行扩散，用较暗的像素替换较亮的像素。
- 【变亮优先】：该选项与【变暗优先】选项相反，是将亮部的像素进行扩散。
- 【各向异性】：该选项可在颜色变化最小的方向上搅乱像素。

6. 拼贴

该滤镜将图像分解为一系列拼贴，使选区偏移原有的位置。可以选取下列对象填充拼贴之间的区域：背景色、前景色、图像的反转版本或图像的未改版本，它们可使拼贴的版本位于原版本之上并露出原图像中位于拼贴边缘下面的部分。

下面将介绍如何使用【拼贴】滤镜，操作步骤如下。

01 按Ctrl+O组合键，打开“素材\Cha09\素材07.jpg”素材文件，如图9-63所示。

图9-63 打开的素材文件

02 在工具箱中将【背景色】的RGB值设置为255、255、255，在菜单栏中选择【滤镜】|【风格化】|【拼贴】命令，如图9-64所示。

图9-64 选择【拼贴】命令

03 在弹出的对话框中将【拼贴数】设置为10，将【最大移位】设置为15，选中【背景色】单选按钮，如图9-65所示。

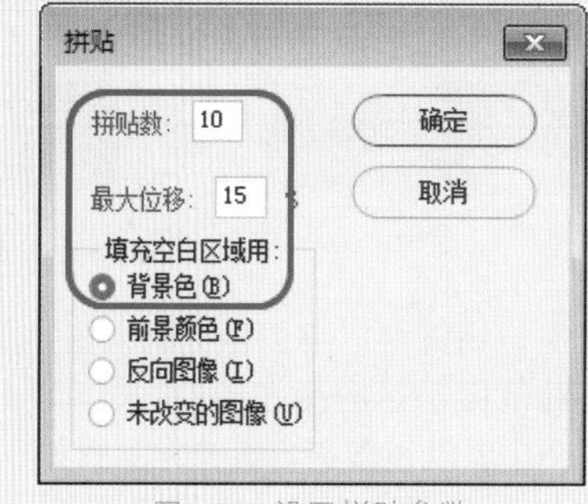

图9-65 设置拼贴参数

04 设置完成后，单击【确定】按钮，即可完成【拼贴】滤镜的应用，效果如图9-66所示。

【拼贴】对话框中各选项的功能如下。

- 【拼贴数】：可以设置在图像中使用的拼贴块的数量。
- 【最大位移】：可以设置图像中的拼贴块的间隙的大小。
- 【背景色】：可以将拼贴块之间的间隙的颜色填充为背景色。
- 【前景颜色】：可以将拼贴块之间的间隙的颜色填充为前景色。
- 【反向图像】：可以将间隙的颜色设置为与原图像相反的颜色。
- 【未改变的图像】：可以将图像间隙的颜色设置为图像汇总的原颜色，设置拼贴后的图像不会有很大的变化。

图9-66 添加【拼贴】滤镜后的效果

7. 曝光过度

该滤镜混合负片和正片图像，效果类似于显影过程中将摄影照片短暂曝光。选择【滤镜】|【风格化】|【曝光过度】命令，使用【曝光过度】滤镜的效果对比如图9-67所示。

图9-67 【曝光过度】滤镜效果对比

8. 凸出

该滤镜可以将图像分割为指定的三维立方块或棱锥体（此滤镜不能应用在Lab模式下）。下面将介绍如何应用【凸出】滤镜效果，其操作步骤如下。

01 在菜单栏中选择【滤镜】|【风格化】|【凸出】命令，如图9-68所示。

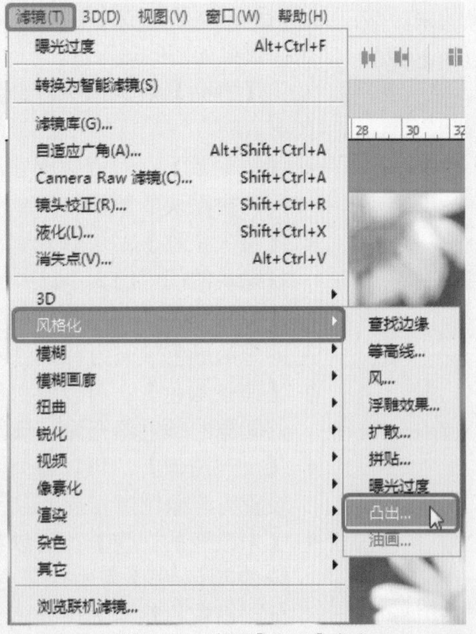

图9-68 选择【凸出】命令

02 在弹出的对话框中选中【块】单选按钮，将【大小】、【深度】均设置为20，如图9-69所示。

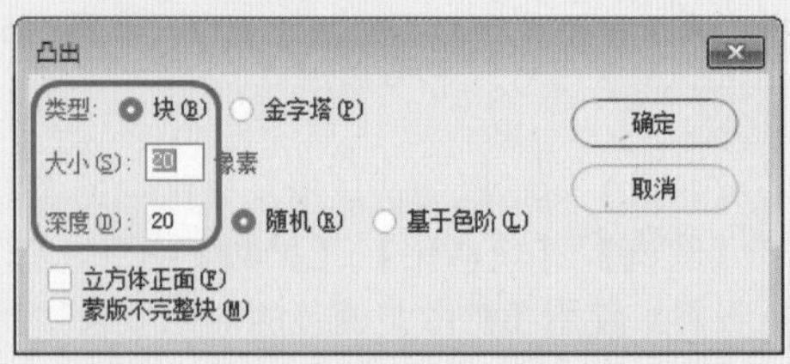

图9-69 设置【凸出】参数

03 设置完成后，单击【确定】按钮，即可为素材文件添加【凸出】滤镜效果，如图9-70所示。

图9-70 应用【凸出】滤镜后的效果

9. 照亮边缘

此滤镜可以搜索图像中变化较大的区域，标识颜色的边缘，并向其添加类似霓虹灯的光亮。此滤镜可累积使用。下面将介绍如何应用照亮边缘滤镜效果，其具体操作步骤如下。

01 在菜单栏中选择【滤镜】|【滤镜库】命令，在弹出的对话框中选择【风格化】下的【照亮边缘】滤镜，如图9-71所示。

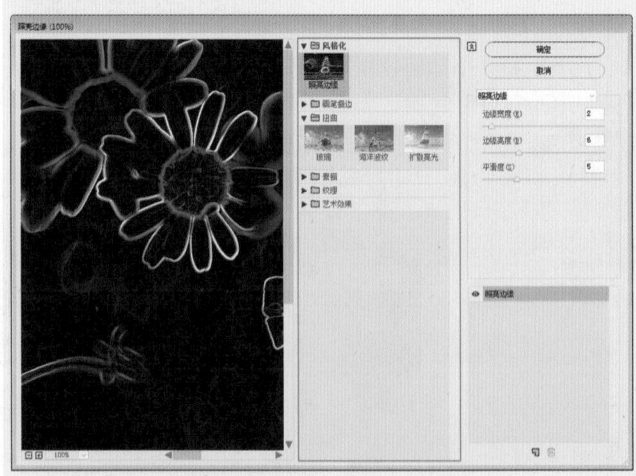
图9-71 选择【照亮边缘】滤镜

02 用户可以在该对话框的右侧设置【照亮边缘】的参数，设置完成后，单击【确定】按钮，即可应用【照

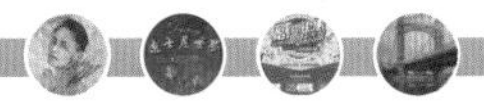

亮边缘】滤镜效果，如图9-72所示。

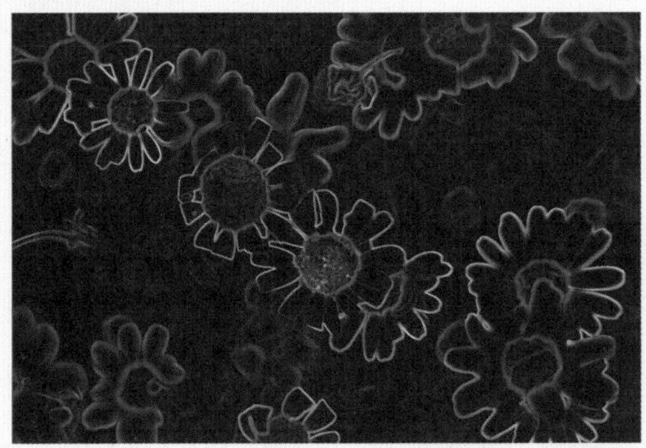

图9-72　应用【照亮边缘】滤镜后的效果

9.3.5 画笔描边

【画笔描边】滤镜组中包含8种滤镜，它们当中的一部分滤镜通过不同的油墨和画笔勾画图像产生绘画效果，有些滤镜可以添加颗粒、绘画、杂色、边缘细节或纹理。这些滤镜不能用于Lab和CMYK模式的图像。使用【画笔描边】滤镜组中的滤镜时，需要打开【滤镜库】进行选择，下面将介绍如何应用【画笔描边】滤镜组中的滤镜。

1. 成角的线条

成角的线条滤镜可以用一个方向的线条绘制亮部区域，用相反方向的线条绘制暗部区域，通过对角描边的方式重新绘制图像，下面介绍成角的线条滤镜的使用方法。

01 按Ctrl+O组合键，打开“素材\Cha09\素材08.jpg”素材文件，在菜单栏中选择【滤镜】|【滤镜库】命令，随即弹出【滤镜库】对话框，选择【画笔描边】下的【成角线条】滤镜，将【方向平衡】、【描边长度】、【锐化程度】分别设置为96、23、7，如图9-73所示。

图9-73　选择滤镜并设置其参数

02 设置完成后，单击【确定】按钮，即可为素材文件应用该滤镜效果，前后对比效果如图9-74所示。

图9-74　添加滤镜后的前后效果

2. 墨水轮廓

【墨水轮廓】滤镜效果是以钢笔画的风格，用纤细的线条在原细节上重绘图像，下面将介绍如何使用墨水轮廓滤镜。

01 在菜单栏中选择【滤镜】|【滤镜库】命令，在弹出的对话框中选择【画笔描边】下的【墨水轮廓】滤镜，将【描边长度】、【深色强度】、【光照强度】分别设置为25、0、12，如图9-75所示。

图9-75　选择滤镜并设置其参数

02 设置完成后，单击【确定】按钮，即可为素材文件应用该滤镜效果，前后对比效果如图9-76所示。

图9-76　应用滤镜后的前后效果

3. 喷溅

【喷溅】滤镜能够模拟喷枪，使图像产生笔墨喷溅的艺术效果。

01 在菜单栏中选择【滤镜】|【滤镜库】命令，在弹出的对话框中选择【画笔描边】下的【喷溅】滤镜，将【喷色半径】、【平滑度】分别设置为18、5，如图9-77所示。

图9-77 设置【喷溅】滤镜参数

02 设置完成后，单击【确定】按钮，即可为素材文件应用该滤镜，前后对比效果如图9-78所示。

图9-78 应用滤镜的前后效果

4. 喷色描边

【喷色描边】滤镜可以使用图像的主导色，用成角的、喷溅的颜色线条重新绘画图像，下面将介绍如何使用【喷色描边】滤镜。

01 在菜单栏中选择【滤镜】|【滤镜库】命令，在弹出的对话框中选择【画笔描边】下的【喷色描边】滤镜，将【描边长度】、【喷色半径】分别设置为15、16，将【描边方向】设置为【右对角线】，如图9-79所示。

02 设置完成后，单击【确定】按钮，即可为素材文件应用该滤镜效果，前后对比效果如图9-80所示。

图9-79 设置【喷色描边】滤镜参数

图9-80 应用滤镜的前后效果

5. 强化的边缘

【强化的边缘】滤镜可以强化图像边缘。设置高的边缘亮度控制值时，强化效果类似白色粉笔；设置低的边缘亮度控制值时，强化效果类似黑色油墨，下面将介绍【强化的边缘】滤镜效果的应用方法，其操作步骤如下。

01 在菜单栏中选择【滤镜】|【滤镜库】命令，在弹出的对话框中选择【画笔描边】下的【强化的边缘】滤镜，将【边缘宽度】、【边缘亮度】、【平滑度】分别设置为6、46、12，如图9-81所示。

图9-81 设置【强化的边缘】滤镜参数

02 设置完成后，单击【确定】按钮，即可为素材文件应用该滤镜，前后对比效果如图9-82所示。

图9-82 应用滤镜的前后效果

6. 深色线条

深色线条滤镜会将图像的暗部区域与亮部区域分别进行不同的处理，暗部区域将会用深色线条进行绘制，亮部区域将会用长的白色线条进行绘制。下面将介绍如何使用【深色线条】滤镜，其操作步骤如下。

01 在菜单栏中选择【滤镜】|【滤镜库】命令，在弹出的对话框中选择【画笔描边】下的【深色线条】滤镜，将【平衡】、【黑色强度】、【白色强度】分别设置为10、2、10，如图9-83所示。

图9-83 设置【深色线条】滤镜参数

02 设置完成后，单击【确定】按钮，即可为素材文件应用该滤镜，前后对比效果如图9-84所示。

图9-84 应用滤镜的前后效果

7. 烟灰墨

【烟灰墨】滤镜是以日本画的风格绘制图像，看起来像是用蘸满油墨的画笔在宣纸上绘画。【烟灰墨】滤镜使用非常黑的油墨来创建柔和的模糊边缘。

01 在菜单栏中选择【滤镜】|【滤镜库】命令，在弹出的对话框中选择【画笔描边】下的【烟灰墨】滤镜，将【描边宽度】、【描边压力】、【对比度】分别设置为8、2、5，如图9-85所示。

图9-85 设置【烟灰墨】滤镜参数

02 设置完成后，单击【确定】按钮，即可为选中的图像应用该滤镜效果，前后对比效果如图9-86所示。

图9-86 应用滤镜的前后效果

8. 阴影线

【阴影线】滤镜保留原始图像的细节和特征，同时使用模拟的铅笔阴影线添加纹理，并使彩色区域的边缘变粗糙。下面将介绍如何使用该滤镜，其操作步骤如下。

01 在菜单栏中选择【滤镜】|【滤镜库】命令，在弹出的对话框中选择【画笔描边】下的【阴影线】滤镜，将【描边长度】、【锐化程度】、【强度】分别设置为21、10、2，如图9-87所示。

02 设置完成后，单击【确定】按钮，即可为选中的图像应用该滤镜，前后对比效果如图9-88所示。

图9-87　设置【阴影线】滤镜参数

图9-88　应用滤镜的前后效果

提示

【强度】选项（使用值 1 到 3）确定使用阴影线的遍数。

9.3.6　模糊滤镜组

模糊滤镜组中包含11种滤镜，它们可以使图像产生模糊效果。在去除图像的杂色或者创建特殊效果时会经常用到此类滤镜。下面就为大家介绍主要的几种模糊滤镜的使用方法。

1. 表面模糊

【表面模糊】滤镜能够在保留边缘的同时模糊图像，该滤镜可用来创建特殊效果并消除杂色或颗粒，下面介绍【表面模糊】滤镜的使用方法。

01 按Ctrl+O组合键，打开“素材\Cha09\素材09.jpg”素材文件，如图9-89所示。

图9-89　打开的素材文件

02 在菜单栏中选择【滤镜】|【模糊】|【表面模糊】命令，如图9-90所示。

03 弹出【表面模糊】对话框，将【半径】设置为63像素，将【阈值】设置为61色阶，如图9-91所示。

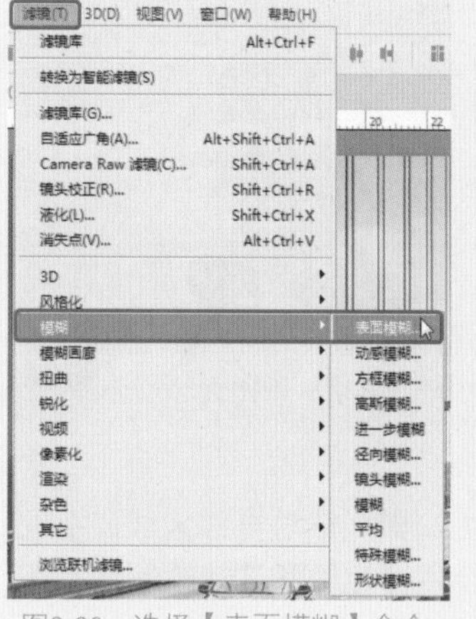

图9-90　选择【表面模糊】命令

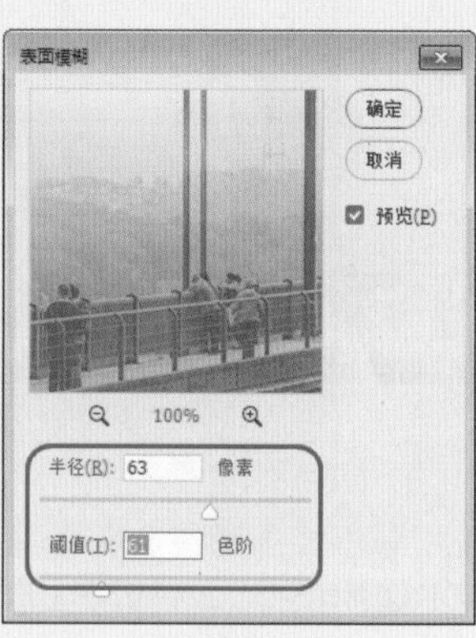

图9-91　设置【表面模糊】参数

04 单击【确定】按钮，添加【表面模糊】滤镜后的效果如图9-92所示。

图9-92　应用【表面模糊】滤镜后的效果

2. 动感模糊

【动感模糊】滤镜可以沿指定的方向，以指定的强度模糊图像，产生一种移动拍摄的效果，在表现对象的速度感时经常会用到该滤镜， 在菜单栏中选择【滤镜】|【模糊】|【动感模糊】命令，在弹出的【动感模糊】对话框中进行相应的设置，图9-93所示为应用动感模糊滤镜的前后效果。

图9-93　应用【动感模糊】滤镜效果前后对比图

3. 径向模糊

【径向模糊】滤镜可以模拟缩放或旋转的相机所产生的模糊效果，该滤镜包含两种模糊方法，选中【旋转】单选按钮，然后指定旋转的【数量】值，可以沿同心圆环线模糊，选中【缩放】单选按钮，然后指定缩放【数量】值，则沿着径向线模糊，图像会产生放射状的模糊效果，如图9-94为【径向模糊】对话框设置，图9-95为完成后的效果。

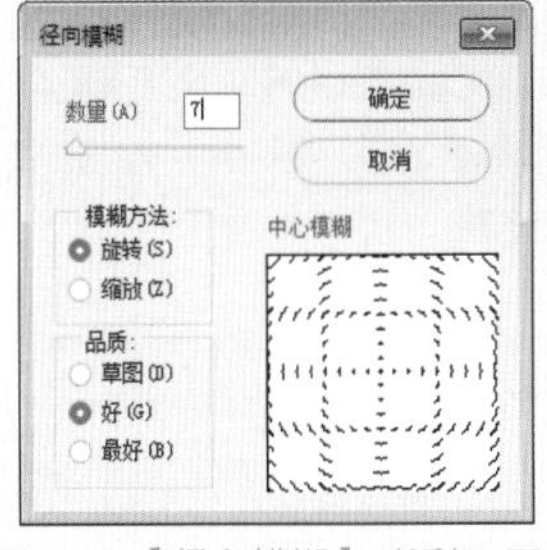

图9-94 【径向模糊】对话框 图9-95 应用【径向模糊】滤镜后的效果

4. 镜头模糊

【镜头模糊】滤镜通过图像的Alpha通道或图层蒙版的深度值来映射像素的位置，产生带有镜头景深的模糊效果，该滤镜的强大之处是可以使图像中的一些对象在焦点内，另一些区域变得模糊，如图9-96为【镜头模糊】参数的设置，图9-97所示为完成后的效果。

图9-96 【镜头模糊】参数设置

图9-97 应用【镜头模糊】滤镜后的效果

9.3.7 【模糊画廊】滤镜

使用【模糊画廊】滤镜可以通过直观的图像控件快速创建截然不同的照片模糊效果。每个模糊工具都提供直观的图像控件来应用和控制模糊效果。

1. 场景模糊

【场景模糊】滤镜通过定义具有不同模糊量的多个模糊点来创建渐变的模糊效果。将多个图钉添加到图像，并指定每个图钉的模糊量，即可设置场景模糊滤镜效果，下面将介绍如何应用【场景模糊】滤镜效果，其操作步骤如下。

01 按Ctrl+O组合键，打开“素材\Cha09\素材10.jpg”素材文件，如图9-98所示。

图9-98 打开的素材文件

02 在菜单栏中选择【滤镜】|【模糊画廊】|【场景模糊】命令，如图9-99所示。

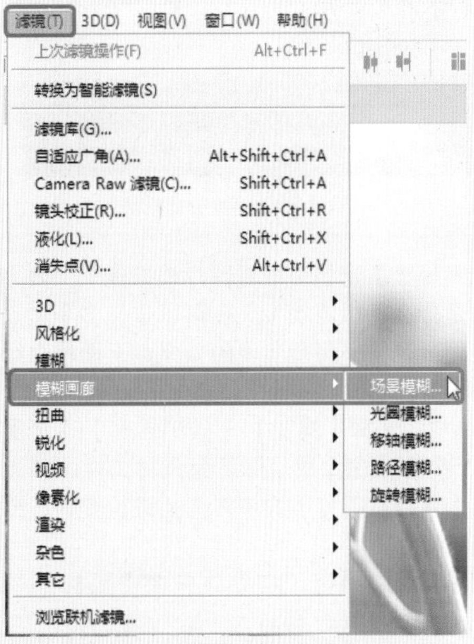

图9-99 选择【场景模糊】命令

03 执行该命令后，在工作界面中添加模糊控制点，用户可以按住模糊控制点进行拖动，还可以在选中模糊控制点后，将【模糊】参数设置为0，在图像的四周添加四个控制点，并将【模糊】设置为20像素，如图9-100所示。

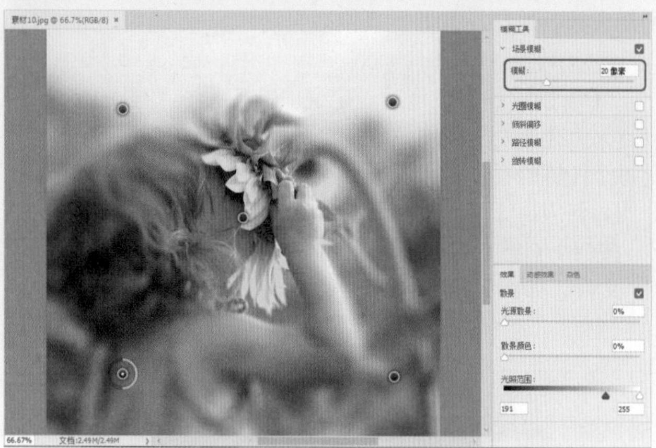
图9-100　设置模糊控制点参数

04 设置完成后，在工具选项栏中单击【确定】按钮，即可应用该滤镜，如图9-101所示。

图9-101　应用【场景模糊】滤镜后的效果

2. 光圈模糊

【光圈模糊】滤镜可以对图片模拟浅景深效果，而不管使用的是什么相机或镜头。也可以定义多个焦点，这是使用传统相机几乎不可能实现的效果，下面将介绍如何使用【光圈模糊】滤镜，其操作步骤如下。

01 在菜单栏中选择【滤镜】|【模糊画廊】|【光圈模糊】命令，执行该命令后，即可为素材文件添加光圈模糊效果，用户可以在工作界面中对光圈进行旋转、缩放、移动等，如图9-102所示。

02 调整完成后，再在工作界面中单击鼠标，添加一个光圈，并调整其位置与大小，设置完成后的效果如图9-103所示。

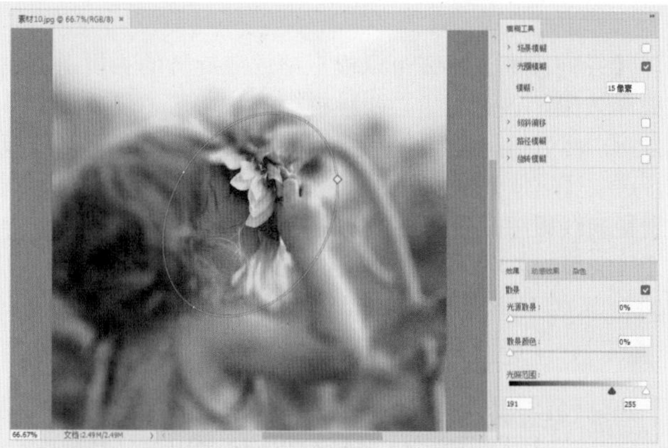
图9-102　对光圈进行移动、旋转

图9-103　再次添加光圈后的效果

03 设置完成后，按Enter键即可。

3. 移轴模糊

【移轴模糊】滤镜模拟使用倾斜偏移镜头拍摄的图像。此特殊的模糊效果会定义锐化区域，然后在边缘处逐渐变得模糊，用户可以在添加该滤镜效果后通过调整线条位置来控制模糊区域，还可以在【模糊工具】面板中设置【倾斜偏移】下的【模糊】与【扭曲度】来调整模糊效果，如图9-104所示。

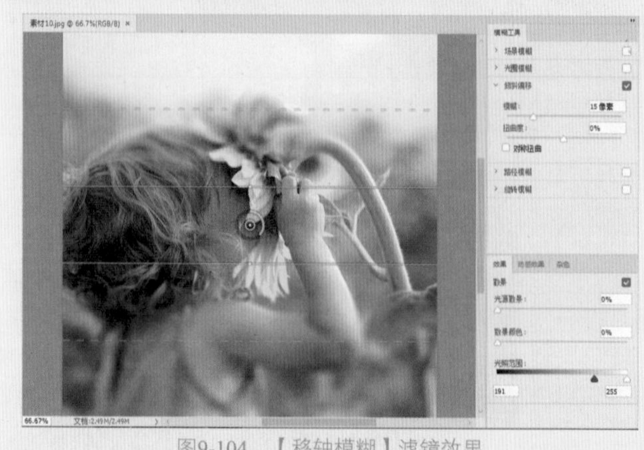
图9-104　【移轴模糊】滤镜效果

添加【移轴模糊】滤镜效果后，在工作界面中会出现多个不同的区域，每个区域所控制的效果也不同，区域含义如图9-105所示。

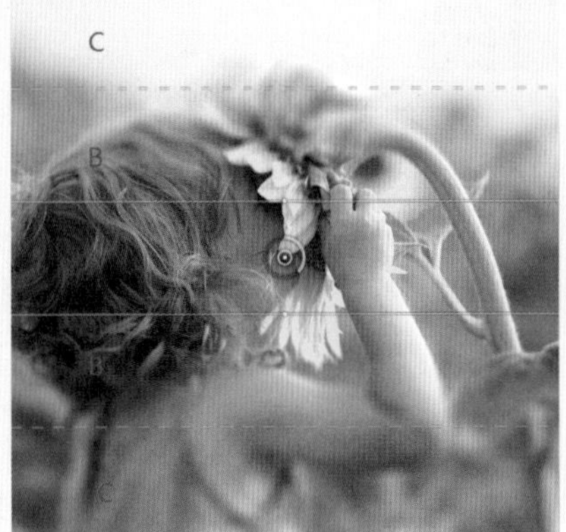

图9-105　区域的含义

4. 路径模糊

【路径模糊】滤镜可以沿路径创建运动模糊。还可以控制形状和模糊量。Photoshop 可自动合成应用于图像的多路径模糊效果，如图9-106所示为应用【路径模糊】滤镜的前后效果对比图。

图9-106　应用【路径模糊】滤镜的前后效果

知识链接　路径模糊

应用【路径模糊】滤镜时，用户可以通过在【模糊工具】面板中设置【路径模糊】下的各项参数，如图9-107所示。

图9-107　【路径模糊】参数选项

- 【速度】：调整速度滑块，以指定要应用于图像的路径模糊量。【速度】设置将应用于图像中的所有路径模糊，如图9-108所示为将【速度】设置为50与200时的效果。

图9-108　【速度】为50与200时的效果

- 【锥度】：调整滑块指定锥度值。较高的值会使模糊逐渐减弱，如图9-109所示为将【锥度】设置为10与100时的效果。

图9-109　设置【锥度】参数后的效果

- 【居中模糊】：该选项可通过以任何像素的模糊形状为中心创建稳定模糊。
- 【终点速度】：该参数用于指定要应用于图像的终点路径模糊量。
- 【编辑模糊形状】：勾选该复选框后，可以对模糊形状进行编辑。

在应用【路径模糊】与【旋转模糊】滤镜效果时，可以在【动感效果】面板中进行相应的设置，【动感效果面板】如图9-110所示，其中各个选项的功能如下。

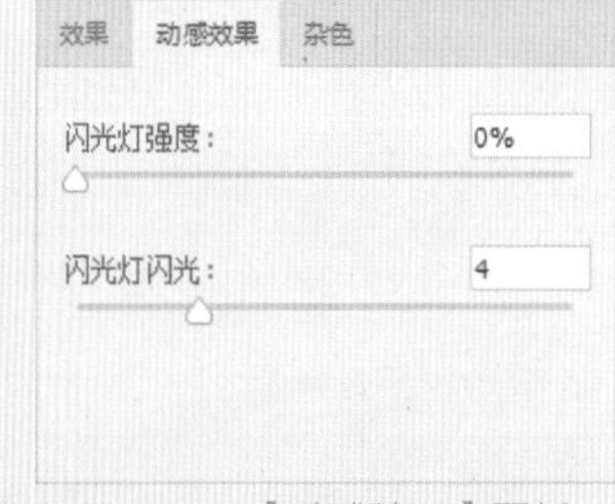

图9-110　【动感效果】面板

- 【闪光灯强度】：确定闪光灯闪光曝光之间的模糊量。闪光灯强度控制环境光和虚拟闪光灯之间的平衡。
- 【闪光灯闪光】：设置虚拟闪光灯闪光曝光次数。

提示　如果将【闪光灯强度】设置为 0%，则不显示任何闪光灯效果，只显示连续的模糊。如果将【闪光灯强度】设置为 100%，则会产生最大强度的闪光灯闪光，但在闪光曝光之间不会显示连续的模糊。处于中间的【闪光灯强度】值会产生单个闪光灯闪光与持续模糊混合在一起的效果。

5. 旋转模糊

使用【旋转模糊】滤镜，可以在一个或更多点旋转和模糊图像。旋转模糊是等级测量的径向模糊，如图9-111所示为应用【旋转模糊】滤镜后的效果，A图像为原图像，B图像为旋转模糊（模糊角度：15°；闪光灯强度：50%；闪光灯闪光：2；闪光灯闪光持续时间：10°），C图像为旋转模糊（模糊角度：60°；闪光灯强度：100%；闪光灯闪光：4；闪光灯闪光持续时间：10°）时的效果。

图9-111 应用【旋转模糊】滤镜后的效果

9.3.8 扭曲滤镜

【扭曲】滤镜可以使图像产生几何扭曲的效果，不同滤镜通过设置可以产生不同的扭曲效果，下面介绍几种常用【扭曲】滤镜的使用方法。

1. 波浪

【波浪】滤镜可以使图像产生类似波浪的效果，下面介绍【波浪】滤镜的使用方法，其操作步骤如下。

01 按Ctrl+O组合键，打开“素材\Cha09\素材11.jpg”素材文件，如图9-112所示。

图9-112 打开的素材文件

02 在菜单栏中选择【滤镜】|【扭曲】|【波浪】命令，如图9-113所示。

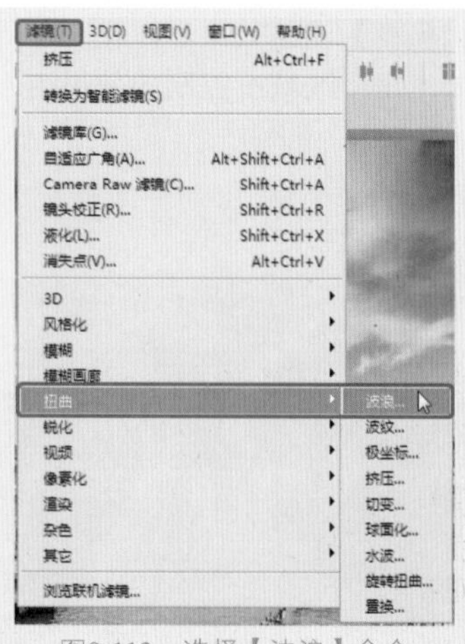

图9-113 选择【波浪】命令

03 执行该操作后，即可打开【波浪】对话框，在该对话框中调整相应的参数，在此将【生成器数】设置为5，将【波长】分别设置为10、141，将【振幅】分别设置为1、29，如图9-114所示。

图9-114 设置【波浪】参数

04 设置完成后，即可为选中的图像应用该滤镜效果，如图9-115所示。

图9-115 应用滤镜后的效果

2. 波纹

【波纹】滤镜用于创建波状起伏的图案，在菜单栏中选择【滤镜】|【扭曲】|【波纹】命令，在弹出的【波纹】对话框中调整【数量】与【大小】即可，如图9-116所示为添加【波纹】滤镜的前后效果。

图9-116 应用【波纹】滤镜的前后效果

3. 极坐标

【极坐标】滤镜可以将图像从平面坐标转换为极坐标，或者从极坐标转换为平面坐标，使用该滤镜可以创建曲面扭曲效果，图9-117所示为【极坐标】对话框，如图9-118所示为应用滤镜的前后效果。

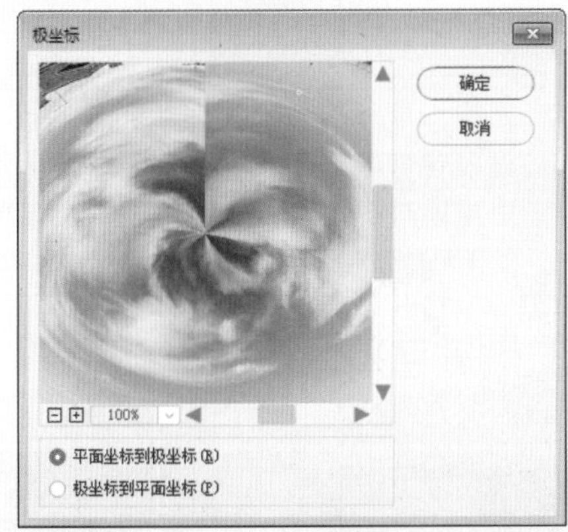

图9-117 【极坐标】对话框

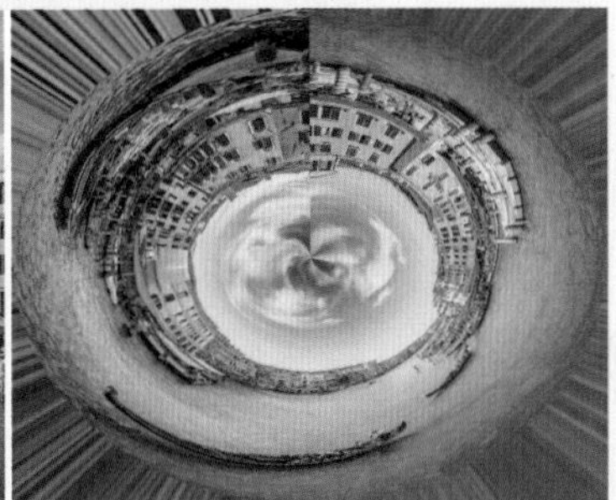

图9-118 应用滤镜的前后效果

4. 球面化

【球面化】滤镜通过将选区变形为球形，可设置不同的模式而在不同方向产生球面化的效果，如图9-119所示为【球面化】对话框，其中将【数量】设置为−95%，将【模式】设置为【正常】，完成后的效果如图9-120所示。

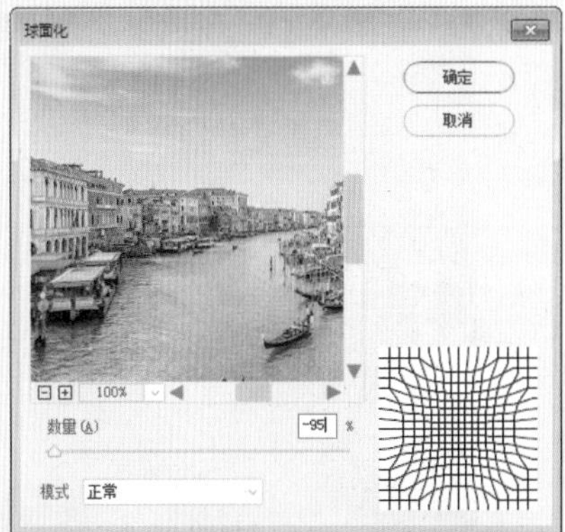

图9-119 【球面化】对话框

图9-120 应用滤镜后的效果

5. 水波

【水波】滤镜可以产生水波波纹的效果，在菜单栏中选择【滤镜】|【扭曲】|【水波】命令，弹出【水波】对话框，在该对话框中将【数量】设置为50，将【起伏】设置为20，将【样式】设置为【水池波纹】，如图9-121所示，添加后的效果如图9-122所示。

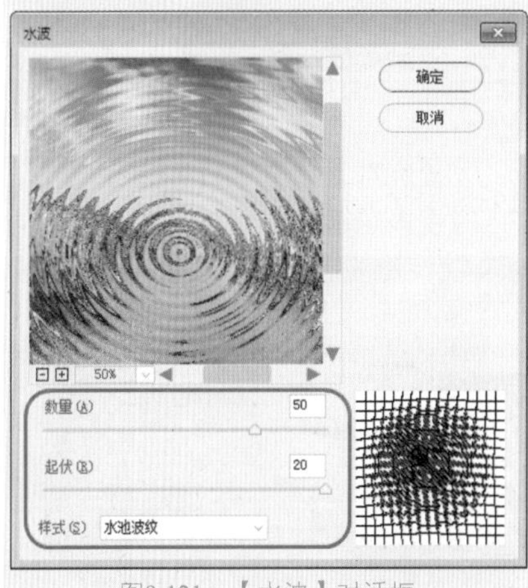

图9-121 【水波】对话框

图9-122　应用【水波】滤镜后的效果

6. 玻璃

此滤镜产生图像透过不同类型的玻璃所看到的效果。可以选取玻璃效果或创建自己的玻璃表面（存储为 Photoshop 文件）并加以应用。可以调整缩放、扭曲和平滑度设置。

01 在菜单栏中选择【滤镜】|【滤镜库】命令，在弹出的对话框中选择【扭曲】下的【玻璃】滤镜，将【扭曲度】、【平滑度】分别设置为10、3，将【纹理】设置为【块状】，如图9-123所示。

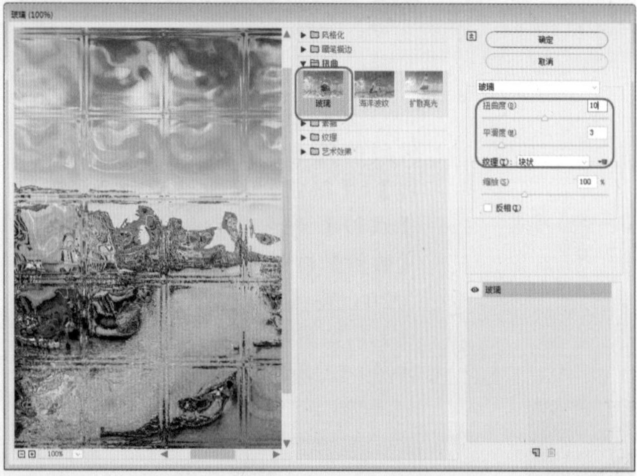

图9-123　设置【玻璃】滤镜参数

02 设置完成后，单击【确定】按钮，即可为选中的图像应用该滤镜，前后对比效果如图9-124所示。

图9-124　应用滤镜的前后效果

7. 海洋波纹

【海洋波纹】滤镜可以将随机分隔的波纹添加到图像表面，使图像看上去像是在水中，下面将介绍如何应用【海洋波纹】滤镜，其操作步骤如下。

01 在菜单栏中选择【滤镜】|【滤镜库】命令，在弹出的对话框中选择【扭曲】下的【海洋波纹】滤镜，将【波纹大小】、【波纹振幅】分别设置为5、10，如图9-125所示。

图9-125　设置【海洋波纹】滤镜参数

02 设置完成后，单击【确定】按钮，即可为选中的图像应用该滤镜，前后对比效果如图9-126所示。

图9-126　应用滤镜的前后效果

8. 扩散亮光

【扩散亮光】滤镜可以将图像渲染成像是透过一个柔和的扩散滤镜来观看的效果。此滤镜添加透明的白杂色，并从选区的中心向外渐隐亮光。下面将介绍如何应用【扩散亮光】滤镜效果，其操作步骤如下。

01 在菜单栏中选择【滤镜】|【滤镜库】命令，在弹出的对话框中选择【扭曲】下的【扩散亮光】滤镜，将【粒度】、【发光量】、【清除数量】分别设置为1、2、15，如图9-127所示。

02 设置完成后，单击【确定】按钮，即可为选中的图像应用该滤镜效果，前后对比效果如图9-128所示。

图9-127 设置【扩散亮光】滤镜参数

图9-128 应用滤镜的前后效果

9.3.9 锐化滤镜组

【锐化】滤镜组包括6种滤镜，主要通过增加相邻像素之间的对比度来聚焦模糊的图像，使图像变得更加清晰，下面介绍几种常用的锐化滤镜。

1. USM锐化

【USM锐化】滤镜可以调整边缘细节的对比度，并在边缘的每一侧生成一条亮线和一条暗线，此过程将使边缘突出，造成图像更加锐化的错觉。

01 按Ctrl+O组合键，打开“素材\Cha09\素材12.jpg”素材文件，如图9-129所示。

图9-129 打开的素材文件

02 在菜单栏中选择【滤镜】|【锐化】|【USM锐化】命令，如图9-130所示。

03 在弹出的【USM锐化】对话框中将【数量】、【半径】、【阈值】分别设置为130、4.5、0，如图9-131所示。

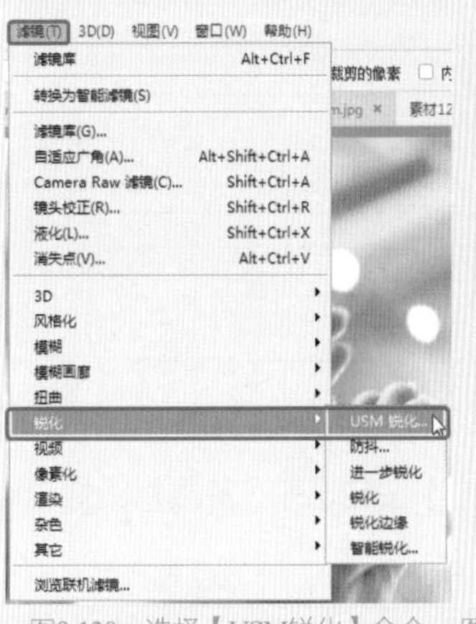

图9-130 选择【USM锐化】命令　图9-131 设置【USM锐化】滤镜参数

04 设置完成后，单击【确定】按钮，即可完成对图像的锐化处理，效果如图9-132所示。

图9-132 锐化图像后的效果

2. 智能锐化

【智能锐化】滤镜可以对图像进行更全面的锐化，它具有独特的锐化控制功能，通过该功能可设置锐化算法，或控制在阴影和高光区域中进行的锐化量。

01 在菜单栏中选择【滤镜】|【锐化】|【智能锐化】命令，弹出【智能锐化】对话框，将【数量】设置为372，将【半径】设置为2像素，将【减少杂色】设置为30%，将【移去】设置为【高斯模糊】，将【阴影】下的【渐隐量】、【色调宽度】、【半径】分别设置为26、50、1，将【高光】下的【渐隐量】、【色调宽度】、【半径】分别设置为58、50、17，如图9-133所示。

图9-133　设置【智能锐化】参数

02 设置完成后，单击【确定】按钮，即可完成对图像应用【智能锐化】滤镜，效果如图9-134所示。

图9-134　应用【智能锐化】滤镜后的效果

知识链接　【智能锐化】对话框

【智能锐化】对话框中各个选项的功能如下。

- 【数量】：设置锐化量。较大的值将会增强边缘像素之间的对比度，从而看起来更加锐利。
- 【半径】：决定边缘像素周围受锐化影响的像素数量。半径值越大，受影响的边缘就越宽，锐化的效果也就越明显。
- 【减少杂色】：减少不需要的杂色，同时保持重要边缘不受影响。
- 【移去】：设置用于对图像进行锐化的锐化算法。
  - 【高斯模糊】是【USM锐化】滤镜使用的方法。
  - 【镜头模糊】将检测图像中的边缘和细节，可对细节进行更精细的锐化，并减少了锐化光晕。
  - 【动感模糊】将尝试减少由于相机或主体移动而导致的模糊效果。如果选取了【动感模糊】，【角度】参数才可用。
  - 【角度】：为【移去】控件的【动感模糊】选项设置运动方向。

使用【阴影】和【高光】选项组调整较暗和较亮区域的锐化。如果暗的或亮的锐化光晕看起来过于强烈，可以使用这些控件减少光晕，这仅对于8位/通道和16位/通道的图像有效。

- 【渐隐量】：该参数用于调整高光或阴影中的锐化量。
- 【色调宽度】：该参数用于控制阴影或高光中色调的修改范围。向左移动滑块会减小【色调宽度】值，向右移动滑块会增加该值。较小的值会限制只对较暗区域进行阴影校正的调整，并只对较亮区域进行高光校正的调整。
- 【半径】：控制每个像素周围的区域的大小，该大小用于决定像素是在阴影还是在高光中。向左移动滑块会指定较小的区域，向右移动滑块会指定较大的区域。

9.3.10　素描滤镜组

【素描】滤镜组包括14种滤镜，它们可以将纹理添加到图像，常用来模拟素描和速写等艺术效果或手绘外观，其中大部分滤镜在重绘图像时都要使用前景色和背景色，因此，设置不同的前景色和背景色，可以获得不同的效果。可以通过【滤镜库】来应用所有素描滤镜，下面就为大家介绍主要的几种。

1. 半调图案

【半调图案】滤镜在保持连续的色调范围的同时，模拟半调网屏的效果，其操作方法如下。

01 按Ctrl+O组合键，打开“素材\Cha09\素材13.jpg”素材文件，将【前景色】的RGB值设置为255、255、255，将【背景色】的RGB值设置为0、152、231，如图9-135所示。

图9-135　打开的素材文件

02 在菜单栏中选择【滤镜】|【滤镜库】命令，如图9-136所示。

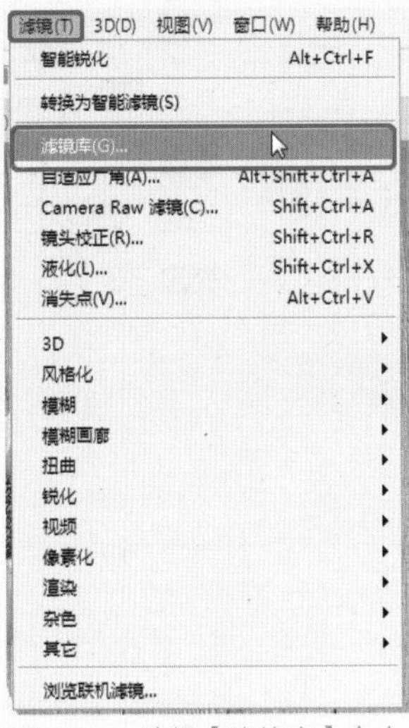

图9-136 选择【滤镜库】命令

03 在弹出的对话框中选择【素描】下的【半调图案】滤镜，将【大小】、【对比度】分别设置为1、5，将【图案类型】设置为【网点】，如图9-137所示。

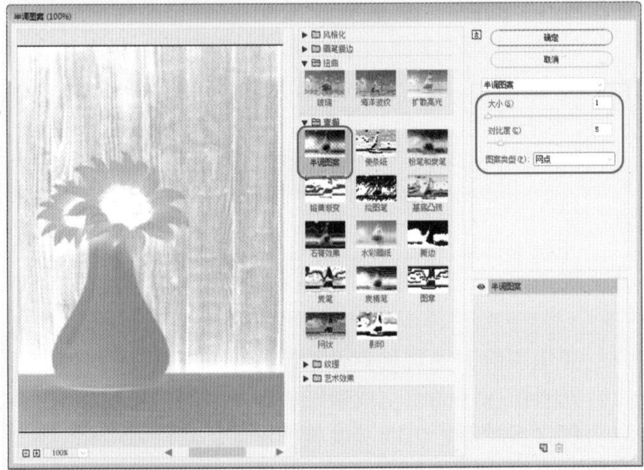

图9-137 设置【半调图案】滤镜参数

04 设置完成后，单击【确定】按钮，即可为该图像应用【半调图案】滤镜，效果如图9-138所示。

图9-138 应用滤镜后的效果

2. 粉笔和炭笔

【粉笔和炭笔】滤镜可以重绘图像的高光和中间调，并使用粗糙粉笔绘制纯中间调的灰色背景。阴影区域用黑色对角炭笔线条替换。炭笔用前景色绘制，粉笔用背景色绘制。

01 在菜单栏中选择【滤镜】|【滤镜库】命令，在弹出的对话框中选择【素描】下的【粉笔和炭笔】滤镜，将【炭笔区】、【粉笔区】、【描边压力】分别设置为20、20、2，如图9-139所示。

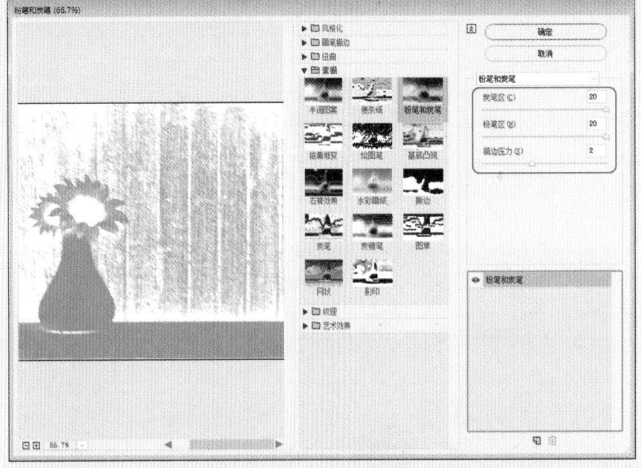

图9-139 设置【粉笔和炭笔】滤镜参数

02 设置完成后，单击【确定】按钮，即可为选中的图像应用该滤镜效果，效果如图9-140所示。

图9-140 应用滤镜后的效果

3. 水彩画纸

【水彩画纸】滤镜利用有污点的、像画在潮湿的纤维纸上的涂抹，使颜色流动并混合，下面将介绍如何应用【水彩画纸】滤镜，其操作步骤如下。

01 在菜单栏中选择【滤镜】|【滤镜库】命令，在弹出的对话框中选择【素描】下的【水彩画纸】滤镜，将【纤维长度】、【亮度】、【对比度】分别设置为13、55、76，如图9-141所示。

图9-141 设置【水彩画纸】滤镜参数

02 设置完成后，单击【确定】按钮，即可为选中的图像应用该滤镜效果，效果如图9-142所示。

图9-142 应用滤镜后的效果

4. 炭精笔

【炭精笔】滤镜可以在图像上模拟浓黑和纯白的炭精笔纹理。【炭精笔】滤镜在暗区使用前景色，在亮区使用背景色。为了获得更逼真的效果，可以在应用滤镜之前将前景色改为一种常用的【炭精笔】颜色（黑色、深褐色或血红色），下面将介绍如何应用【炭精笔】滤镜效果，其操作步骤如下。

01 在菜单栏中选择【滤镜】|【滤镜库】命令，在弹出的对话框中选择【素描】下的【炭精笔】滤镜，将【前景色阶】、【背景色阶】分别设置为14、15，将【纹理】设置为【画布】，将【缩放】、【凸现】分别设置为100、4，将【光照】设置为【上】，如图9-143所示。

02 设置完成后，单击【确定】按钮，即可为选中的图像应用该滤镜效果，效果如图9-144所示。

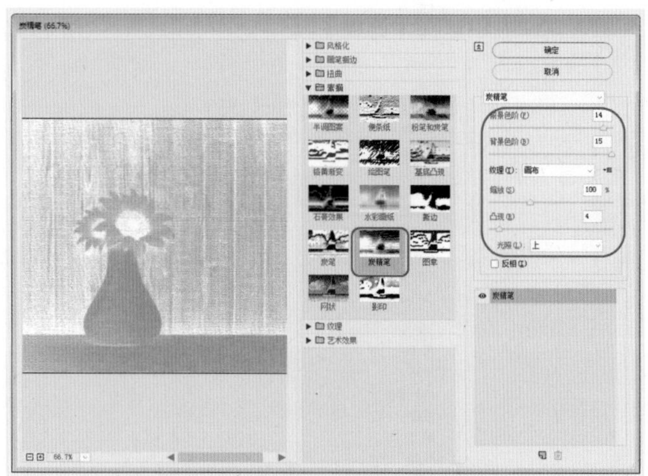

图9-143 设置【炭精笔】滤镜参数

图9-144 应用滤镜后的效果

9.3.11 纹理滤镜组

【纹理】滤镜组可以使图像的表面产生深度感和质感，该滤镜包括6种滤镜，下面介绍常用的几种滤镜。

1. 龟裂缝

【龟裂缝】滤镜将图像绘制在一个高凸现的石膏表面上，循着图像等高线生成精细的网状裂缝，使用该滤镜可以对包含多种颜色值或灰度值的图像创建浮雕效果。下面介绍该滤镜的使用方法。

01 按Ctrl+O组合键，打开“素材\Cha09\素材14.jpg”素材文件，如图9-145所示。

图9-145 打开的素材文件

02 在菜单栏中选择【滤镜】|【滤镜库】命令，如图9-146所示。

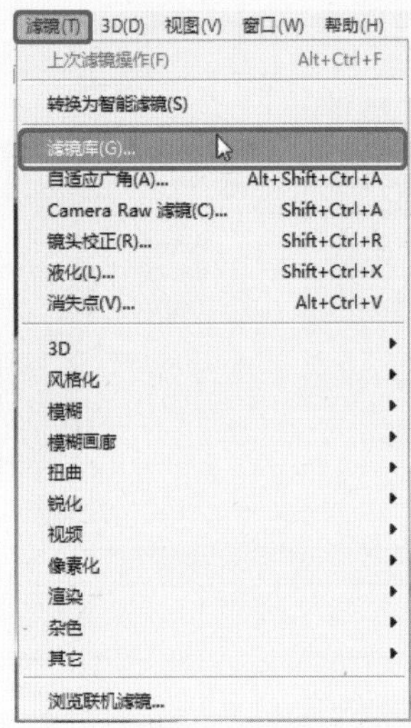

图9-146 选择【滤镜库】命令

03 在弹出的对话框中选择【纹理】下的【龟裂缝】滤镜，将【裂缝间距】、【裂缝深度】、【裂缝亮度】分别设置为22、5、10，如图9-147所示。

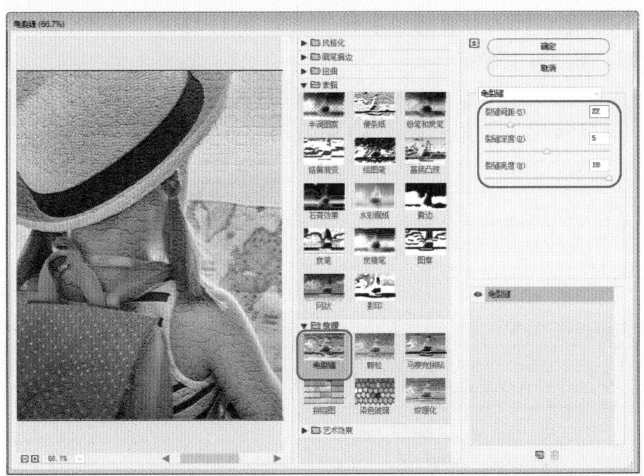
图9-147 设置【龟裂缝】滤镜参数

04 设置完成后，单击【确定】按钮，即可为该图像应用【龟裂缝】滤镜效果，效果如图9-148所示。

图9-148 应用滤镜后的效果

2. 拼缀图

【拼缀图】滤镜可以将图像分解为用图像中该区域的主色填充的正方形。此滤镜可以随机减小或增大拼贴的深度，以模拟高光和阴影，下面将介绍如何应用【拼缀图】滤镜效果，其操作步骤如下。

01 在菜单栏中选择【滤镜】|【滤镜库】命令，在弹出的对话框中选择【纹理】下的【拼缀图】滤镜，将【方块大小】、【凸现】分别设置为4、8，如图9-149所示。

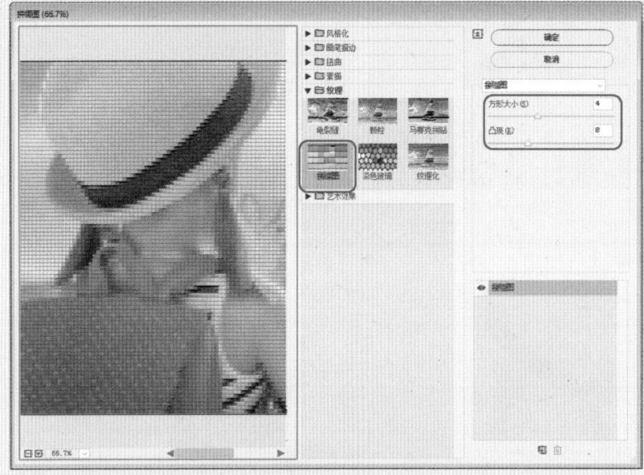
图9-149 设置【拼缀图】滤镜参数

02 设置完成后，单击【确定】按钮，即可为选中的图像应用该滤镜效果，前后对比效果如图9-150所示。

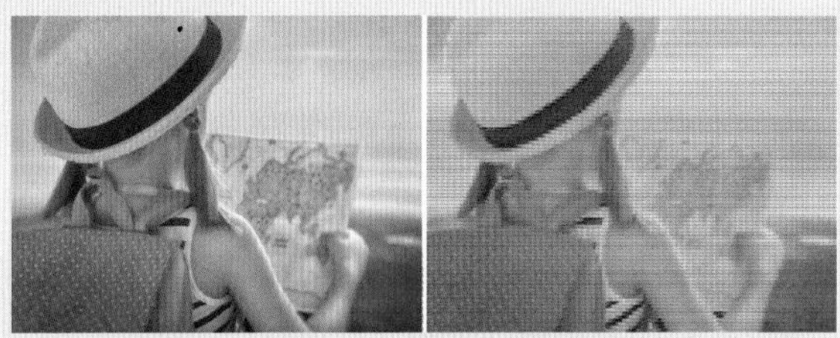
图9-150 应用滤镜的前后效果

3. 纹理化

【纹理化】滤镜可以在图像中加入各种纹理，使图像呈现纹理质感，可选择的纹理包括【砖形】、【粗麻布】、【画布】和【砂岩】。下面将介绍如何使用【纹理化】滤镜效果，其操作步骤如下。

01 在菜单栏中选择【滤镜】|【滤镜库】命令，在弹出的对话框中选择【纹理】下的【纹理化】滤镜，将【纹理】设置为【画布】，将【缩放】、【凸现】分别设置为100、7，如图9-151所示。

> 提示
> 如果单击【纹理】选项右侧的 ▾≡ 按钮，在打开的下拉菜单中选择【载入纹理】命令，则可以载入一个PSD格式的文件作为纹理文件。

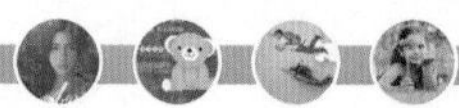

02 设置完成后，单击【确定】按钮，即可为选中的图像应用该滤镜，前后对比效果如图9-152所示。

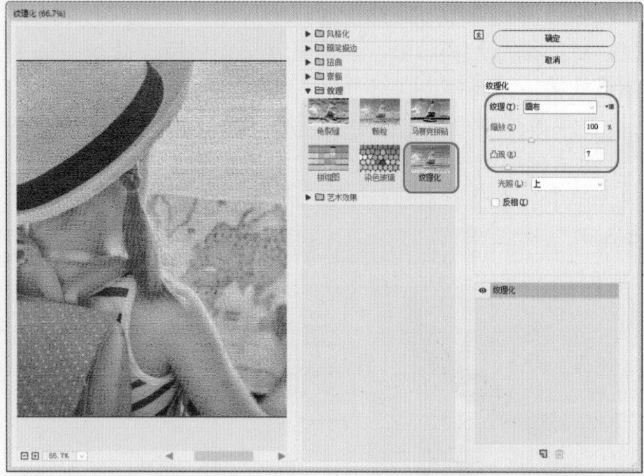

图9-151　设置【纹理化】滤镜参数

图9-152　应用滤镜的前后效果

9.3.12　像素化滤镜组

【像素化】滤镜组包括7种滤镜，该滤镜主要通过像素颜色而产生块的形状，下面介绍几种常用的滤镜。

1. 彩色半调

【彩色半调】滤镜可以使图像变为网点效果，它先将图像的每一个通道划分出矩形区域，再将矩形区域转换为圆形，圆形的大小与矩形的亮度成比例，高光部分生成的网点较小，阴影部分生成的网点较大。下面介绍【彩色半调】滤镜的使用方法。

01 按Ctrl+O组合键，打开“素材\Cha09\素材15.jpg”素材文件，如图9-153所示。

图9-153　打开的素材文件

02 在菜单栏中选择【滤镜】|【像素化】|【彩色半调】命令，如图9-154所示。

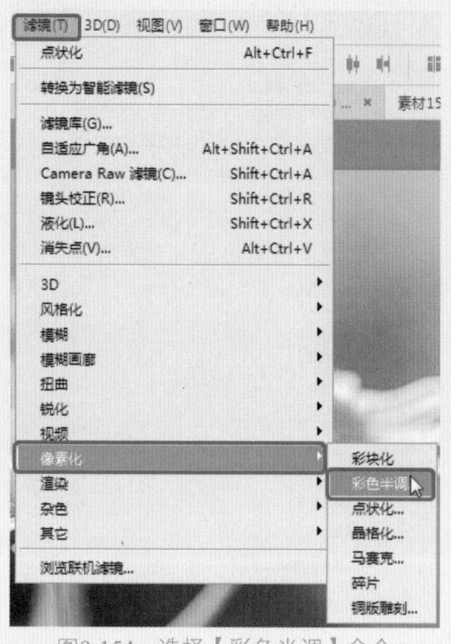

图9-154　选择【彩色半调】命令

03 执行该操作后，即可打开【彩色半调】对话框，在该对话框中将【最大半径】、【通道 1】、【通道 2】、【通道 3】、【通道 4】分别设置为4、108、162、90、45，如图9-155所示。

04 设置完成后，单击【确定】按钮，添加【彩色半调】滤镜后的效果，如图9-156所示。

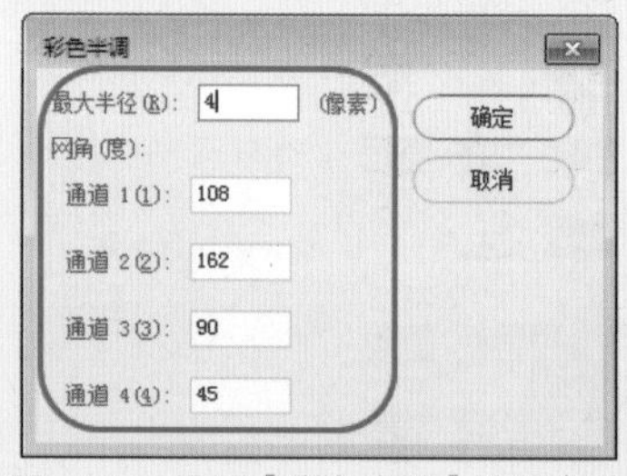

图9-155　设置【彩色半调】滤镜参数

图9-156　应用滤镜后的效果

2. 点状化

【点状化】滤镜可以将图像中的颜色分散为随机分布的网点，如同点状绘画效果，背景色将作为网点之间的画布区域，使用该滤镜时，可通过【单元格大小】来控制网点的大小，如图9-157所示为设置该滤镜参数，图9-158所示为添加该滤镜后效果。

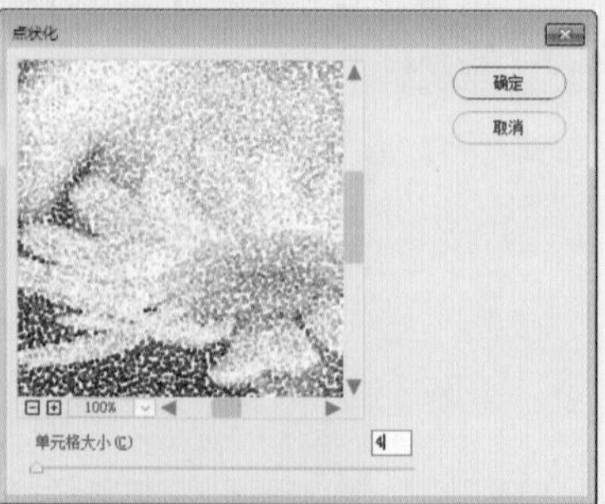

图9-157　设置【点状化】滤镜效果

图9-158 应用该滤镜后的效果

9.3.13 渲染滤镜

【渲染】滤镜可以为图像添加云彩的效果，还可以模拟出镜头光晕的效果，下面介绍几种常用的渲染滤镜。

1. 分层云彩

【分层云彩】滤镜使用随机生成的介于前景色与背景色之间的色彩，生成云彩图案。【分层云彩】滤镜可以将云彩数据和现有的像素混合，其方式与【差值】模式混合颜色的方式相同。

2. 镜头光晕

【镜头光晕】滤镜用于模拟亮光照射到相机镜头所产生的折射效果。通过单击图像缩览图的任一位置或拖动其十字线，便可指定光晕中心的位置。

实例操作002——云彩

01 按Ctrl+O组合键，打开“素材\Cha09\素材16.jpg”素材文件，如图9-159所示。

图9-159 打开的素材文件

02 将【前景色】的RGB值设置为255、255、255，将【背景色】的RGB值设置为0、0、0，在【图层】面板中单击【新建图层】按钮，新建一个图层，将其命名为“云彩”，按Ctrl+Delete组合键填充背景色，如图9-160所示。

图9-160 新建图层并填充背景色

03 在菜单栏中选择【滤镜】|【渲染】|【分层云彩】命令，如图9-161所示。

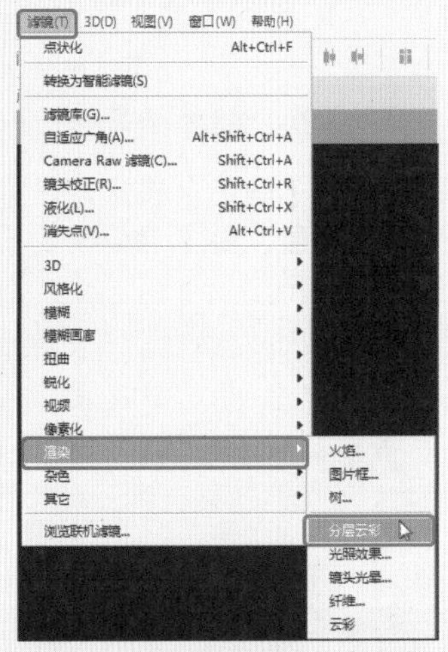

图9-161 选择【分层云彩】命令

04 继续选中【云彩】图层，按Alt+Ctrl+F组合键，再次应用【分层云彩】滤镜，效果如图9-162所示。

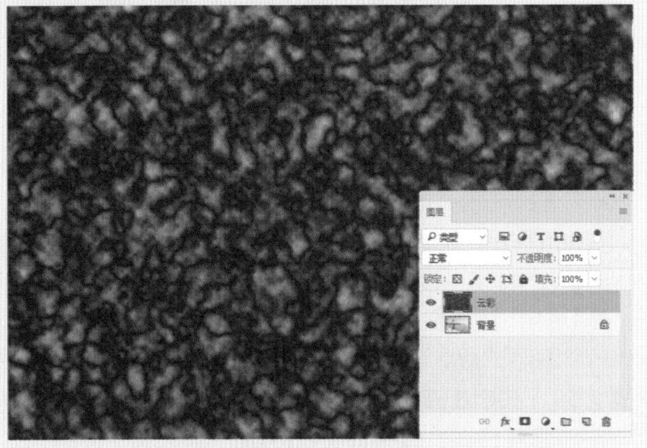

图9-162 再次应用【分层云彩】滤镜

05 按Ctrl+L组合键，在弹出的对话框中设置【色阶】参数，如图9-163所示。

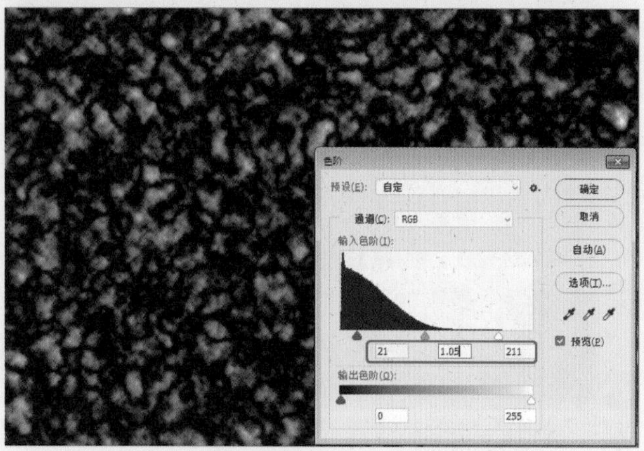

图9-163 设置【色阶】参数

提示

因为【分层云彩】滤镜是随机生成云彩的值，每次应用的滤镜效果都不同，所以，在此不详细介绍【色阶】的参数，用户可以根据需要自行进行设置。

06 调整完成后，单击【确定】按钮，在【图层】面板中选择【云彩】图层，将【混合模式】设置为【滤色】，效果如图9-164所示。

图9-164 将【混合模式】设置为【滤色】

07 在工具箱中单击【多边形套索工具】，在工作区中对天空进行套索，效果如图9-165所示。

08 按Shift+F6组合键，在弹出的对话框中将【羽化半径】设置为50，如图9-166所示。

09 在【图层】面板中单击【添加图层蒙版】按钮，添加一个图层蒙版，选择【云彩】图层，将【不透明度】设置为59，按Ctrl+T组合键，在工作区中调整该图层的大小，并调整其位置，效果如图9-167所示。

图9-165 对天空进行套索

图9-166 设置【羽化半径】参数

图9-167 调整图层大小与位置后的效果

10 调整完成后，按Enter键完成调整，在【图层】面板中新建一个图层，将其命名为“镜头光晕”，按Ctrl+Delete组合键填充背景色，如图9-168所示。

11 在菜单栏中选择【滤镜】|【渲染】|【镜头光晕】命令，如图9-169所示。

图9-168 新建图层并填充背景色

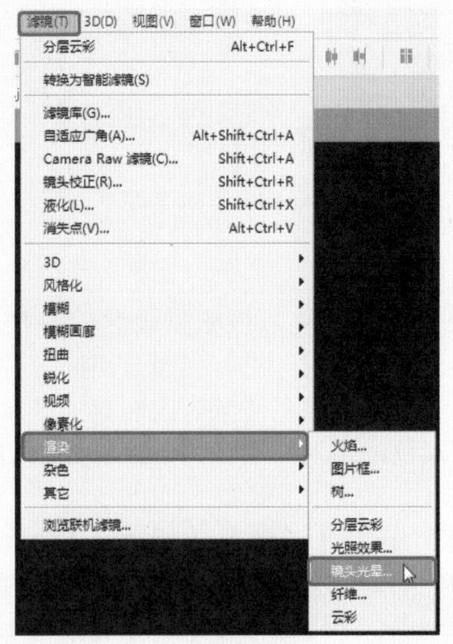

图9-169 选择【镜头光晕】命令

12 执行该操作后，在弹出的对话框中调整光晕的位置，选中【50-300毫米变焦】单选按钮，如图9-170所示。

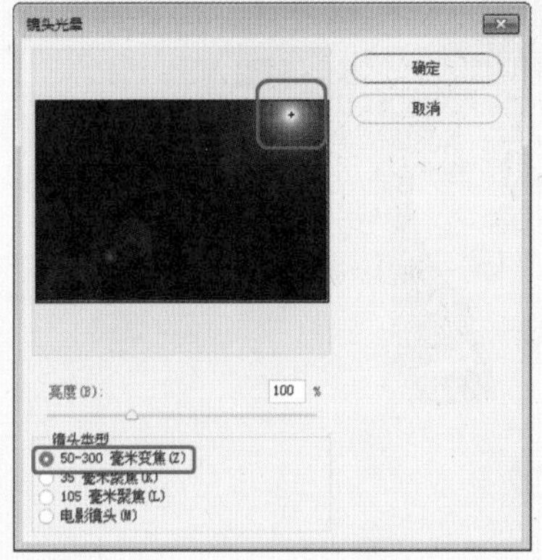

图9-170 选中【50-300毫米变焦】单选按钮

13 设置完成后，单击【确定】按钮，在【图层】面板中选择【镜头光晕】图层，将其【混合模式】设置为【滤色】，如图9-171所示。

图9-171 设置混合模式

14 设置完成后，即可完成云彩与镜头光晕效果的添加，效果如图9-172所示。

图9-172 完成后的效果

9.3.14 艺术效果滤镜组

【艺术效果】滤镜组中包含15种滤镜，它们可以模仿自然或传统介质，使图像看起来更贴近绘画或艺术效果。可以通过【滤镜库】应用所有艺术效果滤镜，下面就为大家介绍主要的几种。

1. 粗糙蜡笔

【粗糙蜡笔】滤镜可以在带纹理的背景上应用粉笔描边。在亮色区域，粉笔看上去很厚，几乎看不见纹理；在深色区域，粉笔似乎被擦去了，使纹理显露出来，下面将介绍如何应用【粗糙蜡笔】滤镜，其操作步骤如下。

01 按Ctrl+O组合键，打开“素材\Cha09\素材17.jpg”素材文件，在菜单栏中选择【滤镜】|【滤镜库】命令，

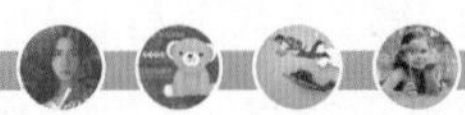

在弹出的对话框中选择【艺术效果】下的【粗糙蜡笔】滤镜，将【描边长度】、【描边细节】分别设置为5、4，将【纹理】设置为【画布】，将【缩放】、【凸现】分别设置为100、20，将【光照】设置为【下】，如图9-173所示。

图9-173　设置【粗糙蜡笔】滤镜参数

02 设置完成后，单击【确定】按钮，即可为选中的图像应用该滤镜效果，前后对比效果如图9-174所示。

图9-174　应用滤镜的前后效果

2. 干画笔

【干画笔】滤镜使用干画笔技术（介于油彩和水彩之间）绘制图像边缘，并通过将图像的颜色范围降到普通颜色范围来简化图像，下面将介绍如何应用【干画笔】滤镜，其操作步骤如下。

01 在菜单栏中选择【滤镜】|【滤镜库】命令，在弹出的对话框中选择【艺术效果】下的【干画笔】滤镜，将【画笔大小】、【画笔细节】、【纹理】分别设置为3、10、2，如图9-175所示。

02 设置完成后，单击【确定】按钮，即可为选中的图像应用该滤镜效果，前后对比效果如图9-176所示。

图9-175　设置【干画笔】滤镜参数

图9-176　应用滤镜的前后效果

3. 海报边缘

【海报边缘】滤镜可以根据设置的海报化选项减少图像中的颜色数量（对其进行色调分离），并查找图像的边缘，在边缘上绘制黑色线条。大而宽的区域有简单的阴影，细小的深色细节遍布图像，下面将介绍如何应用【海报边缘】滤镜，其操作步骤如下。

01 在菜单栏中选择【滤镜】|【滤镜库】命令，在弹出的对话框中选择【艺术效果】下的【海报边缘】滤镜，将【边缘厚度】、【边缘强度】、【海报化】分别设置为5、1、4，如图9-177所示。

图9-177　设置【海报边缘】滤镜参数

02 设置完成后，单击【确定】按钮，即可为选中的图像应用该滤镜效果，前后对比效果如图9-178所示。

图9-178 添加滤镜的前后效果

4. 绘画涂抹

【绘画涂抹】滤镜可以各种大小（从 1 到 50）和类型的画笔来创建绘画效果。画笔类型包括简单、未处理光照、暗光、宽锐化、宽模糊和火花，下面将介绍如何应用【绘画涂抹】滤镜，其操作步骤如下。

01 在菜单栏中选择【滤镜】|【滤镜库】命令，在弹出的对话框中选择【艺术效果】下的【绘画涂抹】滤镜，将【画笔大小】、【锐化程度】分别设置为6、8，将【画笔类型】设置为【简单】，如图9-179所示。

图9-179 设置【绘画涂抹】滤镜参数

02 设置完成后，单击【确定】按钮，即可为选中的图像应用该滤镜效果，前后对比效果如图9-180所示。

图9-180 应用滤镜的前后效果

9.3.15 杂色滤镜组

【杂色】滤镜组可以为图像添加/移除杂色或带有随机分布色阶的像素，可以创建与众不同的纹理效果或移除图像中有问题的区域，该组包括5个滤镜命令，下面介绍常用的几个。

1. 减少杂色

【减少杂色】滤镜在基于影响整个图像或各个通道的用户设置保留边缘的同时减少杂色。在菜单栏中选择【滤镜】|【杂色】|【减少杂色】命令，打开【减少杂色】对话框，如图9-181所示，在该对话框中进行相应的设置即可，设置完成后，单击【确定】按钮，即可应用【减少杂色】滤镜效果，如图9-182所示。

图9-181 【减少杂色】对话框

图9-182 应用【减少杂色】滤镜后的效果

【减少杂色】对话框中的各个参数的功能说明如下。

- 【强度】：该参数控制应用于所有图像通道的明亮度杂色减少量。
- 【保留细节】：该参数用于设置保留边缘和图像细节（如头发或纹理对象）。如果值为 100，则会保留大多数图像细节，但会将明亮度杂色减到最少。平衡设置【强度】和【保留细节】控件的值，以便对杂色减少操

作进行微调。

- 【减少杂色】：该参数用于设置移去随机的颜色像素。值越大，减少的颜色杂色越多。
- 【锐化细节】：该参数用于对图像进行锐化。移去杂色将会降低图像的锐化程度。
- 【移去 JPEG 不自然感】：移去由于使用低 JPEG 品质设置存储图像而导致的斑驳的图像伪像和光晕。

2. 中间值

【中间值】滤镜通过混合选区中像素的亮度来减少图像的杂色。该滤镜可以搜索像素选区的半径范围以查找亮度相近的像素，扔掉与相邻像素差异太大的像素，并用搜索到的像素的中间亮度值替换中心像素，在消除或减少图像的动感效果时非常有用。如图9-183所示为【中间值】对话框，图9-184为应用滤镜后的效果。

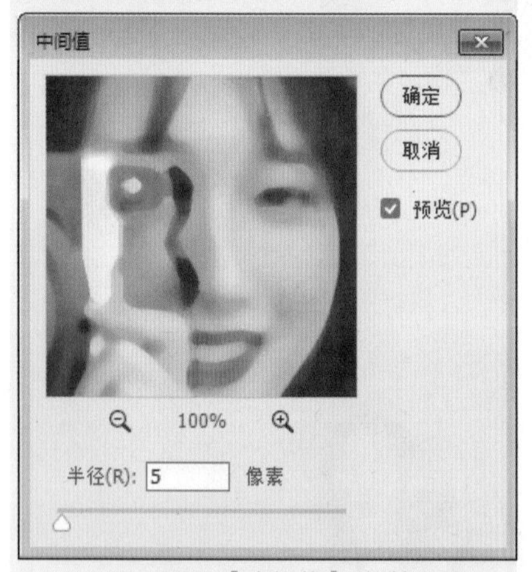

图9-183 【中间值】对话框

图9-184 应用【中间值】滤镜后的效果

9.3.16 其他滤镜组

在其他滤镜组中包括5种滤镜，它们中有允许用户自定义滤镜的命令，也有使用滤镜修改蒙版、在图像中使选区发生位移和快速调整颜色的命令。下面介绍两种常用的滤镜使用方法。

1. 高反差保留

【高反差保留】滤镜可以在有强烈颜色转变发生的地方按指定的半径保留边缘细节，并且不显示图像的其余部分，该滤镜对于从扫描图像中取出艺术线条和大的黑白区域非常有用。图9-185所示为【高反差保留】对话框，通过调整【半径】参数可以改变保留边缘细节，效果如图9-186所示。

图9-185 【高反差保留】对话框

图9-186 应用【高反差保留】滤镜后的效果

2. 位移

【位移】滤镜可以水平或垂直偏移图像，对于由偏移生成的空缺区域，还可以用不同的方式来填充。选中【设置为背景】单选按钮，将以背景色填充空缺部分；选中【重复边缘像素】单选按钮，可在图像边界的空缺部分填入扭曲边缘的像素颜色；选中【折回】单选按钮，可在空缺部分填入溢出图像之外的内容，在这里选中【折回】单选按钮，其参数如图9-187所示，完成后的效果如图9-188所示。

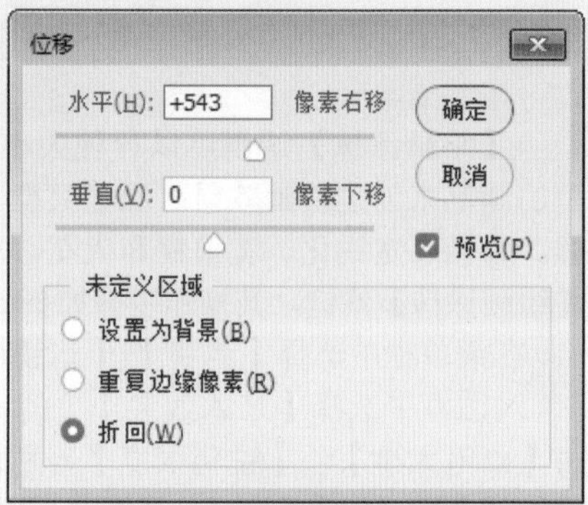

图9-187 【位移】对话框

图9-188 应用【位移】滤镜后的效果

9.4 上机练习

通过本章的学习，相信读者对滤镜的使用有了一定的了解，本节将通过滤镜效果制作水彩画与艺术照封面效果。

9.4.1 水彩画

下面将通过利用Photoshop中的滤镜模拟水彩画效果，效果如图9-189所示，具体操作步骤如下。

图9-189 水彩画

01 按Ctrl+O组合键，打开“素材\Cha09\素材18.jpg”素材文件，如图9-190所示。

图9-190 打开的素材文件

02 在【图层】面板中选择【背景】图层，按住鼠标将其拖曳至【创建新图层】按钮上，对其进行复制，选择【背景 拷贝】图层，右击鼠标，在弹出的快捷菜单中选择【转换为智能对象】命令，如图9-191所示。

图9-191 选择【转换为智能对象】命令

03 继续选中该图层，在菜单栏中选择【滤镜】|【滤镜库】命令，如图9-192所示。

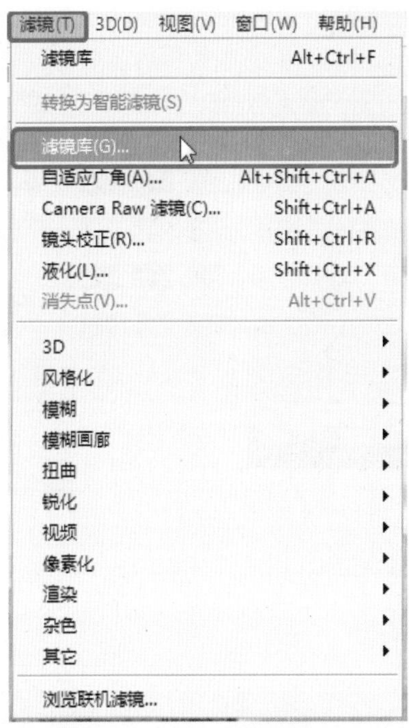

图9-192 选择【滤镜库】命令

04 在弹出的对话框中选择【艺术效果】下的【干画笔】，将【画笔大小】、【画笔细节】、【纹理】分别设置为4、7、1，如图9-193所示。

图9-193 设置【干画笔】参数

05 设置完成后，单击【确定】按钮，再在菜单栏中选择【滤镜】|【滤镜库】命令，在弹出的对话框中选择【艺术效果】下的【干画笔】，将【画笔大小】、【画笔细节】、【纹理】分别设置为1、10、1，如图9-194所示。

06 设置完成后，单击【确定】按钮，在【图层】面板中双击最上方滤镜库右侧的 按钮，在弹出的对话框中将【模式】设置为【滤色】，将【不透明度】设置为45，如图9-195所示。

图9-194 再次添加【干画笔】滤镜

图9-195 设置滤镜的混合模式

07 单击【确定】按钮，在菜单栏中选择【滤镜】|【模糊】|【特殊模糊】命令，如图9-196所示。

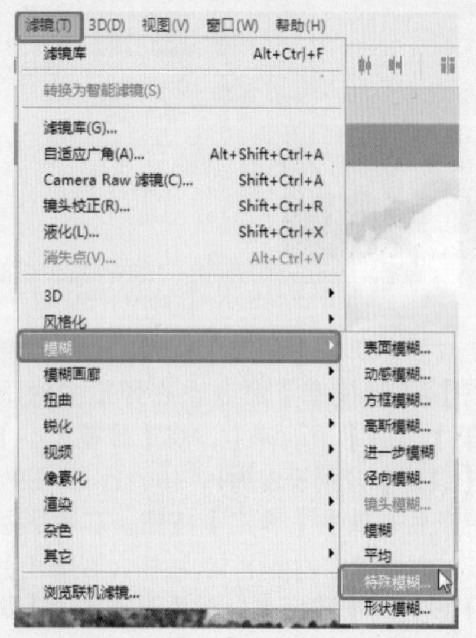

图9-196 选择【特殊模糊】命令

08 在弹出的对话框中将【半径】、【阈值】分别设置为7.3、65.5，将【品质】设置为【高】，如图9-197所示。

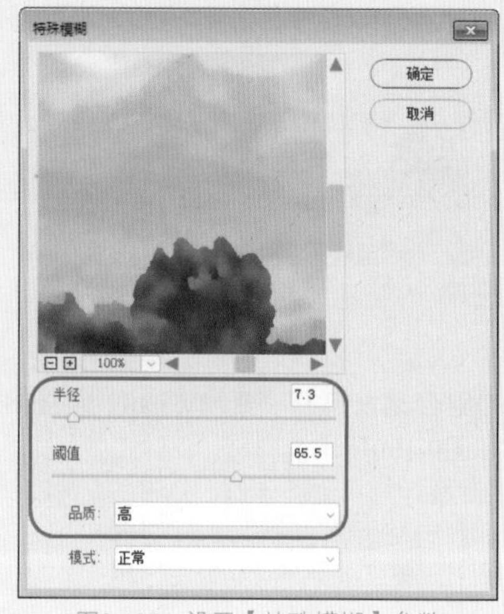

图9-197 设置【特殊模糊】参数

09 设置完成后，单击【确定】按钮，在【图层】面板中双击【特殊模糊】右侧的 按钮，在弹出的对话框中将【不透明度】设置为70，如图9-198所示。

图9-198 设置【不透明度】参数

10 单击【确定】按钮，在菜单栏中选择【滤镜】|【滤镜库】命令，在弹出的对话框中选择【画笔描边】下的【喷溅】，将【喷色半径】、【平滑度】分别设置为6、7，如图9-199所示。

11 设置完成后，单击【确定】按钮，在菜单栏中选择【滤镜】|【风格化】|【查找边缘】命令，如图9-200所示。

12 在【图层】面板中双击【查找边缘】右侧的 按钮，在弹出的对话框中将【模式】设置为【正片叠底】，将【不透明度】设置为66，如图9-201所示。

图9-199 设置【喷溅】参数

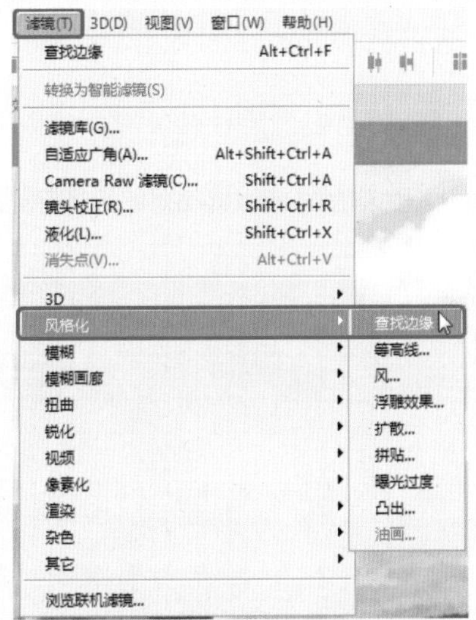

图9-200 选择【查找边缘】命令

图9-201 设置查找边缘的混合模式

13 设置完成后，单击【确定】按钮，在菜单栏中选择【文件】|【置入嵌入对象】命令，在弹出的对话框中选择“素材\Cha09\素材19.jpg”素材文件，如图9-202所示。

图9-202 选择素材文件

14 单击【置入】按钮，将其置入到文档中，按Enter键完成置入，在【图层】面板中选择【素材19】图层，按住鼠标将其拖曳至【创建新图层】按钮上，对其进行复制，将【素材19 拷贝】图层调整至【背景】图层的上方，如图9-203所示。

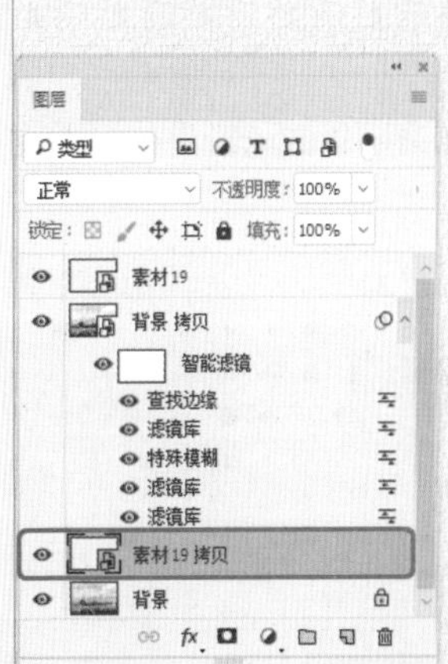

图9-203 复制图层并进行调整

15 在【图层】面板中选择【素材19】图层，将【混合模式】设置为【正片叠底】，如图9-204所示。

16 按Ctrl+Shift+Alt+E组合键，盖印图层，将【素材19】、【背景 拷贝】图层进行隐藏，如图9-205所示。

17 在【图层】面板中选择【图层 1】图层，按住Alt键单击【添加图层蒙版】按钮，在工具箱中单击【画笔工具】，在【画笔预设】面板中选择【水粉40】，将【大小】设置为151，勾选【间距】复选框，将【间距】设置为25，勾选【平滑】复选框，如图9-206所示。

图9-204 设置图层混合模式

图9-205 盖印图层并隐藏其他图层

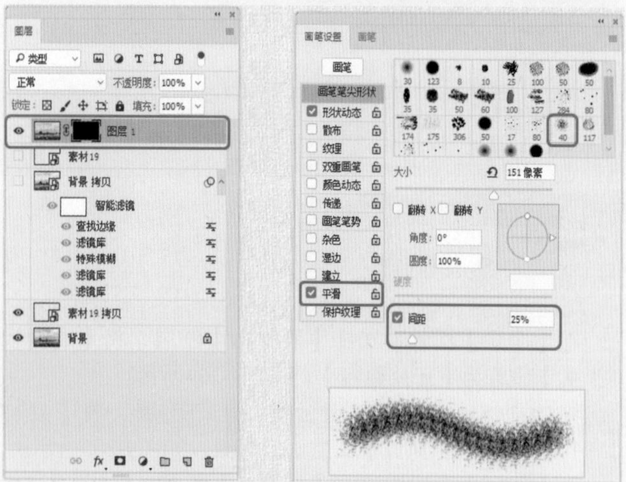

图9-206 添加图层蒙版并设置画笔工具

提示 此处将【前景色】的RGB值设置为255、255、255，将【背景色】的RGB值设置为0、0、0。

18 设置完成后，在工作区进行涂抹，涂抹后的效果如图9-207所示。

图9-207 涂抹后的效果

9.4.2 实战：艺术照封面

下面将介绍如何通过Photoshop对照片进行处理，效果如图9-208所示。

图9-208 艺术照封面

01 按Ctrl+O组合键，打开“素材\Cha09\素材20.jpg”素材文件，如图9-209所示。

02 在【图层】面板中选择【背景】图层，按住鼠标将其拖曳至【创建新图层】按钮上，然后再将复制后的图层拖曳至【创建新图层】按钮上，再次进行复制，如图9-210所示。

图9-209 打开的素材文件

图9-210 复制两个图层

03 在【图层】面板中将【背景 拷贝 2】图层进行隐藏，选择【背景 拷贝】图层，在菜单栏中选择【滤镜】|【模糊】|【表面模糊】命令，如图9-211所示。

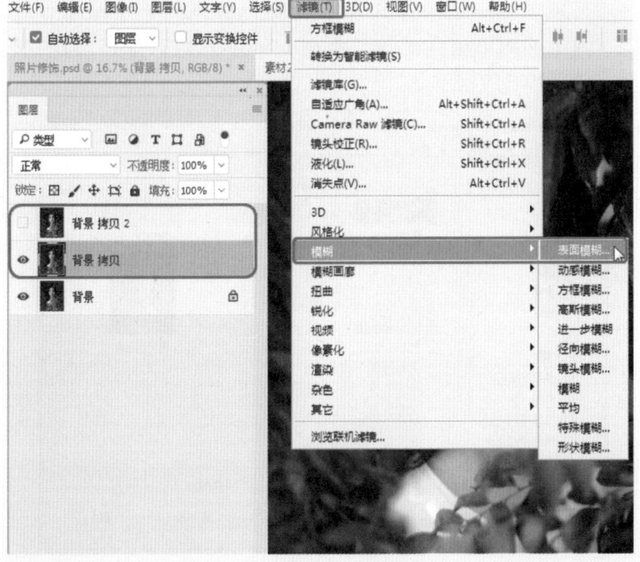

图9-211 选择【表面模糊】命令

04 在弹出的对话框中将【半径】、【阈值】分别设置为33、54，如图9-212所示。

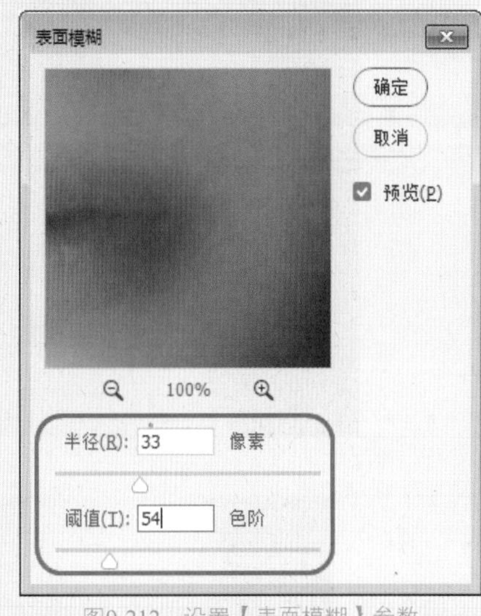

图9-212 设置【表面模糊】参数

05 设置完成后，单击【确定】按钮，在【图层】面板中显示【背景 拷贝 2】图层，单击【添加图层蒙版】按钮，添加一个图层蒙版，将【前景色】的RGB值设置为0、0、0，将【背景色】的RGB值设置为255、255、255，在工具箱中单击【画笔工具】，在【画笔设置】面板中选择【柔角 30】，如图9-213所示。

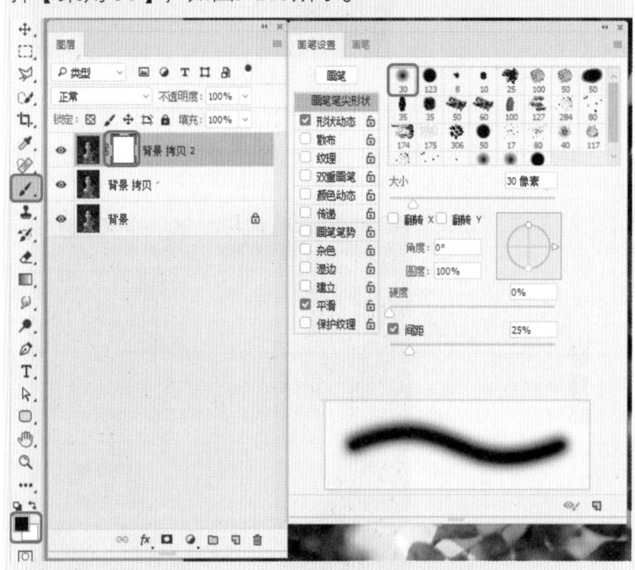

图9-213 添加图层蒙版并设置画笔

06 设置完成后，在工作区中对人物的面部进行涂抹，对其进行美化，效果如图9-214所示。

07 在工具箱中单击【钢笔工具】，在工具选项栏中将工具模式设置为【路径】，在工作区中对人物的唇部进行描绘，如图9-215所示。

图9-214 对人物面部进行美化

图9-215 绘制路径

08 在【图层】面板中选择【背景 拷贝2】图层，按Ctrl+Enter组合键，按Ctrl+Shift+I反向，按Ctrl+J组合键通过选区创建新图层，如图9-216所示。

图9-216 创建新图层

09 按Ctrl+U组合键，在弹出的对话框中将【色相】、【饱和度】、【明度】分别设置为-9、30、11，如图9-217所示。

图9-217 设置【色相/饱和度】参数

10 设置完成后，单击【确定】按钮，在【图层】面板中选择【图层 1】图层，将【不透明度】设置为75，如图9-218所示。

图9-218 设置不透明度

11 在菜单栏中选择【文件】|【置入嵌入对象】命令，在弹出的对话框中选择“素材\Cha09\素材21.jpg”素材文件，如图9-219所示。

图9-219 选择素材文件

12 单击【置入】按钮，在工作区中调整该图像的大小与位置，按Enter键完成置入，在【图层】面板中选择【素材21】图层，将【混合模式】设置为【强光】，将【不透明度】设置为75，如图9-220所示。

图9-220 调整图像的大小与位置

13 继续选中该图层，在菜单栏中选择【滤镜】|【模糊】|【方框模糊】命令，如图9-221所示。

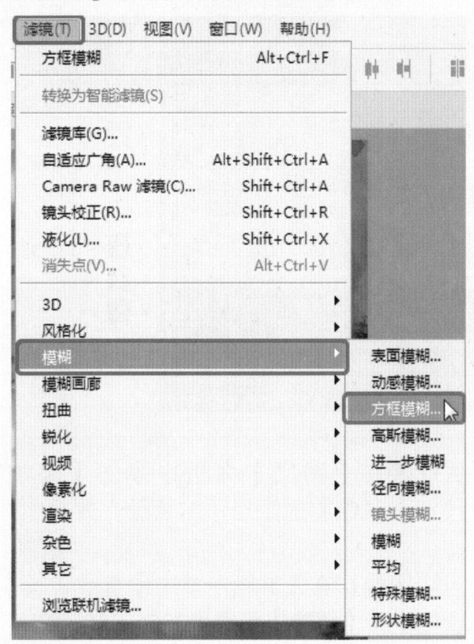

图9-221 选择【方块模糊】命令

14 在弹出的对话框中将【半径】设置为277，如图9-222所示。

15 设置完成后，单击【确定】按钮，在【图层】面板中单击【创建新的填充或调整图层】按钮，在弹出的列表中选择【可选颜色】命令，如图9-223所示。

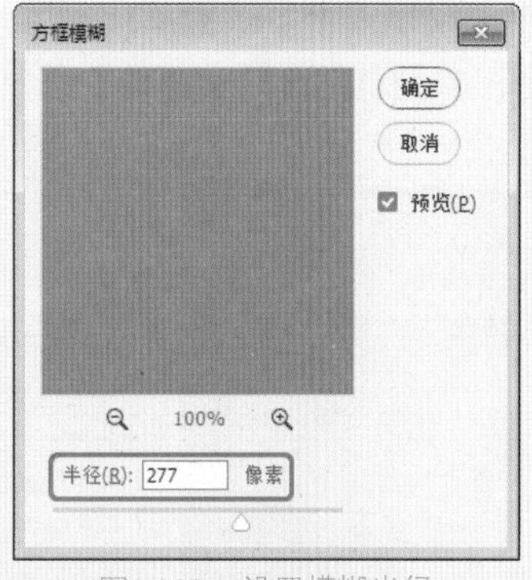

图9-222 设置模糊半径

图9-223 选择【可选颜色】命令

16 在【属性】面板中将【颜色】设置为【红色】，将【青色】、【洋红】、【黄色】、【黑色】分别设置为46、−68、−67、100，如图9-224所示。

图9-224 设置可选颜色参数

17 在【图层】面板中单击【创建新的填充或调整图层】按钮，在弹出的列表中选择【曲线】命令，如图9-225所示。

图9-225 选择【曲线】命令

18 在【属性】面板中添加一个控制点，将【输入】、【输出】分别设置为135、160，如图9-226所示。

图9-226 调整曲线参数

19 在工具箱中单击【矩形工具】，在工具选项栏中将【工具模式】设置为【形状】，将【填充】设置为无，将【描边】的RGB值设置为255、255、255，将【描边宽度】设置为12.5，在工作区中绘制一个矩形，在【属性】面板中将W、H分别设置为2083.98、2203，将X、Y分别设置为45、345，如图9-227所示。

20 在工具箱中单击【矩形选框工具】，在工具选项栏中单击【添加到选区】按钮，在工作区中绘制如图9-228所示的两个矩形选区。

图9-227 绘制矩形并进行设置

图9-228 绘制矩形选区

21 按住Alt键在【图层】面板中单击【添加图层蒙版】按钮，对绘制的矩形添加蒙版，效果如图9-229所示。

22 新建一个图层，在工具箱中单击【直线工具】，在工具选项栏中将【填充】设置为255、255、255，将【描边】设置为无，将【粗细】设置为30，在工作区中绘制一条直线，效果如图9-230所示。

23 使用同样的方法，在工作区中绘制其他线段，绘制后的效果如图9-231所示。

图9-229 添加图层蒙版后的效果

图9-230 绘制直线

图9-231 绘制其他线段后的效果

24 在工具箱中单击【横排文字工具】，在工作区中单击鼠标，输入文字，选中输入的文字，在【属性】面板中将字体设置为Angilla Tattoo Personal Use，将字体大小设置为725.39，将【颜色】的RGB值设置为255、255、255，如图9-232所示。

图9-232 输入文字并进行设置

25 使用【横排文字工具】在工作区中单击鼠标，输入文字，选中输入的文字，在【属性】面板中将字体设置为Angilla Tattoo Personal Use，将字体大小设置为400.3，如图9-233所示。

图9-233 输入文字并进行设置

26 使用同样的方法在工作区中创建其他文字，对其进行相应的设置，并在工作区中绘制其他图形，效果如图9-234所示。

图9-234　创建其他文字与图形后的效果

9.5 思考与练习

1. 如果需要对照片中人物的脸部进行处理，可以应用什么滤镜效果？

2. 【画笔描边】滤镜组有什么作用？

第10章
项目指导——CI设计

10.1 制作企业LOGO

本节介绍如何制作企业LOGO，效果如图10-1所示。

图10-1 企业LOGO

01 启动Photoshop CC 2018软件，按Ctrl+N组合键，在弹出的对话框中将【宽度】、【高度】分别设置为831、531，将【分辨率】设置为72像素/英寸，将【颜色模式】设置为【RGB颜色】，将【背景内容】设置为白色，如图10-2所示。

02 设置完成后，单击【创建】按钮，在工具箱中单击【圆角矩形工具】，在工作区中绘制一个圆角矩形，在【属性】面板中将W、H分别设置为353、348，将X、Y分别设置为240、40，将【填充】设置为#cd0000，将【描边】设置为无，将所有的角半径都设置为12像素，如图10-3所示。

图10-2 设置新建文档参数

图10-3 绘制圆角矩形并设置

03 在【图层】面板中按住Ctrl键单击【圆角矩形 1】图层的缩览图，将其载入选区，单击【添加图层蒙版】按钮，如图10-4所示。

图10-4 添加图层蒙版

04 将【前景色】设置为#000000，将【背景色】设置为#ffffff，在工具箱中单击【画笔工具】，将【硬度】设置为100%，在工作区中进行涂抹，效果如图10-5所示。

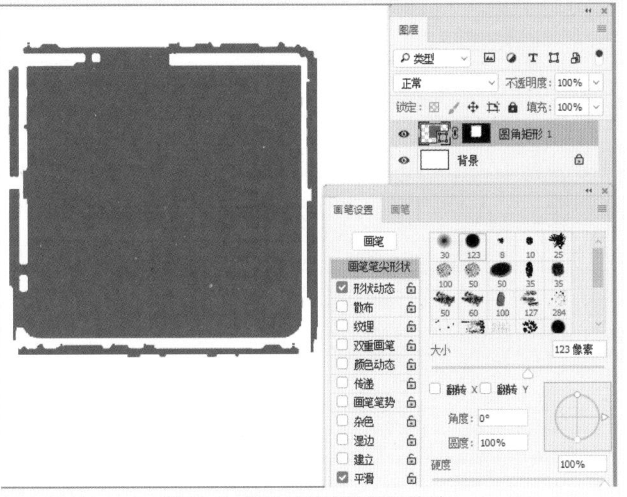

图10-5　使用画笔工具进行涂抹

提示　在对【圆角矩形】进行涂抹时，可以借助【矩形选框工具】进行修饰，使用【矩形选框工具】在蒙版中创建选区，然后填充【前景色】即可。

05 在工具箱中单击【直排文字工具】![IT]，在工作区中单击鼠标，输入文字，选中输入的文字，在【属性】面板中将【字体】设置为【经典繁方篆】，将【字体大小】设置为139.45，将【字符间距】设置为0，将【颜色】设置为#ffffff，并在工作区中调整其位置，效果如图10-6所示。

图10-6　输入文字

06 在【图层】面板中双击【匠品】文字图层，在弹出的对话框中选中【描边】复选框，将【大小】设置为2，将【位置】设置为【外部】，将【颜色】设置为#ffffff，如图10-7所示。

07 设置完成后，单击【确定】按钮，在【图层】面板中选择【匠品】文字图层，按住鼠标将其拖曳至【创建新图层】按钮上，将其进行复制，并对其进行修改，调整其位置，效果如图10-8所示。

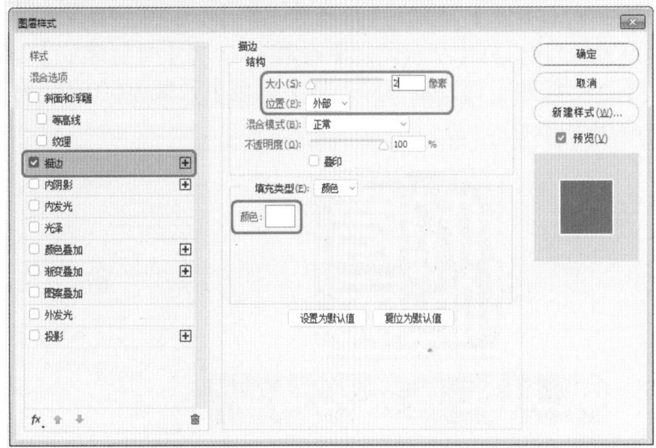

图10-7　设置【描边】参数

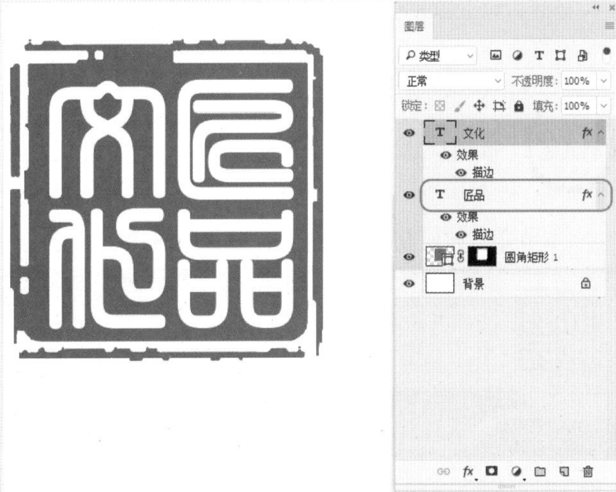

图10-8　输入文字并修改

08 在工具箱中单击【矩形工具】，将【选择工具模式】设置为【形状】，在工作区中绘制一个矩形，在【属性】面板中将W、H分别设置为737、91，将X、Y分别设置为48、408，将【填充】设置为#cd0000，将【描边】设置为无，如图10-9所示。

图10-9　绘制矩形

09 在工具箱中单击【横排文字工具】T，在工作区中单击鼠标，输入文字，选中输入的文字，在【字符】面板中将【字体】设置为【经典隶书简】，将【字体大小】设置为110，将【字符间距】设置为0，将【垂直缩放】、【水平缩放】都设置为80，将【颜色】设置为#ffffff，如图10-10所示。

图10-10　输入文字并进行设置

10 至此，企业LOGO就制作完成了，对完成后的文档进行保存即可。

10.2 制作企业名片

本节介绍如何制作企业名片，效果如图10-11所示。

图10-11　企业名片

01 按Ctrl+N组合键，在弹出的对话框中将【宽度】、【高度】分别设置为1134、661，将【分辨率】设置为300像素/英寸，将【颜色模式】设置为【RGB颜色】，如图10-12所示。

02 单击【创建】按钮，在工具箱中单击【矩形工具】□，在工作区中绘制一个矩形，在【属性】面板中将W、H分别设置为1134、661，将X、Y都设置为0，将【填充】设置为#fdfdfd，将【描边】设置为无，如图10-13所示。

03 再次使用【矩形工具】□在工作区中绘制一个矩形，在【属性】面板中将W、H分别设置为1134、170，将X、Y分别设置为0、491，将【填色】设置为#e9e8e8，将【描边】设置为无，如图10-14所示。

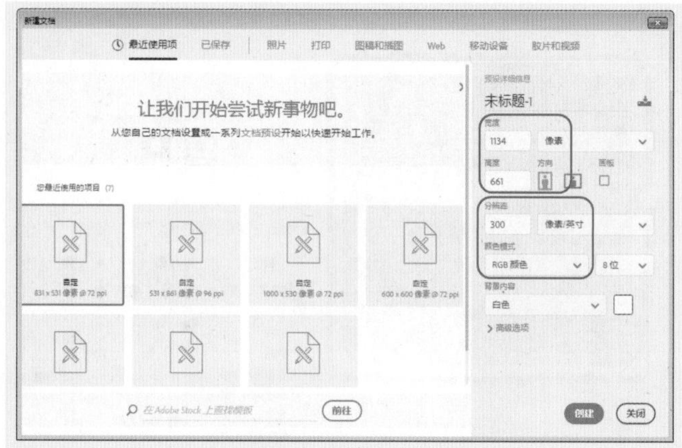

图10-12　设置新建文档参数

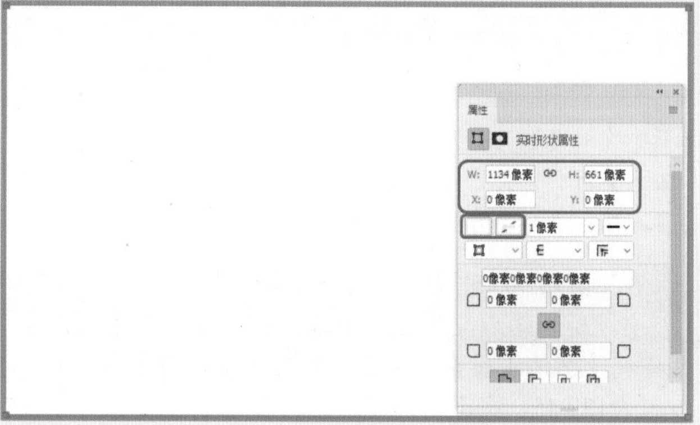

图10-13　绘制矩形并进行调整

图10-14　绘制矩形并进行设置

04 在工具箱中单击【钢笔工具】，将【选择工具模式】设置为【形状】，在工具选项栏中将【填充】设置为#3f3f3f，将【描边】设置为无，在工作区中绘制一个如图10-15所示的图形。

05 在工具箱中单击【横排文字工具】T，在工作区中单击鼠标，输入文字，选中输入的文字，在【字符】面板中将【字体】设置为【经典隶书简】，将【字体大小】设置为12，将【字符间距】设置为0，将【垂直缩放】、【水平缩放】都设置为80，将【颜色】设置为#ffffff，在

【属性】面板中将X、Y分别设置为0.18、4.83，如图10-16所示。

图10-15　绘制图形

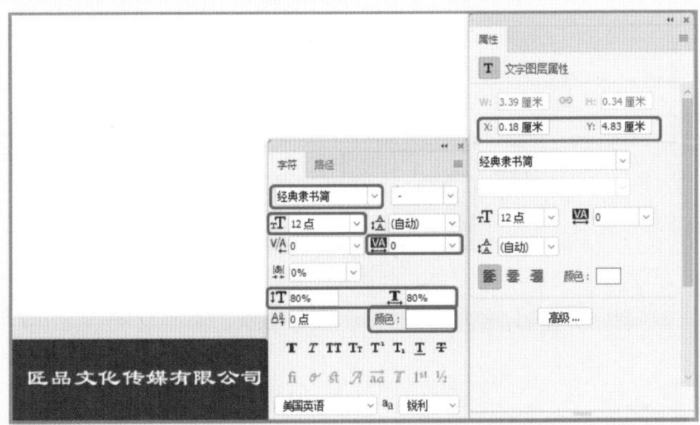

图10-16　输入文字并进行设置

06 再次使用【横排文字工具】T.在工作区中单击鼠标，输入文字，选中输入的文字，在【字符】面板中将【字体】设置为【Adobe 黑体 Std】，将【字体大小】设置为6，将【字符间距】设置为95，将【垂直缩放】、【水平缩放】都设置为80，将【颜色】设置为#ffffff，单击【全部大写字母】按钮，在【属性】面板中将X、Y分别设置为0.2、5.19，如图10-17所示。

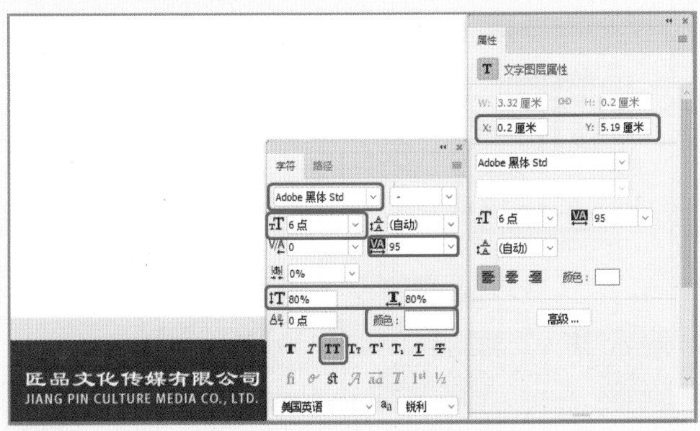

图10-17　再次输入文字并设置

07 在工具箱中单击【钢笔工具】，在工具选项栏中将【填充】设置为#de2330，将【描边】设置为无，在工作区中绘制如图10-18所示的图形。

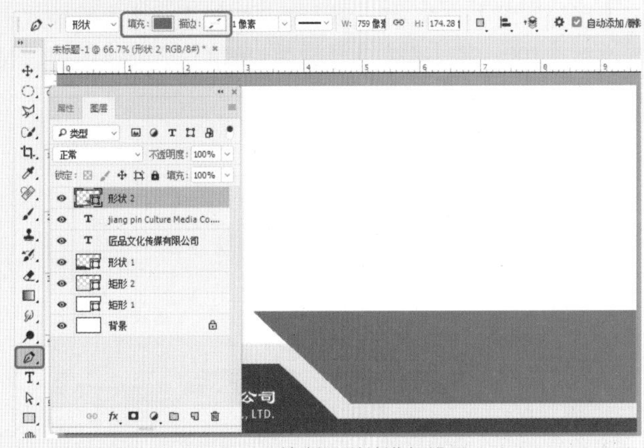
图10-18　绘制图形并进行设置

08 再次使用【钢笔工具】在工作区中绘制如图10-19所示的图形，并在工具选项栏中将【填充】设置为#a01e28，将【描边】设置为无。

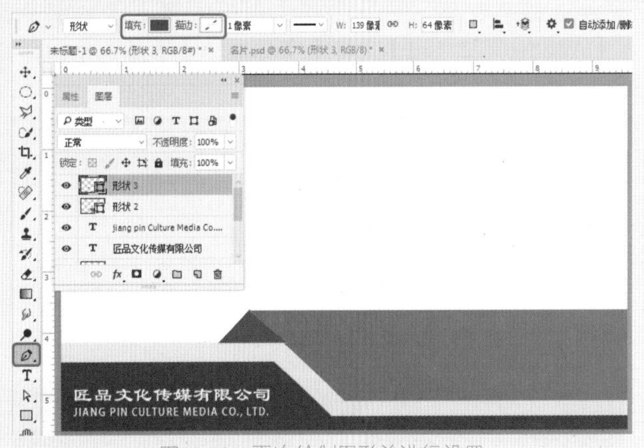

图10-19　再次绘制图形并进行设置

09 在【图层】面板中选择【形状 3】图层，按住鼠标将其拖曳至【形状 2】图层的下方，如图10-20所示。

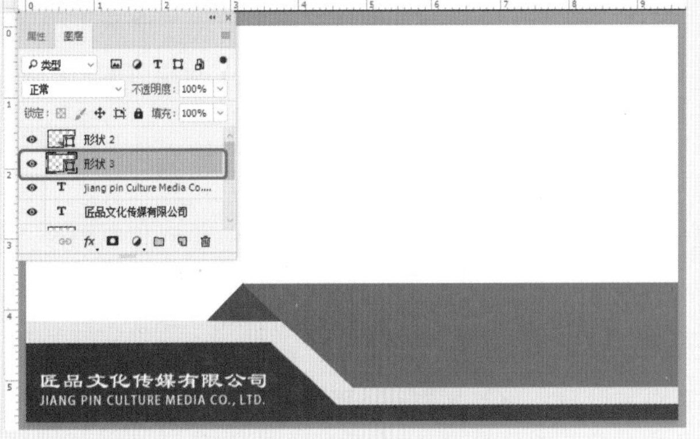

图10-20　调整图层的排放顺序

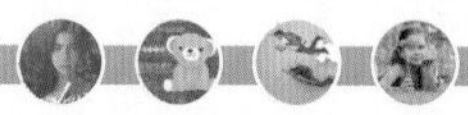

10 在工具箱中单击【横排文字工具】T，在工作区中单击鼠标，输入文字，在【字符】面板中将【字体】设置为【Adobe 黑体 Std】，将【字体大小】设置为14.64，将【字符间距】设置为0，将【垂直缩放】、【水平缩放】都设置为100，将【颜色】设置为#ffffff，在工作区中调整其位置，如图10-21所示。

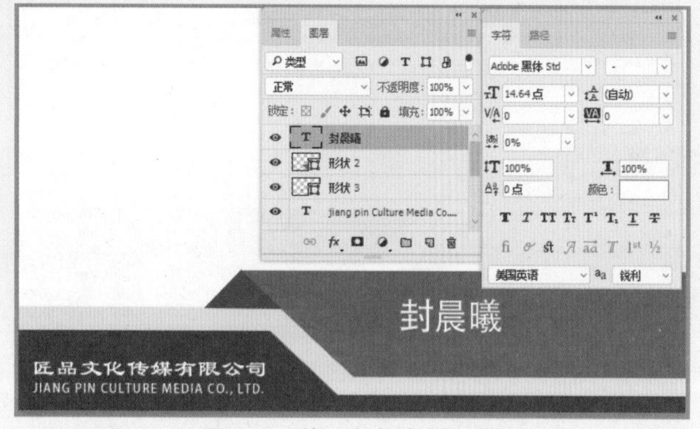

图10-21　输入文字并进行设置

11 再次使用【横排文字工具】T在工作区中单击鼠标，输入文字，在【字符】面板中将【字体】设置为【Adobe 黑体 Std】，将【字体大小】设置为8.19，如图10-22所示。

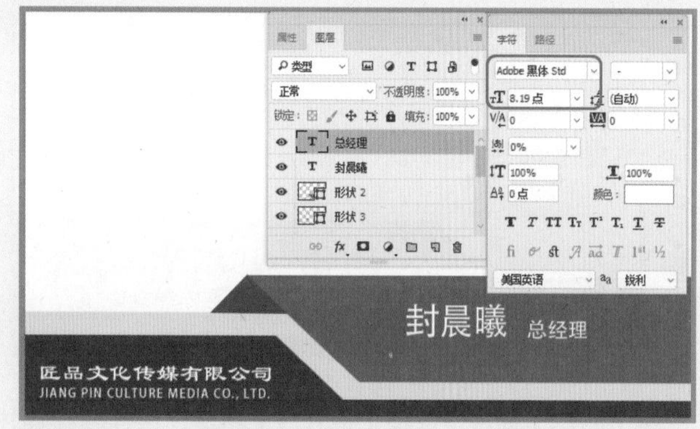

图10-22　再次输入文字

12 再次使用【横排文字工具】T在工作区中单击鼠标，输入文字，在【字符】面板中将【字体】设置为【Adobe 黑体 Std】，将【字体大小】设置为4.47，单击【全部大写字母】按钮，如图10-23所示。

13 根据前面所介绍的方法在工作区中输入其他文字，并进行相应的设置，效果如图10-24所示。

14 使用前面所介绍的方法在工作区中绘制其他图形，并对其进行相应的设置，效果如图10-25所示。

15 打开前面所制作的"企业LOGO.psd"场景文件，在工作区中选择【匠品】、【文化】与【圆角矩形 1】对象，按住鼠标将其拖曳至前面所制作的文档中，并在工作区中调整其位置与大小，效果如图10-26所示。

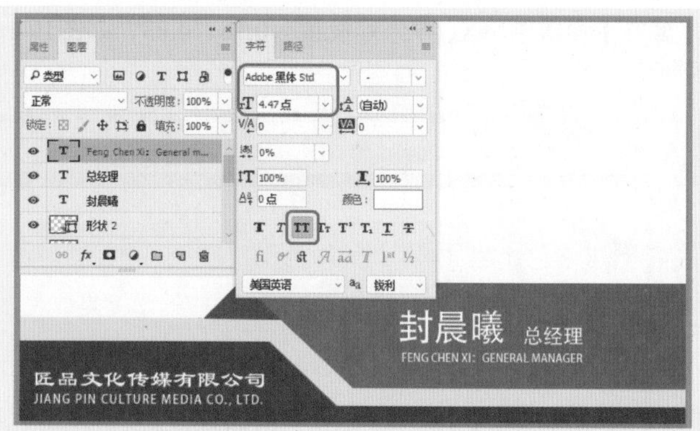

图10-23　输入文字并进行设置

图10-24　输入其他文字并设置后的效果

图10-25　绘制其他图形后的效果

图10-26　添加LOGO

16 使用同样的方法将其他素材文件添加至文档中，并调整其位置，效果如图10-27所示。

图10-27 添加其他素材文件后的效果

17 在【图层】面板中选择除【背景】图层外的其他图层，按住鼠标将其拖曳至【创建新组】按钮上，将创建的组重新命名为“正面”，如图10-28所示。

图10-28 创建组并重命名

18 将【正面】图层组隐藏，在工具箱中单击【矩形工具】，在工作区中绘制一个矩形，在【属性】面板中将W、H分别设置为1134、661，将X、Y都设置为0，将【填充】设置为#ae1416，将【描边】设置为无，如图10-29所示。

图10-29 绘制矩形并进行设置

19 在【正面】组中选择【形状 4】、【形状 5】、【形状 6】图层，按住鼠标将其拖曳至【创建新图层】按钮上，对其进行复制，并将其调整至【矩形 4】的上方，将【混合模式】设置为【颜色减淡】，将【不透明度】设置为20，如图10-30所示。

图10-30 复制图层并进行调整

20 使用【矩形工具】在工作区中绘制一个矩形，在【属性】面板中将W、H分别设置为659、76，将X、Y分别设置为475、585，将【填充】设置为#515151，将【描边】设置为无，如图10-31所示。

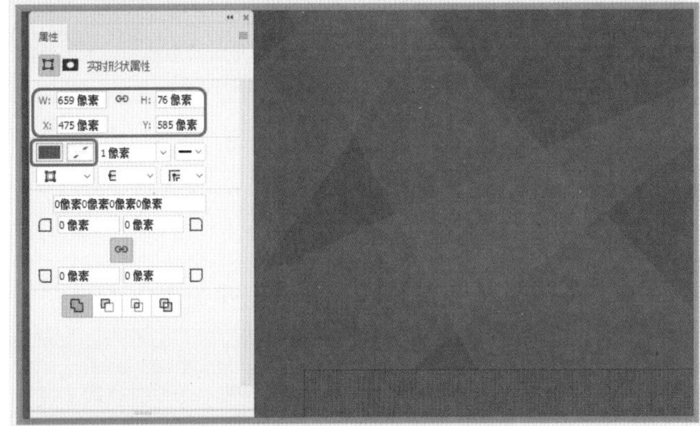

图10-31 绘制矩形并调整

21 在工具箱中单击【横排文字工具】，在工作区中单击鼠标，输入文字，选中输入的文字，在【字符】面板中将【字体】设置为【Adobe 黑体 Std】，将【字体大小】设置为5.5，将【字符间距】设置为200，将【颜色】设置为#ffffff，单击【全部大写字母】按钮，并在工作区中调整其位置，效果如图10-32所示。

22 继续打开前面所制作完成的“企业LOGO.psd”场景文件，将其添加至新文档中，并调整其颜色与位置，效果如图10-33所示。

23 将除【正面】图层组与【背景】图层外的其他图层选中，按住鼠标将其拖曳至【创建新组】按钮上，并将创建的组重新命名为“反面”，对完成后的场景进行保存即可。

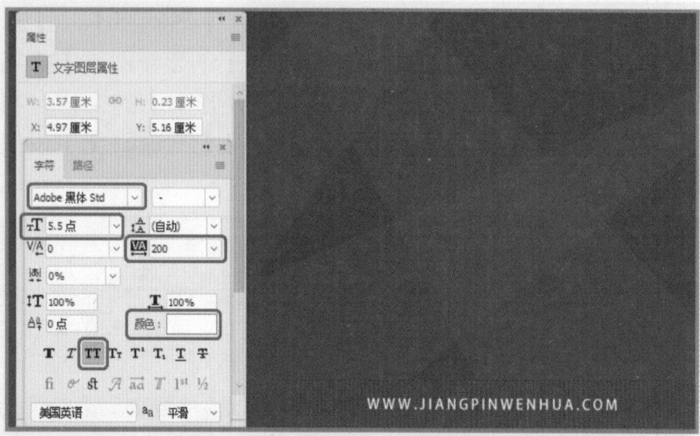

图10-32 输入文字并进行设置

图10-33 添加LOGO并修改后的效果

10.3 制作企业工作牌

本节介绍如何制作企业工作牌，效果如图10-34所示。

图10-34 企业工作牌

01 启动软件，按Ctrl+N组合键，在弹出的对话框中将【宽度】、【高度】分别设置为685、1057，将【分辨率】设置为300像素/英寸，将【颜色模式】设置为【RGB颜色】，如图10-35所示。

图10-35 设置新建文档参数

02 设置完成后，单击【创建】按钮，在工具箱中单击【圆角矩形工具】，在工作区中绘制一个圆角矩形，在【属性】面板中将W、H分别设置为529、521，将【填充】设置为#c62a34，将【描边】设置为无，将所有角半径都设置为30，如图10-36所示。

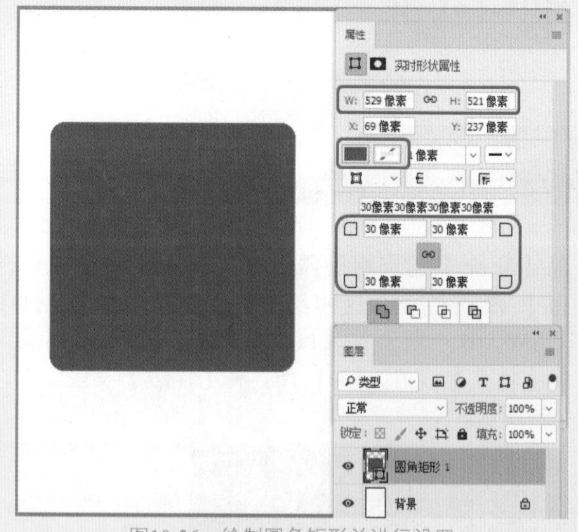

图10-36 绘制圆角矩形并进行设置

03 按Ctrl+T组合键变换选择圆角矩形，在工具选项栏中将【旋转】设置为32.28，如图10-37所示。

04 按两次Enter键完成变换，在工作区中调整圆角矩形的位置，打开前面制作的“企业名片.psd”文件，将【匠品】、【文化】、【圆角矩形 1】添加至新文档中，并调整其大小，在【图层】面板中选择【匠品】、【文化】两个文字图层，将【不透明度】设置为90，并将两个图层的【描边】图层样式的【粗细】均设置为1，如图10-38所示。

图10-37　设置【旋转】参数

图10-38　添加对象并进行设置

05 在【图层】面板中选择前面所绘制的红色【圆角矩形1】，按住鼠标将其拖曳至【创建新图层】按钮，并在工作区中调整其位置与角度，效果如图10-39所示。

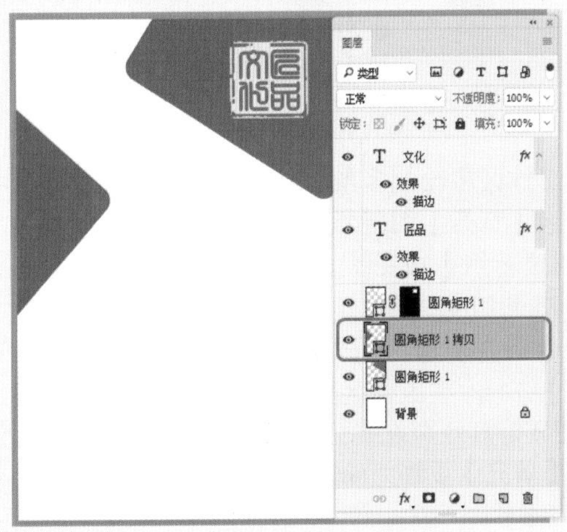

图10-39　复制圆角矩形并进行调整

06 在工具箱中单击【钢笔工具】，在工作区中绘制一个图形，在工具选项栏中将【填充】设置为#c62a34，将【描边】设置为无，如图10-40所示。

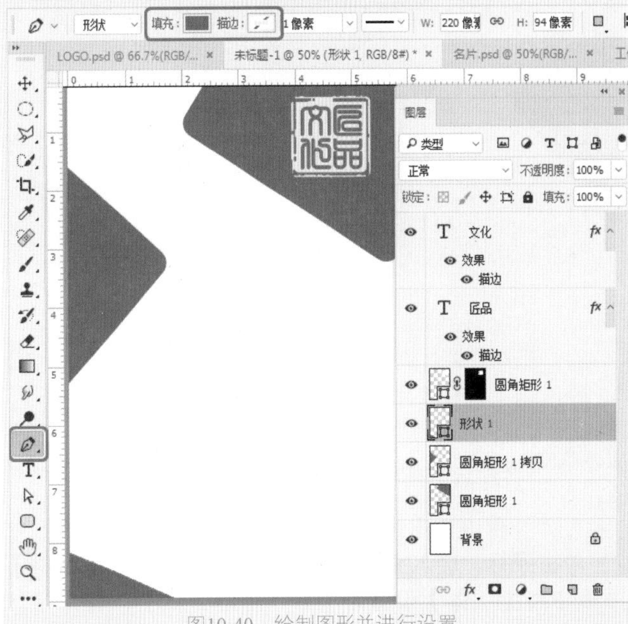

图10-40　绘制图形并进行设置

07 在工具箱中单击【圆角矩形工具】，在工作区中绘制一个圆角矩形，在【属性】面板中将W、H分别设置为238、294，将【填充】设置为无，将【描边】设置为#e85957，将【描边宽度】设置为4，单击右侧的描边类型，在弹出的下拉列表中勾选【虚线】复选框，将【虚线】、【间隙】分别设置为4、2，将所有的角半径都设置为20，在【图层】面板中将该图层的【不透明度】设置为50，并调整其位置，如图10-41所示。

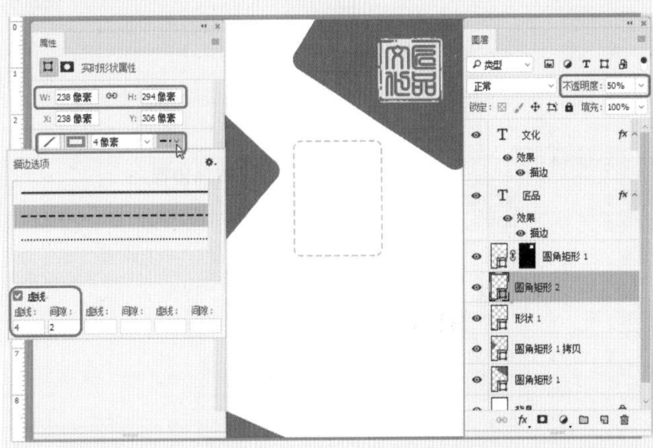

图10-41　绘制圆角矩形并进行调整

08 将“头像.png”素材文件添加文档中，并在工作区中调整其位置，在【图层】面板中选中该图层，将【不透明度】设置为16，如图10-42所示。

图10-42　添加素材文件并进行调整

09 在工具箱中单击【横排文字工具】T，在工作区中单击鼠标，输入文字，选中输入的文字，在【字符】面板中将【字体】设置为【方正粗倩简体】，将【字体大小】设置为8，将【字符间距】设置为100，将【基线偏移】设置为1，将【颜色】设置为#02050e，如图10-43所示。

图10-43　输入文字并进行设置

10 使用【横排文字工具】T.在工作区中单击鼠标，输入文字，选中输入的文字，在【字符】面板中将【字体】设置为【Adobe 黑体 Std】，将【字体大小】设置为3.5，将【字符间距】设置为75，单击【全部大写字母】按钮，并调整其位置，效果如图10-44所示。

图10-44　再次输入文字

11 使用同样的方法在工作区中创建其他文字，并对其进行相应的设置，效果如图10-45所示。

图10-45　创建其他文字后的效果

12 在工作区中绘制多条水平直线，在【图层】面板中选择除【背景】图层外的其他图层，按住鼠标将其拖曳至【创建新组】按钮上，并将创建的组重新命名为“正面”，如图10-46所示。

13 将【正面】图层组隐藏，在工具箱中单击【矩形工具】□，在工作区中绘制一个矩形，在【属性】面板中将W、H分别设置为685、1057，将X、Y都设置为0，将【填充】设置为#c72b34，将【描边】设置为无，如图10-47所示。

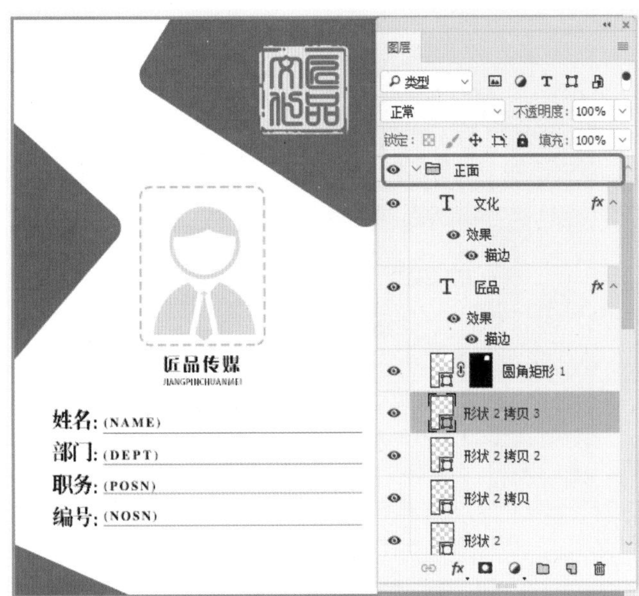

图10-46　创建组并重命名

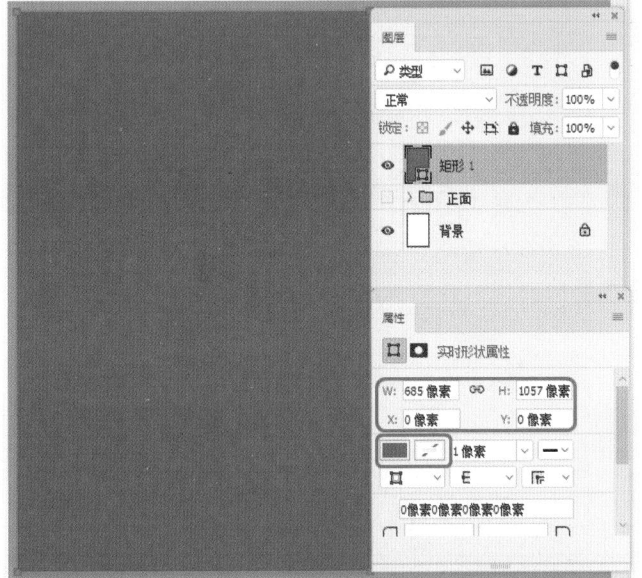

图10-47　绘制矩形

14 打开“素材\Cha10\多边形.psd”素材文件，在【图层】面板中选择【多边形】图层组，右击鼠标，在弹出的快捷菜单中选择【复制组】命令，如图10-48所示。

15 在弹出的对话框中将【目标】设置为前面所创建的文档中，单击【确定】按钮，切换至前面所创建的文档，单击【确定】按钮，然后在所创建的文档工作区中调整其位置，效果如图10-49所示。

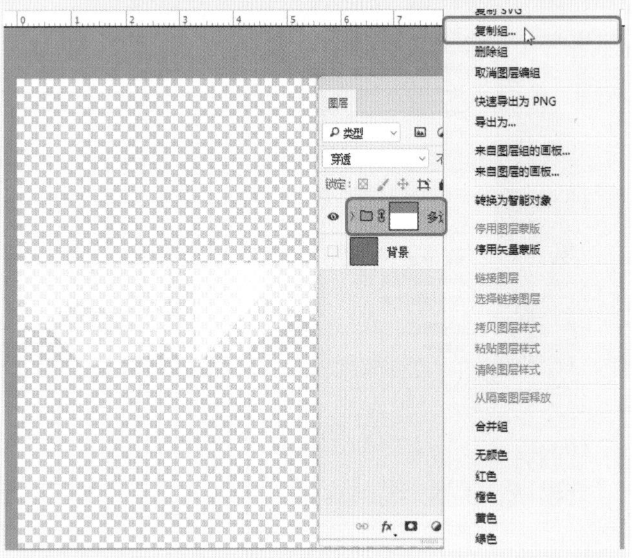

图10-48　选择【复制组】命令

图10-49　复制多边形并调整其位置

提示

在对复制的多边形进行移动时，需要在工具选项栏中将自动选择类型设置为【组】，选择后对多边形组进行移动。

16 在【图层】面板中选择【多边形】图层组，按住鼠标将其拖曳至【创建新图层】按钮上，对其进行复制，按Ctrl+T组合键变换选择，右击鼠标，在弹出的快捷菜单中选择【垂直翻转】命令，如图10-50所示。

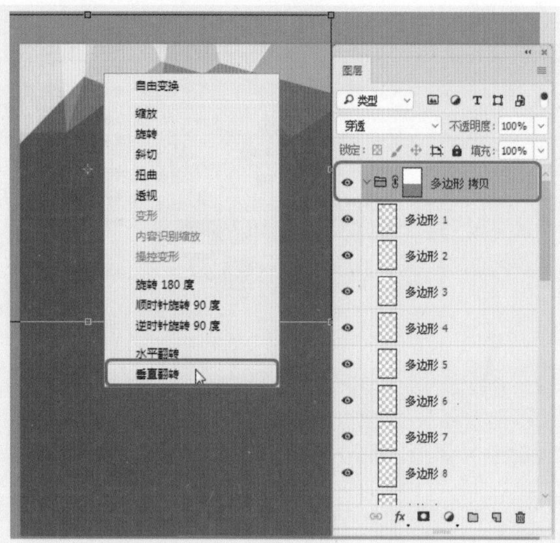

图10-50　选择【垂直翻转】命令

17 执行该操作后，按Enter键完成变换，在工作区中调整其位置，在【图层】面板中选择复制的图层组，将【不透明度】设置为78，如图10-51所示。

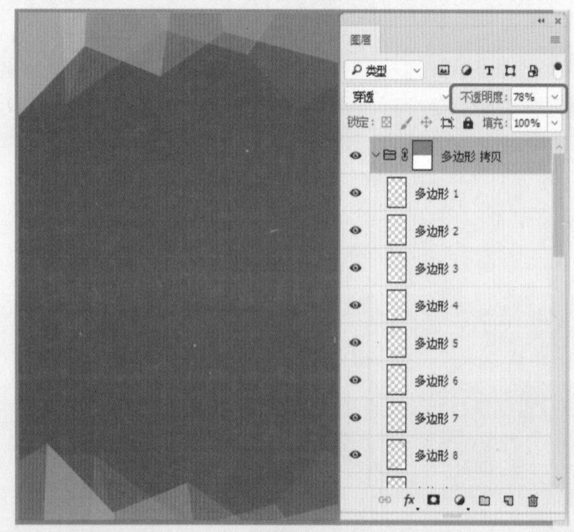

图10-51　复制图层组并设置不透明度

18 在工具箱中单击【横排文字工具】T，在工作区中单击鼠标，输入文字，选中输入的文字，在【字符】面板中将【字体】设置为【方正大标宋简体】，将【字体大小】设置为34，将【字符间距】设置为0，将【基线偏移】设置为0，将【颜色】设置为#ffffff，调整其位置，如图10-52所示。

19 将前面所制作的企业名片中的企业标志复制到当前文档中，并对其进行相应的调整，效果如图10-53所示。

20 在【图层】面板中选择除【正面】图层组与【背景】图层外的其他图层，按住鼠标将其拖曳至【创建组】按钮上，并将组重新命名为“反面”，如图10-54所示。

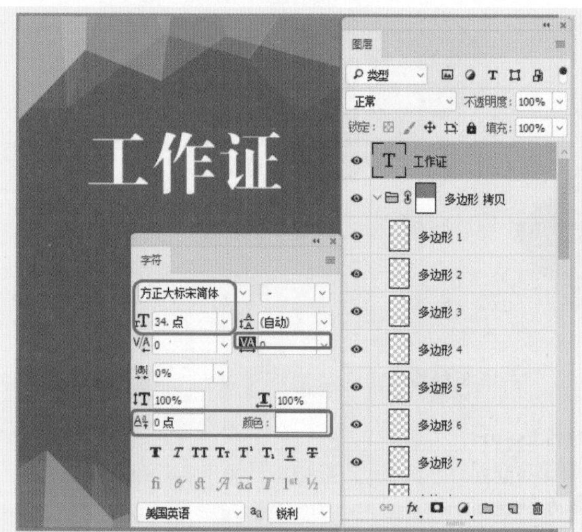

图10-52　输入文字并进行设置

图10-53　复制企业标志

图10-54　创建组并重命名

第11章 项目指导——宣传海报

11.1 制作旅游海报

旅游海报制作完成后的效果如图11-1所示。

图11-1 旅游海报

01 按Ctrl+O组合键，弹出【打开】对话框，选择“素材\Cha11\旅游背景.jpg”素材文件，单击【打开】按钮，如图11-2所示。

图11-2 选择素材文件

02 使用【横排文字工具】T.输入文本，将字体设置为【方正剪纸简体】，将【字体大小】设置为79，将【颜色】设置为黑色，如图11-3所示。

图11-3　设置文本参数

> 提示
> 输入完文字后，可以通过使用鼠标单击任意工具或图层确定，如果是使用键盘快捷键，可以通过按Ctrl+Enter组合键实现。

03 打开【图层】面板，在该文本图层上双击鼠标，弹出【图层样式】对话框，勾选【颜色叠加】复选框，将【颜色】设置为白色，如图11-4所示。

图11-4　设置【颜色叠加】参数

04 勾选【描边】复选框，将【大小】设置为17，将【位置】设置为【外部】，将【颜色】设置为#3092cc，单击【确定】按钮，如图11-5所示。

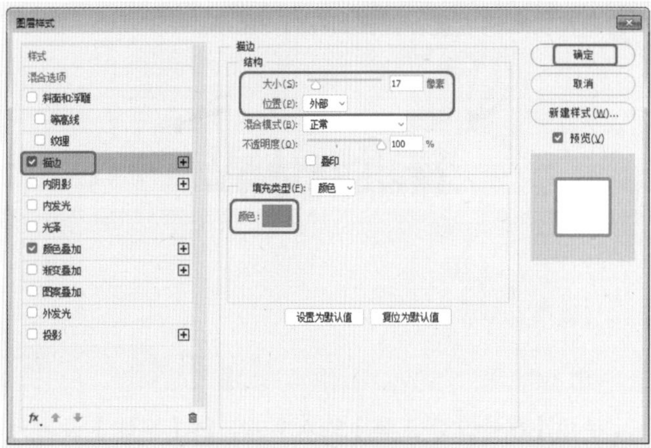

图11-5　设置【描边】参数

05 使用【横排文字工具】输入文本，将【字体】设置为【方正剪纸简体】，将【字体大小】设置为79，将【颜色】设置为#eaa100，如图11-6所示。

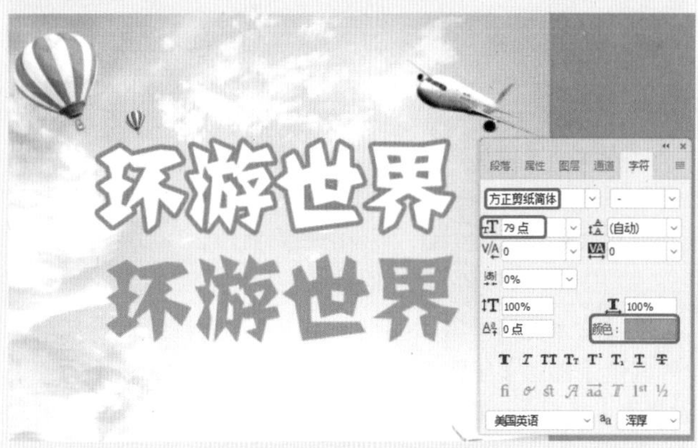

图11-6　设置文本参数

06 在该文本图层上双击鼠标，弹出【图层样式】对话框，勾选【描边】复选框，将【大小】设置为17，将【位置】设置为【外部】，将【颜色】设置为白色，单击【确定】按钮，如图11-7所示。

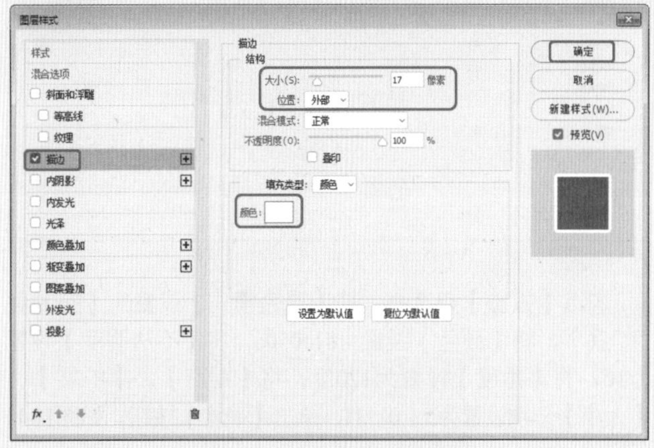

图11-7　设置【描边】参数

07 调整文本的位置，效果如图11-8所示。

图11-8 调整文本的位置

08 使用【横排文字工具】输入文本，将【字体】设置为【方正综艺简体】，将【字体大小】设置为25，将【颜色】设置为#177ab9，如图11-9所示。

图11-9 设置文本参数

09 在该文本图层上双击鼠标，弹出【图层样式】对话框，勾选【描边】复选框，将【大小】设置为4，将【位置】设置为【外部】，将【颜色】设置为白色，如图11-10所示。

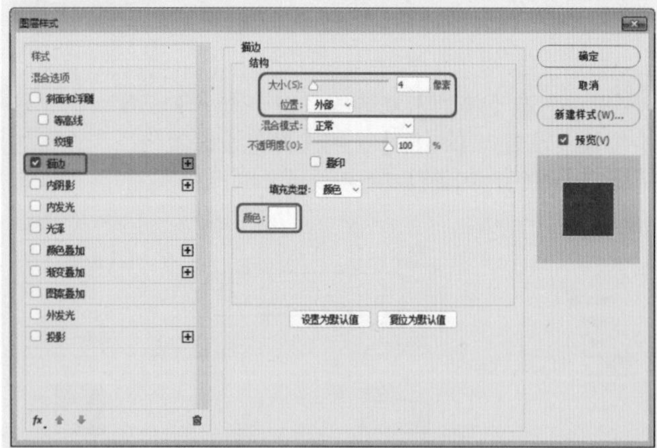
图11-10 设置【描边】参数

10 勾选【投影】复选框，将【混合模式】设置为【正片叠底】，将【颜色】设置为#1e050a，将【不透明度】设置为16，将【角度】设置为120度，将【距离】、【扩展】、【大小】分别设置为5、0、11，单击【确定】按钮，如图11-11所示。

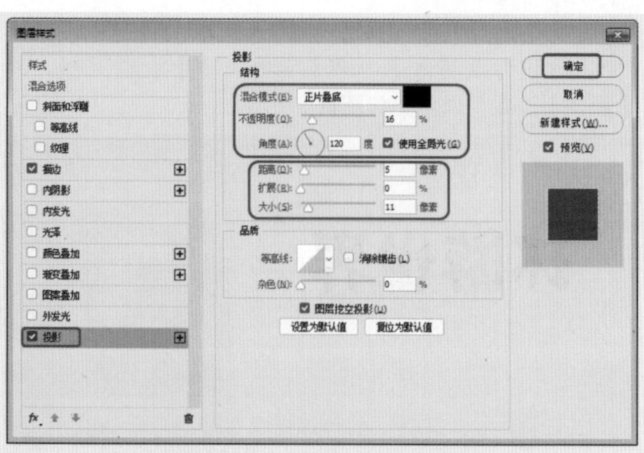
图11-11 设置【投影】参数

11 使用【横排文字工具】输入文本，将【字体】设置为【创艺简老宋】，将【字体大小】设置为40，将【字符间距】设置为50，将【颜色】设置为#edb522，如图11-12所示。

图11-12 设置文本参数

12 在该文本图层上双击鼠标，弹出【图层样式】对话框，勾选【描边】复选框，将【大小】设置为11，将【位置】设置为【外部】，将【颜色】设置为白色，单击【确定】按钮，如图11-13所示。

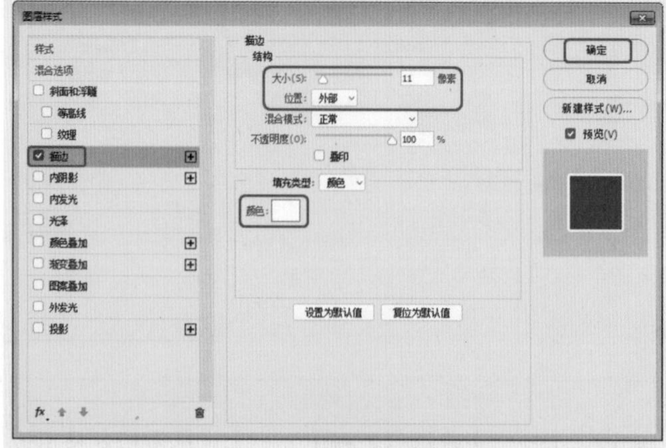
图11-13 设置【描边】参数

13 使用【横排文字工具】输入其他文本，对其进行相应的设置，如图11-14所示。

图11-14 设置完成后的效果

14 使用【矩形工具】绘制矩形，将W和H分别设置为450、283，将【填充】设置为白色，将【描边】设置为#36a1db，将【描边粗细】设置为0.5，将【圆角半径】设置为27，如图11-15所示。

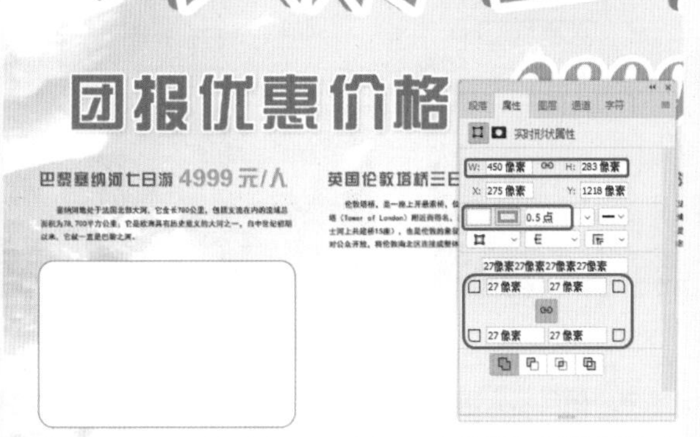

图11-15 设置矩形参数

15 在该图层上双击鼠标，弹出【图层样式】对话框，勾选【投影】复选框，将【混合模式】设置为【正片叠底】，将【颜色】设置为#1e050a，将【不透明度】设置为16，将【角度】设置为120，将【距离】、【扩展】、【大小】分别设置为4、0、15，单击【确定】按钮，如图11-16所示。

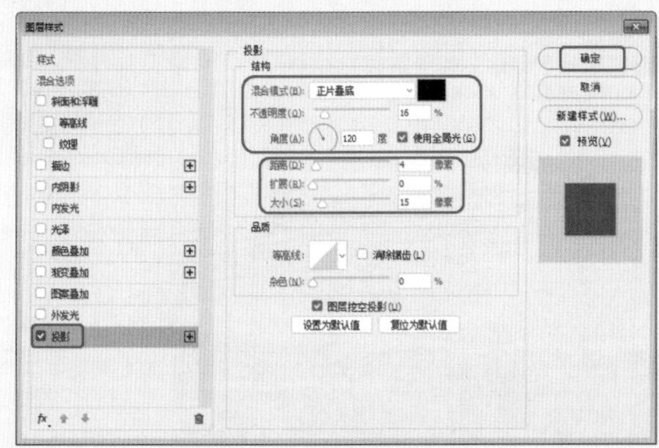

图11-16 设置【投影】参数

16 使用【矩形工具】绘制矩形，将W和H分别设置为433、265，将【填充】设置为#46a3dc，将【描边】设置为无，将【圆角半径】设置为27，并调整其位置，如图11-17所示。

图11-17 设置矩形参数

17 在菜单栏中选择【文件】|【置入嵌入对象】命令，弹出【置入嵌入的对象】对话框，选择“旅游1.jpg”素材文件，单击【置入】按钮，如图11-18所示。

图11-18 【置入嵌入的对象】对话框

18 调整图片大小及位置，在【图层】面板中选择【旅游1】图层，单击鼠标右键，在弹出的快捷菜单中选择【创建剪贴蒙版】命令，如图11-19所示。

图11-19 选择【创建剪贴蒙版】命令

> **提示** 按Ctrl+Alt+G组合键可以快速创建或释放剪贴蒙版。

19 使用同样的方法制作如图11-20所示的内容。

图11-20 制作完成后的效果

20 使用【横排文字工具】输入文本，将【字体】设置为【方正综艺简体】，将【字体大小】设置为8.5，将【字符间距】设置为-40，将【颜色】设置为#1f6791，如图11-21所示。

图11-21 设置文本参数

21 使用【横排文字工具】输入文本，将【字体】设置为【方正综艺简体】，将【字体大小】设置为18.9，将【字符间距】设置为0，将【颜色】设置为#1f6791，如图11-22所示。

图11-22 设置文本参数

22 使用【横排文字工具】输入文本，将【字体】设置为【方正综艺简体】，将【字体大小】设置为13.2，将【字符间距】设置为40，将【颜色】设置为#1f6791，单击【全部大写字母】按钮TT，如图11-23所示。

图11-23 设置文本参数

23 使用【直线工具】，在工具选项栏中将【填充】设置为#1f6791，将【描边】设置为无，将【粗细】设置为5像素，绘制两条线段，如图11-24所示。

图11-24 设置线段参数

24 使用【横排文字工具】输入文本，将【字体】设置为【创艺简老宋】，将【字体大小】设置为12，将【字体间距】设置为0，将【颜色】设置为白色，如图11-25所示。

图11-25 设置文本参数

11.2 制作招聘海报

本例创建的招聘海报完成后的效果如图11-26所示。

图11-26 招聘海报

01 按Ctrl+O组合键，弹出【打开】对话框，选择“素材\Cha11\招聘背景.jpg”素材文件，单击【打开】按钮，如图11-27所示。

图11-27 选择素材文件

02 使用【横排文字工具】输入文本，将【字体】设置为【汉仪尚巍手书W】，将【字体大小】设置为811，将【颜色】设置为#1b2780，单击【仿粗体】按钮，如图11-28所示。

图11-28 设置文本参数

03 在文本图层上双击鼠标，弹出【图层样式】对话框，勾选【投影】复选框，将【混合模式】设置为【正常】，将【颜色】设置为#747471，将【不透明度】设置为83，将【角度】设置为156，取消勾选【使用全局光】复选框，将【距离】、【扩展】、【大小】分别设置为17、0、3，单击【确定】按钮，如图11-29所示。

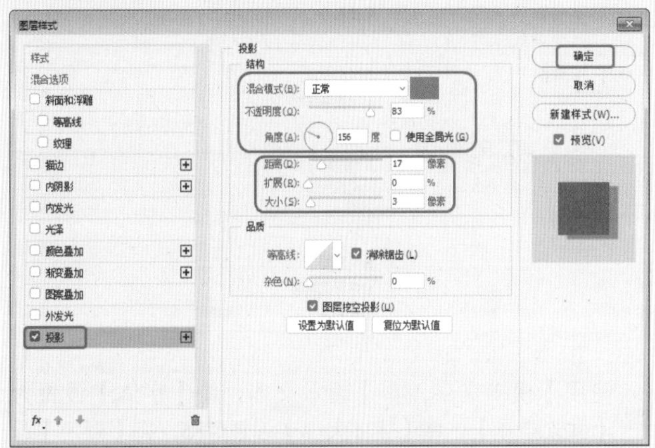

图11-29 设置【投影】参数

04 新建【图层1】、【图层2】，使用【钢笔工具】，将【工具模式】设置为路径，绘制颜色为#ea112a的图形，如图11-30所示。

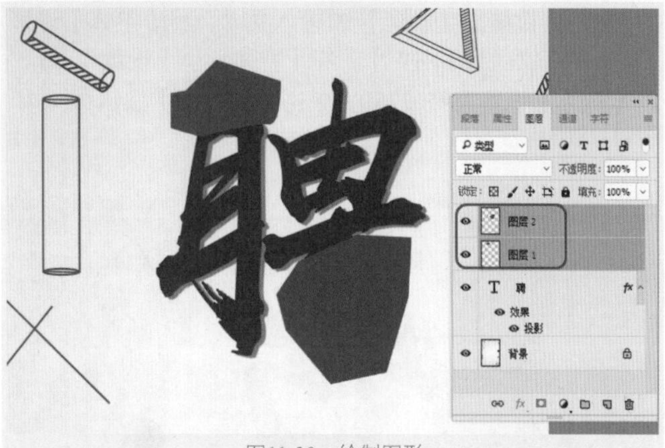

图11-30　绘制图形

05 选择【图层1】、【图层2】，单击鼠标右键，在弹出的快捷菜单中选择【创建剪贴蒙版】命令，如图11-31所示。

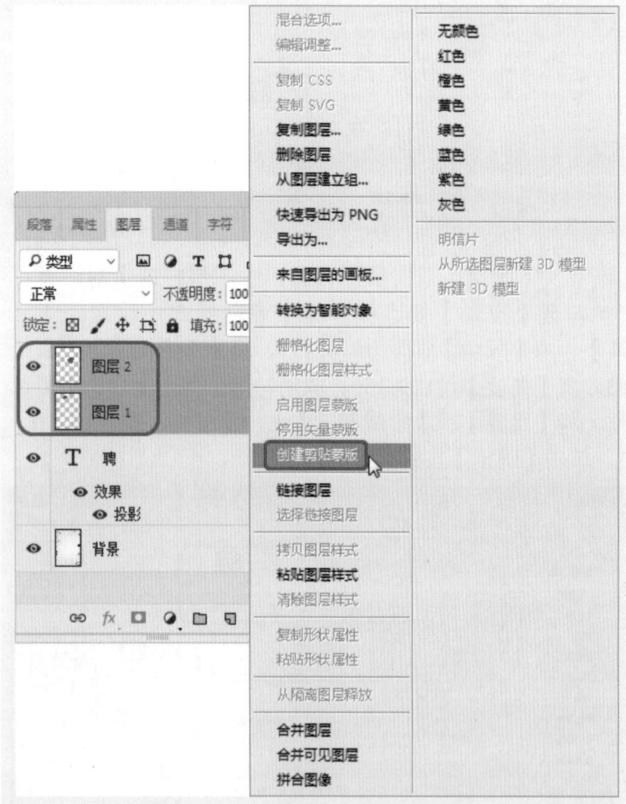

图11-31　选择【创建剪贴蒙版】命令

06 使用【横排文字工具】输入文本，将【字体】设置为【微软雅黑】，将【字体大小】设置为85，将【颜色】设置为#363636，单击【仿粗体】按钮 T，如图11-32所示。

07 选择【直线工具】，在工具选项栏中将【填充】设置为#542424，将【描边】设置为无，将【粗细】设置为5像素，绘制两条线段，如图11-33所示。

图11-32　设置文本参数

图11-33　设置线段参数

08 选择【钢笔工具】，将【选择工具模式】设置为【形状】，将【填充】设置为#130a42，将【描边】设置为无，绘制如图11-34所示图形。

图11-34　绘制图形后的效果

09 使用【横排文字工具】输入文本，将【字体】设置为【黑体】，将【字体大小】设置为60，将【颜色】设置为#eaeaea，如图11-35所示。

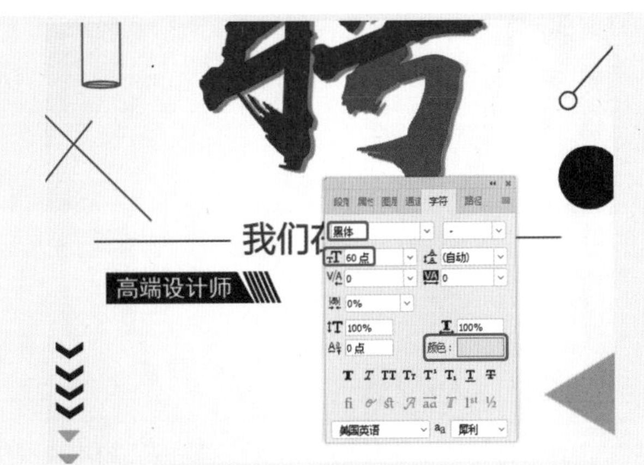

图11-35　设置文本参数

10 使用【横排文字工具】输入文本，将【字体】设置为【黑体】，将【字体大小】设置为23，将【行距】设置为30，将【颜色】设置为#0a0c42，如图11-36所示。

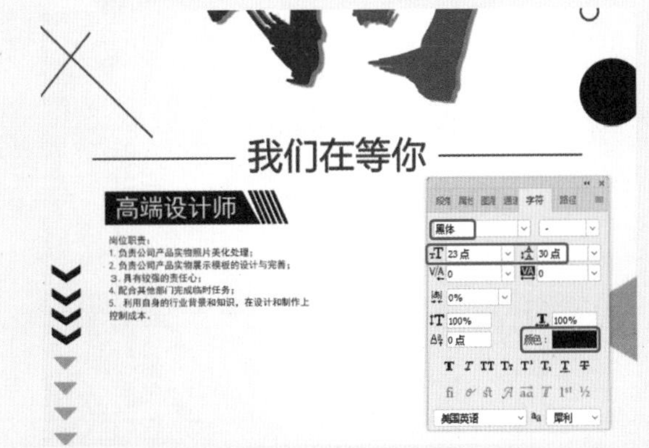

图11-36　设置文本参数

11 使用同样的方法制作如图11-37所示的内容。

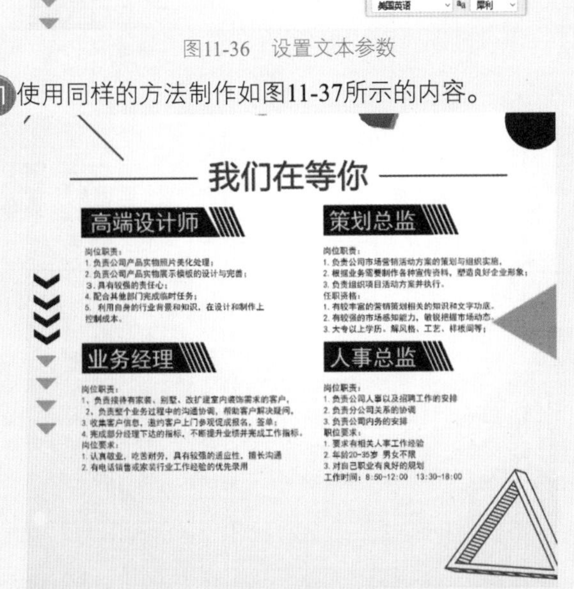

图11-37　输入完成后的效果

12 使用【横排文字工具】输入文本，将【字体】设置为【创艺简老宋】，将【字体大小】设置为63，将【颜色】设置为#130a42，单击【仿粗体】按钮，如图11-38所示。

图11-38　设置文本参数

13 在菜单栏中选择【文件】|【置入嵌入对象】命令，弹出【置入嵌入的对象】对话框，选择“图标.png”素材文件，单击【置入】按钮，如图11-39所示。

图11-39　选择素材文件

14 使用【横排文字工具】输入文本，将【字体】设置为【黑体】，将【字体大小】设置为30，将【颜色】设置为#130a42，如图11-40所示。

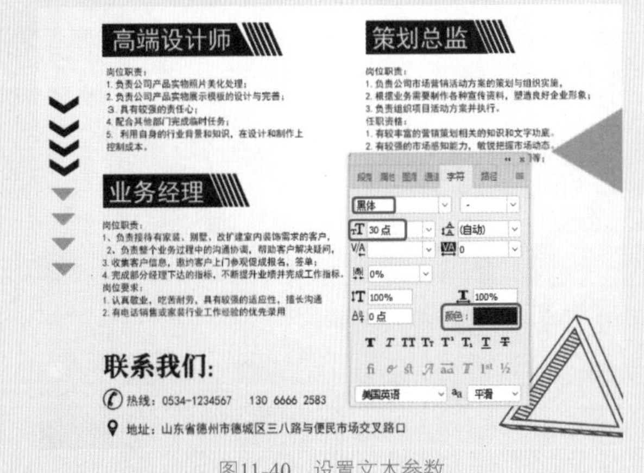

图11-40　设置文本参数

第12章 项目指导——网页宣传图

12.1 制作护肤品网页宣传图

本节介绍如何制作护肤品网页宣传图，效果如图12-1所示。

图12-1 护肤品网页宣传图

01 按Ctrl+N组合键，在弹出的对话框中将【宽度】、【高度】分别设置为1000、530，将【分辨率】设置为72像素/英寸，将【颜色模式】设置为【RGB颜色】，如图12-2所示。

图12-2 设置新建文档参数

02 设置完成后，单击【创建】按钮，在工具箱中单击【矩形工具】，在工作区中绘制一个矩形，选中绘制的矩形，在【属性】面板中将W、H分别设置为1000、530，将X、Y均设置为0，将【填充】设置为#bbe4f9，将【描边】设置为无，如图12-3所示。

图12-3 绘制矩形并进行设置

03 在工具箱中单击【钢笔工具】，在工具选项栏中将【填充】设置为#ffd3dd，将【描边】设置为无，在工作区中绘制一个图形，如图12-4所示。

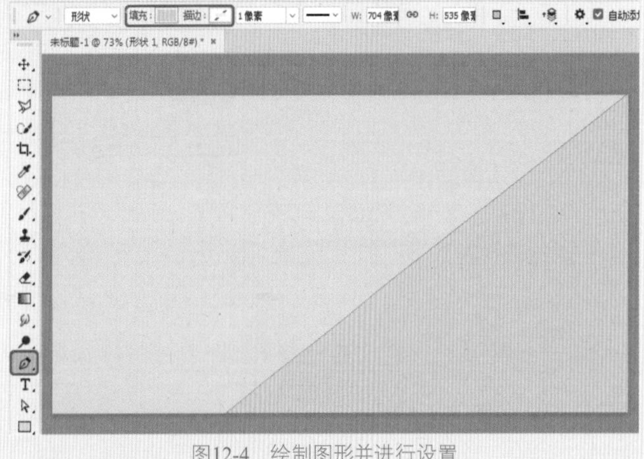

图12-4 绘制图形并进行设置

04 按Ctrl+O组合键，在弹出的对话框中选择“素材\Cha12\护肤品素材01.png”素材文件，如图12-5所示。

图12-5　选择素材文件

05 单击【打开】按钮，在工具箱中单击【移动工具】，按住鼠标将素材文件添加至前面所创建的文档中，在【属性】面板中将X、Y分别设置为-2.22、-1.38，并复制一个将其放在右边，如图12-6所示。

图12-6　添加素材文件

06 使用同样的方法将“护肤品素材02.png”素材文件添加至文档中，在【属性】面板中将X、Y分别设置为-0.32、10.9，如图12-7所示。

图12-7　添加素材文件并调整位置

07 在【图层】面板中双击【图层2】图层，在弹出的对话框中选择【投影】，将【混合模式】设置为【正片叠底】，将【阴影颜色】设置为#7ba9c6，将【不透明度】设置为66，将【角度】设置为99，勾选【使用全局光】复选框，将【距离】、【扩展】、【大小】分别设置为9、11、13，如图12-8所示。

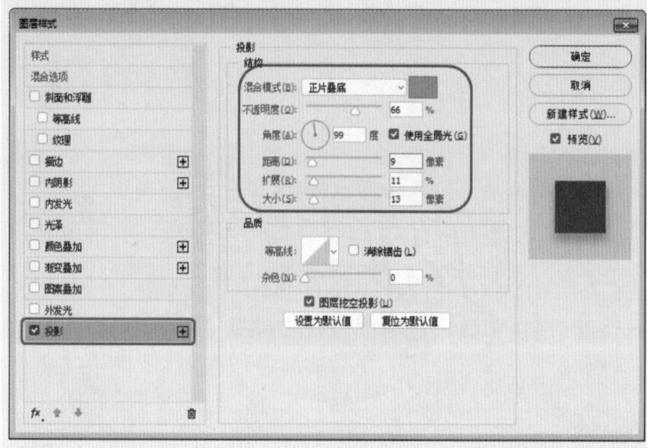

图12-8　设置【投影】参数

08 设置完成后，单击【确定】按钮，在工具箱中单击【矩形工具】，在工作区中绘制一个矩形，在【属性】面板中将W、H分别设置为529、221，将X、Y分别设置为68、100，将【填充】设置为#ffffff，将【描边】设置为无，如图12-9所示。

图12-9　绘制矩形并进行设置

09 在【图层】面板中选择【矩形 2】图层，将【不透明度】设置为70，如图12-10所示。

10 在工具箱中单击【矩形工具】，在工作区中绘制一个矩形，在【属性】面板中将W、H分别设置为507、202，将X、Y分别设置为77、106.99，将【填充】设置为【无】，将【描边】设置为#80c1df，将【描边粗细】设置为1像素，如图12-11所示。

图12-10　设置矩形 2的不透明度

图12-11　绘制矩形并进行设置

11 将“护肤品素材03.png”素材文件添加至文档中，在工作区中调整该素材文件的大小，按Ctrl+T组合键，在工具选项栏中将【旋转】设置为-25，如图12-12所示。

图12-12　调整素材文件的大小与角度

12 按Enter键完成变换，在工具箱中单击【矩形工具】，在工作区中绘制一个矩形，在【属性】面板中将W、H分别设置为110、111，将X、Y分别设置为105、131，将【填充】设置为无，将【描边】设置为#309ace，将【描边粗细】设置为2像素，如图12-13所示。

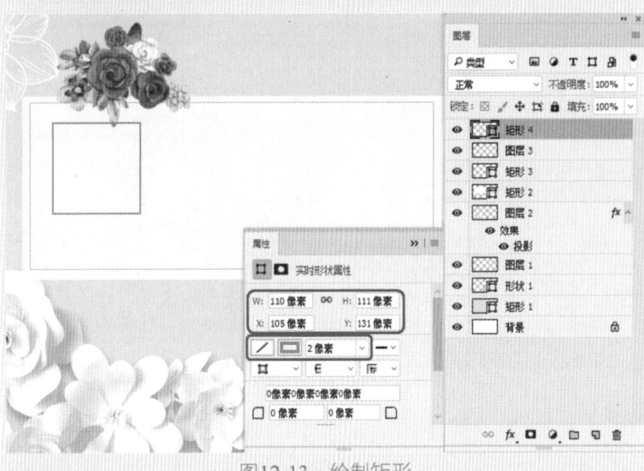

图12-13　绘制矩形

13 在工具箱中单击【直线工具】，在工作区中绘制一条水平直线，在工具选项栏中将【填充】设置为无，将【描边】设置为#309ace，将【描边粗细】设置为1像素，单击【描边类型】右侧的下三角按钮，在弹出的下拉列表中单击【更多选项】按钮，在弹出的对话框中勾选【虚线】复选框，将【虚线】、【间隙】分别设置为3、10，如图12-14所示。

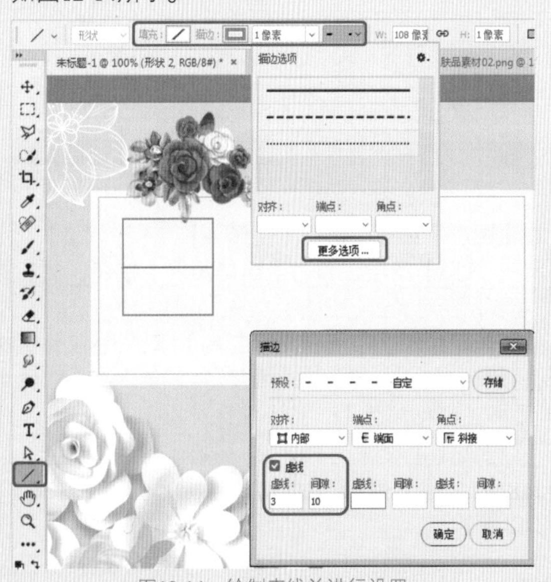

图12-14　绘制直线并进行设置

14 设置完成后，单击【确定】按钮，在【图层】面板中选择【形状 2】图层，按住鼠标将其拖曳至【创建新图层】按钮上，对其进行复制，按Ctrl+T组合键，右击鼠标，在弹出的快捷菜单中选择【顺时针旋转90度】命令，如图12-15所示。

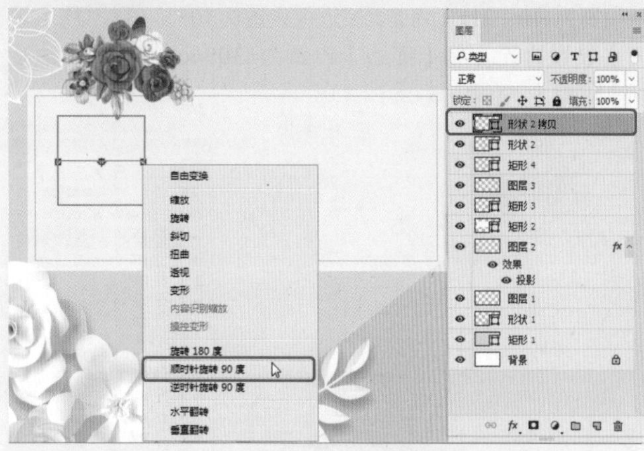

图12-15　选择【顺时针旋转90度】命令

15 按Enter键确认，在【图层】面板中选择【形状 2】、【形状 2 拷贝】图层，将【不透明度】设置为60，如图12-16所示。

图12-16　设置不透明度

16 在【图层】面板中选择【矩形 4】、【形状 2】、【形状 2 拷贝】图层，单击【链接图层】按钮，然后对其进行复制，并对其进行调整，效果如图12-17所示。

17 在工具箱中单击【横排文字工具】T，在工作区中单击鼠标，输入文字，选中输入的文字，将【字体】设置为【方正行楷简体】，将【字体大小】设置为108.77，将【字符间距】设置为10，将“精致”的【颜色】设置为#2a8cc5，将“焕颜”的【颜色】设置为#e23262，如图12-18所示。

18 将“护肤品素材04.png”素材文件添加至文档中，并在工作区中调整其大小、角度与位置，效果如图12-19所示。

图12-17　链接图层并进行复制

图12-18　输入文字并进行设置

图12-19　添加素材文件并对其进行调整

19 将“护肤品素材05.png”素材文件添加至文档中，在工作区中调整其位置，在【图层】面板中选择该图层，将【混合模式】设置为【颜色减淡】，将【填充】设置为38%，如图12-20所示。

图12-20　添加素材文件并设置混合模式与填充

20 在【图层】面板中单击【创建新的填充或调整图层】按钮，在弹出的列表中选择【曲线】命令，如图12-21所示。

图12-21　选择【曲线】命令

21 在【属性】面板中添加一个控制点，将【输入】、【输出】分别设置为159、172，如图12-22所示。

图12-22　设置曲线参数

22 在工具箱中单击【横排文字工具】T，在工作区中单击鼠标，输入文字，选中输入的文字，在【属性】面板中将【字体】设置为【Adobe 黑体 Std】，将【字体大小】设置为16，将【字符间距】设置为300，将【颜色】设置为#393939，如图12-23所示。

图12-23　输入文字并进行设置

23 在工具箱中单击【矩形工具】□，在工作区中绘制一个矩形，在【属性】面板中将W、H都设置为6像素，将【填充】设置为#6f6f6f，将【描边】设置为无，并对该矩形进行复制，调整其位置，效果如图12-24所示。

图12-24　绘制矩形并进行调整

24 将“护肤品素材06.png”素材文件添加至文档中，并在工作区中调整其位置，效果如图12-25所示。

25 在【图层】面板中双击【图层 6】，在弹出的【图层样式】对话框中选中【外发光】复选框，将【混合模式】设置为【正常】，将【不透明度】设置为75，将【杂色】设置为0，将【设置发光颜色】设置为#ffffff，将【方法】设置为【柔和】，将【扩展】、【大小】分别设置为0、57，如图12-26所示。

26 勾选【投影】复选框，将【混合模式】设置为【正片叠底】，将【阴影颜色】设置为#080103，将【不透明度】设置为12，将【角度】设置为99，勾选【使用全局光】复选框，将【距离】、【扩展】、【大小】分别设置为9、0、0，如图12-27所示。

图12-25　添加素材文件并调整其位置

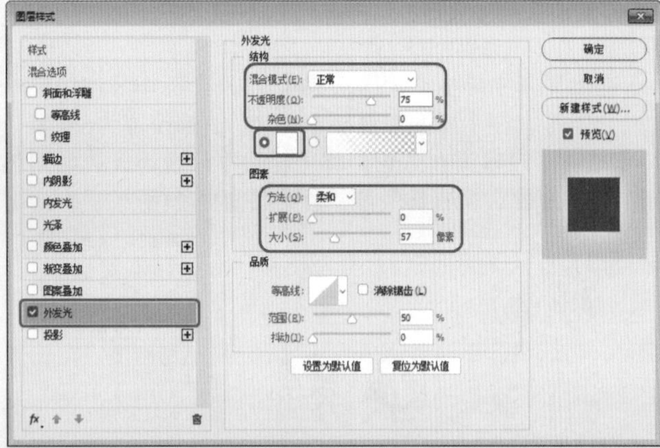

图12-26　设置【外发光】参数

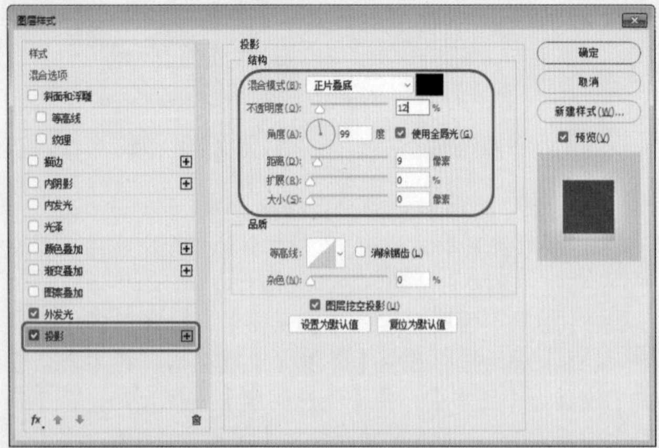

图12-27　设置【投影】参数

27 设置完成后，单击【确定】按钮，在工具箱中单击【钢笔工具】，在工具选项栏中将【工具模式】设置为【路径】，在工作区中绘制如图12-28所示的路径。

图12-28　绘制路径

28 在工具箱中单击【横排文字工具】，在工作区中的路径上单击鼠标，输入文字，选中输入的文字，在【属性】面板中将【字体】设置为【Adobe 黑体 Std】，将【字体大小】设置为21.93，将【字符间距】设置为75，将【颜色】设置为#fefefe，如图12-29所示。

图12-29　输入文字并进行设置

29 根据前面所介绍的方法在工作区中创建其他文字与图形，效果如图12-30所示。

图12-30　创建其他文字与图形后的效果

30 根据前面所介绍的方法将其他素材文件添加至文档中，并在【图层】面板中调整其排放顺序，效果如图12-31所示。

图12-31 添加其他素材文件后的效果

12.2 制作网页活动宣传图

本节将介绍如何制作网页活动宣传图，效果如图12-32所示。

图12-32 网页活动宣传图

01 按Ctrl+N组合键，在弹出的对话框中将【宽度】、【高度】分别设置为1701、851，将【分辨率】设置为72像素/英寸，将【颜色模式】设置为【RGB颜色】，如图12-33所示。

02 设置完成后，单击【创建】按钮，在工具箱中单击【矩形工具】▭，在工作区中绘制一个矩形，在【属性】面板中将W、H分别设置为1701、851，将X、Y都设置为0，将【填充】设置为# fff100，将【描边】设置为无，如图12-34所示。

图12-33 设置新建文档参数

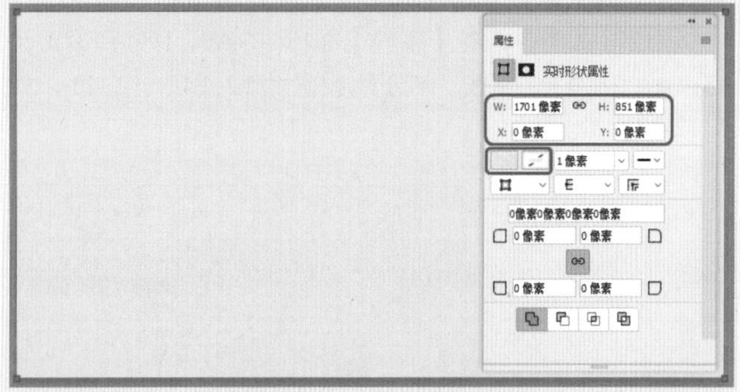
图12-34 创建矩形并进行设置

03 按Ctrl+O组合键，在弹出的对话框中选择“素材\Cha12\网页活动素材01.png”素材文件，如图12-35所示。

图12-35 选择素材文件

04 单击【打开】按钮，在工具箱中单击【移动工具】✥，将打开的素材文件拖曳至前面所创建的文档中，在【图层】面板中将【不透明度】设置为22，在【属性】面板中将W、H分别设置为66.82、39.93，将X、Y分别设置

为-3.53、-7.23，如图12-36所示。

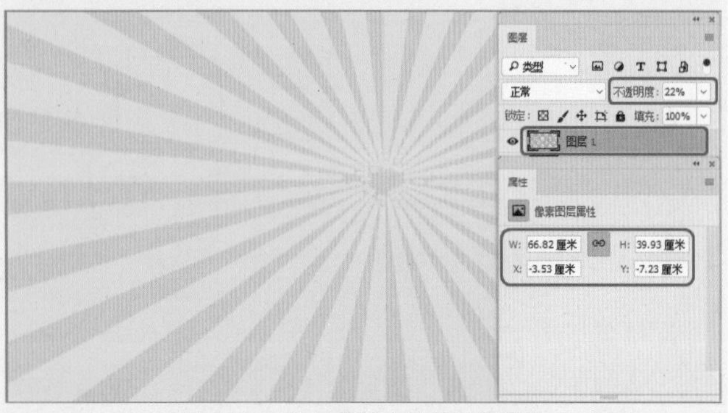

图12-36 添加素材文件并进行设置

05 使用同样的方法将“网页活动素材02.png”素材文件添加至文档中，在【属性】面板中将W、H分别设置为35.14、25.93，将X、Y分别设置为12.14、-1.41，如图12-37所示。

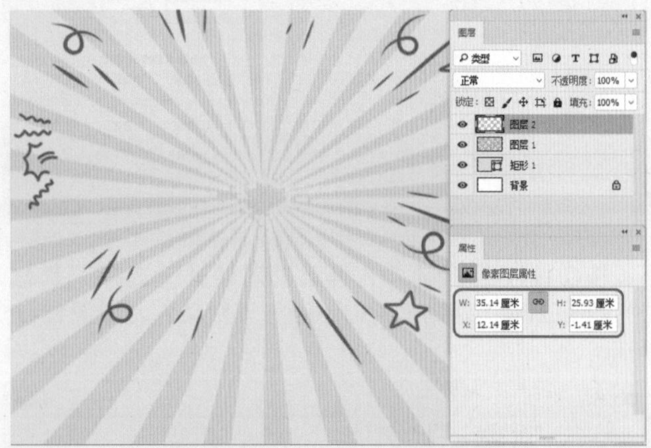

图12-37 添加素材文件并调整其大小与位置

06 将“网页活动素材03.png”素材文件添加至文档中，在【属性】面板中将W、H均设置为25.58，将X、Y分别设置为16.51、0.25，如图12-38所示。

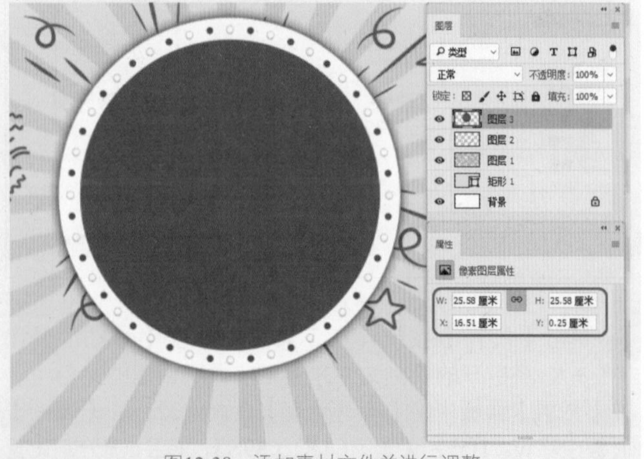

图12-38 添加素材文件并进行调整

07 将“网页活动素材04.png”素材文件添加至文档中，在【属性】面板中将W、H分别设置为14.01、19.37，将X、Y分别设置为35.03、5.5，如图12-39所示。

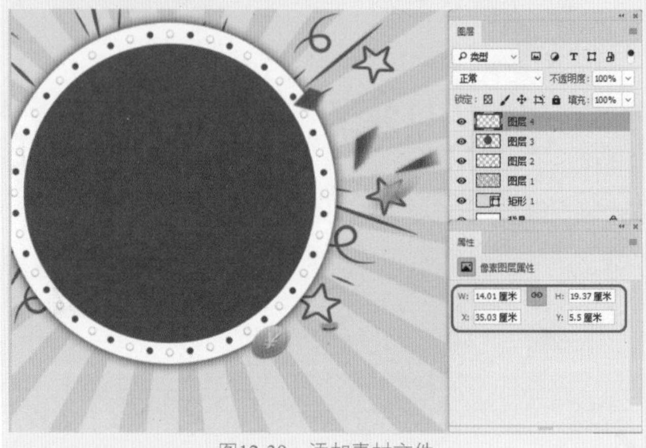

图12-39 添加素材文件

08 在工具箱中单击【横排文字工具】T，在工作区中单击鼠标，输入文字，选中输入的文字，在【字符】面板中将【字体】设置为【汉仪菱心体简】，将【字体大小】设置为258.11，将【垂直缩放】、【水平缩放】分别设置为108、103，如图12-40所示。

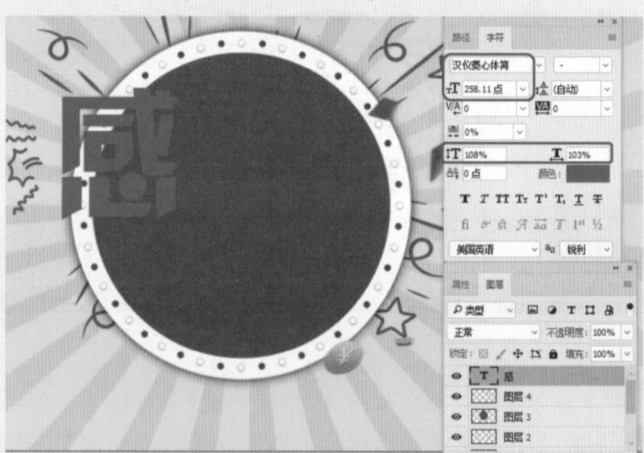

图12-40 输入文字并进行设置

提示

在此为了更好地观察文字效果，不用对文字的颜色进行设置，在后面的操作中会对其进行更改。

09 按Ctrl+T组合键变换选择文字，在工具选项栏中将【旋转】设置为-6，将【设置水平斜切】设置为-20，如图12-41所示。

10 按Enter键完成变换，使用【横排文字工具】T在工作区中单击鼠标，输入文字，选中输入的文字，在【字符】面板中将【字体】设置为【汉仪菱心体简】，将【字体大小】设置为144.95，将【垂直缩放】、【水平缩放】

分别设置为108、107，如图12-42所示。

图12-41　变换文字

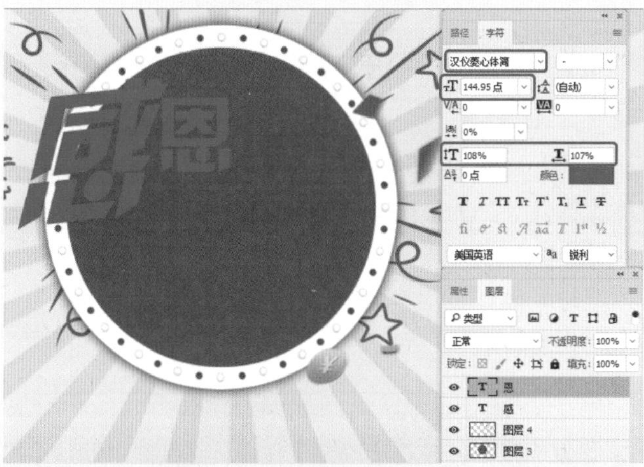

图12-42　输入文字并进行设置

11 按Ctrl+T组合键变换选择文字，在工具选项栏中将【旋转】设置为-8，将【设置水平斜切】设置为-15，如图12-43所示。

12 设置完成后，按Enter键完成变换，使用同样的方法在工作区中输入如图12-44所示的文字，并对其进行相应的调整。

13 在【图层】面板中选择【感】、【恩】、【钜惠】三个图层，右击鼠标，在弹出的快捷菜单中选择【转换为形状】命令，如图12-45所示。

14 转换为形状后，右击鼠标，在弹出的快捷菜单中选择【合并形状】命令，如图12-46所示。

15 将合并后的形状图层重新命名为“路径文字 1”，并双击该图层的缩览图，在弹出的对话框中将颜色值设置为#ffffff，如图12-47所示。

16 设置完成后，单击【确定】按钮，继续选中该图层，在工具箱中单击【直接选择工具】，在工作区中对文字进行调整，效果如图12-48所示。

图12-43　变换文字

图12-44　输入其他文字后的效果

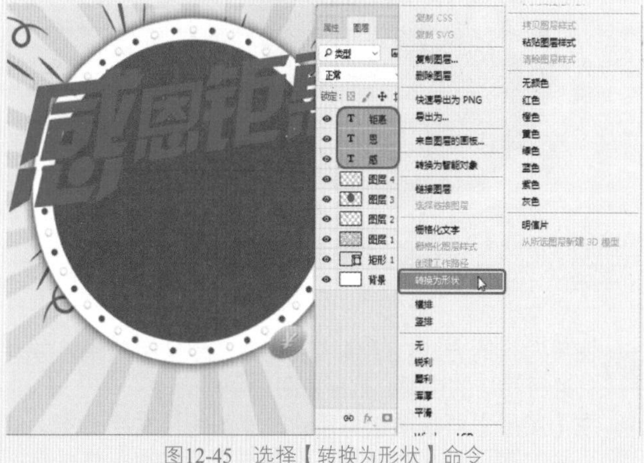

图12-45　选择【转换为形状】命令

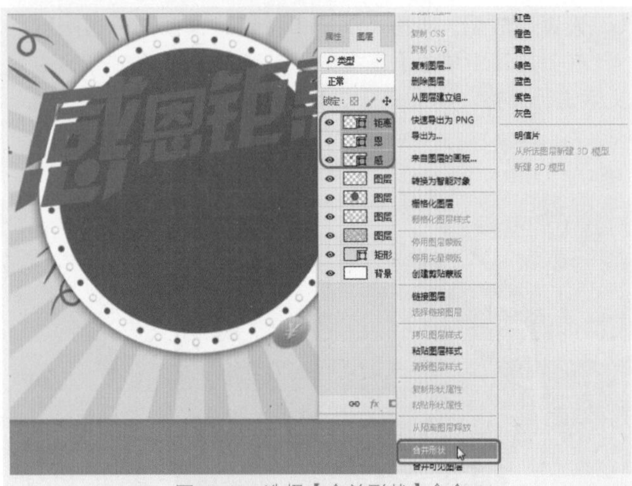

图12-46　选择【合并形状】命令

图12-47　设置颜色值

图12-48　调整文字后的效果

17 使用同样的方法在工作区中创建其他文字效果，并对其进行相应的设置，效果如图12-49所示。

18 在【图层】面板中选择活动时间的路径文字图层，双击该图层，在弹出的对话框中选中【描边】复选框，将【大小】设置为1，将【位置】设置为【外部】，将【颜色】设置为#fbef26，如图12-50所示。

图12-49　创建其他文字后的效果

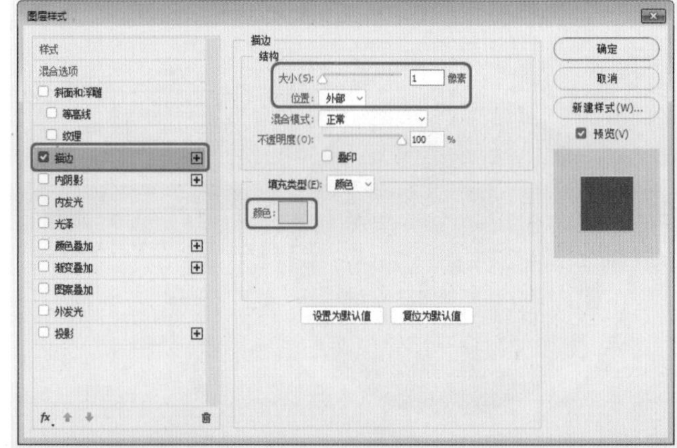

图12-50　设置【描边】参数

19 设置完成后，单击【确定】按钮，继续选中添加【描边】后的图层，右击鼠标，在弹出的快捷菜单中选择【栅格化图层样式】命令，如图12-51所示。

图12-51　选择【栅格化图层样式】命令

20 在【图层】面板中选择4个路径文字图层，右击鼠标，在弹出的快捷菜单中选择【合并图层】命令，如图12-52所示。

图12-52　选择【合并图层】命令

21 在【图层】面板中双击合并后的图层，在弹出的对话框中选中【描边】复选框，将【大小】设置为15，将【位置】设置为【外部】，将【颜色】设置为#8e1577，如图12-53所示。

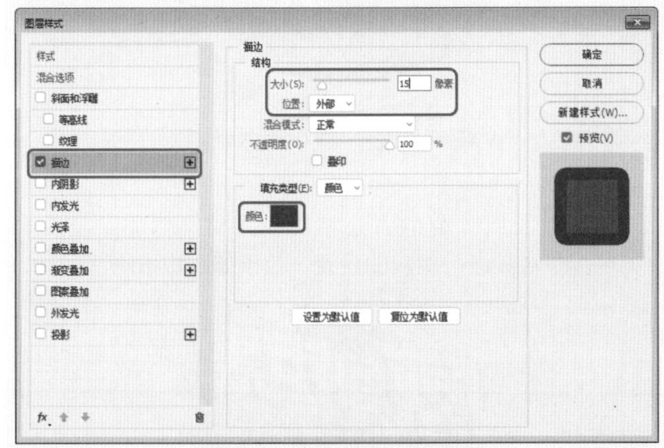

图12-53　设置【描边】参数

22 再在该对话框中选中【投影】复选框，将【混合模式】设置为【正片叠底】，将【阴影颜色】设置为#040000，将【不透明度】设置为42，将【角度】设置为90，勾选【使用全局光】复选框，将【距离】、【扩展】、【大小】分别设置为21、21、11，如图12-54所示。

23 设置完成后，单击【确定】按钮，在工具箱中单击【钢笔工具】，将【选择工具模式】设置为【形状】，在工具选项栏中将【填充】设置为#00cccc，将【描边】设置为无，在工作区中绘制如图12-55所示的图形。

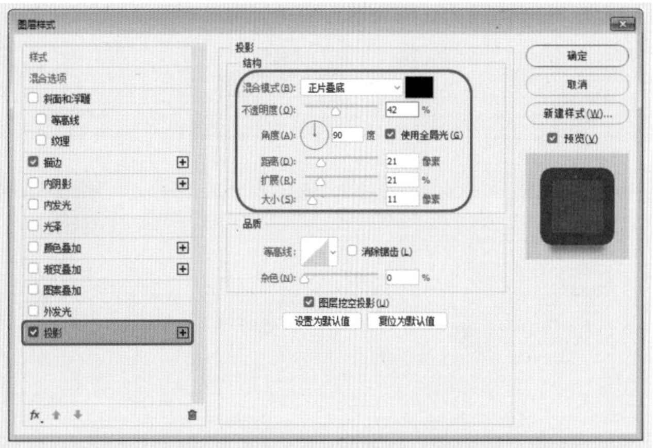

图12-54　设置【投影】参数

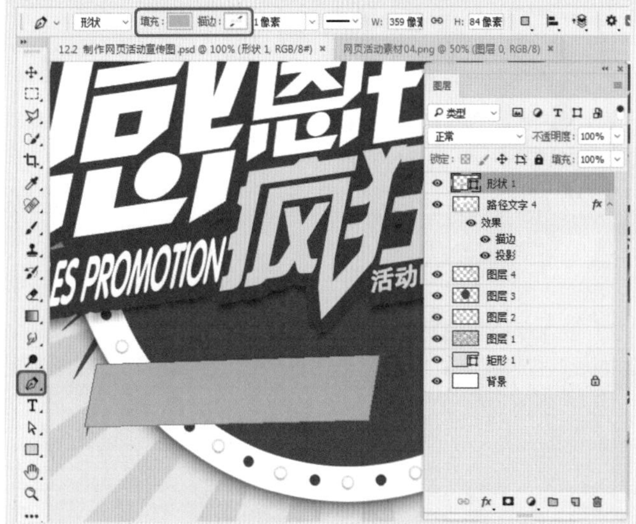

图12-55　绘制图形

24 在【图层】面板中双击【形状 1】图层，在弹出的对话框中选中【投影】复选框，将【混合模式】设置为【正片叠底】，将【阴影颜色】设置为#154d56，将【不透明度】设置为27，将【角度】设置为90，勾选【使用全局光】复选框，将【距离】、【扩展】、【大小】分别设置为2、0、1，如图12-56所示。

25 设置完成后，单击【确定】按钮，在工具箱中单击【横排文字工具】T，在工作区中单击鼠标，输入文字，选中输入的文字，在【属性】面板中将【字体】设置为【汉仪菱心体简】，将【字体大小】设置为48，将【字符间距】设置为0，将【垂直缩放】、【水平缩放】都设置为100，将【基线偏移】设置为-11，将【颜色】设置为#ffffff，单击【仿斜体】按钮，如图12-57所示。

26 在【图层】面板中选择【形状 1】图层，右击鼠标，在弹出的快捷菜单中选择【拷贝图层样式】命令，如图12-58所示。

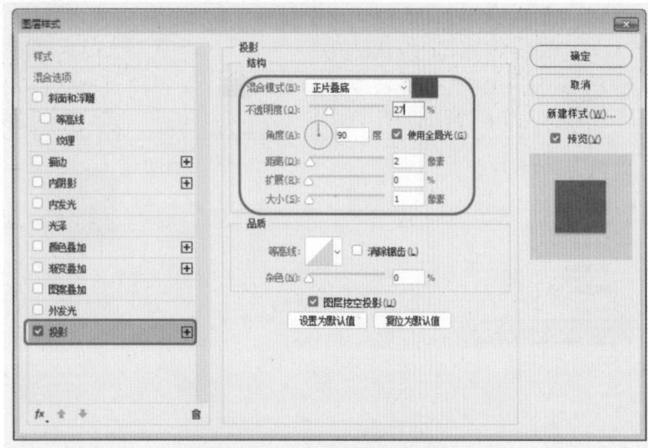

图12-56　设置【投影】参数

图12-57　输入文字并进行设置

图12-58　选择【拷贝图层样式】命令

27 在【图层】面板中选择【全场满减】文字图层，右击鼠标，在弹出的快捷菜单中选择【粘贴图层样式】命令，如图12-59所示。

28 根据前面所介绍的方法创建其他图形与文字，并对其进行相应的设置，效果如图12-60所示。

图12-59　选择【粘贴图层样式】命令

图12-60　创建其他图形与文字后的效果

29 根据前面所介绍的方法将其他素材文件添加至文档中，并对其进行相应的设置，效果如图12-61所示。

图12-61　添加其他素材文件后的效果

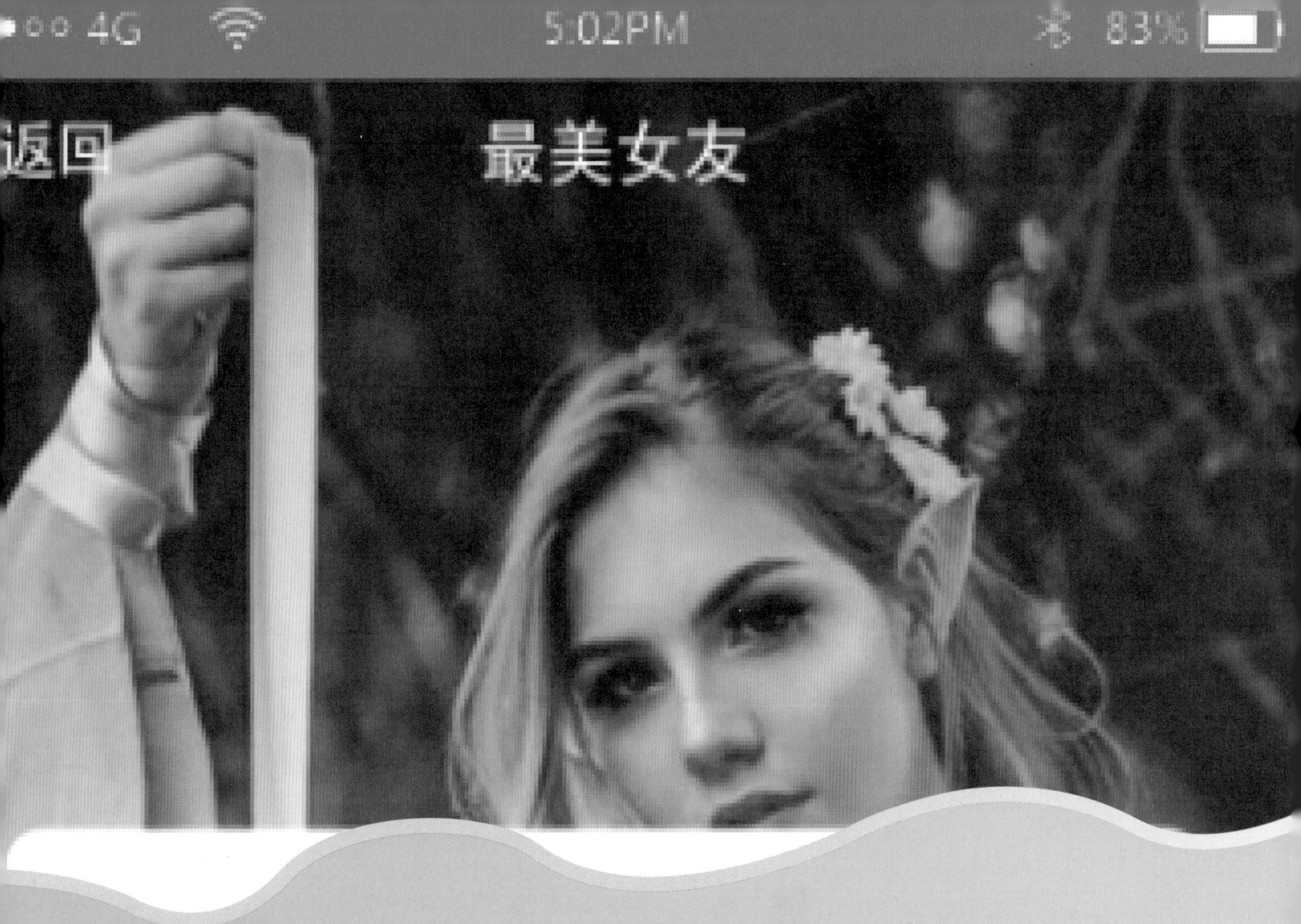

第13章 项目指导——手机UI界面

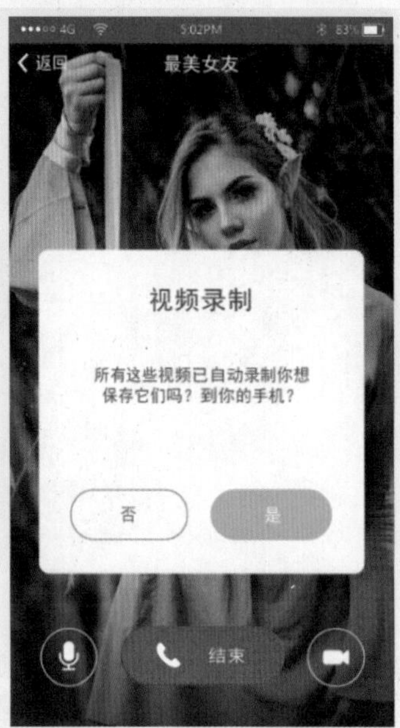

13.1 商品详情页面设计

本例制作的购物车UI效果如图13-1所示。

01 按Ctrl+N组合键，弹出【新建文档】对话框，将【单位】设置为【像素】，将【宽度】和【高度】分别设置为744、1511，将【分辨率】设置为72像素/英寸，将【背景内容】设置为白色，单击【创建】按钮，如图13-2所示。

02 在菜单栏中选择【文件】|【置入嵌入对象】命令，弹出【置入嵌入的对象】对话框，选择“素材\Cha13\封面.jpg”素材文件，单击【置入】按钮，如图13-3所示。

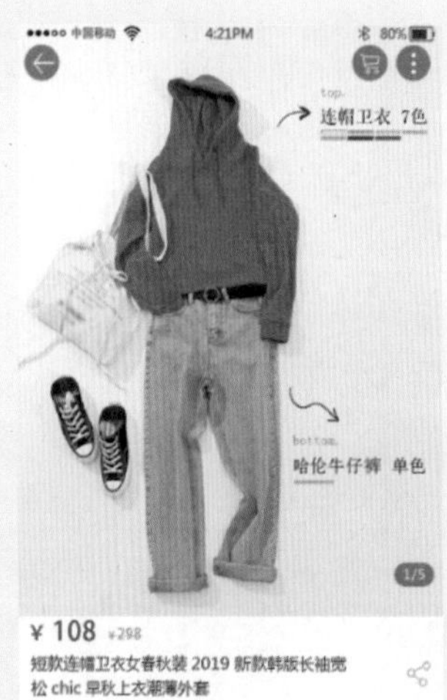

图13-1　购物车UI界面

图13-2　新建文档

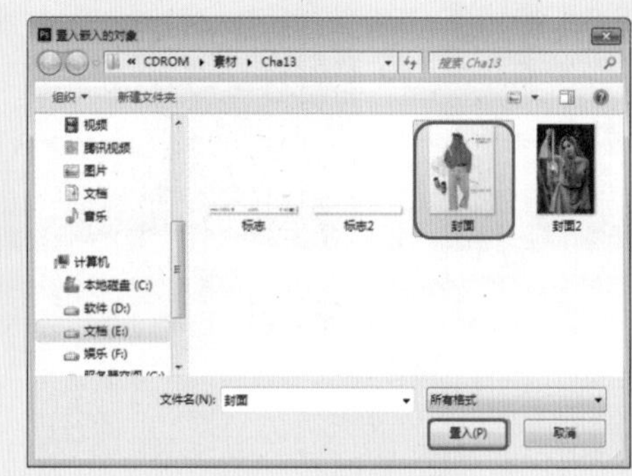

图13-3　选择素材文件

03 调整素材文件的位置，如图13-4所示。

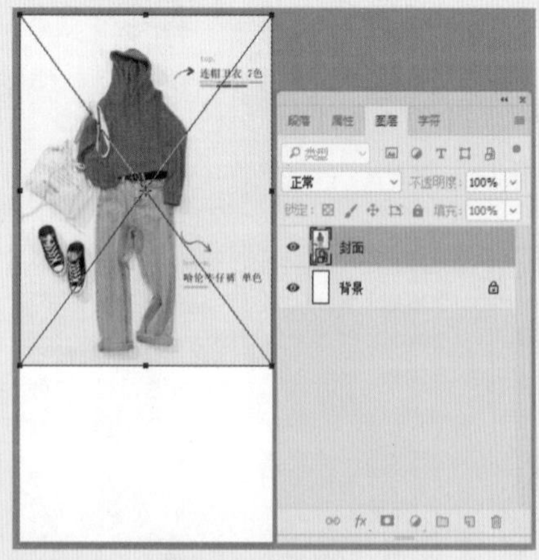

图13-4　调整素材位置

04 按Enter键确认，在菜单栏中选择【文件】|【置入嵌入对象】命令，弹出【置入嵌入的对象】对话框，选择“素材\Cha13\标志.png”素材文件，单击【置入】按钮，如图13-5所示。

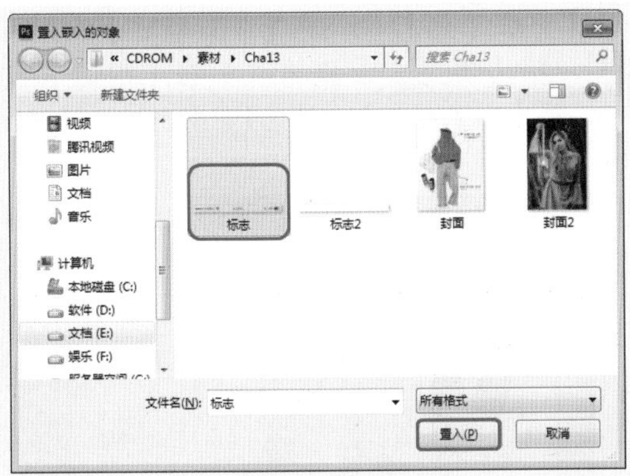

图13-5　选择素材文件

05 置入素材文件并调整其大小及位置，按Enter键确认，使用【椭圆工具】，在工具选项栏中将【选择工具模式】设置为【形状】，将【填充】设置为黑色，将【描边】设置为无，绘制正圆，将W和H均设置为60，如图13-6所示。

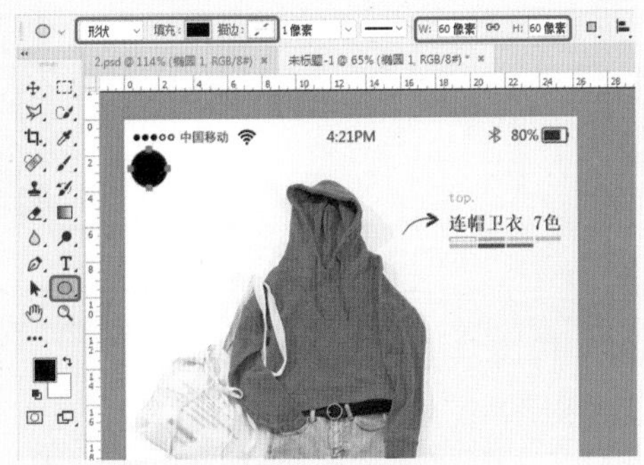

图13-6　设置椭圆参数

06 在【图层】面板中选择【椭圆1】图层，将【不透明度】设置为50%，如图13-7所示。

图13-7　设置椭圆不透明度

07 将【椭圆1】复制两次并调整位置，使用【钢笔工具】或其他工具，绘制如图13-8所示的图形，通过【转换点工具】调整对象。

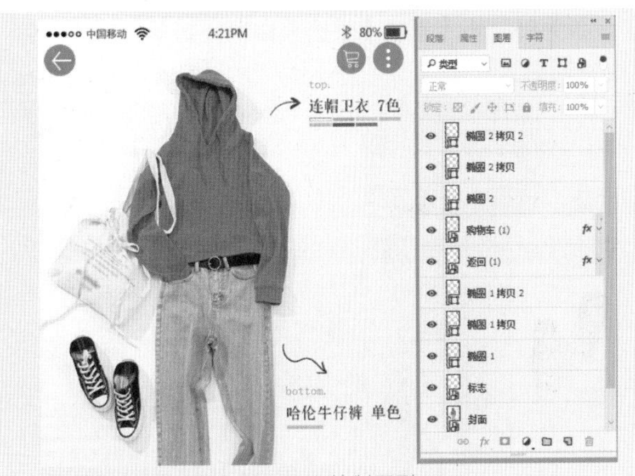

图13-8　绘制图形

08 使用【圆角矩形工具】绘制圆角矩形，将W和H分别设置为70、40，将【填充】设置为黑色，将【描边】设置为无，将【圆角半径】均设置为20，如图13-9所示。

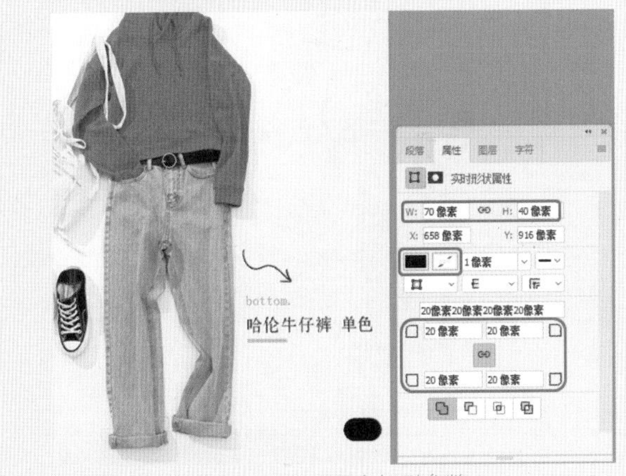

图13-9　设置圆角矩形参数

09 选择【圆角矩形1】图层，将【不透明度】设置为50%，如图13-10所示。

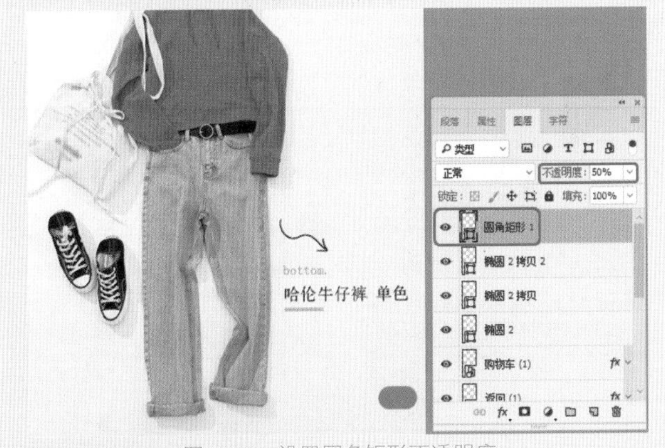

图13-10　设置圆角矩形不透明度

10 使用【横排文字工具】输入文本，将【字体】设置为【微软雅黑】，将【字体大小】设置为24，将【字符间距】设置为25，将【颜色】设置为白色，如图13-11所示。

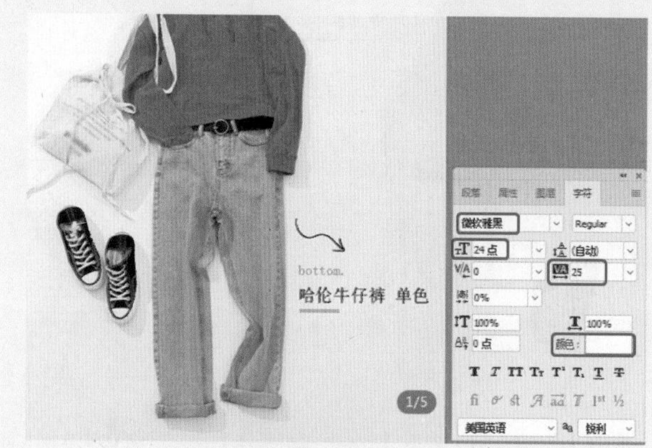

图13-11　设置文本参数

11 使用同样的方法制作如图13-12所示的内容。

图13-12　制作完成后的效果

12 使用【矩形工具】绘制矩形，将W和H分别设置为750、25，将【填充】设置为#f1f1f1，将【描边】设置为无，如图13-13所示。

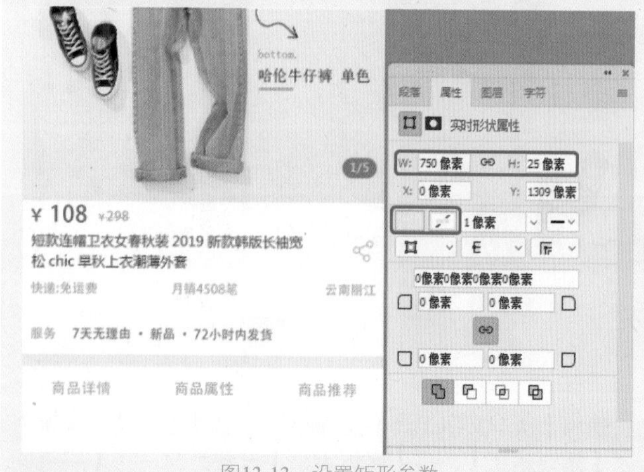

图13-13　设置矩形参数

13 使用【直线工具】，将【工具模式】设置为【形状】，将【填充】设置为无，将【描边】设置为#c8c8c8，将【描边宽度】设置为1像素，绘制直线段，如图13-14所示。

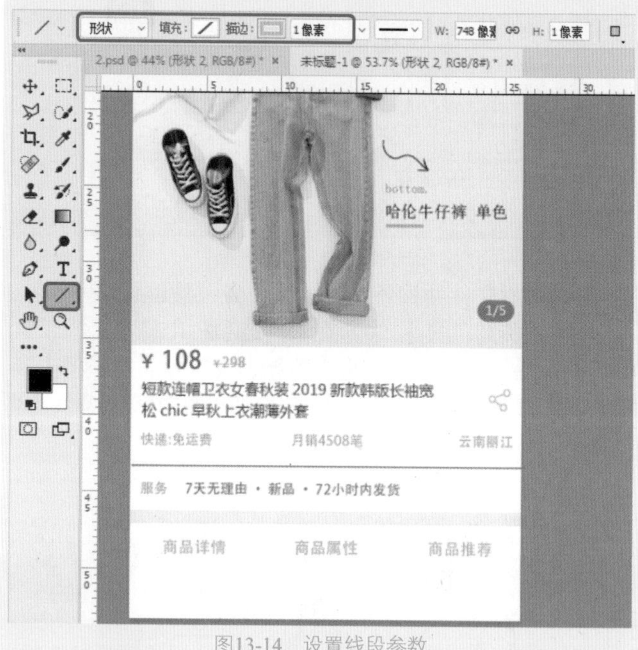

图13-14　设置线段参数

提示：若要对矩形进行调整，在锚点上单击并拖动鼠标，即可将角点转换成平滑点，相邻的两条线段也会变为曲线，如果按住Alt键进行拖动，可以将单侧线段变为曲线。

14 在菜单栏中选择【文件】|【置入嵌入对象】命令，弹出【置入嵌入的对象】对话框，选择"素材\Cha13\T1.jpg"素材文件，单击【置入】按钮，如图13-15所示。

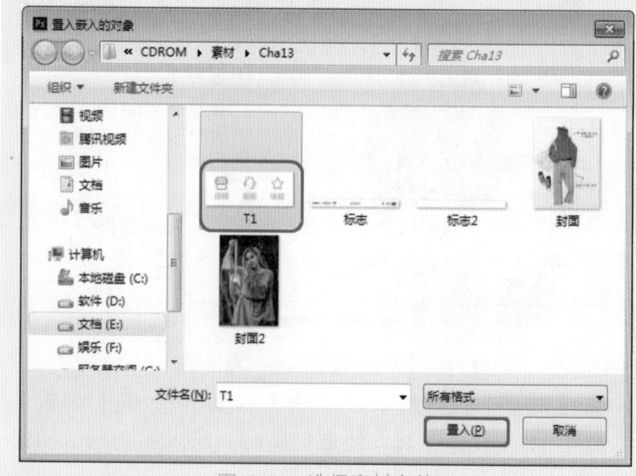

图13-15　选择素材文件

15 调整素材图片的大小及位置，效果如图13-16所示。

图13-16 调整图片的大小的及位置

16 使用【矩形工具】▭.绘制矩形，将W和H分别设置为240、100，将【填充】设置为#fcb758，将【描边】设置为无，如图13-17所示。

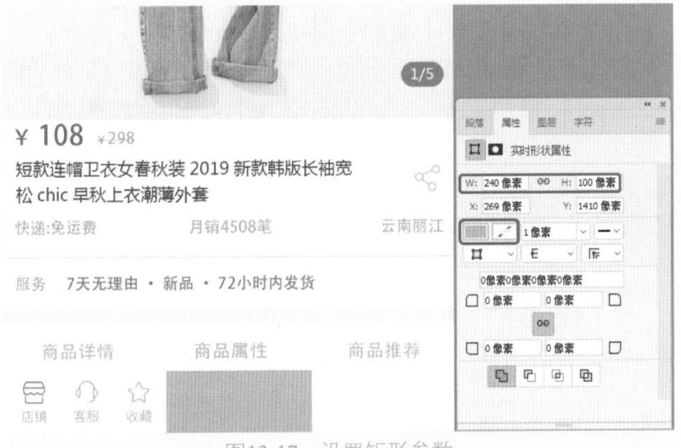

图13-17 设置矩形参数

17 使用【矩形工具】绘制矩形，将W和H分别设置为240、100，将【填充】设置为# ff3855，将【描边】设置为无，如图13-18所示。

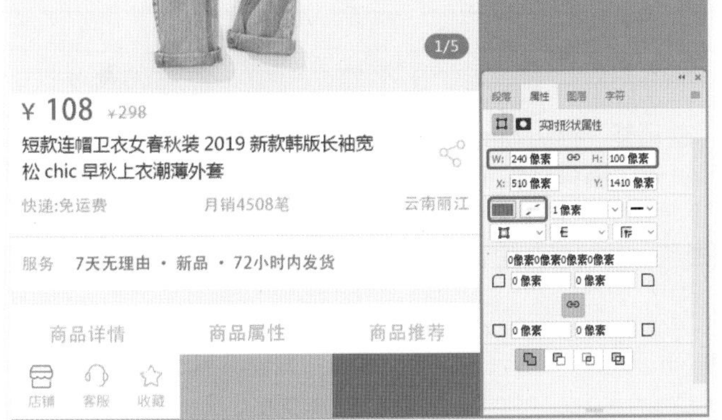

图13-18 设置矩形参数

18 使用【横排文字工具】T.输入文本，将【字体】设置为【黑体】，将【字体大小】设置为34，将【颜色】设置为#fefefe，如图13-19所示。

图13-19 设置文本参数

13.2 视频录制UI界面

本例视频录制UI界面效果如图13-20所示。

01 按Ctrl+N组合键，弹出【新建文档】对话框，将【单位】设置为【像素】，将【宽度】和【高度】分别设置为750、1334，将【分辨率】设置为72像素/英寸，将【背景内容】设置为白色，单击【创建】按钮，如图13-21所示。

图13-20 视频录制UI界面

图13-21 新建文档

02 在菜单栏中选择【文件】|【置入嵌入对象】命令，弹出【置入嵌入的对象】对话框，选择“素材\Cha13\封面2.jpg”素材文件，单击【置入】按钮，如图13-22所示。

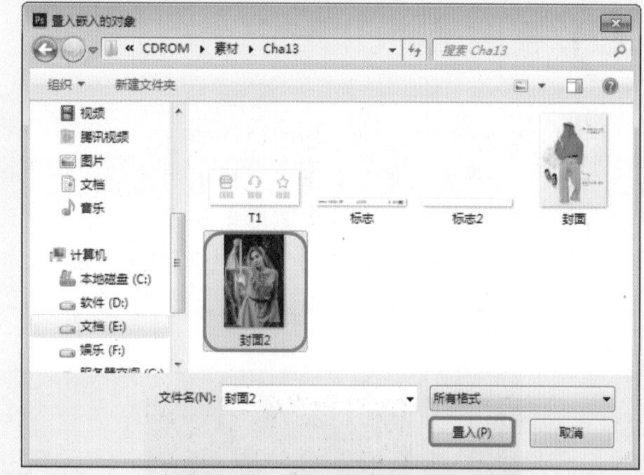
图13-22 选择素材文件

03 调整素材文件的大小及位置，效果如图13-23所示。

图13-23 调整素材文件的大小及位置

04 按Enter键确认，使用【矩形工具】绘制矩形，将W和H分别设置为750、50，将【填充颜色】设置为#fe0036，将【描边】设置为无，并调整其位置，如图13-24所示。

图13-24 设置矩形参数

05 在菜单栏中选择【文件】|【置入嵌入对象】命令，弹出【置入嵌入的对象】对话框，选择“素材\Cha13\标志2.png”素材文件，单击【置入】按钮，如图13-25所示。

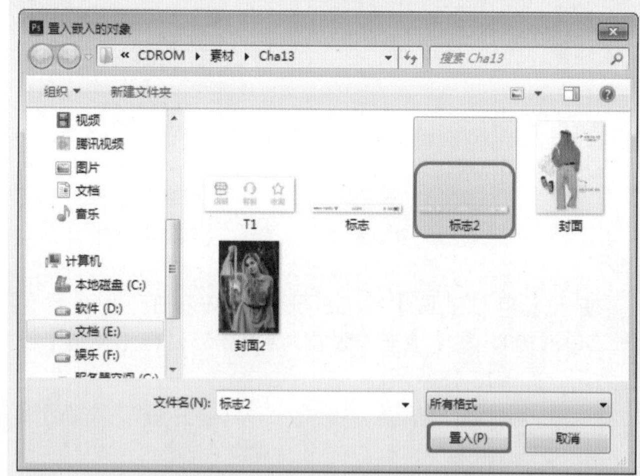
图13-25 选择素材文件

06 调整“标志2.png”的大小及位置，按Enter键确认，使用【横排文字工具】输入文本，将【字体】设置为【黑体】，将【字体大小】设置为32，将【颜色】设置为白色，并调整其位置，如图13-26所示。

图13-26　设置文本参数

07 使用【横排文字工具】输入文本，将【字体】设置为【黑体】，将【字体大小】设置为36，将【颜色】设置为白色，并调整其位置，如图13-27所示。

图13-27　设置文本参数

08 使用【钢笔工具】，在工具选项栏中将【工具模式】设置为【形状】，将【填充】设置为无，将【描边】设置为白色，将【描边宽度】设置为5像素，绘制如图13-28所示的形状。

09 使用【圆角矩形工具】▢绘制矩形，将W和H分别设置为636、606，将【填充颜色】设置为白色，将【描边】设置为无，将【圆角半径】设置为20，并调整其位置，如图13-29所示。

图13-28　绘制形状

图13-29　设置圆角矩形参数

10 使用【横排文字工具】输入文本，将【字体】设置为【黑体】，将【字体大小】设置为48，将【字符间距】设置为50，将【颜色】设置为#38474f，并调整其位置，如图13-30所示。

图13-30　设置文本参数

11 使用【横排文字工具】输入文本，将【字体】设置为【黑体】，将【字体大小】设置为32，将【字符间距】设置为25，单击【居中对齐文本】按钮，将【颜色】设置为#4c4c4c，并调整其位置，如图13-31所示。

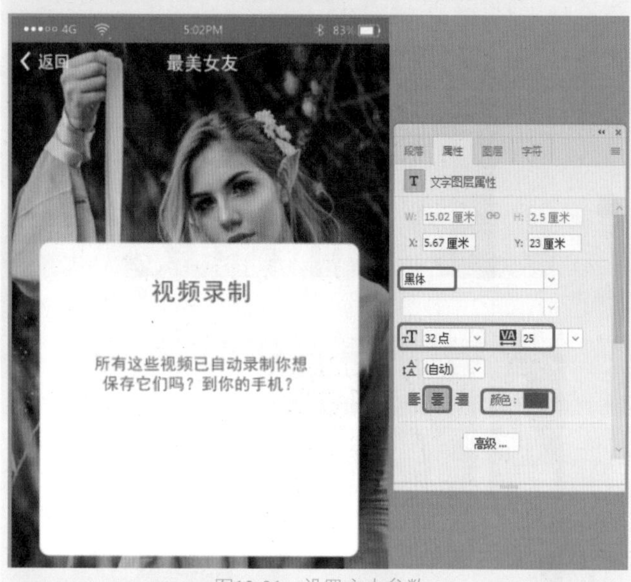

图13-31 设置文本参数

12 使用【圆角矩形工具】绘制圆角矩形，将W和H分别设置为235、95，将【填充颜色】设置为无，将【描边】设置为#607d8b，将【描边宽度】设置为2像素，将【圆角半径】设置为45.5，并调整其位置，如图13-32所示。

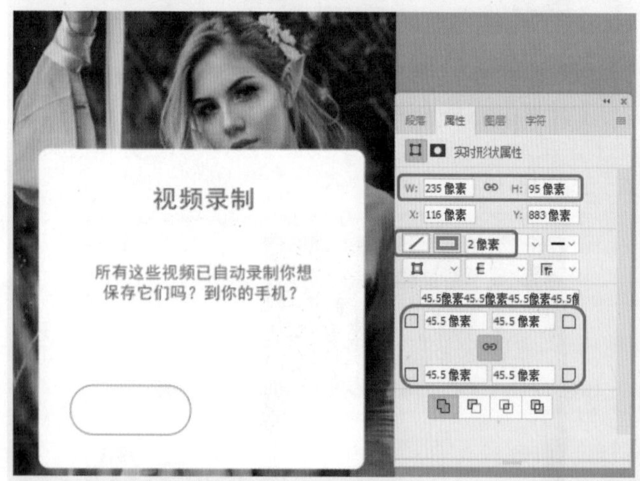

图13-32 设置圆角矩形参数

13 使用【圆角矩形工具】绘制圆角矩形，将W和H分别设置为235、95，将【填充颜色】设置为#00baff，将【描边】设置为无，将【圆角半径】设置为47.5，并调整其位置，如图13-33所示。

14 使用【横排文字工具】输入文本，将【字体】设置为【黑体】，将【字体大小】设置为34，将【颜色】设置为#607d8b，并调整其位置，如图13-34所示。

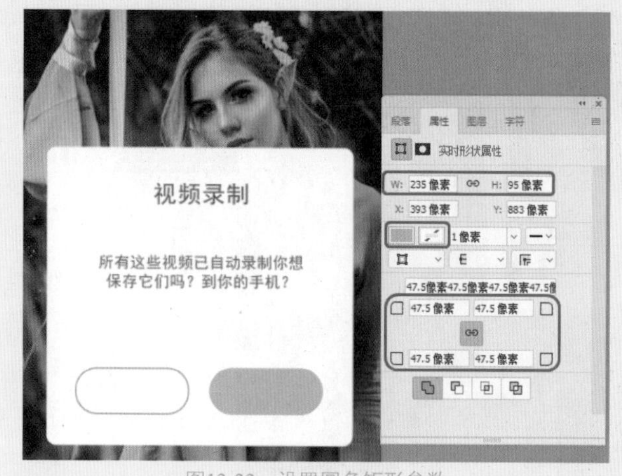

图13-33 设置圆角矩形参数

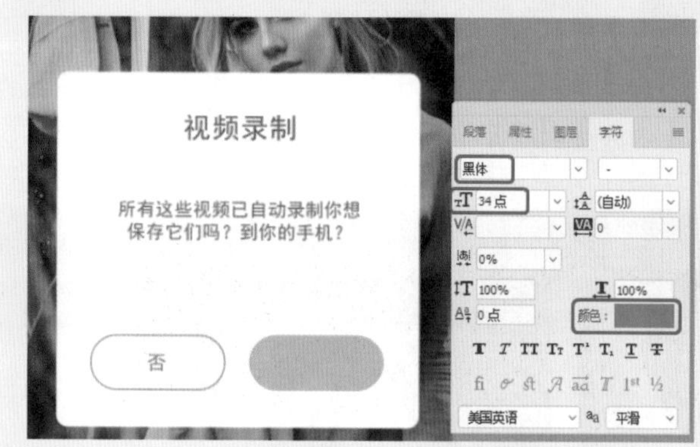

图13-34 设置文本参数

提示

【圆角矩形工具】用来创建圆角矩形，它的创建方法与矩形工具相同，只是比矩形工具多了一个【半径】选项，用来设置圆角的半径，该值越高，圆角就越大。

15 使用【横排文字工具】输入文本，将【字体】设置为【黑体】，将【字体大小】设置为34，将【颜色】设置为白色，并调整其位置，如图13-35所示。

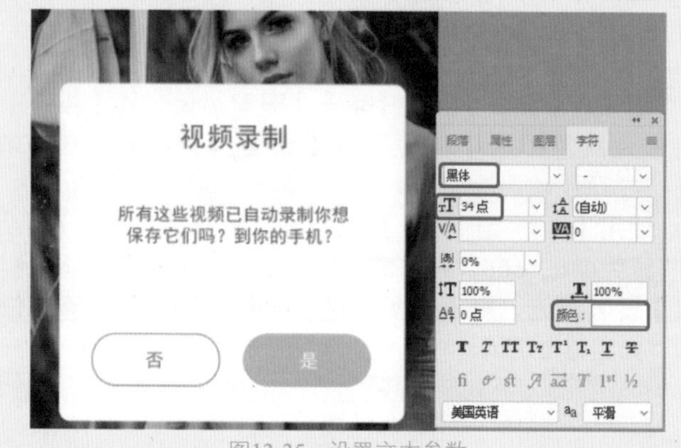

图13-35 设置文本参数

16 在菜单栏中选择【文件】|【置入嵌入对象】命令，弹出【置入嵌入的对象】对话框，选择“素材\Cha13\界面.png”素材文件，单击【置入】按钮，如图13-36所示。

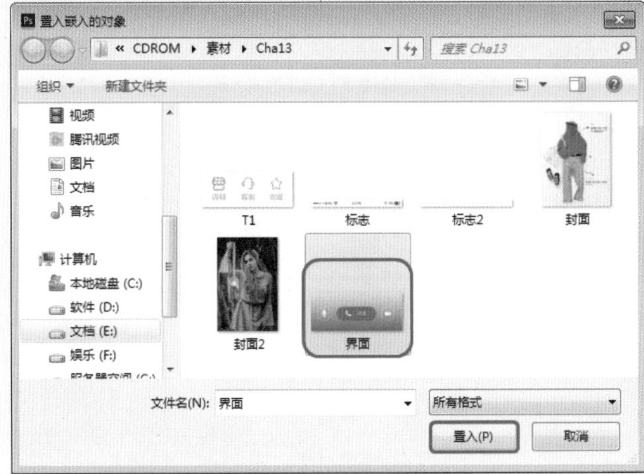

图13-36　选择素材文件

17 置入素材文件后，调整对象的位置，按Enter键确认，效果如图13-37所示。

图13-37　置入素材文件

第14章 项目指导——淘宝网店设计与装修

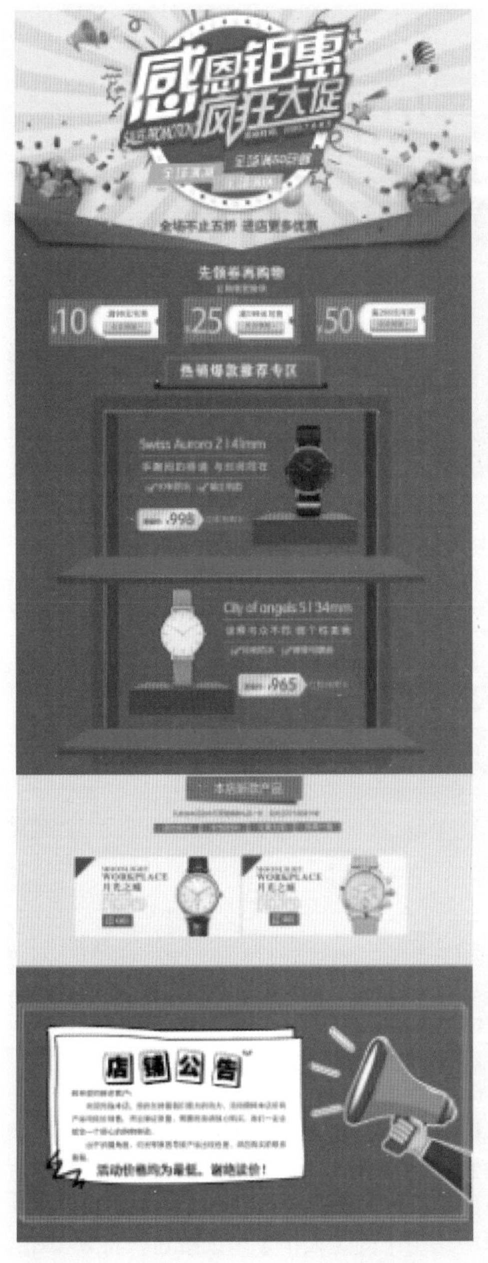

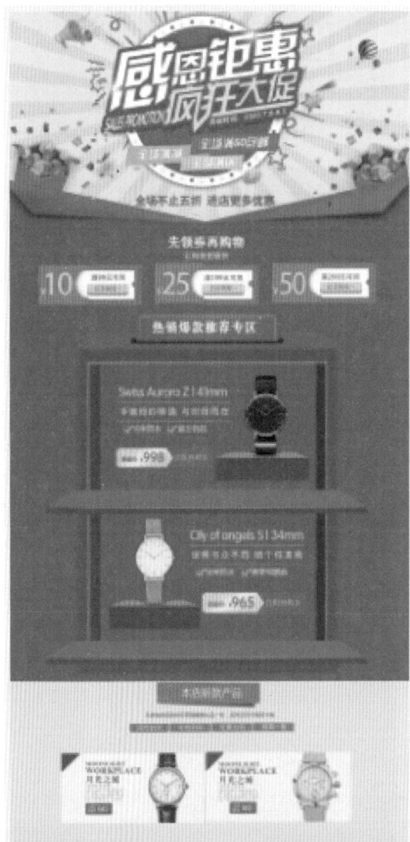

图14-1　手表淘宝网店

14.1 制作手表淘宝网店

本节介绍如何制作手表淘宝网店，效果如图14-1所示。

01 按Ctrl+N组合键，在弹出的对话框中将【宽度】、【高度】分别设置为1920、5017，将【分辨率】设置为72，将【颜色模式】设置为【RGB颜色】，如图14-2所示。

02 设置完成后，单击【创建】按钮，在工具箱中单击【设置前景色】按钮，弹出【拾色器（前景色）】对话框，将RGB的颜色值设置为209、16、26，单击【确定】按钮，按Alt+Delete组合键填充前景色，如图14-3所示。

03 在菜单栏中选择【文件】|【置入嵌入对象】命令，打开“素材\Cha14\顶部图.jpg”素材文件，并调整它的大小及位置，如图14-4所示。

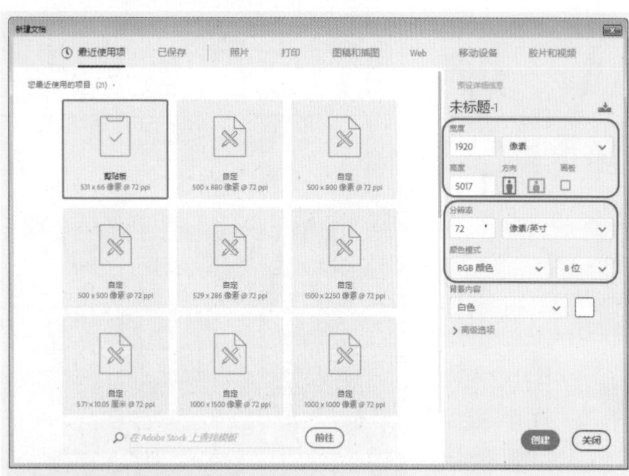

图14-2　设置新建文档参数

图14-3　填充前景色

图14-4　置入图像

04 在工具箱中选择【横排文字工具】，将【字体】设置为【Adobe 黑体 Std】，将【大小】设置为60点，将 aa 设置为【锐利】，将【颜色】设置为白色，在画布上方输入文字“先领券再购物”，如图14-5所示。

05 再次在工具箱中选择【横排文字工具】，将【字体】设置为【Adobe 黑体 Std】，将【大小】设置为36点，将 aa 设置为【锐利】，将【颜色】设置为白色，在画布上方输入文字“让购物更愉快”，如图14-6所示。

图14-5　输入文字

图14-6　输入文字

06 在工具箱中选择【矩形工具】，在工具选项栏中将【选择工具模式】设置为【形状】，将【填充】的RGB值设置为243、57、100，将【描边】设置为无，单击工具选项栏中的【设置其他形状和路径选项】按钮，在弹出的下拉菜单中选中【固定大小】单选按钮，将W和H的值分别设置为17.6和6.35，在画布中拖曳绘制形状，如图14-7所示。

07 在【图层】面板中单击底部的【添加图层蒙版】按钮，在工具箱中选择【画笔工具】，在工具选项栏中单击【切换“画笔设置”面板】，在弹出的【画笔设置】对话框中将【大小】设置为15，将【硬度】设置为100，将【间距】设置为150，在矩形右边缘按住Shift键拖曳鼠标进行绘制，如图14-8所示。

图14-7 绘制矩形

图14-8 绘制边缘

08 在工具箱中选择【矩形工具】，在工具选项栏中将【选择工具模式】设置为【形状】，将【填充】设置为白色，将【描边】设置为无，单击工具选项栏中的【设置其他形状和路径选项】按钮，在弹出的下拉菜单中选中【固定大小】单选按钮，将W和H分别设置为12.2和4.75，在画布中拖曳绘制形状，如图14-9所示。

09 在【图层】面板中单击底部的【添加图层蒙版】按钮，在工具箱中选择【画笔工具】，在工具选项栏中单击【切换“画笔设置”面板】，在弹出的【画笔设置】对话框中将【大小】设置为28，将【硬度】设置为100，在矩形右边缘单击一次鼠标，如图14-10所示。

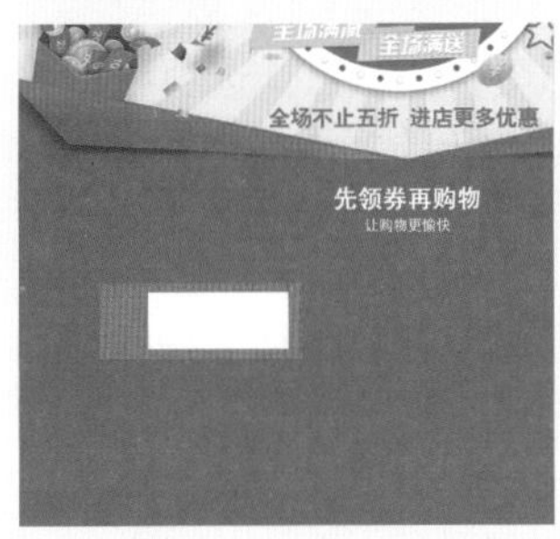

图14-9 绘制矩形

图14-10 绘制边缘

10 在工具箱中选择【矩形工具】，在工具选项栏中将【选择工具模式】设置为【形状】，将【填充】的RGB值设置为182、27、63，将【描边】设置为无，单击工具选项栏中的【设置其他形状和路径选项】按钮，在弹出的下拉菜单中选中【固定大小】单选按钮，将W和H分别设置为8.15和6.35，在画布中拖曳绘制形状，单击【图层】蒙版底部的【添加图层蒙版】按钮，如图14-11所示。

图14-11 绘制矩形

11 在工具箱中选择【画笔工具】，将【大小】设置为133，在绘制的矩形上单击一次鼠标，如图14-12所示。

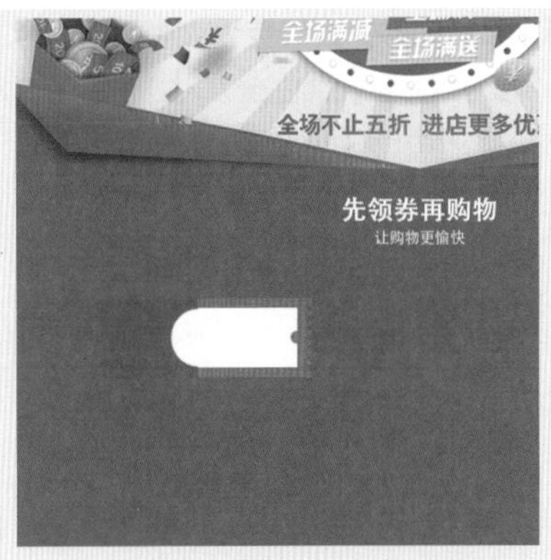

图14-12 绘制边缘

12 在【图层】面板中按住【矩形3】拖曳到底部的【创建新图层】按钮上，隐藏【矩形3拷贝】，选择【矩形3】图层的图层蒙版，如图14-13所示。

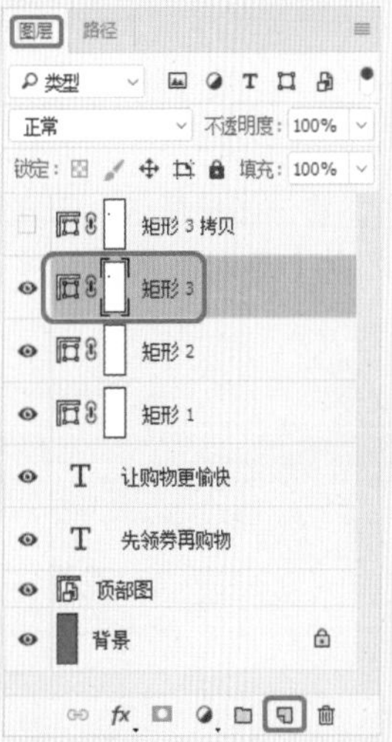

图14-13 复制图层

13 在工具箱中选择【画笔工具】，将【大小】设置为60，将【硬度】设置为0，在画布中进行绘制，如图14-14所示。

图14-14 绘制形状

14 双击【矩形3拷贝】图层空白处，在弹出的【图层样式】对话框中勾选【颜色叠加】复选框，单击【设置叠加颜色】，在弹出的【拾色器（叠加颜色）】对话框中将RGB的颜色值设置为255、65、102，单击【确定】，如图14-15所示。

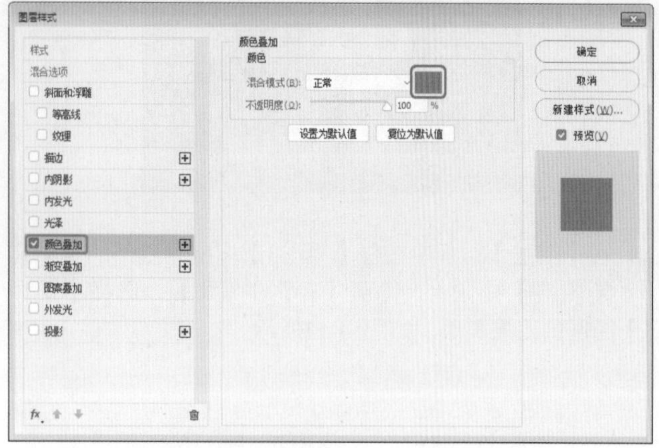

图14-15　设置【颜色叠加】样式

15 单击【确定】，将该图层显示，选择【矩形3】图层，在工具箱中选择【移动工具】，将其向右移动，如图14-16所示。

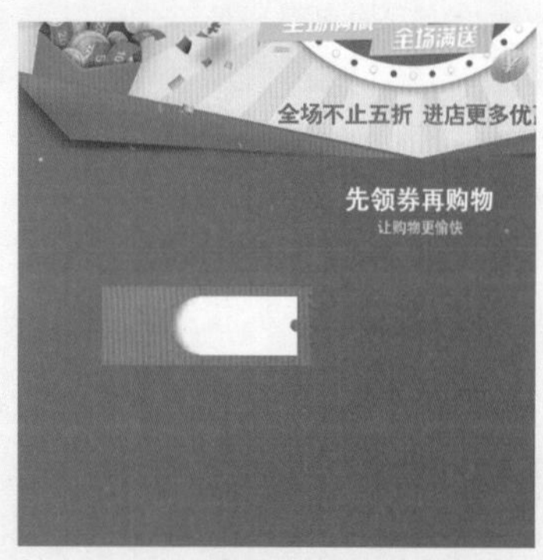

图14-16　移动图层

16 在工具箱中选择【圆角矩形工具】，在工具选项栏中将【选择工具模式】设置为【形状】，将【颜色】的RGB值设置为240、184、237，将【描边】设置为无，单击工具选项栏中的【设置其他形状和路径选项】按钮，在弹出的下拉菜单中选中【固定大小】单选按钮，将W和H分别设置为7.55和1.6，在画布中拖曳绘制形状，如图14-17所示。

17 用同样的方法再绘制出两个圆角矩形，将RGB的颜色值分别设置为239、152、72和255、220、18，并调整位置如图14-18所示。

18 创建一个新图层，在工具箱中选择【钢笔工具】，在画布中单击鼠标创建一个锚点，并在另一个位置单击并拖动鼠标创建弯曲路径，如图14-19所示。

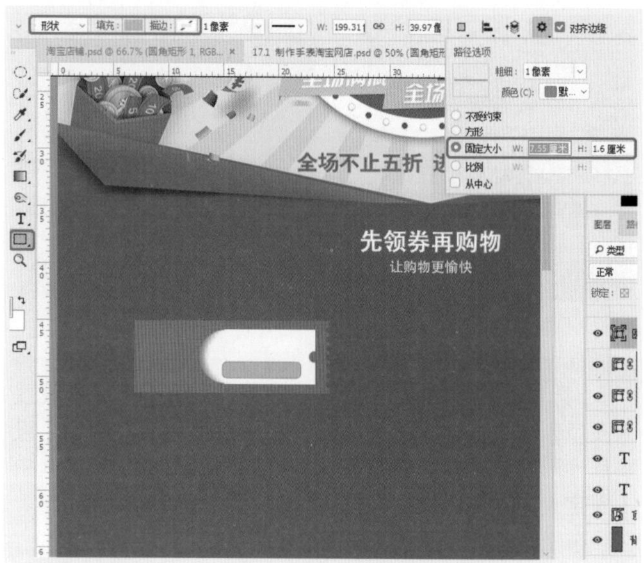

图14-17　绘制圆角矩形

图14-18　调整位置

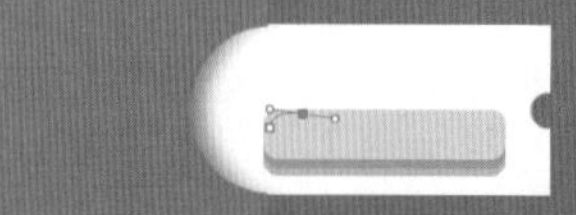

图14-19　创建路径

19 在工具箱中选择【画笔工具】，在工具选项栏中将【不透明度】设置为80%，单击【切换“画笔设置”面板】按钮，在弹出的【画笔设置】对话框中将【大小】设置为3，将【硬度】设置为23，将【间距】设置为1，单击【路径】面板中底部的【用画笔描边路径】按钮，如图14-20所示。

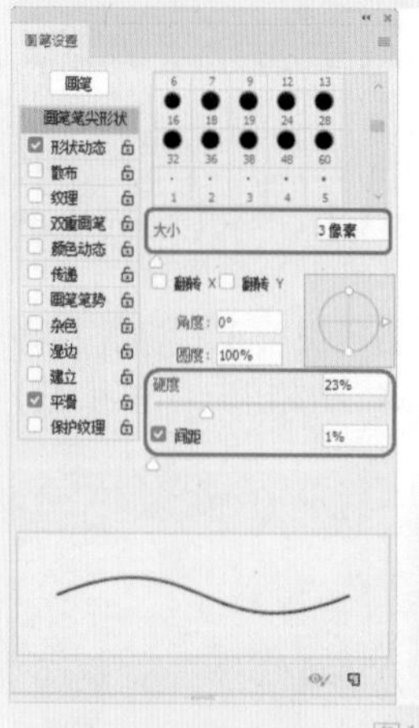

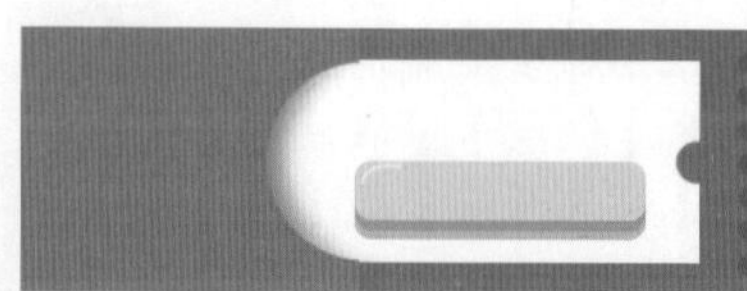

图14-20　创建路径

20 在工具箱中选择【移动工具】，按住Alt键的同时拖动白色线条，将其拷贝，并在菜单栏中选择【编辑】|【变换】|【旋转180度】命令，并调整其位置，如图14-21所示。

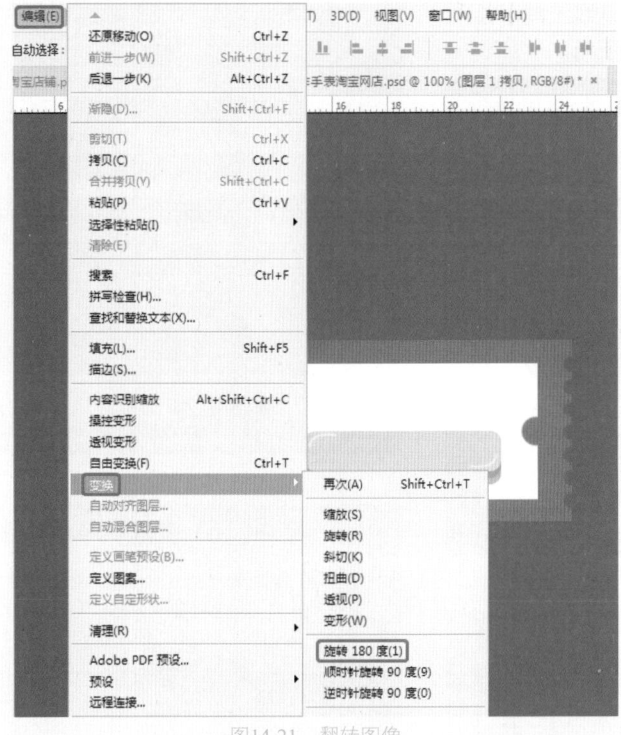

图14-21 翻转图像

21 在工具箱中选择【横排文字工具】，将【字体】设置为【Adobe 黑体 Std】，将【大小】设置为25点，将 ªa 设置为【犀利】，将【颜色】的RGB值设置为255、65、102，在画布中输入文字“点击领取”，如图14-22所示。

图14-22 输入文字

22 在工具箱中选择【多边形工具】，在工具选项栏中将【选择工具模式】设置为【形状】，将【填充】的RGB值设置为255、65、102，将【描边】设置为无，将【边】设置为3，在画布中绘制一个三角形，如图14-23所示。

图14-23 绘制三角形

23 在菜单栏中选择【编辑】|【变换】|【顺时针旋转90度】命令，如图14-24所示。

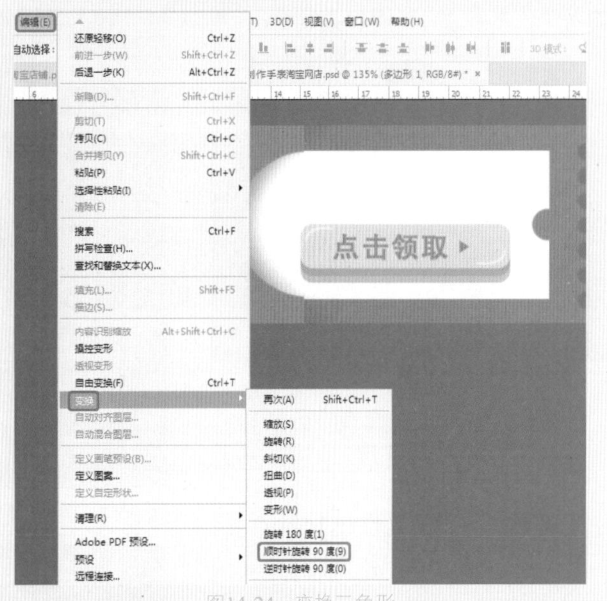

图14-24 变换三角形

24 在画布中利用【移动工具】框选绘制优惠券，按住Alt键将其复制三个并调整到合适的位置，如图14-25所示。

图14-25 复制优惠券

25 在工具箱中选择【横排文字工具】，将【字体】设置为【Adobe 黑体 Std】，将【大小】设置为136，将 ªa 设置为【犀利】，将【颜色】的RGB值设置为244、233、0，在画布中输入文字10，并用同样的方法在另外两个优惠券上输入文字25和50，如图14-26所示。

图14-26 输入文字

26 用同样的方法在画布中输入￥，并将【大小】设置为44，并复制到另外两个优惠券上，如图14-27所示。

图14-27　输入文字

27 用同样的方法在画布中分别输入文字“满99元可用”“满199元可用”“满299元可用”，并将【大小】设置为31，将【颜色】的RGB值设置为98、98、94，并调整位置，如图14-28所示。

图14-28　输入文字并调整位置

28 在菜单栏中选择【文件】|【置入嵌入对象】命令，打开“素材\Cha14\手表背景.png”素材文件，并调整其大小及位置，如图14-29所示。

29 在工具箱中选择【横排文字工具】，将【字体】设置为【方正准圆简体】，将【大小】设置为60点，将 aa 设置为【犀利】，将【颜色】的RGB值设置为254、243、195，在画布中输入文字Swiss Aurora Z | 41mm，用同样的方法输入“手腕间的格调 与时间同在”，将【大小】设置为40，用同样的方法输入“50米防水”和“瑞士机芯”，将【大小】设置为36，并利用【直线工具】绘制两条直线，如图14-30所示。

图14-29　置入图像

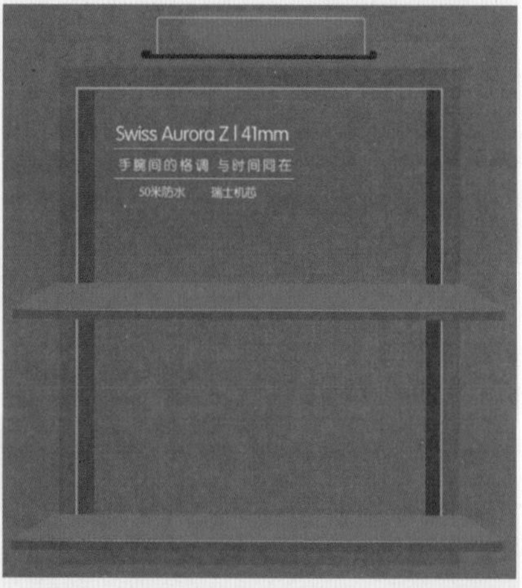

图14-30　输入文字

30 用同样的方法在下方输入文字，并在工具箱中选择【自定形状工具】，将【选择工具模式】设置为【形状】，将【颜色】的RGB值设置为254、243、195，将【形状】设置为【选中复选框】，在画布中进行四次绘制，如图14-31所示。

31 在菜单栏中选择【文件】|【置入嵌入对象】命令，打开“手表1.png”和“手表2.png”素材文件，并调整它的大小及位置，如图14-32所示。

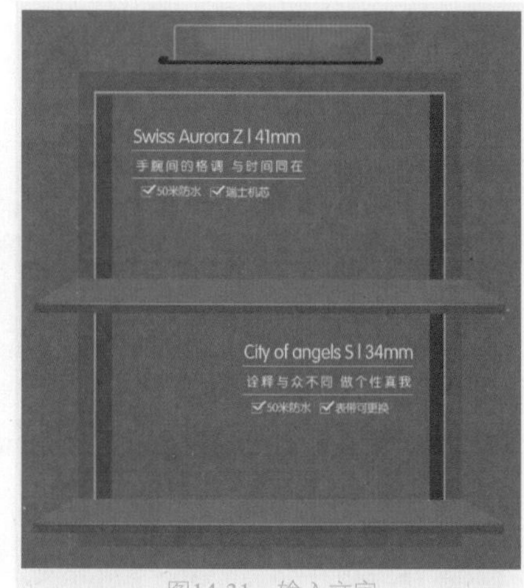

图14-31　输入文字

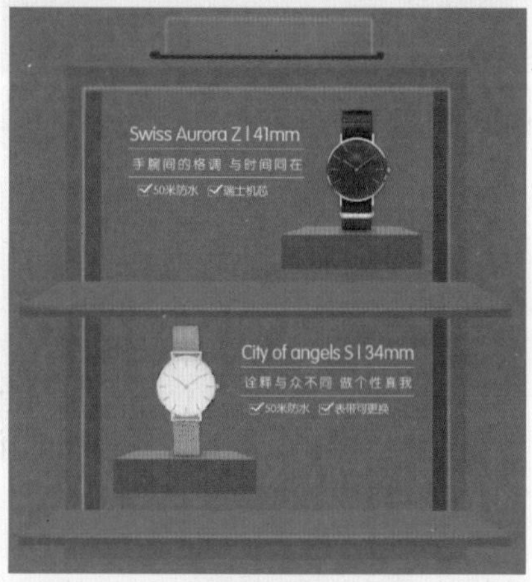

图14-32　置入图像

32 用同样的方法置入“998.png”和“965.png”素材文件，并调整大小及位置，用同样的方法输入文字“热销爆款推荐专区”，如图14-33所示。

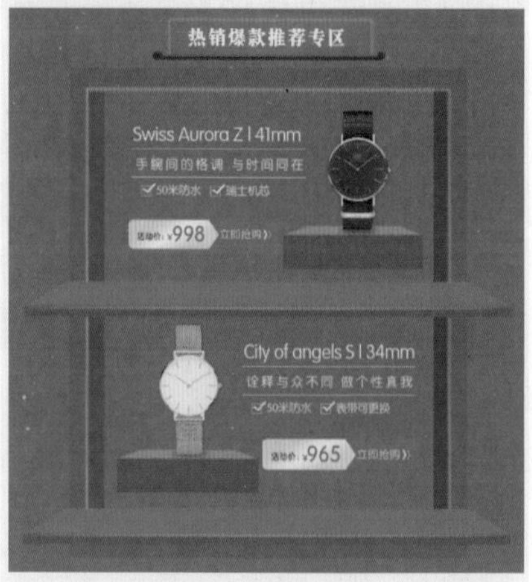

图14-33　置入图像

33 用同样的方法置入“新品展示.png”和“店铺公告.png”素材文件，并调整其大小及位置，如图14-34所示。

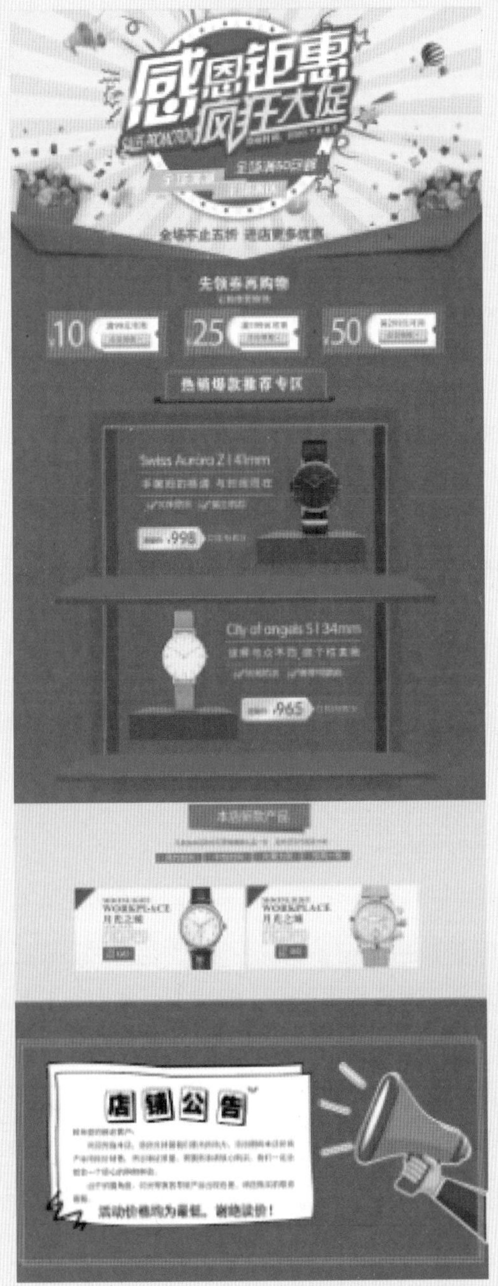

图14-34　效果图

14.2 制作护肤品淘宝网店

本例的护肤品淘宝店铺效果如图14-35所示。

图14-35　护肤品淘宝网店

01 按Ctrl+N组合键，在弹出的对话框中将【宽度】、【高度】分别设置为1350、4572，将【分辨率】设置为72像素/英寸，将【颜色模式】设置为【RGB颜色】，如图14-36所示。

图14-36　设置新建文档参数

02 设置完成后,单击【创建】按钮，在工具栏中将前景色的RGB值设置为255、220、229，按Alt+Delete组合键填充前景色，如图14-37所示。

03 在菜单栏中选择【文件】|【置入嵌入对象】命令，打开“素材\Cha14\护肤品顶部图.png”素材文件，并调整它的大小及位置，如图14-38所示。

图14-37　创建矩形并进行设置　　图14-38　置入素材

04 在工具箱中选择【矩形工具】，在工具选项栏中将【选择工具模式】改为【路径】，在画布中绘制一个矩形路径，如图14-39所示。

05 在工具箱中选择【钢笔工具】，在路径上单击创建四个锚点，并按住Ctrl键对其进行拖曳，如图14-40所示。

图14-39　绘制矩形路径　　图14-40　调整路径

06 创建一个新图层，在【路径】面板中单击底部的【用前景色填充路径】按钮●，双击【图层】面板中新图层的空白处，在弹出的【图层样式】对话框中，勾选【投影】复选框，将【不透明度】设置为14，将【角度】设置为121，将【距离】设置为0，将【大小】设置为32，单击【确定】按钮，如图14-41所示。

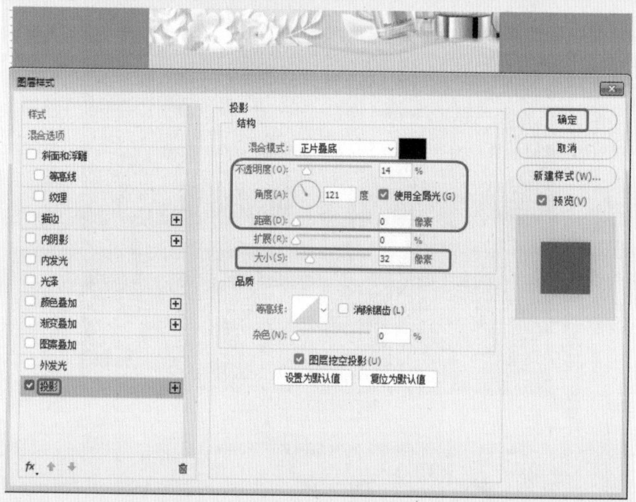

图14-41　设置图层样式

07 在工具箱中选择【矩形工具】，在工具选项栏中将【选择工具模式】改为【形状】，将【填充】的RGB值设置为前景色的颜色，将【描边】设置为无，在画布中拖曳，如图14-42所示。

图14-42　绘制形状

08 在菜单栏中选择【文件】|【置入嵌入对象】命令，打开“素材\Cha14\花边.png”素材文件，并调整它的大小及位置，如图14-43所示。

图14-43　绘制形状

09 在工具箱中选择【圆角矩形工具】，在工具选项栏中将【选择工具模式】改为【形状】，将【填充】的RGB值设置为白色，将【描边】设置为无，单击【设置其他形状和路径选项】，在弹出的下拉框中选中【固定大小】单选按钮，将W、H分别设置为41、20，将【半径】设置为20，在画布中拖曳，如图14-44所示。

图14-44　绘制形状

10 在菜单栏中选择【文件】|【置入嵌入对象】命令，打开“素材\Cha14\一元秒杀.png”素材文件，并调整它的大小及位置，如图14-45所示。

图14-45　置入素材

11 用同样的方法置入“护肤品.png”素材文件，在工具箱中选择【横排文字工具】，将【字体】设置为【Adobe 黑体 Std】，将【大小】设置为28点，将 aa 设置为【浑厚】，将【颜色】的RGB值设置为246、90、90，在画布上方输入文字“舒缓修护精纯乳60ml”，如图14-46所示。

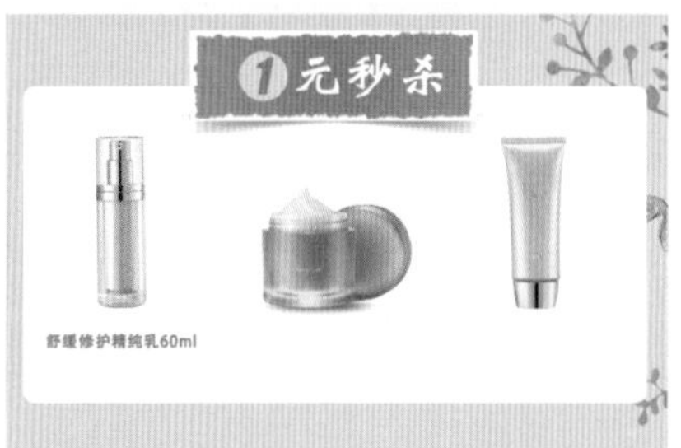

图14-46　输入文字

12 用同样的方法在文字的下方输入“疯抢价：”，并将【大小】设置为23点，在右边输入“1元”，并将“1”的【字体】设置为Impact，将【大小】为60点，在菜单栏中选择【窗口】|【字符】命令，将【元】的【字体】设置为【Adobe 黑体 Std】，将【大小】设置为30点，选中文字“1元”，打开【字符】面板，单击【仿斜体】按钮 T，如图14-47所示。

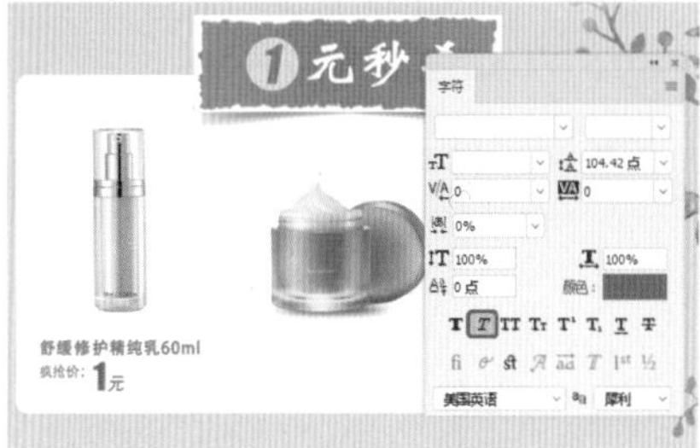

图14-47　输入文字

13 用同样的方法在下方输入“原价：99.00”，并将【颜色】设置为黑色，将【大小】设置为14点，打开【字符】面板，单击【删除线】按钮 T，如图14-48所示。

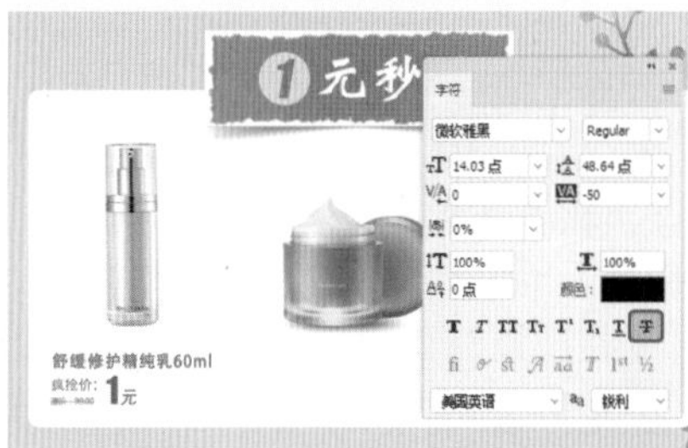

图14-48　输入文字

14 在菜单栏中选择【文件】|【置入嵌入对象】命令，打开“素材\Cha14\黄色矩形.png”素材文件，并

调整它的大小及位置，并输入文字“立即抢购>”，将【大小】设置为25点，将【颜色】设置为黑色，如图14-49所示。

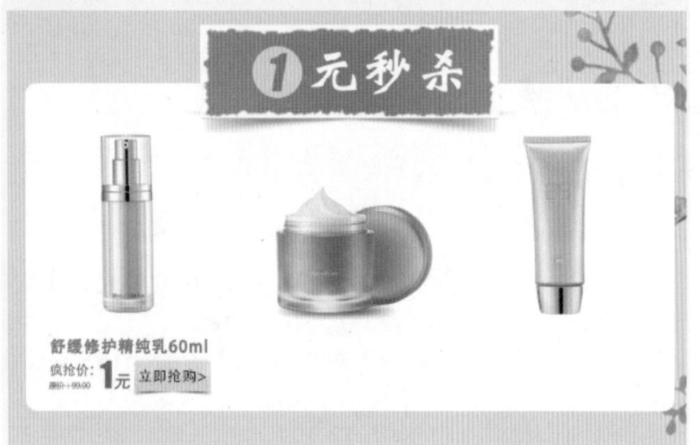

图14-49　置入素材

15 在工具箱中选择【矩形工具】，在工具选项栏中将【选择工具模式】改为【形状】，将【填充】设置为无，将【描边】的RGB值设置为246、90、90，并设置为2像素，单击【设置其他形状和路径选项】按钮，在弹出的下拉框中选中【固定大小】单选按钮，将W、H分别设置为10.5、1.5，在画布中拖曳，如图14-50所示。

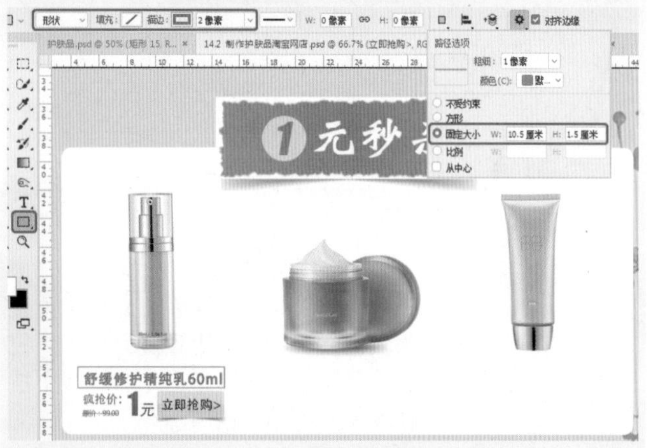

图14-50　绘制矩形

16 在【图层】面板中选中第一个护肤品下方的文字及形状，右击，在弹出的快捷菜单中选择【链接图层】命令，并将复制两个拷贝图层，将其在画布中调整到合适的位置，并修改文字，如图14-51所示。

17 在工具箱中选择【直线工具】，在工具选项栏中将【选择工具模式】改为【形状】，将【填充】设置为无，将【描边】的RGB值设置为246、90、90，并设置为2像素，在画布中拖曳，复制一条直线进行拖曳，如图14-52所示。

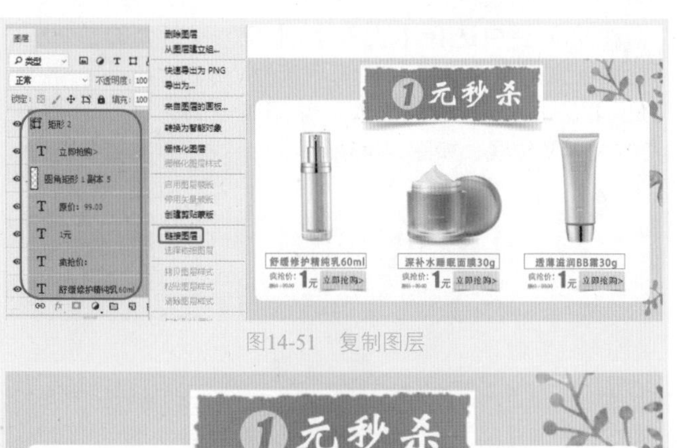

图14-51　复制图层

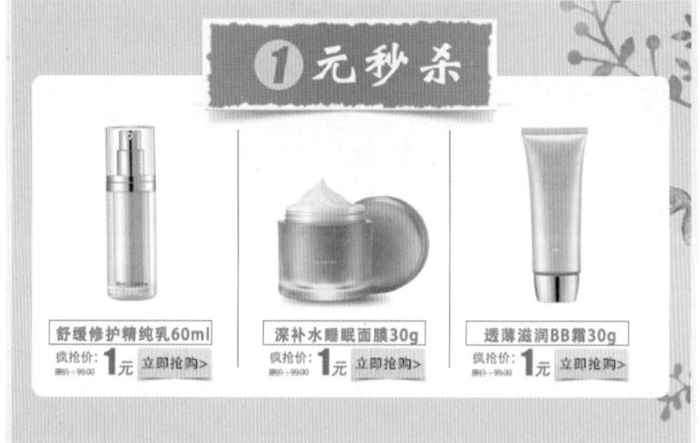

图14-52　绘制直线

18 在工具箱中选择【圆角矩形工具】，在工具选项栏中将【选择工具模式】改为【形状】，将【填充】的颜色值设置为246、90、90，将【描边】设置为白色，并设置为4像素，单击【设置其他形状和路径选项】，在弹出的下拉框中选中【固定大小】单选按钮，将W、H分别设置为41、6，将【半径】设置为100，在画布中拖曳，效果如图14-53所示。

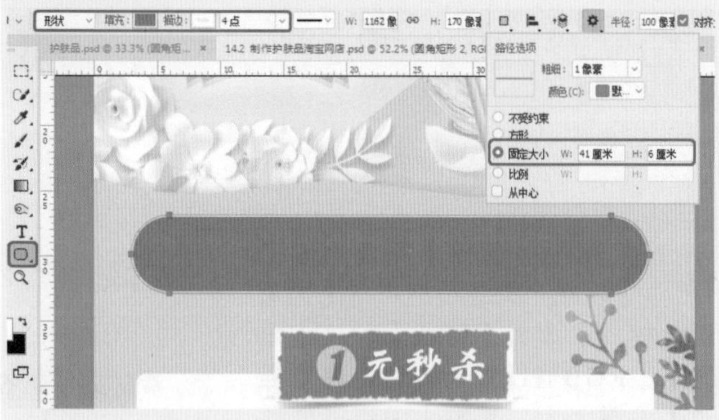

图14-53　绘制圆角矩形

19 新建一个图层，用同样的方法绘制一个白色的圆角矩形，并将W、H分别设置为13.8、6，用同样的方法输入文字并绘制形状，其中“10”“20”“30”的字体设为Century Gothic，样式设为Regular，其余的字体设为【微软雅黑】，

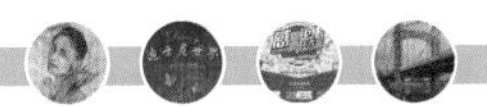

如图14-54所示。

图14-54　输入文字

> 提示
> 在此为了更好地观察画面效果，可先粗略地对文字的字号及颜色进行设置，在后面的操作中根据画面效果再进行相应的调整。

20 在工具箱中选择【自定形状工具】，在工具选项栏中将【选择工具模式】改为【形状】，将【填充】设置为白色，将【描边】设置为无，选择【波浪】形状，在画布中拖曳，调整其位置和大小，并复制三个同样的波浪，如图14-55所示。

图14-55　绘制波浪

21 置入“羽毛.png”和“护肤品2.png”素材文件，并调整位置及大小，用同样的方法输入文字及绘制形状，如图14-56所示。

22 在菜单栏中选择【文件】|【置入嵌入对象】命令，置入“素材\Cha14\线圈.png”和“底部图案”素材文件，并调整它的大小及位置，如图14-57所示。

23 新建一个图层，在工具箱中选择【矩形工具】，在工具选项栏中将【选择工具模式】改为【形状】，将【填充】设置为无，将【描边】的颜色值设置为246、90、90，并设置为2像素，在画布中拖曳，绘制一个矩形框，如图14-58所示。

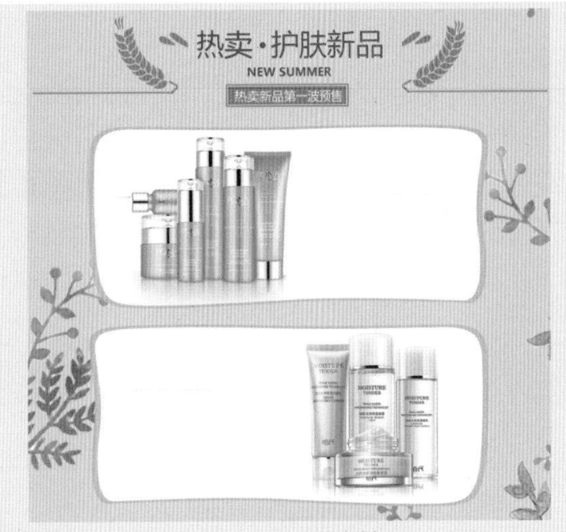

图14-56　置入素材

图14-57　置入素材

图14-58　绘制矩形框

24 在工具箱中选择【椭圆工具】，在工具选项栏中将【选择工具模式】改为【形状】，将【填充】设置为无，将【描边】的颜色值设置为246、90、90，并设置为2像素，单击【路径操作】按钮，在弹出的下拉列表中选择【减去顶层形状】，在画布中拖曳，在矩形框的四个角绘制正圆，如图14-59所示。

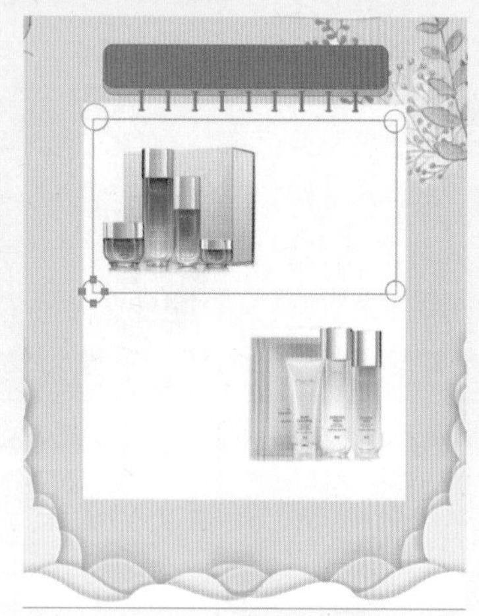

图14-59　减去形状操作

25 将绘制的矩形框按住Alt键复制一个同样的矩形框拖曳至下方合适的位置，如图14-60所示。

图14-60　复制矩形框

26 用同样的方法输入文字及绘制形状，效果如图14-61所示。

图14-61　效果图

第15章

项目指导——室内外效果图的修饰及后期配景处理

15.1 灯光照射的材质错误

当作品渲染输出时，发现其色彩和明亮度不协调，这里可以利用Photoshop软件中的【色相/饱和度】命令对其进行调整，其具体操作步骤如下，完成后的效果如图15-1所示。

图15-1 调整完成后的效果

01 启动软件后，打开“素材\Cha15\灯光照射.jpg”文件，如图15-2所示。

图15-2 打开素材文件

02 打开【图层】面板，选择【背景】图层，按Ctrl+J组合键对其进行复制，复制出【图层1】，选择【图像】|【调整】|【亮度/对比度】命令，将【亮度】和【对比度】分别设置为52、0，如图15-3所示。

图15-3 设置亮度对比度

03 对【图层1】进行复制，选择【图层1拷贝】图层，在菜单栏执行【图像】|【调整】|【色相/饱和度】命令，弹出【色相/饱和度】对话框，将【色相】、【饱和度】和【明度】分别设置为+10、+42、3，单击【确定】按钮，如图15-4所示。

图15-4 调整色相/饱和度

04 设置色相/饱和度后的效果如图15-5所示。

图15-5 查看效果

05 继续选择【图层1拷贝】图层，按Ctrl+M组合键，弹出【曲线】对话框，对曲线进行调整，将【输出】和【输入】分别设置为116、137，如图15-6所示。

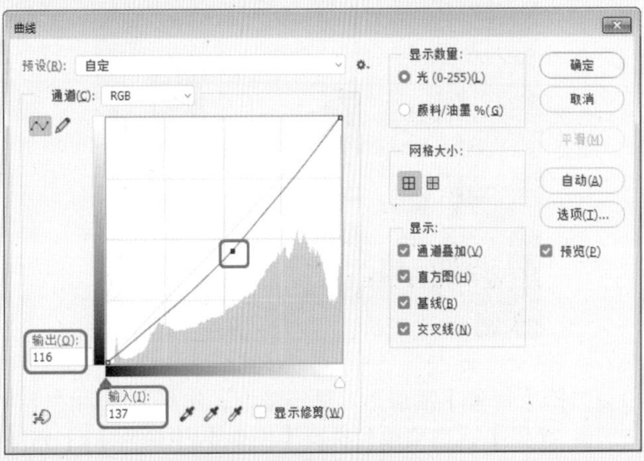

图15-6 设置曲线参数

06 单击【确定】按钮，查看效果，对场景文件进行保存，如图15-7所示。

图15-7　最终效果

15.2 室内效果图的修饰

本例将讲解如何对过暗的图像进行修正，主要是调节其亮度和对比度，其具体操作方法如下，完成后的效果如图15-8所示。

图15-8　调整完成后的效果

01 启动Photoshop软件后，打开“素材\Cha15\室内效果图的修饰.jpg”文件，如图15-9所示。

图15-9　打开素材文件

02 选择【背景】图层对其进行复制，选择复制后的【背景 拷贝】，在菜单栏执行【图像】|【调整】|【亮度/对比度】命令，弹出【亮度/对比度】对话框，将【亮度】和【对比度】分别设置为32、19，如图15-10所示。

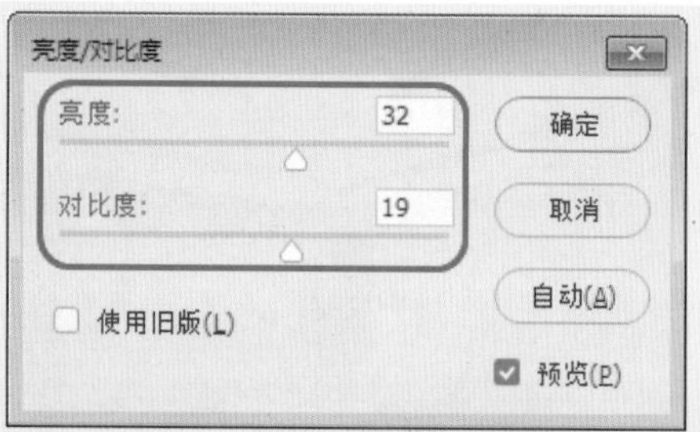

图15-10　设置亮度和对比度

在实际操作过程中虽然可以使用【色阶】和【曲线】命令来调整图像的亮度和对比度，但这两个命令用起来比较复杂，而使用【亮度/对比度】命令可以更简单直观地完成亮度和对比度的调整。

03 单击【确定】按钮，查看效果如图15-11所示。

图15-11　查看效果

04 选择【背景 拷贝】图层并对其进行复制，选择【背景 拷贝 2】图层，在【图层】面板中将【混合模式】设置为【柔光】，将【不透明度】设置为50%，如图15-12所示。

图15-12　设置图层模式和不透明度

05 选择所有的图层，按Shift+Ctrl+Alt+E组合键对图像进行盖印，如图15-13所示。

图15-13　盖印图层

06 设置完成后，对场景文件进行保存，完成后的效果如图15-14所示。

图15-14　完成后的效果

15.3 为人物添加倒影

模型制作完成后，为了体现其真实性可以对其添加倒影，本章节将讲解如何对人物添加倒影，完成后的效果如图15-15所示，具体操作方法如下。

图15-15　倒影的制作

01 启动Photoshop软件后，打开“素材\Cha15\倒影的制作.psd”文件，如图15-16所示。

图15-16　打开素材文件

02 打开【图层】面板，选择【人物1】图层，并对其进行复制，如图15-17所示。

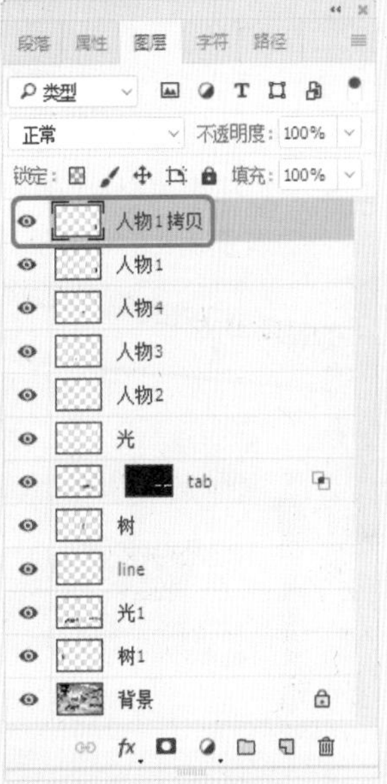

图15-17　复制图层

03 选择【人物1拷贝】图层，按Ctrl+T组合键，然后在文档窗口单击鼠标右键，在弹出的快捷菜单中选择【垂直翻转】命令，对人物的图像适当缩短，如图15-18所示。

图15-18　调整位置和大小

提示 选择某一图层后，按Ctrl+T组合键可以对其进行任意变形或旋转。

04 打开【图层】面板，选择【人物1拷贝】图层，将其【不透明度】设置为23，如图15-19所示。

图15-19 完成后的效果

05 在【图层】面板中选择【人物4】图层，并对其进行复制，按Ctrl+T组合键调整其大小和位置，如图15-20所示。

图15-20 复制图层并调整

06 选择【人物4拷贝】图层，将其【不透明度】设置为23，查看效果，如图15-21所示。

图15-21 查看效果

07 选择【人物3】图层，并对其进行复制，按Ctrl+T组合键调整其大小和位置，如图15-22所示。

图15-22 调整位置及大小

08 打开【图层】面板，选择【人物3拷贝】图层，将其【不透明度】设置为30，查看效果，如图15-23所示。

图15-23 完成后的效果

15.4 窗外景色的添加

本例将介绍如何对效果图的窗外添加配景，其中主要应用了剪贴蒙版，完成后的效果如图15-24所示，具体操作方法如下。

图15-24 窗外景色的添加效果

01 启动Photoshop软件后，打开“素材\Cha15\窗外景色的添加.jpg”文件，如图15-25所示。

图15-25　打开素材文件

02 在工具箱中选择【多边形套索】工具，在工具选项栏中选择【添加到选区】按钮，绘制选区，如图15-26所示。

图15-26　绘制选区

03 按Ctrl+J组合键，对选区进行复制，然后打开“素材\Cha15\大海.jpg”素材文件，解锁背景层，并将其拖曳至文档中，并适当调整对象的位置，如图15-27所示。

图15-27　添加素材文件

04 选择【图层2】图层单击鼠标右键，在弹出的快捷菜单中选择【创建剪贴蒙版】命令，查看效果，如图15-28所示。

图15-28　查看效果

提示

【剪贴蒙版】由两部分组成，即基层和内容层，剪贴蒙版可以使某个图层的内容遮盖其上方的图层，遮盖效果由底部图层或基地层决定。

05 选择所有的图层，按Shift+Ctrl+Alt+E组合键对图像进行盖印，如图15-29所示。

图15-29　盖印图层

06 选择【图层3】图层，打开【亮度/对比度】对话框，将【亮度】和【对比度】分别设置为14、-20，查看效果如图15-30所示。

图15-30　完成后的效果

15.5 水中倒影

本例将讲解如何制作逼真的水中倒影，其中主要应用了【波纹】滤镜使图像呈现波纹状态，完成后的效果如图15-31所示。具体操作方法如下。

图15-31　水中倒影效果

01 启动Photoshop软件后，打开“素材\Cha15\水中倒影.jpg”文件，如图15-32所示。

图15-32　打开素材文件

02 选择【背景】图层，按Ctrl+J组合键，选择【图层1】图层，使用【多边形套索】工具，绘制出水面的轮廓选区，如图15-33所示。

图15-33　绘制选区

03 在菜单栏中选择【图像】|【调整】|【色相/饱和度】命令，弹出【色相/饱和度】对话框，将【色相】、【饱和度】和【明度】分别设置为-24、14、35，单击【确定】按钮，如图15-34所示。

图15-34　【色相/饱和度】对话框

04 确认选区处于选择状态，按Ctrl+J组合键复制选区，复制出【图层2】将选区取消，选择【图层1】图层，继续使用多边形套索工具绘制出桥的大体轮廓区域，然后按Ctrl+J组合键对选区进行复制，按Ctrl+T组合键对其进行垂直变换，将【图层3】调整至图层顶部，完成后的效果如图15-35所示。

图15-35　复制图层

05 在【图层】面板中选择【图层2】和【图层3】对其进行合并，如图15-36所示。

图15-36　合并图层

提示　合并图层时可以选择要合并的图层，单击鼠标右键在弹出的快捷菜单中选择【合并图层】或【合并可见图层】命令，也可以按Ctrl+E或按Ctrl+Shift+E组合键进行合并。

06 在菜单栏中执行【滤镜】|【扭曲】|【波纹】命令，弹出【波纹】对话框，将【数量】设置为100，将【大小】设为【大】，如图15-37所示。

图15-37　设置波纹

07 打开“素材\Cha15\海水.jpg”文件，并将其拖曳至文档中，如图15-38所示。

图15-38　添加素材

08 对【图层4】添加【剪贴蒙版】，并将其【不透明度】设置为50%，完成后的效果如图15-39所示。

图15-39　完成后的效果

15.6 室外建筑中的人物阴影

效果图渲染完成后，为了增加其逼真性，需要对其适当添加人物，本章节将讲解如何添加人物的影子，其中主要应用了Photoshop软件中的任意变形工具和图层不透明度的应用，完成后的效果如图15-40所示。具体操作方法如下。

图15-40　室外建筑中的人物阴影

01 启动Photoshop软件后，打开“素材\Cha15\室外建筑中人物的阴影.psd”文件，如图15-41所示。

02 打开【图层】面板，选择【人物1】图层，按Ctrl+J组合键对其进行复制，如图5-42所示。

03 选择【人物1】图层，按Ctrl+T组合键，在文档中单击鼠标右键，在弹出的快捷菜单中选择【斜切】命令，对对象进行调整，如图15-43所示。

图15-41　打开素材文件

图15-42　复制图层

图15-43　调整图层

04 按Enter键确认变换，然后将【人物1】图层载入选区，并对选区填充黑色，如图15-44所示。

图15-44　填充黑色

提示

需要注意的是人物阴影和倒影的区别，一般在室外对人物设置其阴影，通过对其填充黑色，然后调整透明度得到阴影效果。

05 在【图层】面板中选择【人物1】图层，将其【不透明度】设置为30%，查看效果如图15-45所示。

图15-45　查看效果

06 选择【人物2】图层，并对其进行复制，选择【人物2】图层，使用【斜切】对其进行自由变换，如图15-46所示。

图15-46　斜切后的效果

07 将【人物2】图层载入选区，对其填充黑色，将其【不透明度】设置为30%，完成后的效果如图15-47所示。

图15-47　查看效果

08 使用同样的方法对其他人物的阴影进行设置，完成后的效果如图15-48所示。

图15-48　完成后的效果

15.7 植物倒影

本例将讲解如何制作植物的倒影，其制作过程和人物的倒影相似，其中主要应用了任意变形工具的应用，完成后的效果如图15-49所示。具体操作步骤如下。

图15-49　植物倒影

01 启动软件后，打开“素材\Cha15\植物阴影.psd”文件，如图15-50所示。

图15-50　打开素材文件

02 打开素材会发现其中两盆植物没有阴影，打开【图层】面板选择【花】图层，按Ctrl+J组合键对其进行复制，选择复制的图层，按Ctrl+T组合键，对其进行垂直反转，进行适当的缩小，如图15-51所示。

图15-51　复制图层

提示

复制图层的方法除了按Ctrl+J组合键外，还可以将需要复制的图层，拖动到【创建新图层】按钮上，也可以单击鼠标右键在弹出的快捷菜单中选择【复制图层】命令。

03 在【图层】面板中将【花 拷贝】图层的【不透明度】设置为20%，查看效果如图15-52所示。

图15-52　调整不透明度

04 选择【花2】图层对其进行复制，选择【花2 拷贝】图层，按Ctrl+T组合键对其进行垂直反转和适当缩小，如图15-53所示。

图15-53 复制图层

05 选择【花2 拷贝】图层，将其【不透明度】设置为20%，如图15-54所示。

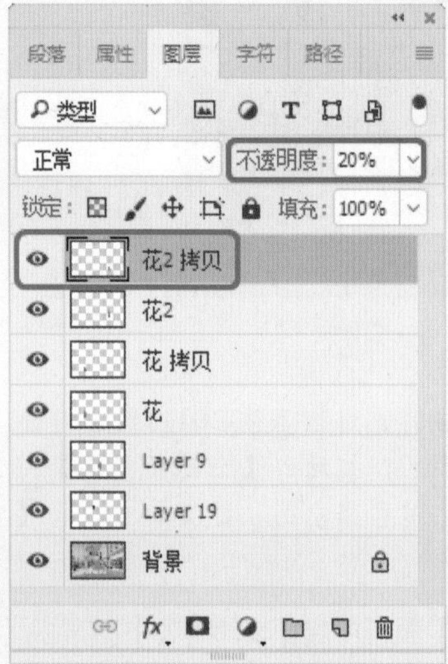

图15-54 设置不透明度

06 设置完成后对场景文件进行保存，完成后的效果如图15-55所示。

图15-55 完成后的效果

附录1　参考答案

第1章　思考与练习

1. 图像编辑窗口、工具箱、工具选项栏、面板、状态栏。

2. 图像分辨率是Photoshop中一个非常重要的概念，指的就是每英寸图像含有多少个点或像素；不同的印刷品对图片分辨率的要求是不同的。

第2章　思考与练习

1. 在绘制椭圆选区时，按住Shift键的同时拖动鼠标可以创建圆形选区；按住Alt键的同时拖动鼠标会以光标所在位置为中心创建选区，按住Alt+Shift组合键同时拖动鼠标，会以光标所在位置点为中心绘制圆形选区。

2. 在使用【磁性套索工具】时，按住Alt键在其他区域单击鼠标左键，可切换为【多边形套索工具】创建直线选区；按住Alt键单击鼠标左键并拖动鼠标，则可以切换为【套索工具】绘制自由形状的选区。

3. 使用【魔棒工具】时，按住Shift键的同时单击鼠标可以添加选区，按住Alt键的同时单击鼠标可以从当前选区中减去，按住Shift+Alt组合键的同时单击鼠标可以得到与当前选区相交的选区。

第3章　思考与练习

1. 【当前图层】：以初始取样点确定的当前图层中的图像为复制源。

【当前图层和下方图层】：以初始取样点确定的当前图层及其下方可见图层的图像为复制源。

【所有图层】：以初始取样点确定的所有可见图层的图像为复制源。

2. 相同点：都是用来复制图像，都属于图章工具组。

不同点。

（1）复制的对象不同。【仿制图章工具】复制的是取样的图像；【图案图章工具】复制的是预定义的图案，所需要的【源】图案可以是Photoshop中预设的，也可以是用户自定义的。

（2）操作方法不同：【仿制图章工具】是在图像上按住Alt键单击取样，然后将取样的图像复制到其他位置；图案【图章工具】是在【图案】下拉列表中选中图案，然后在画布中拖动。

3. （1）使用方法的异同点：【橡皮擦工具】和【背景橡皮擦工具】都是使用鼠标拖动的方式来擦除图像的像素，【魔术橡皮擦工具】使用鼠标单击的方式来擦除图像的像素。

（2）效果上的异同点：【橡皮擦工具】若擦除的是背景层，则擦除的位置用背景色填充，若擦除的是普通图层，则擦除的位置为透明的效果；【背景橡皮擦工具】和【魔术橡皮擦工具】无论擦除的是普通图层还是背景图层，擦除部分均为透明效果，擦除后的背景图层转换为普通图层。

第4章　思考与练习

1. 创建图层有四种方法：通过【图层】面板中的【创建新图层】按钮，通过在菜单栏中选择【图层】|【新建】|【图层】命令，复制图层和剪切图层四种。

2. 在【图层样式】对话框中选择【样式】选项卡，在【样式】组中单击【更多】⚙.按钮，在弹出的下拉菜单中可以根据需要选择图层样式类型，选择完成后，会弹出【图层样式】对话框，单击【追加】按钮即可。

第5章　思考与练习

1. 在创建文本定界框时，如果按住Alt键，会弹出【段落文本大小】对话框，在对话框中输入【宽度】值和【高度】值可以精确定义文字区域的大小。

2. 对文字图层进行栅格化处理，首先选择【文字】图层，单击鼠标右键，在弹出的快捷菜单中选择【栅格化文字】命令，这样就可以将文字转换为图形文件。

第6章　思考与练习

1. ①角点转换为平滑点：在角点上单击并拖动鼠标，可以将角点转换为平滑点。

②平滑点转换为角点：直接单击平滑点，可将平滑点

转换为没有方向线的角点；拖动平滑点的方向线，可将平滑点转换为具有两条相互独立的方向线的角点；按住Alt键的同时单击平滑点，可将平滑点转换为只有一条方向线的角点。

2. ①在【路径】面板中单击【将路径作为选区载入】按钮。

②按住Ctrl键的同时单击【路径】面板中的路径。

③单击【路径】面板右上方的下三角形按钮，在弹出的菜单中选择【建立选区】命令，可在弹出的【建立选区】对话框中设置参数。

④右键单击路径，在弹出的快捷菜单中选择【建立选区】命令，可在弹出的【建立选区】对话框中设置参数。

第7章 思考与练习

1. ①图层蒙版可以控制当前层中不同区域的隐藏和显示方式。

②通过更改图层蒙版，可以在不改变图层的前提下对图层应用各种特殊的效果。

③图层蒙版是覆盖在某一特定图层或图层组上的蒙版。

④图层蒙版的实质是8位灰度的Alpha通道。

⑤图层蒙版遵循“黑透，白不透，灰半透”的工作原理。

2. ①通道主要是用来存储颜色数据的，也可以用来存储选区和制作选区。

②所有的通道都是8位灰度图像。

③对通道的操作具有独立性，用户可以针对每个通道进行色彩调整、图像处理、使用各种滤镜，从而制作出特殊的效果。

第8章 思考与练习

1. 【色彩平衡】命令主要用于调整整体图像的色彩平衡，以及对于普通色彩的校正。

2. 一个颜色包括3个属性：色相、明度、饱和度。

第9章 思考与练习

1.可以应用【液化】滤镜效果，在【液化】对话框中单击【脸部工具】，通过调整参数来对人物脸部进行处理即可。

2. 画笔描边滤镜组中包含8种滤镜，它们当中的一部分滤镜通过不同的油墨和画笔勾画图像产生绘画效果，有些滤镜可以添加颗粒、绘画、杂色、边缘细节或纹理。这些滤镜不能用于Lab和CMYK模式的图像。